1000MW 超超临界机组 A 级检修 规范化管理手册

王浏平　著

中国电力出版社
CHINA ELECTRIC POWER PRESS

内 容 提 要

本书是一本现场实用性很强的技能书，主要介绍了 1000MW 超超临界机组 A 级检修规范化管理的主要内容，具体包括计划管理文件、过程管理控制文件、管理流程等。适用于火电厂参修人员的培训和管理提升。

图书在版编目(CIP)数据

1000MW 超超临界机组 A 级检修规范化管理手册/王浏平著 . —北京：中国电力出版社，2020.8
ISBN 978-7-5198-1127-3

Ⅰ.①1… Ⅱ.①王… Ⅲ.①超临界机组-设备检修-规范化-管理-手册 Ⅳ.①TM621.3-62

中国版本图书馆 CIP 数据核字(2017)第 219459 号

出版发行：中国电力出版社
地　　址：北京市东城区北京站西街 19 号（邮政编码 100005）
网　　址：http://www.cepp.sgcc.com.cn
责任编辑：娄雪芳（010-63412375）
责任校对：黄　蓓　闫秀英　朱丽芳
装帧设计：王红柳
责任印制：吴　迪

印　　刷：北京雁林吉兆印刷有限公司
版　　次：2020 年 8 月第一版
印　　次：2020 年 8 月北京第一次印刷
开　　本：787 毫米×1092 毫米　16 开本
印　　张：25.25
字　　数：624 千字
印　　数：0001—1000 册
定　　价：**148.00 元**

前　言

　　火力发电的集约化生产高效节能机组，是现代电力技术发展到新阶段的一项主力发电新技术品种，1000MW超超临界机组在华能玉环示范电站取得成功后，在坑口电厂和沿海电厂作为主力得到大面积的推广和应用，取得了非常好的经济效益和社会效益。

　　A级检修作为机组运行长周期后的全面系统检查，不仅是设备管理的"四保持"，更要提高机组经济性能、解决技术难题、消除安全隐患、减低机组能耗指标，提高设备可靠性、经济性、环保性，A级检修管控水平对并网投运机组的长周期安全运行至关重要。

　　本书以"目录化策划、程序化作业、文件化管理"为原则，以"准备工作超前化、过程管理常态化、质量管理标准化、工期控制细致化、检修现场清洁化"为途径，以实现机组的水压、点火、冲转、并网的一次性成功，"零项目遗漏、零让步验收、零缺陷并网、零非停运行"为目标，按照相关标准要求编制而成，汇编了A级检修的组织机构、检修项目与质量计划、进度网络、重大特殊项目管理策划文件、管理程序文件等全过程设备检修项目资料文件、管理程序、管理标准等，实现修前策划、修中管控、修后总结的全过程管理。充分借鉴了国内多台百万超超临界全过程检修的实践经验，汇总各家切实行之有效的长处和亮点，使A级检修管理更加规范、完善、有效。本书的一些工作依据和工作标准，可以指导参加A级检修的全体人员在检修工程中安全、质量、进度、费用、文明生产施工中的控制和管理，将机组计划检修和状态性评估结合，同时为理顺管理流程、提高检修管理和安全生产管理水平起到一定的作用，可作为火电厂参修人员的培训和管理提升参考用书。

　　由于编者水平有限，书中难免有疏漏和不足之处，恳请读者在使用过程中对发现的问题能不吝赐教。

2020 年 5 月

目　录

第一章

检修前设备状况分析

检修机组概况：本次检修以汽轮机检修为施工进度主线，计划工期 60 天，内部控制工期 52 天。

第一节 机 型 介 绍

本次检修机组三大主机设备均为上海电气集团生产，送风机和一次风机为上海鼓风机厂产品，引风机为成都电力机械厂产品，6 台磨煤机为上海重型机器厂产品，高压加热器为杭州锅炉设备有限公司产品，给水泵汽轮机为杭州汽轮机厂产品，给水泵为英国苏尔寿原装进口引进。

一、汽轮机设备规范简介

该汽轮机是由上海汽轮机有限公司和德国 SIEMENS 公司联合设计制造的超超临界、一次中间再热、单轴、四缸四排汽、双背压、八级回热抽汽、反动凝汽式汽轮机 N1000-26.25/600/600（TC4F），设计额定主蒸汽压力 26.25MPa、主蒸汽温度 600℃、设计额定再热蒸汽压力 5.0MPa 再热蒸汽温度 600℃，末级叶片高度 1146mm。汽轮发电机组设计额定输出功率为 1000MW，汽轮机 THA 工况热耗率（正偏差为零）保证值 7377kJ/kWh。汽轮机的热耗率第二保证值（75％THA 工况热耗率保证值，正偏差为零）7503kJ/kWh；TMCR 功率为 1005.485MW；VWO 功率为 1089.523MW，见表 1-1。

表 1-1 　　　　　　　　　　汽轮机技术规范及性能表（THA 工况）

序号	参数名称		单位	参数值
1	型号			N1000-26.25/600/600（TC4F）
2	型式			超超临界中间再热凝汽式、单轴、四缸四排汽汽轮机
3	功率	额定功率	MW	1000
		最大功率	MW	1049.85
4	额定转速		r/min	3000
5	旋转方向			自汽轮机向发电机看顺时针方向
6	主汽门前额定压力		MPa	26.25
7	主汽门前额定温度		℃	600
8	主蒸汽流量		t/h	2943

续表

序号	参数名称	单位	参数值
9	高压缸排汽压力	MPa	5.95
10	再热蒸汽门前额定压力	MPa	5.35
11	再热蒸汽门前额定温度	℃	600
12	再热蒸汽流量	t/h	2465.4
13	平均背压	kPa	6.2
14	给水温度	℃	295.1
15	低压缸末级叶片长度	mm	1146
16	调节系统类型		数字式电液调节系统
17	允许电网频率波动	Hz	47.5~51.5
18	给水泵驱动方式		2×50%容量汽动给水泵
19	回热级数		三高(双列)、四低、一除氧
20	制造厂		STC 和西门子联合设计制造
21	TRL 工况下设计热耗率	kL/kWh	7819
22	配汽方式		全周进汽/补汽
23	盘车转速	r/min	48~54
24	汽轮机总长	m	约28
25	运行层相对零米标高	m	17
26	额定工况蒸汽流量	t/h	2719.768
27	额定工况汽耗	kg/kWh	2.99
28	额定工况热耗	kJ/kWh	7377

二、 锅炉设备规范简介

锅炉为上海锅炉厂有限公司引进 Alstom-Power 公司 Boiler Gmbh 技术，生产的 SG3091/27.56-M54X 型超超临界参数变压运行螺旋管圈直流炉。锅炉为一次再热、单炉膛单切圆燃烧、平衡通风、露天布置、固态排渣、全钢构架、全悬吊结构塔式布置，锅炉最大连续蒸发量为 3091t/h。锅炉采用中速磨煤机，冷一次风正压直吹式制粉系统。采用平衡通风方式，配有两台动叶可调轴流式送风机、两台动叶可调轴流式一次风机、两台静叶可调轴流式引风机，烟道和风道均沿锅炉两侧对称布置。锅炉在空气预热器前烟道装设了脱硝装置 (SCR)，在空气预热器出口布置有两台三室四电场静电除尘器，在引风机后布置石灰石-石膏湿法烟气脱硫装置，见表 1-2。

表 1-2 　　　　　　　　　　　　锅炉技术规范及性能表

序号	参数名称	单位	参数值	
1	型号		SG3091/27.56-M54X	
2	类型		一次再热全悬吊结构塔式布置	
3	过热蒸汽流量	t/h	3091(BMCR)	2943(BRL)
4	过热器出口蒸汽压力	MPa	27.46(BMCR)	27.34(BRL)
5	过热器出口蒸汽温度	℃	605(BMCR)	605(BRL)
6	再热蒸汽流量	t/h	2580.9(BMCR)	2465.4(BRL)

续表

序号	参数名称	单位	参数值	
7	再热器进口蒸汽压力	MPa	6.06(BMCR)	5.78(BRL)
8	再热器出口蒸汽压力	MPa	5.86(BMCR)	5.59(BRL)
9	再热器进口蒸汽温度	℃	374(BMCR)	366(BRL)
10	再热器出口蒸汽温度	℃	603(BMCR)	603(BRL)
11	锅炉启动流量	t/h	927	
12	最小直流负荷	%BMCR	30	
13	炉膛类型		螺旋管圈＋垂直管圈	
14	炉膛尺寸(宽×深×高)算至炉膛出口	mm	23 160×23 160×77 510	
15	炉膛容积	m³	36 373	
16	炉膛设计压力	Pa	±5980	
17	燃烧器类型		低 NO_x 切向燃烧系统(LNTFS)摆动燃烧器	
18	燃烧器数量(每排只数×层数)		4 ×12	
19	过热器总水容积	m³	231.4	
20	再热器总水容积	m³	618.8	
21	空气预热器类型		三分仓容克式预热器 1-34.5Ⅵ(50°)-86″(90°)	
22	空气预热器数量	台	2/每台锅炉	
23	空气预热器制造厂		上海锅炉厂有限公司	
24	空气预热器入口烟气温度(BMCR)	℃	382	
25	空气预热器出口烟温(BMCR)(未修正/修正)	℃	130/124.5	
26	入口空气温度(BMCR)—一次风/二次风	℃	29/24	
27	安全阀(100%高压旁路＋65%低压旁路)		100%高压旁路＋65%低压旁路	

三、电气设备规范简介

汽轮发电机采用上海汽轮发电机厂股份有限公司生产的水-氢-氢汽轮发电机,发电机型号为 THDF125/67,额定容量为 1000MW,2 极,发电机出口电压为 27kV,发电机中性点经接地变压器接地。氢冷器立式安装在发电机汽轮机侧,氢冷器冷却水采用闭式循环水。发电机定子绕组水内冷,定子引线及转子绕组氢内冷,定子铁芯氢气表面冷却。发电机装有氢气除湿装置、氢气纯度分析仪器和转子匝间短路探测装置,励磁机采用无刷励磁,详细参数见表 1-3 和表 1-4。主变压器为油浸式,具体参数见表 1-5。

表 1-3　　　　　　　　　　发电机技术规范及性能表

序号	名　称	单位	参　数
1	冷却方式		定子绕组水冷,转子氢内冷,铁芯氢冷
2	容量	MVA	1112
3	额定定子电压	kV	27
4	额定定子电流	A	23 778

序号	名　称	单位	参　数
5	功率因数		0.9
6	额定氢压（表压）	MPa	0.5
7	短路比		0.48
8	励磁电流	A	5887
9	励磁电压（80 ℃）	V	437
10	直轴暂态电抗 x_d'	%	23.8
11	直轴次暂态电抗 x_d''	%	18.2
12	铁芯长度	mm	6700
13	转子本体长	mm	6730
14	定子槽数		42
15	气隙磁密	Gs	12 127
16	定子轭部磁密	Gs	13 561
17	定子齿部磁密	Gs	23 309
18	定子线负荷	A/cm	2255
19	励磁电流	A	5887
20	励磁电压（80 ℃）	V	437
21	定子槽尺寸	mm	44.5×234.5
22	定子铜线规格	mm	空心不锈钢：14×4，壁厚 0.9； 实心铜线：14×1.8
23	股数		上层空/实：2 排，每排 5/25； 下层空/实：2 排，每排 5/25
24	定子电流密度	A/mm²	9.55
25	定子线圈出水温升	K	22
26	转子线圈温升	K	36
27	定子铁芯温升	K	51
28	转子质量	t	88
29	定子运输质量	t	462

表 1-4　　　　　　　　　主变压器设备技术规范及性能表

序号	参　数	单位	特定量
1	额定容量	MVA	380
2	额定电压	kV	$535\sqrt{3}\pm2×2.5\%/27$
3	额定频率	Hz	50
4	额定电流	A	高压 1230.2
5	额定电流	A	低压 14074.1
6	联结组标号		Ii0（YNd11）
7	冷却方式		ODAF

续表

序号	参　　数	单位	特定量			
8	相数		单相			
9	调压方式		无载调压			
10			顶层油 50			
11	温升限值	K	绕组 65			
12			油箱、铁芯和金属结构件 65			
13	额定频率额定电压时空载损耗	kW	1985			
14	额定频率额定电压时空载电流	A	5.393			
15	阻抗电压	%	19.82			
16	噪声水平	dB	80			
17				SI	LI	AC
18			高压线路端	1175	1550	680
19	绝缘水平	kV	高压中性点		325	140
20			低压线路端		200	85
21	标准		GB 1094			
22	使用条件		户外			
23	制造厂		保定天威变压器有限公司			

第二节　机组检修前技术分析

一、可靠性分析

机组自投产以来，截至 1 月 31 日 24：00，运行小时为 10 942.11h，备用小时数 324.57h。

从 10 月 14 日投产后截止到第二年 1 月 31 日，非计划停运 3 次，非计划停运小时 122.85h，非计划停运系数 1.08%，其中强迫停运 13.23h，等效强迫停运率 0.12%。机组可靠性数据见表 1-5～表 1-7。

表 1-5　　　　　　　　　　　　机组修前数据统计

序号	项　　目	单位	修前参数	备注（设计值）
汽轮机				
1	汽轮机热效率	%		Ⅱ类修正后
2	高压主蒸汽门关闭时间	s	0.342	≤0.4
3	中压主蒸汽门关闭时间	s	0.328	≤0.4
4	高压调门关闭时间	s	0.286	≤0.4
5	中压调门关闭时间	s	0.306	≤0.4
6	真空严密性（800MW 工况）	kPa/min	A 侧 0.194 B 侧 0.162	≤0.27

续表

序号	项 目	单位	修前参数	备注（设计值）
7	高压加热器投入率	%	100	100
8	润滑油清洁度等级	NAS	6	<8
9	抗燃油清洁度等级	NAS	5	<6
10	1号瓦最大振动	mm/s	2.34	<9.3
11	2号瓦最大振动	mm/s	2.90	<9.3
12	3号瓦最大振动	mm/s	4.80	<9.3
13	4号瓦最大振动	mm/s	3.19	<9.3
14	5号瓦最大振动	mm/s	2.89	<9.3
15	6号瓦最大振动	mm/s	2.35	<9.3
16	7号瓦最大振动	mm/s	3.31	<9.3
17	8号瓦最大振动	mm/s	3.25	<9.3
锅炉				
1	省煤器进口给水温度	℃	279	298
2	排烟温度	℃	135	<130（未修正）
3	飞灰可燃物	%		无设计值
4	灰渣可燃物	%		无设计值
5	锅炉热效率（修正后）	%	94	>93.72
6	空气预热器出口一次风温	℃	319/319	328
7	空气预热器出口二次风温	℃	339/334	339
8	空气预热器漏风率（A/B）	%	3.65/3.33	6
9	空气预热器烟气阻力	Pa	1184/1233	1295
电气一次				
1	漏氢率（氢冷机组）	%	0.4	2.4
2	定子冷却水出入口温差	℃	18.5	≤35
3	定子冷却水电导率	μS/cm	0.25	≤1.5
4	定子线圈出水温度	℃	63.3	≤85
5	定子线圈出水温升	℃	23.3	≤45
6	定子线圈出水温差	℃	3.8	≤8
7	定子线圈层间温度	℃	63.5	≤90
8	定子线圈层间温升	℃	40	≤45
9	电气绝缘合格率	%	100	100
10	充油电气设备油质合格率	%	100	100
电气二次				
1	电气设备修后动作准确率	%	100	100
2	继电保护及其自动装置投入率	%	100	100
3	仪表正确率	%	100	100

续表

序号	项　　目	单位	修前参数	备注(设计值)
	热控			
1	主要检测参数合格率	%	100	100
2	自动投入率	%	100	100
3	保护投入率	%	100	100
4	数据采集系统测点投入率	%	100	100

表 1-6　　　　　　　　　　　　　辅机可靠性数据

主要辅机	运行小时 (h)	备用小时 (h)	计划检修停运小时 (h)	非计划停运小时 (h)	可用系数 (%)
磨煤机	7643.735	1745.59	2277.11	0	99.85
给水泵	9694.22	1915.54	241.78	0	100
送风机	9580.34	1972.13	355.66	0	100
引风机	9137.31	1998.14	760.74	37.95	99.62

表 1-7　　　　　　　　　　　　　可靠性事件

事件起始时间	事件终止时间	事件状态	事件持续小时	事件原因说明
11-06 16：5	11-09 13：18	第 4 类非计划停运	68.32	锅炉 4.2m 后墙水冷壁中部泄漏
12-01 11：00	12-03 04：18	第 4 类非计划停运	41.3	锅炉炉膛大量掉焦，捞渣机跳闸
02-03 02：21	02-16 14：55	备用	324.57	春节调停
04-30 17：39	05-01 06：53	第 1 类非计划停运	13.23	机组总风量低于 25%，锅炉 MFT

二、能耗分析

（1）在基建期间进行了空气预热器的密封改造，目前运行良好，漏风率仅为 3.65%/3.23%，漏风率不大，因此本次检修空气预热器密封不再进行改造。

（2）汽轮机六段抽汽管路凝汽器内部段加装隔热套管，预计能将抽汽温度提高 15℃ 左右，提高抽汽回热利用率。

（3）目前两台机组的平均补水率达到 1.2% 左右，高于一般超临界机组的平均水平，在发电部内漏阀门清单的基础上，利用本次检修，对锅炉、汽轮机的汽水阀门进行检查和内漏处理。

三、修前设备隐患统计分析

机组运行期间按照设备隐患管理规定，统计出以下隐患，见表 1-8。

表 1-8　　　　　　　　　　　　　大修机组隐患统计

序号	项目内容	整改措施
	重大隐患	
1	塔式锅炉水冷壁 T23 存在泄漏风险	重点部位无损检测

续表

序号	项目内容	整改措施
2	再热器进出口堵阀存在焊接及裂纹风险	（1）热段堵阀阀体：磁粉检测或渗透检测（优先于磁粉检测）； （2）热段堵阀阀体与过渡管异种钢焊口：射线检测，焊缝表面渗透检测，进行焊口硬度检验； （3）热段堵阀过渡管与热段母管 P92 焊口：射线检测或超声检测； （4）冷段堵阀阀体：磁粉检测或渗透检测（优先于磁粉检测）； （5）冷段堵阀两侧焊口：射线检测或超声检测
3	锅炉 P92 材质联箱及管道焊口检查	（1）制订检查计划和裂纹治理方案； （2）利用检修时机对所有 P92 联箱及管道焊口进行普查，发现缺陷及时进行处理
一般隐患		
汽轮机专业		
1	机组凝汽器检漏装置无法正常工作	凝汽器内部取样管检查疏通
2	凝结水管道振动大	部分支吊架增补、整改
3	海水补给水管道腐蚀	更换部分管道及防腐处理
4	1 号瓦顶轴油模块至 1 号瓦止回门内漏	更换顶轴油模块止回门
5	循环水泵出口法兰漏水	更换出口法兰垫片
6	凝汽器循环水返回水室连通管膨胀节老化	更换膨胀节
锅炉专业		
7	一次风机动叶执行机构显示偏差	风机揭盖进行检查检修
电气一次专业		
8	氧化风机电机定子槽楔原为磁性槽楔，其他厂有电机因槽楔松动造成电机定子绕组烧损	解体检查槽楔固定的可靠性
9	发电机紧固件同类型机组有松动现象	检查及重新打力矩
10	发电机 TV 推进时有接触不良的现象	检查 TV 导轨及触头
11	发电机中性点隔离开关有接触不良的现象	调节隔离开关
12	6kV 开关多次发生卡涩现象	调整、活门改造
热控专业		
13	过热器减温水电动门执行器更换	将故障率较高的 EMG 执行器改为罗托克执行机构
14	引风机静叶执行器改造	更换为大功率执行机构
15	脱硫旁路执行器改造	更换为大功率执行机构
16	TSI 接线盒改造	TSI 接线盒更换及接线
17	汽泵前置泵压力测点引压管路改造，轴封加热器出口压力变送器及压力表表管改造	取样管路重新敷设
18	精处理系统阀门气源管路增加装载止门	精处理系统阀门气源管路增加装载止门

序号	项目内容	整改措施
19	凝泵密封水压力低、给水泵汽轮机润滑油滤网差压高误报警	更换压力开关为压力变送器
20	给水泵非驱动端密封水调节门不便于检修	把阀头转180°
21	发电汽轮机和给水泵汽轮机油系统仪表管接头及阀门改造	更换接头、阀门
22	机组给水泵出口电动门改造	增加模拟量反馈（电缆敷设）
23	给水泵壳体温度改造	更换温度元件
硫化专业		
24	脱硫旁路及净烟气烟道积水较重	烟道底部加疏水槽，布置疏水管道
25	烟囱入口烟道膨胀节漏水	更换膨胀节（厂级）
26	吸收塔出口膨胀节漏水	更换或检修膨胀节
27	吸收塔搅拌器机械密封漏及轴严重磨损	更换机械密封漏及轴（厂级）
28	二级埋刮板机出力不足	进行增容改造（厂级）
29	四台浆液循环泵入口滤网易堵塞	进行滤网换型（增大通流面积）
30	吸收塔立式地坑泵各部件频繁损坏	进行地坑泵换型改造（厂级）
31	电除尘器 5E3/5E4/5F3/5F4 电场短路	更换 5E3/5E4/5F3/5F4 电场螺旋线
32	前置过滤器进口阀门垫片有泄漏风险	更换垫片
33	吸收塔除雾器冲洗水阀门频繁内、外漏	修改吸收塔B层除雾器冲洗水管路走向，检查各层除雾器冲洗阀门并将各阀门进行正装

四、 修前设备缺陷统计

机组运行期间按照设备隐患管理规定，统计出隐患见表1-9。

表1-9 修前设备缺陷统计表

序号	缺陷名称	责任单位	专业	性质
一	开口缺陷			
1	循环水泵出口液控蝶阀法兰漏水	设备部	汽轮机	
2	高压加热器就地液位计翻板液位显示不准	设备部	汽轮机	
3	高压加热器进汽气动逆止门执行机构被保温卡死，无法进行松动性试验	设备部	汽轮机	
4	给水泵汽轮机直流油泵试转，停运时触发润滑油压力低报警	设备部	汽轮机	
5	凝结水精处理出口放水门内漏	设备部	汽轮机	
6	A侧1号二级减温水辅助电动门卡涩，无法操作	设备部	锅炉	
7	B侧1号二级减温水辅助电动门非全开状态盘根泄漏	设备部	锅炉	
8	火检冷却风机振动超标	设备部	电气一次	
9	第一组 SF_6 气体压力低报警	设备部	电气一次	

续表

序号	缺陷名称	责任单位	专业	性质
10	脱硝 MCC 段电源进线（一）B 相电压为 0	设备部	电气二次	
11	电动门配电箱（四）指示灯不亮	设备部	电气二次	
12	电除尘器 5E3 电场短路	设备部	硫化	
13	电除尘器 5E4 电场短路	设备部	硫化	
14	电除尘器 5F3 电场短路	设备部	硫化	
15	电除尘器 5F4 电场短路	设备部	硫化	
16	吸收塔搅拌器机封漏浆液	设备部	硫化	
二	一般缺陷	设备部	专业	
1	给水泵汽轮机后轴承座排烟管排烟管恢复	设备部	汽轮机	安全隐患
2	高压缸温度测点漏汽	设备部	汽轮机	安全隐患
3	高压加热器危疏阀芯组建改造	设备部	汽轮机	安全隐患
4	高压加热器危疏增加防冲刷笼罩	设备部	汽轮机	安全隐患
5	凝输泵两端轴承盖加设油嘴（水泵检修期间实施）	设备部	汽轮机	结构完善
6	闭冷泵两端轴承盖加设油嘴（水泵检修期间实施）	设备部	汽轮机	结构完善
7	汽泵两端油水分离腔室开设通气槽、加大底部排污槽（轴承座检修期间实施）	设备部	汽轮机	结构完善
8	引风机电机尾部渗油	设备部	锅炉	一般缺陷
9	引风机出口膨胀节腐蚀	设备部	锅炉	一般缺陷
10	空气预热器空气电动机超越离合器温度高	设备部	锅炉	安全隐患
11	引风机前导叶角钢强度不足	设备部	锅炉	安全隐患
12	引风机后导叶处漏风异音	设备部	锅炉	安全隐患
13	一次风机动叶执行机构显示偏差	设备部	锅炉	安全隐患
14	省煤器进口集箱疏水电动一、二门内漏	设备部	锅炉	轻微
15	发变组保护两台 T35 装置液晶显示乱码	设备部	电气二次	安全隐患
16	故障录波器直流采样板故障	设备部	电气二次	一般缺陷
17	增压风机 B 冷却风机出口三通挡板卡涩	设备部	硫化	安全隐患
18	汽泵密封水温度表不准	设备部	设备部	热控一班
19	锅炉房仪用压缩空气流量 OM 画面上显示坏点	设备部	设备部	热控二班
20	汽泵密封水温度表测量不准	设备部	设备部	热控一班

五、 修前分析结论及项目建议

1. 汽轮机专业

（1）2 号低压转子 K1 值设计值偏小，在破坏真空等极端工况下，容易造成动静碰磨。

解决方案：对 2 号低压转子调端第三级轴向进行车削，增大 K1 值。

（2）凝结水管道振动较大，运行中出现小管道焊口断裂的问题。

解决方案：由苏州热工研究院针对现场管道振动情况对支吊架进行优化设计，本次检修

第一章　检修前设备状况分析　**11**

完成支吊架整改工作，同时对原有管道支吊架破损部位进行修复。

（3）六抽温度偏差大，汽温低。

解决方案：凝汽器内六抽管道增加隔热罩，减小因凝器内的汽流冲刷带走的热量。

（4）高低压凝汽器背压差小，平均背压高，严重影响机组经济性。

解决方案：将目前的抽真空管道进行改造，由高低压凝汽器串联抽汽改造为单独从高低压凝汽器抽汽。

2. 锅炉专业

（1）锅炉专业目前存在的主要问题有：锅炉水冷壁在启停过程中易产生裂纹，结合检修和重大检修进行全面检查和处理；锅炉 P92 材质联箱及管道焊口检查；引风机的前导叶铰接装置角钢易断裂，角钢强度不足，需全面进行更换；磨煤机出口粉管磨损量大；一次风机、引风机的非金属膨胀节有腐蚀、破损，需要检修时更换烟风道系统中的挡板门轴销处漏灰，影响文明生产，检修时对密封进行检修；5A 一次风机动叶执行机构显示偏差，进行风机揭大盖检查。

（2）本次检修的重点工作是：锅炉水冷壁在启停过程中易产生裂纹，本次检修中列为重大检修项目，进行全面检查和处理，对高温高压受热面的氧化皮进行无损检测与分析；对四大管道支吊架及炉本体支吊架进行第一次普查，进行分析和计算，保证管道的运行安全；锅炉内外部检验及炉外管道检验；5A 空气预热器液力偶合器更换成磁力联轴器，保证空气预热器运行安全，空气预热器 LCS 提升杆密封座容易卡涩，本次检修需进行改进；5D、5E 磨煤机首次大修；5A 一次风机动叶执行机构部分重点检查检修。

3. 电气一次

（1）按上海汽轮发电机厂规程规定发电机运行一年后应在适当时机进行全面检查，通过检查可能发现设备存在的隐性缺陷并得到及时处理，有利于发电机稳定运行；

（2）氧化风机电机定子采用磁性槽楔，其他厂有高压电机因磁性槽楔制造质量不良，运行中槽楔松动使定子绕组烧损，所以应利用 A 级检修机会对电机进行解体检查槽楔的固定性；

（3）发电机绝缘过热装置的排气管与排污管共用，油污易进入绝缘过热装置内造成故障，应将排气管与排污管分设；

（4）按照预防性试验要求，对 6kV 及以上系统进行预防性试验，以判断电气设备的绝缘良好程度；

（5）带有滚动轴承的电动机进行解体检查，检查油隙是否合格，不合格则更换；

（6）检查清洁 400V 配电装置，保证设备处于良好状态。

4. 电气二次

（1）发电机计量 TV、TA 改造。通过对机组线路、主变压器、厂用变压器及发电机电度表、计量 TV、TA、计量二次回路等几个部分详细检查，确认计量表计、计量二次回路均正常，符合误差要求。利用停机机会对发电机计量 TV、TA 进行精度性能测试，发现计量 TV 在额定负载下误差符合要求，但在小负载（2.5VA）情况下误差超标，误差达到 +0.287，造成发电机电度表走字偏多，电量不平衡率和综合厂用电率偏大。

建议：更换发电机计量 TV，增加两组专用计量 TA，计量 TV 型号不变、外观不变、接线方式不变，要求厂家特殊定制 TV 误差精度，要求在 2.5VA 负载下，（80%～120%）

U_e 范围内满足 0.1% 精度要求；在 20VA 负载下，（80%～120%）U_e 范围内满足 -0.15% 精度要求。

（2）二期发电机、主变压器、高压厂用变压器功率变送器改造。主变压器 B 相电流相比 A、C 相偏大，现有的变送器接法为三相三线制，是按照三相平衡负载来计算有功功率的，当 B 相电流偏大的时候，实际上平衡已经被打破。所以变更为计算三相不平衡负载的三相四线制变送器会使精度更加准确。

0.5 级的变送器精度等级较低，量程范围过大，即使是在误差范围内，发电机、主变压器及厂用变压器三者显示的功率与实际值相差较大。

建议：将发电机有功功率变送器、高压厂用变压器有功功率变送器更换为精度为 0.2 级的产品；将主变压器有功功率变送器、主变压器无功功率变送器更换为三相四线制、精度为 0.2 级变送器，并经检定合格，具备投运条件。

（3）二期高压厂用变压器电能表改造为 0.2 级。由于高压厂用变压器测量 TA 为 0.2 级，电能表准确等级为 0.5 级，电能表精度较低，计量误差偏大。

建议：将电能表更换为 0.2 级的产品，并经检定合格，具备投运条件。

（4）电除尘高压控制柜增加试验转换开关技术改造。电除尘系统在做不带电场升压试验时，靠电场侧的开关需要打到接地位置，而靠变压器侧的开关需要打到开路位置，这样高压隔离开关柜送到高压控制柜安全联锁的触点将闭合，将会跳开主回路开关导致试验无法正常进行。

建议：在高压隔离开关柜到高压控制柜的安全联锁的控制回路里加装一个转换开关，转换开关装于控制柜表面，正常运行时转换开关打到工作位置，在做空载升压试验时打到试验位置，试验位置就是断开该触点，这样就不用再在高压控制柜中拆线；在高压隔离开关柜到高压控制柜的安全联锁的控制回路里加装一个空开或试验段子，装于柜内端子排处，正常运行时合上，在做空载升压试验时打到断开位置。

（5）机组 PSS 投退信号接入远动装置。应省调要求，将 PSS 投退信号接入远动装置。

建议：PSS 投退信号，目前从励磁调节器分别开出一对接点到 DCS，因为从 DCS 到 AGC 有备用电缆，建议在 DCS 卡件送出一对接点到 AGC，PSS 投入状态对应接点闭合，PSS 退出状态对应接点断开。

5. 热控专业

（1）炉膛负压取样点位置改造。现在炉膛负压取样点均集中在一块取样板上，测点之间距离过近，而且测量常受到炉膛吹灰器的影响，已经威胁到机组的安全稳定运行。

建议：对炉膛负压取样点位置改造，使测点分开布置，相邻测点间距离不小于 1.5m，重新敷设取样管路，尽量避开炉膛吹灰器的影响。

（2）空气预热器漏风控制系统（LCS）无远方操作。

建议：基于 LCS 系统的现状，增加远方通信，将 LCS 系统与 DCS 有机地连为一个整体，这样就可以在 DCS 操作员站实现对 LCS 系统的操作与监控。

（3）ETS 系统保护测点增加。目前 ETS 系统部分测点如励磁机后热风温度、氢冷器出口处冷氢温度测点未能实现真正意义上的 3 取中，有测点公用现象。

建议：利用现场现有资源，加装温度测点，完善 ETS 系统的保护功能。

（4）过热器减温水电动门执行器更换。

建议：现有的过热器减温水电动门执行器故障率较高，运行中多次发生过力拒报警，同类型执行器发生电机线圈烧损现象，鉴于减温水阀门的重要性，对其进行换型，而且以前更换的同类型产品运行状况良好，未发生过故障。

（5）1号转速更换。目前1号转速出现信号消失现象，并联4号转速信号。

建议：对原探头进行检查测试，必要时更换探头及延长线。

（6）精处理加氧装置不能自动加氧。

建议：对原加氧系统进行技术改造，引进新技术，确保加氧自动运行。

6. 硫化专业

（1）二级刮板重大技改，在正常运行中由于设计原因，二级刮板爬坡角度达到42°（渣系统应在37°输送比较可靠），且宽度是捞渣机的一半，所以二级刮板转速高，出力却不大。目前二级刮板链条、刮板已磨损1/3，刮板支持板也磨损严重，而且严重影响到底渣系统的整体出力，长时间高负荷状态下需要进行紧急排渣。机组改造后效果非常明显，系统安全稳定，维护量小。

（2）电除尘E3、E4、F3、F4电场阴极丝断造成电场短路，造成电除尘器除尘效果差，且已严重影响机组脱硫效率，须进行更换阴极丝处理。

（3）脱硫效率偏低，运行4台脱硫浆液循环泵后勉强维持95%，须进行彻底检查处理。

（4）脱硫吸收塔喷淋管道掉落，衬胶损坏，须修补。

（5）脱硫循环泵入口滤网堵塞，造成脱硫循环泵运行中须停运反冲洗，须彻底检查清理。

（6）化学前置过滤器滤元反冲洗次数已达到厂家要求的100次，须更换处理。

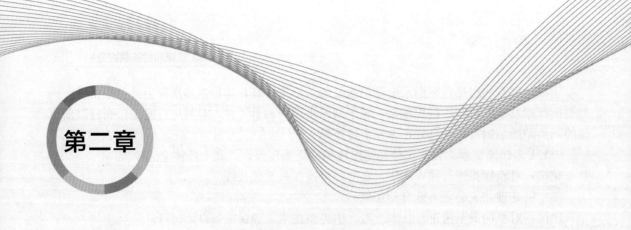

第二章

计 划 管 理 文 件

第一节 组 织 机 构 管 理

一、 制定 A 级检修组织机构

A 级检修组织机构是保证整个 A 级检修指挥有力和行动有序的决策策划机构，设有 A 级检修领导决策层两个决策层和现场检修指挥组，下设技术质量组、安健环检查组、传动启动组、物资供应组、费用资源组、进度管理组、宣传保卫组、后勤保障组等八个执行层，组织框架如图 2-1 所示。

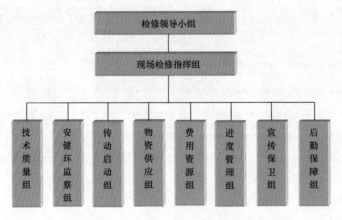

图 2-1　检修管理组织机构结构

二、 检修组织机构

1. 检修领导组

组长：生产副总

副组长：总工

组员：检修副总、运行副总、维护部经理、运行部经理、生技部经理、安健环经理、检修公司经理、行政部经理、党建部经理

职责：

（1）代表公司检修准备、实施、传动和总结进行总体协调工作。

（2）协调各部门的关系，确保工作关系的通畅。

（3）监督检修的质量、进度、安健环、费用等，协调人力和物力资源，对存在的重大问题及时处理。

2. 检修现场指挥组

组长：检修副总

副组长：维护部经理、检修公司经理、运行部经理

组员：设备部副经理、检修公司副经理、运行部副经理、设备部各专业主管、运行部各专业主管、参修单位各标段负责人

职责：

（1）对检修的准备、实施、传动和总结工作负总责。

（2）负责协调参加检修各单位的关系，确保检修工作的顺利进行。

（3）控制检修的整体工程进度，对检修的质量、工期、安健环、费用、资源等管理负总责。

（4）组织检修协调会，及时协调解决检修过程中发生的问题，保证检修的顺利进行。

（5）负责安排、协调和监督检查以下各组的工作，保证组织机构正常运行。

3. 传动和启动组

组长：运行副总

副组长：维护部经理、检修公司经理、运行部经理

组员：运行部副经理、各值长、运行各专业主管、设备部各专业主管、参修单位各标段负责人、当值机组长

职责：

（1）负责根据检修进度编制传动、启动和试验计划。

（2）负责制定传动、启动和试验工作与缺陷处理程序。

（3）负责制定传动、启动和试验安全与技术措施，并进行风险评估。

（4）负责设备检修后的冷态、热态整体验收。

4. 安健环监察组

组长：安全总监

副组长：安健环经理、生技部经理

组员：安健环检修主管、设备部安全主管、发电部安全主管、安健环环保主管、检修公司安全主管

职责：

（1）负责组织编制检修的安健环管理方案，审核项目风险评估（包括安全措施）。

（2）监督检修现场各项安全措施的制定与实施情况。

（3）监督检查检修现场防火、防触电、防机械打伤、防人身伤害等措施的执行。

（4）监督检查现场的文明生产情况并提出整改意见。

（5）对现场的习惯性违章和文明生产进行考核。

（6）确保现场各项工作符合安健环要求。

（7）负责检修安全文明生产的记录和总结工作。

5. 技术质量管理组

组长：总工程师

副组长：生技部经理、检修副总工

组员：生技部各专业主管、监理工程师

职责：

(1) 在检修中严格贯彻公司的检修质量目标，确保检修质量。

(2) 负责检修项目技术措施审核或编制工作。

(3) 负责组织项目的三级验收工作并监督检查各专业的一、二级验收工作。

(4) 检查检修过程中文件包的执行情况，并负责反馈意见的收集和整理。

(5) 负责检修过程中的技术指导工作。

(6) 负责设备检修后的冷态、热态整体验收。

(7) 负责整个检修过程中公司管理体系文件执行情况的检查和落实。

(8) 负责有关技术、质量的反馈意见和信息，负责检修后的技术、质量总结工作。

(9) 负责对检修过程中的不符合项提出整改要求，并提出考核意见。

6. 进度管理组

组长：生产副总经理

副组长：检修副总工、物资部经理

组员：设备部检修主管、发电部各专业主管、监理工程师、物资部采购员、生技部各专业主管

职责：

(1) 负责审核一、二级网络进度图并监督执行情况，监督三级网络进度。

(2) 负责机组检修涉及进度的内外部协调工作。

(3) 负责审批进度调整。

(4) 定期召开进度盘点会，并负责反馈意见的收集和整理、汇报。

(5) 及时收集分析影响进度的各种因素，每日通报，掌握实际进度与计划之间的偏差，进行分析，并及时调整人力和物力，保证检修进度按计划进行。

7. 物资供应组

组长：经营副总

副组长：物资部经理、检修副总工

组员：物资部各采购员、仓库管理员、设备部各专业主管

职责

(1) 负责检修物资采购工作。

(2) 负责组织检修备品备件和材料的验收。

(3) 负责检修物资的发放工作。

(4) 负责检修物资费用的统计工作，并对其及时性负责。

(5) 负责检修物资采购总结。

8. 费用资源组

组长：生产副总

组员：经营副总、物资部经理、检修副总工、生技部经理、设备部检修主管、生技部费

用主管

职责：

（1）负责编制检修预算。

（2）负责检修人力资源的组织和落实来源。

（3）负责检修中外委项目的确定和组织招标。

（4）负责检修费用和人力资源的总结工作。

9. 后勤保障组

组长：行政部经理

组员：三产公司经理、行政主管、三产餐饮主管、三产宿舍主管

职责：

（1）负责联系落实现场防寒保暖需求和加班人员的饮食安排。

（2）保障现场突发事件人身伤害的救助和对外紧急救援的联络。

（3）保障检修过程中外援人员的吃、住、医疗、交通、接待等后勤工作的管理和协调。

10. 宣传保卫组

组长：党建部经理

组员：党建部治安主管、党建部宣传主管、党建部消防主管、设备部事务员、生技部事务员、发电部事务员

职责：

（1）负责检修现场的宣传策划、准备和实施工作。

（2）负责检修宣传报道、信息稿件的组织收集、传递、发布等工作。

（3）负责现场安全保卫的策划和管理工作。

第二节　检修准备计划统计

准备工作完成情况盘点见表 2-1。

表 2-1　　　　　　　　　　　准备工作完成情况盘点表

序号	计划内容	责任单位	负责人	计划完成日期	检查与验收标准	实际完成日期	检查人	备注
1	成立组织机构并明确责任	生技部	检修副总工	9.3	组织机构符合要求，明确责任	9.3	生产副总	
2	确定检修目标	生技部	检修副总工	10.15	确定了检修目标	10.15	生产副总	
3	项目确定	设备部	检修副总工	9.30	项目确定	2.15	检修副总工	
4	报出进口备件采购计划	设备部	检修副总工	10.20	报出采购计划	10.31	生技部经理	
5	报出第一批国产备件计划	设备部	检修副总工	10.30	报出采购计划	12.5	生技部经理	
6	外委修理项目统计	设备部	检修副总工	11.5	外委修理项目按标段统计完成	11.20	检修副总工	

续表

序号	计划内容	责任单位	负责人	计划完成日期	检查与验收标准	实际完成日期	检查人	备注
7	项目评审	生技部	生技部经理	11.30	按专家建议对项目进行调整	2	生产副总	
8	完成特殊项目可研报告编制	设备部	各专业主管	12.15	除标准项目外其他项目均编制完成	12.30	生技部主管	
9	需要补充的工器具统计	设备部	各专业主管	1.5	统计完毕	1.5	检修副总工	
10	绘制定置图和进度网络图	设备部	各专业主管	1.10	完成定置图和一、二级网络图	1.10	检修副总工	
11	完成检修文件包、检修质量验收单和检修工艺卡编制，并审批完成	设备部	各专业主管	1.20	按发电管理系统标准	1.28	检修副总工	
12	报出第二批国产备件计划	设备部	检修主管	1.20	报出采购计划	1.30	检修副总工	
13	对外承包项目确定	设备部物资部	检修副总工物资部经理	1.25	项目对外承包确定	2.28	生产副总	
(1)	确定检修项目标段划分	设备部	检修副总工	12.10	项目标段划分完成	12.10	检修副总工	
(2)	检修各标段招标文件编制完成	物资部	物资部经理	12.25	招标文件编制完成	1.10	经营副总	
(3)	外委项目招标完成	物资部	物资部经理	1.15	完成招标	2.28	经营副总	
(4)	承包商确定并签订合同	物资部	物资部经理	1.25	承包商确定并签订合同	2.28	经营副总	
14	完成监理大纲的编制	设备部	检修主管	2.5	完成监理大纲编制	2.25	检修副总工	
15	完成重大修理项目、重要检修项目、技改项目施工方案编制，检修试验项目方案的编制	设备部发电部	各专业主管	2.5	按发电管理系统要求，并符合修前、中和后的试验要求	2.25	总工程师	

续表

序号	计划内容	责任单位	负责人	计划完成日期	检查与验收标准	实际完成日期	检查人	备注
16	完成物资采购前的统计	物资部	物资部经理	2.5	完成物资采购前的统计和审批	2.25	经营副总	
(1)	备品备件和材料统计	物资部	物资部经理	2.5	完成物资采购前的统计和审批	2.25	经营副总	
(2)	机加工备件和配件统计	设备部	检修主管	1.30	完成物资采购前的统计和审批	2.25	检修副总工	
17	费用按预算分解	设备部	检修副总工	2.5	费用分配到各专业、班组	2.25	生产副总	
18	完成缺陷统计和分析	设备部	点检长、主管	2.20	缺陷统计分析、并提出项目建议	2.25	生技部经理	
19	特殊项目"三措"制定及检修项目的风险评估	设备部	点检长、主管	2.20	特殊项目和重点检修项目"三措"制定，进行风险评估	2.25	生技部经理	
20	确定使用文件包项目及其他各项目验收标准	设备部	点检长、主管	2.20	所有项目都确定了使用的验收标准的类型	2.25	生技部经理	
21	修前数据测量和收集（含性能试验）	设备部发电部	专业主管	2.20	数据测量和收集齐全，对机组检修前的性能有一个全面的了解（性能试验部分在检修前一个月内完成）	3.31	生产副总	
22	完成管理策划文件编制	设备部	检修主管	2.25	检查检修准备情况，策划书编制初稿完成	2.25	生技部经理	
23	现场文明施工策划和现场定置图	设备部	安全主管	2.25	完成现场定置图	2.25	生技部经理	
24	现场检修电源及照明电源	设备部	点检长、主管	2.30	现场检修电源及照明电源分布方案完成	2.25	生技部经理	
25	宣传策划	党建部	党建部经理	2.25	符合"火力发电厂A/B/A级检修管理标准"要求	2.25	书记	
26	后勤准备	三产公司	三产经理	2.25	后勤准备完毕，可接待	2.25	经营副总	

续表

序号	计划内容	责任单位	负责人	计划完成日期	检查与验收标准	实际完成日期	检查人	备注
27	物资采购验收入库	物资部	物资部经理	2.28	检修所需物资到货，并验收入库	3.31	经营副总	
28	文件包审核和印刷	设备部	各专业主管	2.28	完成文件包审核和印刷	1.5	总工程师	
29	工器具检验和检修包括起重设备安检和特种车辆年检	设备部	起重点检员	2.28	工器具检验和检修完成（不包括特种车辆年检）	2.25	生技部经理	
30	文件包、三措、监理大纲学习考试	设备部	各专业主管	2.28	参加检修人员均学习、考试合格	2.25	生技部经理	
31	安规学习考试（包括外委人员）和特种作业人员证件复审	安健环部	安全主管	3.5	安规考试合格，特种作业人员证件复审留存	2.25	安全总监	
32	管理策划文件审核、出版	设备部	检修副总工	3.5	管理策划文件按规定审核、印刷，发放受控	2.25	生产副总	
33	劳务用工三级安全教育	安健环部	安健环部经理	3.5	劳务用工进行公司、维修部、班组三级安全教育	3.1	安全总监	
34	完成修前的物资采购	物资部	物资部经理	3.5	完成物资采购	2.25	生产副总	
35	完成机组运行报告编制	发电部	发电部经理	3.5	结合机组运行分析、点检报告，完成机组运行报告	2.25	生产副总	
36	现场布置	设备部	专业主管	4.1	现场布置	3.20	检修副总工	
37	办理工作票（工单）	发电部	发电部经理	3.25	办理开工工作票	3.15	生产副总	

第三节　资源配置计划

一、参修人力资源配置计划

A 级检修计划计划工期 60 天，内控工期 52 天。为了确保按时完工，同时保证各项技术、管理指标先进，编制本人力资源计划。各参修单位务必按照本要求配置基本人力资源，并自行储备检修过程其他不可预料事件应急人力资源。

　　各标段人力基本配置（按照配置人员平均操作技能都在专业中级工及以上考虑，特殊项目的是按照本专业高水平高效率人员考虑，个别单位人员平均技能水平达不到本要求的，人员数量需要另外自行补充）。检修人员配置见表 2-2。

表 2-2　　　　　　　　　　　　检修人员配置表

序号	项目	责任人	人员数量	工种配置要求	备　注
1	汽轮机本体以及发电机检修	汽轮机主管	80人	必须配置汽轮机本体专业检修工、调速系统专业检修工、专业起重班、专业叉车司机、管阀检修工、高压焊工等	检修开工一周前完成安全操作规程培训，15人提前进场完成检修准备工作
2	汽轮机辅机项目	汽轮机主管	60人	必须配置汽轮机水泵专业检修工、专业起重工、专业叉车司机、管阀检修工、高压焊工等	检修开工一周前完成安全操作规程培训，5人提前进场完成检修准备工作
3	高温高压疏水弯头、阀门以及焊口返修等	汽轮机主管	7人	高温高压焊工不少于2人、专业处理人员2人，其他辅工不少于3人	需要根据现场工作量随时响应并及时进行人员补充
4	凝汽器水室等衬胶	汽轮机主管	7人	电工1名，2名安全监护人员，4名防腐作业人员	停机第10天，全部人员到厂，开始准备工作。工作开始前必须完成安全操作规程培训
5	循环水系统检查冷却塔清淤	汽轮机主管	35人	电工1名、2名安监人员、5名防腐作业人员、12名管阀技术工人、15清淤工人	停机第10天，循环水排完，全部人员到厂，开始准备工作。工作开始前必须完成安全操作规程培训
6	汽轮机侧脚手架保温油漆	汽轮机主管	40人	专业脚手架操作工30人，专业保温工20人，建议配备起重操作工2人，焊工一人（要配有充足脚手架搭设人员）	停机前15天骨干人员进场，准备材料、熟悉现场，停机前10天全部人员进场熟悉现场，停机前一周开始现场脚手架搭设
7	锅炉安全阀等检修及校验	锅炉主管	6人	配备管阀检修工资质人员、安全阀检修校验资质人员	检修前完成安全培训，3日内全部到厂
8	锅炉本体检修	锅炉主管	89人	必须配备专业管阀检修工、专业起重工、专业高压焊工、专业叉车工、专业电工等，特殊工种人员必须持证作业	检修开工一周前完成安全操作规程培训，10人提前进场完成检修准备工作（场地布置，临时电源、临时照明布架设等）

续表

序号	项目	责任人	人员数量	工种配置要求	备注
9	锅炉辅机检修	锅炉主管	83 人	必须配备专业锅炉辅机检修工、专业起重工、专业高压焊工、专业叉车工、专业电工等，特殊工种人员必须持证作业	检修开工一周前完成安全操作规程培训，6 人提前进场完成检修准备工作（场地布置、临时电源、临时照明布架设等）
10	锅炉吹灰器	锅炉主管	12 人	单位具有吹灰器检修专业资质，必须配备专业管阀检修工，特殊工种人员必须持证作业	检修开工一周前完成安全操作规程培训，2 人在停炉前进厂办理相关手续和场地准备工作
11	水冷壁专项治理	锅炉主管	40 人	必须配备具有无损检验资质人员，特殊工种人员必须持证作业，具备良好的合作精神	检修开工一周内完成安全操作规程培训，停炉后一周内根据甲方管理人员通知人员进厂
12	汽水管道支吊架及晃动检查，振动治理	锅炉主管	32 人	具备支吊架及晃动检查、调整、设计资质，配备高级职称技术人员，配备相关工作经验人员	停炉前对管道进行检测，根据检测结果进行评估和设计，支吊架安装时间至少安排 1 名技术人员现场全程服务
13	锅炉侧脚手架保温油漆	锅炉主管	136 人	专业脚手架操作工 60 人，专业保温工 40 人，建议配备起重操作工 2 人，焊工 1 人	停机前 15 天骨干人员进场，准备材料、熟悉现场，停机前 10 天全部人员进场熟悉现场，停机前一周开始现场脚手架搭设
14	锅炉压力容器检验	锅炉主管	10 人	配备锅炉压力容器检验资质人员（检验人员至少 4 人）	检修开工一周内完成安全操作规程培训，停炉后一周内根据甲方管理人员通知进厂
15	配电设备检修	电气主管	70 人	专业人员不少于 50 人，试验要有资质的人员承担	停机前 15 天骨干人员进场，准备材料、熟悉现场
16	电气一次设备中发电机、主变压器等 20kV 及以上设备的预防性试验，发电机主变压器及 500kV 开关 TA 伏安特性试验	电气主管	4 人	在现场通知后要立即安排 4 名以上的试验人员至现场，配合完成相关工作	停机前 15 天骨干人员进场，准备材料、熟悉现场

序号	项目	责任人	人员数量	工种配置要求	备注
17	电动机检修，6kV、400V设备二次专业标准检修项目及改造项目，6kV设备仪表、变送器检验，6kV进线备用进线及负荷开关TA伏安特性试验。110、220V蓄电池充放电	电气主管	80人	电气二次总人数不低于10人，其中仪表专业人员不少于2人，仪表、保护工作人员要求持证作业。试验人员不少于6人。高压试验要有资质的人员承担	检修开工一周前完成安全操作规程培训，10人提前进场完成检修准备工作
18	主变压器TV精度测试	电气主管	4人	人员要持证操作	测试时人员提前到场
19	热控非标项目，电动执行机构检修及热控仪表校验	热控主管	45人	要求会仪表、自动和保护专业人员必须全员持证，持证人数必须满足现场工作需要。至少配专职高压焊工2名（会亚弧焊）	检修开工一周前完成所有参修人员安全教育培训及进场相关手续，至少6人提前进场完成检修相关准备工作
20	热控LCS通信改造	电气主管	5人	LCS控制专业人员	检修开工一周前完成所有参修人员安全教育培训及进场相关手续
21	热控电源柜改造	热控主管	5人	要求会电源布线、安装、设计的专业人员	检修开工一周前完成所有参修人员安全教育培训及进场相关手续
22	灰硫化设备改造	灰硫化主管	89人	必须配置电除尘器专业检修工、除灰设备专业检修工、水泵专业检修工、化学设备检修工、脱硫设备检修工、起重工、叉车工、焊工等	检修开工一周前完成安全操作规程培训，10人提前进场完成检修准备工作
23	脱硫化学系统防腐	灰硫化主管	10人	防腐施工人员必须配备防腐专业人员5名，至少2名机械检修工种和1名电气人员	施工负责人必须开始前一周到达现场办理相关手续。开始前所有人员到达现场，并完成相关入厂手续问题
24	脱硫化学系统衬胶	灰硫化主管	10人	衬胶施工人员必须配备衬胶专业人员5名，至少2名机械检修工种和1名电气人员	施工负责人必须开始前一周到达现场办理相关手续。开始前所有人员到达现场，并完成相关入厂手续问题

序号	项目	责任人	人员数量	工种配置要求	备　注
25	金属部件无损检测	金属主管	50 人	乙方现场的施工 50 人，必须持有相应工作范围的证件；现场施工的超声检测人员要求为Ⅱ级资质及以上，评片人员要求必须为Ⅱ级资质及以上；乙方射线检修人员至少保证 30 名	检修开工一周前完成安全操作规程培训，10 人提前进场完成检修准备工作和熟悉现场设备情况
26	监理	检修主管	20 人	锅炉专业 4 人，汽轮机专业 5 人，电气一次 3 人，电气二次 1 人，热控 2 人，金属 1 人，安全管理 1 人，硫化专业 2 人，设总监 1 名。所有人员要求持证作业	检修开工前 10 天提前进厂，开展相关技术文件审核，组织学习各项管理文件；检修结束后 15 天内每专业各留 1 人，负责督促检修资料整理和总结编写。检修过程中全程参与

设备部计划投入 66 人参加本次大修，具体为：安全专工 1 人，热控专业计划投入 30 人、锅炉专业管理人员 6 人、汽轮机专业管理人员 5 人、电气一次专业管理人员 5 人、二次专业计划投入 12 人、硫化专业管理人员 5 人、综合专业管理人员 2 人。

各检修单位在分步试运和整套启动阶段必须安排专业人员现场值班，机组并网后安排专人现场消缺。

各单位所有人员进入现场前必须完成安健环教育，并经过考试合格。

以上人员是按照较高要求考虑配置的人力，各单位可以根据自身实际情况进行适当调整，减少人员的，必须征得相应项目责任人的同意。

特殊工种人员必须持证作业。

所有人员都有义务参加甲方的应急抢险工作。

二、 设备部参加 A 级修理人员分工

维护机组设备管理人员安排见表 2-3。

表 2-3　　　　　　　　　　维护机组设备管理人员安排表

序号	专　业	姓名及联系电话
1	汽轮机专业	点检员（电话）、点检员（电话）、点检员（电话）
2	锅炉专业	点检员（电话）、点检员（电话）、点检员（电话）
3	电气一次专业	点检员（电话）、点检员（电话）、点检员（电话）
4	电气二次专业	专业主管（电话）、专工（电话）、班长（电话）
5	热控专业	专业主管（电话）、专工（电话）、班长（电话）
6	硫化专业	点检员（电话）、点检员（电话）、点检员（电话）
7	综合专业	点检员（电话）

注　1. 司职机组维护人员按照班组设备划分原则进行设备的日常管理工作。
　　2. 当运行机组出现紧急情况，检修指挥部将根据现场实际情况调配人力参加维护消缺，保证运行机组的安全稳定。

三、　按照标段，　说明外来承包商人力资源准备情况及入场时间计划

按照合同规定，各检修承包商全体人员在检修开工前 3 天提前进厂，项目经理、专业主管和检修负责人提前 5 天进厂。

四、　费用预算分解

为确保项目顺利实施，并合理优化费用使用，严格控制费用在预算范围内，对费用进行分解，要求各专责人遵循厉行节约的原则，合理安排检修工作，并对各项分解费用进行严格控制，做到项目有计划实施，费用有计划地使用。

根据检修项目情况，对费用预算进行调整并审批发布，并提出如下几点具体要求，请各部门严格执行。

（1）各项费用责任人应严格执行分解预算，费用控制最终结果不得超过分解预算指标，否则按超出预算部分的 1％考核责任人，分解预算责任部门总体超标时，按超出预算部分的 0.5％考核责任部门经理。

（2）设备部各专业按备件材料分解预算严格控制费用，各专业提高物资需求计划的准确性，修后各专业采购物资存库率不超过采购计划的 5％，如超出按超出部分金额的 1％考核专业负责人，如部门总体超出 5％，按超出部分金额的 0.5％考核部门经理。

（3）设备部负责控制物资需求计划的准确性，因计划不周造成库存增长或费用超支的专业，各专业点检长要承担主要责任，点检员承担次要责任。

（4）各专业严格按 BFS＋＋项目管理模块，创建关联工单，确保费项目费用的科目正确性，不允许合并工单领料。

（5）各专业领用超过定额的物资按规定履行审批程序，凡超预算计划领料（尤其是急采或补充计划），应向安技部和主管公司领导解释清楚理由。

（6）对外委托项目及检修过程中增加的项目必须提前履行审批手续，凡是手续不齐全的就开工的，项目负责人列入考核，委托项目要按零星委托程序规定，签完后交安技部检修项目主管一份，未交的视为手续不全进行考核。

五、　本次检修使用的主要工器具

工器具、仪器仪表统计和检验见表 2-4。

表 2-4　　　　　　　　　　工器具、仪器仪表统计和检验

序号	工器具名称	规格型号	数量	编号	责任人	完成时间	下次检验时间
起重机械							
1	浆液循环水泵桥式起重机	LX10-7.5	1 台	070255	点检员	2-28	2-28
2	增压风机转子过轨吊	LXG10-3A3	1 台	08 单-133	点检员	2-28	2-28
3	增压风机电机处电动葫芦	HCD-32-12	1 台	20	点检员	2-28	2-28

续表

序号	工器具名称	规格型号	数量	编号	责任人	完成时间	下次检验时间
4	引风机转子单轨吊	HC10-14	1 台	080229	点检员	2-28	2-28
5	引风机电机电动葫芦	HC50-10	1 台	08677	点检员	2-28	2-28
6	电除尘器 A 侧 a 单轨吊	CD1-3-36	1 台	9547	点检员	2-28	2-28
7	电除尘器 A 侧 b 单轨吊	CD1-3-36	1 台	7979	点检员	2-28	2-28
8	电除尘器 B 侧 a 单轨吊	CD1-3-36	1 台	9250	点检员	2-28	2-28
9	电除尘器 B 侧 b 单轨吊	CD1-3-36	1 台	9255	点检员	2-28	2-28
10	一次风机电机处单轨吊	PHHS-25t-9m	1 台	080230	点检员	2-28	2-28
11	一次风机转子处单轨吊	HC-12t-9m	1 台	080227	点检员	2-28	2-28
12	底渣系统排水泵单轨吊	CD-2	1 台	08334	点检员	2-28	2-28
13	渣仓顶部单轨吊	CD1-3-18	1 台	08030113	点检员	2-28	2-28
14	磨煤机过轨吊	LHG18-4.8	1 台	2007333	点检员	2-28	2-28
15	闭冷泵单轨吊	HC6-7	1 台	080219	点检员	2-28	2-28
16	凝汽器外循环水蝶阀处单轨吊	HC15	1 台	080222	点检员	2-28	2-28
17	真空泵 A 单轨吊	CD1-5t-6m	1 台	080215	点检员	2-28	2-28
18	真空泵 B 单轨吊	CD1-5t-6m	1 台	080216	点检员	2-28	2-28
19	真空泵 C 单轨吊	CD1-5t-6m	1 台	080217	点检员	2-28	2-28
20	17m 行车	QDWHX130/32-32.5	1 台	07-02-54	点检员	2-28	2-28
21	17m 行车	QDWHX130/32-32.5	1 台	07-02-53	点检员	2-28	2-28
22	10 层脱硝处 A 侧单轨吊	MD1-2	1 台	030210808	点检员	2-28	2-28
23	10 层脱硝处 B 侧单轨吊	MD1-2	1 台	030210908	点检员	2-28	2-28
24	炉顶单轨吊	CD1-2-121	1 台	08-12-K-2-1845	点检员	2-28	2-28
25	前置泵处单轨吊	HC10-6	1 台	080221	点检员	2-28	2-28
26	氧化风机房桥式起重机	LX5-5.5	1 台	070253	点检员	2-28	2-28

续表

序号	工器具名称	规格型号	数量	编号	责任人	完成时间	下次检验时间
27	柴油发电机室桥式起重机	LX8-4	1台	080141	点检员	2-28	2-28
28	吸收塔顶部单轨吊	CD-1	1台	080379	点检员	2-28	2-28
29	海水补给水泵房桥式起重机	LX10-7	1台	070250	点检员	2-28	2-28
30	升压站桥式起重机	10t	1台	070196	点检员	2-28	2-28
31	石膏仓4层直轨单轨吊	CD-5	1台	08338	点检员	2-28	2-28
32	石膏仓4层弯轨单轨吊	CD-5	1台	08301	点检员	2-28	2-28
33	除灰空压机房单轨吊	CD-5	1台	8336	点检员	2-28	2-28
34	灰库顶部电动单轨吊	CD-1	1台	08335	点检员	2-28	2-28
35	高效浓缩机顶部单轨吊	1t	1台	08010048	点检员	2-28	2-28
36	加药间桥式起重机	3t	1台	070247	点检员	2-28	2-28
37	循环泵龙门吊	MG60/20-32	1台	5070301905	点检员	2-28	2-28
38	海水净水站顶部单轨吊	CD1	1台	54	点检员	2-28	2-28
39	空压机房单轨吊	8t	1台	080225	点检员	2-28	2-28
电气二次							
1	电源盘	220V 25m	1个	BSBDE01YDDYP-29	班长	12-06	06-05
2	电源盘	220V 25m	1个	BSBDE01YDDYP-29	班长	12-06	06-05
3	电源盘	220V 50m	1个	BSBDE01YDDYP-28	班长	12-06	06-05
4	电源盘	220V 50m	1个	BSBDE01YDDYP-28	班长	12-06	06-05
5	吸尘器	FC 8202	1台	BSBDE01XCQ-64	班长	12-06	06-05
6	手枪钻	GBM500	1把	BSBDE01SQZ-34	班长	12-06	06-05
7	曲线锯	GST80B	1把	BSBDE01QXJ-47	班长	12-06	06-05
8	热风枪	GHG600-3	1把	BSBDE01RFQ-36	班长	12-06	06-05
9	热风枪	GHG500-2	1把	BSBDE01RFQ-36	班长	12-06	06-05
10	电钻	GSR14.4.2	1台	BSBDE01DZ-46	班长	12-06	06-05
11	电钻	GSR14.4.2	1台	BSBDE01DZ-62	班长	12-06	06-05
12	冲击电钻	GSB16RE	1台	BSBDE01CJZ-35	班长	12-06	06-05
13	塑封机	S2303	1台	BSBDE01DZSFJ-38	班长	12-06	06-05
14	昂立测试仪	onlly-A660	1台	BSBDE01SXBHCSY-14	班长	7-6	7-6

序号	工器具名称	规格型号	数量	编号	责任人	完成时间	下次检验时间
15	博电测试仪	PW466A	1台	BSBDE01SXBHCSY-15	班长	4-30	4-30
16	电动绝缘电阻表	KYORITSU MODEL 3121A 2500V	1台	BSBDE01DDYB-07	班长	4-30	4-30
17	电动绝缘电阻表	KYORITSU MODEL 3121A 2500V	1台	BSBDE01DDYB-07	班长	4-30	4-30
18	电动绝缘电阻表	KYORITSU MODEL 3121A 2500V	1台	BSBDE01DDYB-09	班长	4-30	4-30
19	多功能电测产品检定装置	CL302 0.05 级	1台	BSBDE01DCJDZZ-22	班长	4-30	4-30
20	线缆标志印字机	C450P	1台	BSBDE01DLBPDYJ-13	班长	4-30	4-30
21	电缆标牌打印机	onlly-A660	1台	BSBDE01SXBHCSY-14	班长	4-30	4-30
热控专业							
1	手枪钻	BOSCH GBM500	1把	BSBRK01DZ01	班长	3-3	9-3
2	冲击钻	BOSCH GSB16RE	1把	BSBRK01CJZ01	班长	3-3	9-3
3	热风枪	BOSCH GHG600-3	1把	BSBRK01RFQ01	班长	3-3	9-3
4	电剪子	BOSCH GSC2.8	1把	BSBRK01DJ01	班长	3-3	9-3
5	吹风机	BOSCH GBL-550	1把	BSBRK01CFJ01	班长	3-3	9-3
6	电磨头（25 mm）	SIJ-SD02-25	1把	BSBRK01DM01	班长	3-3	9-3
7	移动电源盘	220V 50m（带漏电保护器）	1台	BSBRK01DYP01	班长	3-3	9-3
8	移动电源盘	220V 25m（带漏电保护器）	1台	BSBRK01DYP02	班长	3-3	9-3
9	电烙铁	IPK-SC109B	1把	BSBRK01DLT01	班长	3-3	9-3
10	绝缘电阻表	KYORITSU 3165	1台	BSBRK01YB01	班长	3-3	9-3
11	安全带	GB6095-85Dwy 型	6条	BSBRK01AQD01-06	班长	3-3	9-3
12	手枪钻	BOSCH GBM500	1台	BSBRK03SQZ01	班长	3-3	9-3
13	冲击钻	BOSCH GSB16RE	1台	BSBRK03DL02	班长	3-3	9-3
14	热风枪	BOSCH GHG600-3	1台	BSBRK03RFQ01	班长	3-3	9-3
15	电剪子	BOSCH GSC2.8	1台	BSBRK03DJZ01	班长	3-3	9-3
16	吹风机	BOSCH GBL-550	1台	BSBRK03CFJ01	班长	3-3	9-3
17	电磨头（25mm）	SIJ-SD02-25	1台	BSBRK03NMJT01	班长	3-3	9-3
18	移动电源盘	220V 25m（带漏电保护器）	1个	BSBRK03DYP01	班长	3-3	9-3
19	移动电源盘	220V 25m（带漏电保护器）	1个	BSBRK0DYP02	班长	3-3	9-3
20	电吹风	HP429（PHILIPS）	1台	BSBRK03DCF01	班长	3-3	9-3

第四节 A级检修管理目标及关键指标目标

A级检修管理目标及关键指标目标见表2-5。

表2-5　　　　　　　　　A级检修管理目标及关键指标目标

序号	内　容	单位	目　标
一	安健环目标		
1	人身轻伤及以上事故	起	0
2	设备损坏事故	起	0
3	火灾事故	起	0
4	严重集体违章事件	起	0
5	无票作业	起	0
6	环境污染事故	起	0
7	工作票、操作票合格率	%	100
8	安全性评价问题整改计划完成率	%	100
9	电除尘效率	%	高于修前
10	脱硫系统效率	%	高于修前
二	检修指标		
11	检修工期		按计划工期完成，网络图进度得到完全执行
12	重大技术改造及检修项目完成率	%	100
13	技术监督项目完成率	%	100
14	机组缺陷消除计划完成率	%	100
15	修后试验一次成功率	%	100
16	修后系统试运一次成功率	%	100
17	机组整套启动一次成功率	%	100
18	机组修后外表工艺		保温、油漆、标牌、介质流向清晰美观
19	项目验收优良率	%	≥99
20	修后机组达到"四无"，即主、辅设备，系统无影响机组正常运行方式和正常运行参数的设备缺陷；无主、辅设备，系统的安全隐患；无24h不可消除的一般性缺陷；整套机组达到无渗漏标准		满足"四无"要求
21	修后无非计划停运连续运行	天	≥180
三	经济指标		
22	机组净效率	%	高于修前
23	汽轮机热效率	%	高于修前
24	锅炉热效率	%	高于修前
25	二类修正后热耗	kJ	优于修前
26	厂用电率	%	低于修前

续表

序号	内　容	单位	目　标
27	供电煤耗	g/kWh	低于修前
28	高压加热器投入率	%	≥99
29	凝汽器端差温度月平均	℃	不大于 6
30	锅炉漏风系数	%	< 4
31	锅炉排烟温度	℃	低于修前
四	技术指标		
32	汽轮发电机组振动	mm	低于修前或任一瓦轴振均达到优秀值
33	润滑油等级		达到 NAS 标准 5 级
34	抗燃油等级		达到 NAS 标准 5 级
35	机、电、炉主保护投入率	%	100
36	修后系统试运一次成功率	%	100
37	机组整套启动一次成功率	%	100
38	检修项目验收优良率	%	100
39	修后主设备完好率	%	100
40	真空严密性	kPa	优于修前
41	发电机漏氢率	%	不大于 3
42	所有仪表装置指示正确率	%	100
43	保护装置投入动作正确率	%	100
44	自动装置投入动作正确率	%	100
五	经营指标		
45	计划物资领用率	%	≥96
46	检修费用		不超过预算

第五节　检修项目及质量计划

一、检修项目统计表

检修项目统计见表 2-6。

表 2-6　　　　　　　　　　　检修项目统计表

专业类别	汽轮机	锅炉	电气一次	电气二次	热控	硫化	金属	合计
标准项目	194	303	282	132	567	189	17	1684
非标项目	6	7	7	12	30	12	29	103
合计	200	310	289	144	597	201	46	1787

二、标准项目控制计划

汽轮机专业标准项目控制计划见表 2-7。

表 2-7

汽轮机专业标准项目控制计划表

汽轮机专业

序号	系统设备名称	项目内容	项目属性	项目负责人	工日	R/W/H	验收类型	一级	二级	监理	三级
										验收人	
1	主机汽门	主再热汽门填料压盖螺栓各保险垫片检查,填料检查更换	标准	点检员	20	8W2	检修质量验收单	技术员	点检员	检修监理员	生技部专工
2	高压调门	主机汽门快冷装置拆装	标准	点检员	20	4H2	检修工艺记录卡	技术员	点检员	检修监理员	生技部专工
3	汽轮机	1号轴承解体检查、测量调整各部间隙及钨金渗透超声、探伤	标准	点检员	40	3W2 3H3	文件包	技术员	点检员	检修监理员	生技部专工
		2号轴承及推力轴承解体检查、测量调整各部间隙及钨金渗透超声、探伤	标准	点检员	40	3W2 3H3	文件包	技术员	点检员	检修监理员	生技部专工
		3号轴承解体检查、测量调整各部间隙及钨金渗透超声、探伤振动处理	标准	点检员	40	3W2 3H3	文件包	技术员	点检员	检修监理员	生技部专工
		4号轴承解体检查、测量调整各部间隙及钨金渗透超声、探伤振动处理	标准	点检员	40	3W2 3H3	文件包	技术员	点检员	检修监理员	生技部专工
		5号轴承解体检查、测量调整各部间隙及钨金渗透超声、探伤振动处理	标准	点检员	40	3W2 3H3	文件包	技术员	点检员	检修监理员	生技部专工
		6号轴承解体检查、测量调整各部间隙及钨金渗透超声、探伤振动处理	标准	点检员	40	3W2 3H3	文件包	技术员	点检员	检修监理员	生技部专工
		7号轴承解体检查、测量调整各部间隙及钨金渗透超声、探伤振动处理	标准	点检员	40	3W2 3H3	文件包	技术员	点检员	检修监理员	生技部专工
		8号轴承解体检查、测量调整各部间隙及钨金渗透超声、探伤振动处理	标准	点检员	40	3W2 3H3	文件包	技术员	点检员	检修监理员	生技部专工
		发电机密封瓦拆装检查、间隙测量、调整渗透探伤	标准	点检员	40	3W2 3H3	文件包	技术员	点检员	检修监理员	生技部专工
		汽轮机消销系统及推拉装置检查	标准	点检员	30	2W2 2H3	文件包	技术员	点检员	检修监理员	生技部专工

续表

序号	系统设备名称	项目内容	项目属性	项目负责人	工日	R/W/H	验收类型	验收人 一级	验收人 二级	验收人 监理	验收人 三级
3	汽轮机	轴系中心校核及调整	标准	点检员	70	3W2 3H3	检修工艺记录卡	技术员	点检员	检修监理员	生技部专工
		低压缸防爆门铝板外观检查	标准	点检员	20	8W2	检修工艺记录卡	技术员	点检员	检修监理员	生技部专工
		1 号低压转子末级叶片检查，1 号低压内缸隔热板检查处理	标准	点检员	50	1W2 1H3	检修质量验收单	技术员	点检员	检修监理员	生技部专工
		中、低压连通管法兰更换垫片	标准	点检员	50	3W2 3H3	检修质量验收单	技术员	点检员	检修监理员	生技部专工
		高低压缸儿处测点漏汽点处理	标准	点检员	30	3W2 3H3	检修质量验收单	技术员	点检员	检修监理员	生技部专工
		汽轮机本体金属监督检查配合	标准	点检员	20	3W2	检修质量验收单	技术员	点检员	检修监理员	生技部专工
		高压缸、中压缸本体保温局部拆卸、恢复	标准	点检员	70	3W2 3H3	检修质量验收单	技术员	点检员	检修监理员	生技部专工
		高压缸Ⅰ、Ⅱ夹层疏水气动门解体检查	标准	点检员	25	3W2 3H3	检修工艺记录卡	技术员	点检员	检修监理员	生技部专工
4	疏扩	高压疏扩内部清理、减温水喷嘴检查清理	标准	点检员	10	3W2 3H3	检修工艺记录卡	技术员	点检员	检修监理员	生技部专工
		低压疏扩、本体疏扩内部清理、减温水喷嘴检查清理	标准	点检员	15	3W2 3H3	检修工艺记录卡	技术员	点检员	检修监理员	生技部专工
		高低压、本体疏扩容器内部金属检验配合	标准	点检员	50	3W2 3H3	检修质量验收单	技术员	点检员	检修监理员	生技部专工

汽轮机专业

续表

汽轮机专业

序号	系统设备名称	项目内容	项目属性	项目负责人	工日	R/W/H	验收类型	验收人 一级	验收人 二级	验收人 三级
5	凝汽器	凝汽器水幕喷嘴检查清理	标准	点检员	25	2H2	检修质量验收单	技术员	点检员	检修监理员	生技部专工
		凝汽器内部钛管检查、热井清理、加磁棒	标准	点检员	80	3W2 3H3	检修质量验收单	技术员	点检员	检修监理员	生技部专工
		凝汽器检漏装置管道疏通、电磁阀前加手动门	标准	点检员	30	8W2	检修质量验收单	技术员	点检员	检修监理员	生技部专工
		热井放水隔离门解体检查	标准	点检员	20	4W2	检修质量验收单	技术员	点检员	检修监理员	生技部专工
		凝汽器及真空系统查漏、漏点处理	标准	点检员	30	3W2 3H3	检修质量验收单	技术员	点检员	检修监理员	生技部专工
		凝汽器水室清理、衬胶防腐检查	标准	点检员	30	3W2 3H3	检修质量验收单	技术员	点检员	检修监理员	生技部专工
		凝汽器循环水进出口管道橡胶膨胀节检查、渗漏治理（如受损严重需更换）	标准	点检员	50	4W2	检修质量验收单	技术员	点检员	检修监理员	生技部专工
		凝汽器返回水室连通管橡胶膨胀节检查、更换（2只）	标准	点检员	200	3W2 3H3	检修质量验收单	技术员	点检员	检修监理员	生技部专工
		凝汽器胶球清洗系统检查	标准	点检员	30	3W2	检修质量验收单	技术员	点检员	检修监理员	生技部专工
		凝汽器循环水管道内部防腐检查、阳极块检查、更换	标准	点检员	50	2W2	检修质量验收单	技术员	点检员	检修监理员	生技部专工
6	高压加热器	1A/1B号高压加热器开人孔、清理、检查	标准	点检员	20	3W2 3H3	文件包	技术员	点检员	检修监理员	生技部专工
		2A/2B号高压加热器开人孔、清理、检查	标准	点检员	20	3W2 3H3	文件包	技术员	点检员	检修监理员	生技部专工
		3A/3B号高压加热器开人孔、清理、检查	标准	点检员	20	3W2 3H3	文件包	技术员	点检员	检修监理员	生技部专工

续表

汽轮机专业

序号	系统设备名称	项目内容	项目属性	项目负责人	工日	R/W/H	验收类型	验收人 一级	验收人 二级	验收人 监理	验收人 三级
6	高压加热器	2A、3B 高压加热器就地磁翻板水位计检查	标准	点检员	10	2W2	检修质量验收单	技术员	点检员	检修监理员	生技部专工
		高压加热器安全阀就地校验配合	标准	点检员	20	8W2	文件包	技术员	点检员	检修监理员	生技部专工
		压力容器金属监督配合	标准	点检员	90	6W2	检修质量验收单	技术员	点检员	检修监理员	生技部专工
7	凝结水系统	凝结水系统安全阀校验配合	标准	点检员	8	4W2	检修质量验收单	技术员	点检员	检修监理员	生技部专工
8	除氧器	除氧器内部清扫检查、备用口检查（包括喷嘴检查）	标准	点检员	50	1W2 1H3	文件包	技术员	点检员	检修监理员	生技部专工
		除氧器金属验收配合	标准	点检员	15	1W2	检修质量验收单	技术员	点检员	检修监理员	生技部专工
9	低压加热器	低压加热器开人孔、水室检查清理、换热器管板检查、备用口检查	标准	点检员	15	2H2	文件包	技术员	点检员	检修监理员	生技部专工
		低压加热器开人孔、水室检查清理、换热器管板检查、备用口检查	标准	点检员	15	2H2	文件包	技术员	点检员	检修监理员	生技部专工
		低压加热器开人孔、水室检查清理、换热器管板检查、备用口检查	标准	点检员	15	2H2	文件包	技术员	点检员	检修监理员	生技部专工
		低压加热器开人孔、水室检查清理、换热器管板检查、备用口检查	标准	点检员	15	2H2	文件包	技术员	点检员	检修监理员	生技部专工
		低压加热器容器金属监督配合	标准	点检员	15	2W2	检修质量验收单	技术员	点检员	检修监理员	生技部专工
		低压加热器安全阀校验配合	标准	点检员	20	2W2	检修质量验收单	技术员	点检员	检修监理员	生技部专工
10	疏水冷却器	疏水冷却器水室检查清理、换热器管板检查	标准	点检员	10	2H2	文件包	技术员	点检员	检修监理员	生技部专工
11	轴封加热器	轴封加热器自动疏水器检查	标准	点检员	5	2W2	检修质量验收单	技术员	点检员	检修监理员	生技部专工
	凝补水系统	凝补水系统两个安全阀检查、校验	标准	点检员	6	2W2	检修质量验收单	技术员	点检员	检修监理员	生技部专工

续表

汽轮机专业

序号	系统设备名称	项目内容	项目属性	项目负责人	工日	R/W/H	验收类型	验收人			
								一级	二级	监理	三级
12	闭式水冷却器	5A闭冷水冷却器检查、清扫	标准	点检员	10	2W2	检修质量验收单	技术员	点检员	检修监理员	生技部专工
		5B闭冷水冷却器检查、清扫	标准	点检员	10	2W2	检修质量验收单	技术员	点检员	检修监理员	生技部专工
		5A闭冷水冷却器安全阀检查、检验	标准	点检员	6	2W2	检修质量验收单	技术员	点检员	检修监理员	生技部专工
		5B闭冷水冷却器安全阀检验	标准	点检员	6	2W2	检修质量验收单	技术员	点检员	检修监理员	生技部专工
		5A闭冷水冷却器水室放空气管、放空气管内壁腐蚀情况检查，根据检查情况更换	标准	点检员	10	1W2	检修质量验收单	技术员	点检员	检修监理员	生技部专工
		5B闭冷水冷却器水室放空气管、放空气管内壁腐蚀情况检查，根据检查情况更换	标准	点检员	10	1W2	检修质量验收单	技术员	点检员	检修监理员	生技部专工
13	给水系统	给水系统4个安全阀检查、校验	标准	点检员	8	4W2	检修质量验收单	技术员	点检员	检修监理员	生技部专工
14	5A给水泵汽轮机	A给水泵汽轮机地脚螺栓紧力检查	标准	点检员	5	1W1	检修质量验收单	技术员	点检员	检修监理员	生技部专工
		A给水泵汽轮机前、后轴承座翻瓦检查	标准	点检员	20	2H3	检修工艺记录卡	技术员	点检员	检修监理员	生技部专工
		A给水泵汽轮机排汽电动蝶阀密封面检查	标准	点检员	6	1W2	检修质量验收单	技术员	点检员	检修监理员	生技部专工
		A给水泵汽轮机低压缸排汽防爆膜检查清理	标准	点检员	5	1W2	检修质量验收单	技术员	点检员	检修监理员	生技部专工
15	5B给水泵汽轮机	B给水泵汽轮机地脚螺栓紧力检查	标准	点检员	5	1W1	检修工艺记录卡	技术员	点检员	检修监理员	生技部专工
		B给水泵汽轮机前、后轴承座翻瓦检查	标准	点检员	20	2H3	检修质量验收单	技术员	点检员	检修监理员	生技部专工
		B给水泵汽轮机排汽电动蝶阀密封面检查	标准	点检员	6	1W2	检修质量验收单	技术员	点检员	检修监理员	生技部专工
		B给水泵汽轮机低压缸排汽防爆膜检查清理	标准	点检员	5	1W2	检修质量验收单	技术员	点检员	检修监理员	生技部专工
16	汽轮机	1~8号轴承润滑油进油压力调整，1~8号轴承座调整 轴承顶轴油油压力调整，1~8号轴承座调整负压	标准	点检员	8	1W2 1H3	检修质量验收单	技术员	点检员	检修监理员	生技部专工

续表

汽轮机专业

序号	系统设备名称	项目内容	项目属性	项目负责人	工日	R/W/H	验收类型	验收人 一级	二级	监理	三级
17	辅汽联箱	辅汽及轴封系统安全阀校验	标准	点检员	12	1W2	检修质量验收单	技术员	点检员	检修监理员	生技部专工
		辅汽及轴封系统内漏安全门检查、研磨	标准	点检员	10	1W2	检修质量验收单	技术员	点检员	检修监理员	生技部专工
		辅汽联箱、轴封电加热器金属监督配合工作	标准	点检员	6	1W2	质量检修质量验收单	技术员	点检员	检修监理员	生技部专工
18	A 凝结水泵	更换盘根、油检查及轴承座垫片更换	标准	点检员	15	2W2	检修质量验收单	技术员	点检员	检修监理员	生技部专工
		5A 凝结水泵密封水减压阀检查、更换	标准	点检员	5	2W2	检修质量验收单	技术员	点检员	检修监理员	生技部专工
19	B 凝结水泵	解体检修（泵组解体、测量转子提升量、清理检查及更换各部件 测量各级叶轮、导叶找中心、调整、对轮找中心）	标准	点检员	90	3H3	文件包	技术员	点检员	检修监理员	生技部专工
		5B 凝结水泵密封水减压阀检查、更换	标准	点检员	5	2W2	检修质量验收单	技术员	点检员	检修监理员	生技部专工
		5C 凝结水泵密封水减压阀检查、更换	标准	点检员	15	2W2	检修质量验收单	技术员	点检员	检修监理员	生技部专工
20	C 凝结水泵	更换盘根、油检查及轴承座垫片更换	标准	点检员	5	2W2	检修质量验收单	技术员	点检员	检修监理员	生技部专工
21	A 凝泵出口止回门	解体检查	标准	点检员	8	2W2	检修工艺记录卡	技术员	点检员	检修监理员	生技部专工
22	B 凝泵出口止回门	解体检查	标准	点检员	8	2W2	检修工艺记录卡	技术员	点检员	检修监理员	生技部专工
23	C 凝泵出口逆止门	解体检查	标准	点检员	8	2W2	检修工艺记录卡	技术员	点检员	检修监理员	生技部专工
24	A 凝泵入口滤网	清理、更换滤片	标准	点检员	10	1H2	检修质量验收单	技术员	点检员	检修监理员	生技部专工
25	B 凝泵入口滤网	清理、更换滤片	标准	点检员	10	1H2	检修质量验收单	技术员	点检员	检修监理员	生技部专工
26	C 凝泵入口滤网	清理、更换滤片	标准	点检员	10	1H2	检修质量验收单	技术员	点检员	检修监理员	生技部专工

续表

汽轮机专业

序号	系统设备名称	项目内容	项目属性	项目负责人	工日	R/W/H	验收类型	验收人			
								一级	二级	监理	三级
27	A低压加热器疏水泵进口滤网	清理、更换垫片	标准	点检员	5	2W2	检修质量验收单	技术员	点检员	检修监理员	生技部专工
28	B低压加热器疏水泵进口滤网	清理、更换垫片	标准	点检员	5	2W2	检修质量验收单	技术员	点检员	检修监理员	生技部专工
29	A低压加热疏水泵	解体检查	标准	点检员	30	3H3	文件包	技术员	点检员	检修监理员	生技部专工
30	A凝补水泵入口滤网	清理、更换垫片	标准	点检员	4	1W1	检修质量验收单	技术员	点检员	检修监理员	生技部专工
31	B凝补水泵	解体检查、轴承室加油嘴	标准	点检员	10	2H2	文件包	技术员	点检员	检修监理员	生技部专工
32	B凝补水泵入口滤网	清理、更换垫片	标准	点检员	4	1W1	检修质量验收单	技术员	点检员	检修监理员	生技部专工
33	C凝补水泵入口滤网	清理、更换垫片	标准	点检员	4	1W1	检修质量验收单	技术员	点检员	检修监理员	生技部专工
34	A闭冷泵	解体检查、两端轴承侧盖加设油嘴	标准	点检员	30	2H2	文件包	技术员	点检员	检修监理员	生技部专工
35	B闭冷泵	解体检查、两端轴承侧盖加设油嘴	标准	点检员	30	2H2	文件包	技术员	点检员	检修监理员	生技部专工
36	A闭冷泵入口滤网	清理、更换垫片	标准	点检员	4	1W2	检修质量验收单	技术员	点检员	检修监理员	生技部专工
37	B闭冷泵入口滤网	清理、更换垫片	标准	点检员	4	1W2	检修质量验收单	技术员	点检员	检修监理员	生技部专工
38	A闭冷泵出口止回阀	解体检查	标准	点检员	5	1W2	检修工艺记录卡	技术员	点检员	检修监理员	生技部专工
39	B闭冷泵出口止回阀	解体检查	标准	点检员	5	1W2	检修工艺记录卡	技术员	点检员	检修监理员	生技部专工

续表

汽轮机专业

序号	系统设备名称	项目内容	项目属性	项目负责人	工日	R/W/H	验收类型	一级	二级	监理	三级
40	A汽泵	前后轴承座翻瓦检查，附属密封点换垫、轴承座汽水分离腔室现场开槽	标准	点检员	20	2H3	检修工艺记录卡	技术员	点检员	检修监理员	生技部专工
41	B汽泵	前后轴承座翻瓦检查，附属密封点换垫、轴承座汽水分离腔室现场开槽	标准	点检员	20	2H3	检修工艺记录卡	技术员	点检员	检修监理员	生技部专工
42	A汽泵前置泵	解体检查（轴承座解体、机封检查、叶轮检查、联轴器复找中心）	标准	点检员	40	2H2	文件包	技术员	点检员	检修监理员	生技部专工
43	B汽泵前置泵	解体检查（轴承座解体、机封检查、叶轮检查、联轴器复找中心）	标准	点检员	40	2H2	文件包	技术员	点检员	检修监理员	生技部专工
44	A汽泵入口滤网	清理、更换垫片	标准	点检员	8	1W2	检修质量验收单	技术员	点检员	检修监理员	生技部专工
45	B汽泵入口滤网	清理、更换垫片	标准	点检员	8	1W2	检修质量验收单	技术员	点检员	检修监理员	生技部专工
46	A前置泵入口滤网	清理、更换垫片，密封水滤网检查	标准	点检员	10	1W2	检修质量验收单	技术员	点检员	检修监理员	生技部专工
47	B前置泵入口滤网	清理、更换垫片，密封水滤网检查	标准	点检员	10	1W2	检修质量验收单	技术员	点检员	检修监理员	生技部专工
48	A汽泵	密封水滤网清理	标准	点检员	3	1W2	检修质量验收单	技术员	点检员	检修监理员	生技部专工
49	B汽泵	密封水滤网清理	标准	点检员	3	1W2	检修质量验收单	技术员	点检员	检修监理员	生技部专工
50	A汽泵	汽泵密封水回水至凝汽器管道一放气点（靠近凝汽器处）取消	标准	点检员	4	1W2	检修质量验收单	技术员	点检员	检修监理员	生技部专工
51	A汽泵再循环节阀	解体检查	标准	点检员	15	2H3	检修工艺记录卡	技术员	点检员	检修监理员	生技部专工
52	A汽泵	给水泵汽轮机-汽泵联轴器检查、中心复查；视检查情况更换联轴器膜片	标准	点检员	8	2H2	检修工艺记录卡	技术员	点检员	检修监理员	生技部专工

续表

汽轮机专业

序号	系统设备名称	项目内容	项目属性	项目负责人	工日	R/W/H	验收类型	一级	二级	监理	三级
53	B汽泵	B给水泵汽轮机-汽泵联轴器检查、中心复查；视检查情况更换联轴器膜片	标准	点检员	8	2H2	检修工艺记录卡	技术员	点检员	检修监理员	生技部专工
54	A真空泵	两端轴承检查更换、盘根检查更换、盘根压盖改造	标准	点检员	10	2H2	检修质量验收单	技术员	点检员	检修监理员	生技部专工
55	B真空泵	两端轴承检查更换、盘根检查更换、盘根压盖改造	标准	点检员	10	2H2	检修质量验收单	技术员	点检员	检修监理员	生技部专工
56	C真空泵	两端轴承检查更换、盘根检查更换、盘根压盖改造	标准	点检员	10	2H2	检修质量验收单	技术员	点检员	检修监理员	生技部专工
57	A真空泵	工作液冷却器清扫检查、密封液滤网清理	标准	点检员	8	1W2	检修质量验收单	技术员	点检员	检修监理员	生技部专工
58	B真空泵	工作液冷却器清扫检查、密封液滤网清理	标准	点检员	8	1W2	检修质量验收单	技术员	点检员	检修监理员	生技部专工
59	C真空泵	工作液冷却器清扫检查、密封液滤网清理	标准	点检员	8	1W2	检修质量验收单	技术员	点检员	检修监理员	生技部专工
60	A、B、C真空泵	冷却器进出口手动门检查更换、衬胶管道检查修补	标准	点检员	15	2W2	检修质量验收单	技术员	点检员	检修监理员	生技部专工
61	A真空泵	密封液循环泵解体检查	标准	点检员	8	2H2	文件包	技术员	点检员	检修监理员	生技部专工
62	B真空泵	密封液循环泵解体检查	标准	点检员	8	2H2	文件包	技术员	点检员	检修监理员	生技部专工
63	C真空泵	密封液循环泵解体检查	标准	点检员	8	2H2	文件包	技术员	点检员	检修监理员	生技部专工
64	A、B轴加风机	出口止回阀解体检查	标准	点检员	5	1W2	检修工艺记录卡	技术员	点检员	检修监理员	生技部专工
65	A循环水泵	叶片检查、提升量调整、填料更换	标准	点检员	10	3W2 2H3	检修工艺记录卡	技术员	点检员	检修监理员	生技部专工
66	B循环水泵	叶片检查、提升量调整、填料更换	标准	点检员	10	3W2 2H3	检修工艺记录卡	技术员	点检员	检修监理员	生技部专工

续表

汽轮机专业

序号	系统设备名称	项目内容	项目属性	项目负责人	工日	R/W/H	验收类型	验收人			
								一级	二级	监理	三级
67	A清污机	检查（损坏部件更换，减速机检查换油，链条伸长检查、板刷、滚轮磨损及紧固件松动检查，清污机导轨检查）	标准	点检员	20	2W2 1H3	检修工艺记录卡	技术员	点检员	检修监理员	生技部专工
68	B清污机	检查（损坏部件更换，减速机检查换油，链条伸长检查、板刷、滚轮磨损及紧固件松动检查，清污机导轨检查）	标准	点检员	20	2W2 1H3	检修工艺记录卡	技术员	点检员	检修监理员	生技部专工
69	A循环泵出口蝶阀	外观、内部防腐、渗漏检查	标准	点检员	5	2W2	检修工艺记录卡	技术员	点检员	检修监理员	生技部专工
70	B循环泵出口蝶阀	外观、内部防腐、渗漏检查	标准	点检员	5	2W2	检修工艺记录卡	技术员	点检员	检修监理员	生技部专工
71	循环水泵	出口伸缩节渗漏密封圈更换、螺栓更换	标准	点检员	50	2W2	检修质量验收单	技术员	点检员	检修监理员	生技部专工
72	冷却塔	防腐检查、底部清污、配水管道检查、渗漏检查、喷嘴检查及填料结垢情况检查、收水器检查更换	标准	点检员	40	1W2 2H3	检修工艺记录卡	技术员	点检员	检修监理员	生技部专工
73	循环水至冷却塔膨胀节	解体密封面检查	标准	点检员	50	1W2	检修质量验收单	技术员	点检员	检修监理员	生技部专工
74	海水调试水泵	解体检查	标准	点检员	20	1W1	文件包	技术员	点检员	检修监理员	生技部专工
75	冷却塔	配合土建进行冷却塔检测装置安装	标准	点检员	30	1W1	检修质量验收单	技术员	点检员	检修监理员	生技部专工
76	冷却塔	配合土建进行冷却塔防腐	标准	点检员	120	1W1	检修质量验收单	技术员	点检员	检修监理员	生技部专工
77	循环水泵	配合土建进行循环水穿管端漏点处理	标准	点检员	30	1W1	检修质量验收单	技术员	点检员	检修监理员	生技部专工
78	水泵	配合电气电机检修轮换中	标准	点检员	20	1W1	检修质量验收单	技术员	点检员	检修监理员	生技部专工
79	1号再热蒸汽母管疏水气动门	解体检查	标准	点检员	8	1H2	检修工艺记录卡	技术员	点检员	检修监理员	生技部专工

续表

汽轮机专业

序号	系统设备名称	项目内容		项目属性	项目负责人	工日	R/W/H	验收类型	验收人			
									一级	二级	监理	三级
80	2号再热蒸汽母管疏水气动门	解体检查		标准	点检员	8	1H2	检修工艺记录卡	技术员	点检员	检修监理员	生技部专工
81	1号主蒸汽母管疏水气动门	解体检查		标准	点检员	8	1H2	检修工艺记录卡	技术员	点检员	检修监理员	生技部专工
82	1号主蒸汽母管疏水手动门	解体检查		标准	点检员	8	1H2	检修工艺记录卡	技术员	点检员	检修监理员	生技部专工
83	1号主汽门预暖气动门	解体检查		标准	点检员	8	1H2	检修工艺记录卡	技术员	点检员	检修监理员	生技部专工
84	2号主汽门预暖气动门	解体检查		标准	点检员	8	1H2	检修工艺记录卡	技术员	点检员	检修监理员	生技部专工
85	1号蒸汽母管疏水气动门	解体检查		标准	点检员	8	1H2	检修工艺记录卡	技术员	点检员	检修监理员	生技部专工
86	2号蒸汽母管疏水手动门	解体检查		标准	点检员	5	1H2	检修工艺记录卡	技术员	点检员	检修监理员	生技部专工
87	2号主蒸汽母管疏水气动门	解体检查		标准	点检员	5	1H2	检修工艺记录卡	技术员	点检员	检修监理员	生技部专工
88	5A低压旁路阀前疏水罐疏水气动门	解体检查		标准	点检员	8	1H2	检修工艺记录卡	技术员	点检员	检修监理员	生技部专工
89	5B低压旁路阀前疏水罐疏水气动门	解体检查		标准	点检员	8	1H2	检修工艺记录卡	技术员	点检员	检修监理员	生技部专工

续表

汽轮机专业

序号	系统设备名称	项目内容	项目属性	项目负责人	工日	R/W/H	验收类型	验收人 一级	验收人 二级	验收人 监理	验收人 三级
90	5A高排疏水罐疏水气动门	解体检查	标准	点检员	8	1H2	检修工艺记录卡	技术员	点检员	检修监理员	生技部专工
91	5B高排疏水罐疏水气动门	解体检查	标准	点检员	8	1H2	检修工艺记录卡	技术员	点检员	检修监理员	生技部专工
92	冷段母管疏水气动门	解体检查	标准	点检员	8	1H2	检修工艺记录卡	技术员	点检员	检修监理员	生技部专工
93	高排止回阀	盘根检查、更换	标准	点检员	5	1W2	质量验收单	技术员	点检员	检修监理员	生技部专工
94	1号中压调门前疏水气动门	解体检查	标准	点检员	8	1H2	检修工艺记录卡	技术员	点检员	检修监理员	生技部专工
95	主再热蒸汽系统	金属检查项目配合	标准	点检员	50	1H2	质量验收单	技术员	点检员	检修监理员	生技部专工
96	高压旁路	油管道固定支架检查	标准	点检员	8	1W2	质量验收单	技术员	点检员	检修监理员	生技部专工
		蓄能器测压充氮（4只）	标准	点检员	5	1W1	质量验收单	技术员	点检员	检修监理员	生技部专工
		渗漏点检查处理	标准	点检员	5	1W2	质量验收单	技术员	点检员	检修监理员	生技部专工
		滤芯更换（2只）	标准	点检员	4	1W2	质量验收单	技术员	点检员	检修监理员	生技部专工
		减温水液动隔离门油动机检查	标准	点检员	20	1W2 1H3	质量验收单	技术员	点检员	检修监理员	生技部专工
		阀门盘根检查	标准	点检员	10	1W2	质量验收单	技术员	点检员	检修监理员	生技部专工
		冷动风扇换热器清理	标准	点检员	3	1W1	质量验收单	技术员	点检员	检修监理员	生技部专工
		金属检查项目配合	标准	点检员	10	1W1	质量验收单	技术员	点检员	检修监理员	生技部专工
		配合电气油泵电机检查及联轴器检查	标准	点检员	8	1W1	质量验收单	技术员	点检员	检修监理员	生技部专工
97	低压旁路	油管道固定支架检查	标准	点检员	8	1W2	质量验收单	技术员	点检员	检修监理员	生技部专工
		蓄能器测压充氮（5只）	标准	点检员	5	1W2	质量验收单	技术员	点检员	检修监理员	生技部专工

续表

汽轮机专业

序号	系统设备名称	项目内容	项目属性	项目负责人	工日	R/W/H	验收类型	验收人 一级	二级	监理	三级
97	低压旁路	5A 低压旁路减温水喷嘴检查	标准	点检员	5	1H3	质量验收单	技术员	点检员	检修监理员	生技部专工
		5B 低压旁路减温水喷嘴检查	标准	点检员	5	1H3	质量验收单	技术员	点检员	检修监理员	生技部专工
		渗漏点检查处理	标准	点检员	5	1W1	质量验收单	技术员	点检员	检修监理员	生技部专工
		滤芯更换（2只）	标准	点检员	4	1W2	质量验收单	技术员	点检员	检修监理员	生技部专工
		减温水调门隔门盘根检查、更换	标准	点检员	8	1W1	质量验收单	技术员	点检员	检修监理员	生技部专工
		配合电气电机检查及联轴器检查	标准	点检员	8	1W1	质量验收单	技术员	点检员	检修监理员	生技部专工
		冷却风扇换热器清理	标准	点检员	3	1W1	质量验收单	技术员	点检员	检修监理员	生技部专工
		金属检验项目配合	标准	点检员	10	1W1	质量验收单	技术员	点检员	检修监理员	生技部专工
98	各抽汽止回阀	3A 高压加热器进汽止回阀带压堵漏处理	标准	点检员	20	1W2 1H3	质量验收单	技术员	点检员	检修监理员	生技部专工
99	高压加热器疏水放水	正常疏水调门解体检查	标准	点检员	50	2W2 2H3	检修工艺记录卡	技术员	点检员	检修监理员	生技部专工
		危急疏水调门解体检查	标准	点检员	50	2W2 2H3	检修工艺记录卡	技术员	点检员	检修监理员	生技部专工
		正常、危急疏水调门前后手动门解体检查	标准	点检员	80	2W2 2H3	检修工艺记录卡	技术员	点检员	检修监理员	生技部专工
		部分高压加热器汽侧疏水、放气隔离门更换（其中1"阀门52只，2"阀门42只）	标准	点检员	150	1W1	检修质量验收单	技术员	点检员	检修监理员	生技部专工
100	除氧器水位气动调节阀	解体检查	标准	点检员	12	2W2	检修工艺记录卡	技术员	点检员	检修监理员	生技部专工
101	凝结水再循环旁路门	解体检查、前后法兰垫更换	标准	点检员	5	2W2	检修工艺记录卡	技术员	点检员	检修监理员	生技部专工

续表

汽轮机专业

序号	系统设备名称	项目内容	项目属性	项目负责人	工日	R/W/H	验收类型	验收人			
								一级	二级	监理	三级
102	凝结水精处理出口放水门	凝结水精处理出口放水一次门更换并加二次门	标准	点检员	5	2W2	质量验收单	技术员	点检员	检修监理员	生技部专工
103	7、8号低压加热器旁路电动门	解体检查	标准	点检员	10	2W2	检修工艺记录卡	技术员	点检员	检修监理员	生技部专工
104	凝结水至汽泵密封水回水减温水电动门	凝结水至汽泵密封水回水减温水电动门检查	标准	点检员	8	2W2	质量验收单	技术员	点检员	检修监理员	生技部专工
105	B低压加热器疏水泵	冷却水至闭冷水回水母管焊口带压堵漏处恢复	标准	点检员	8	1W2	质量验收单	技术员	点检员	检修监理员	生技部专工
106	低压加热器疏水再循环调节阀	解体检查	标准	点检员	10	2W2	检修工艺记录卡	技术员	点检员	检修监理员	生技部专工
107	低压加热器出口放水至锅炉分流箱电动门	解体检查	标准	点检员	8	2W2	检修工艺记录卡	技术员	点检员	检修监理员	生技部专工
108	A闭冷泵入口电动门	解体检查	标准	点检员	8	1W2	检修工艺记录卡	技术员	点检员	检修监理员	生技部专工
109	A闭冷泵出口电动门	解体检查	标准	点检员	8	1W2	检修工艺记录卡	技术员	点检员	检修监理员	生技部专工
110	B闭冷泵入口电动门	解体检查	标准	点检员	8	1W2	检修工艺记录卡	技术员	点检员	检修监理员	生技部专工
111	B闭冷泵出口电动门	解体检查	标准	点检员	8	1W2	检修工艺记录卡	技术员	点检员	检修监理员	生技部专工

续表

汽轮机专业

序号	系统设备名称	项目内容	项目属性	项目负责人	工日	R/W/H	验收类型	验收人一级	验收人二级	验收人监理	验收人三级
112	闭冷水膨胀水箱	检查清理、人孔换垫	标准	点检员	4	1W2	质量验收单	技术员	点检员	检修监理员	生技部专工
113	闭冷水冷却器	5A闭冷水侧入口、出口电动门检查	标准	点检员	16	1W2	检修工艺记录卡	技术员	点检员	检修监理员	生技部专工
		5A冷却水侧入口、出口电动门检查	标准	点检员	16	1W2	检修工艺记录卡	技术员	点检员	检修监理员	生技部专工
		5B闭冷水侧入口、出口电动门检查	标准	点检员	16	1W2	检修工艺记录卡	技术员	点检员	检修监理员	生技部专工
		5B冷却水侧入口、出口电动门检查	标准	点检员	16	1W2	检修工艺记录卡	技术员	点检员	检修监理员	生技部专工
114	闭冷水系统	回水观察窗玻璃全面清理检查，有变形严重的更换有有机玻璃	标准	点检员	20	1W2	质量验收单	技术员	点检员	检修监理员	生技部专工
115	闭冷水系统	闭冷水至氢冷器供回水管道的50号、52号固定支架检查，8.5m层增设固定支架	标准	点检员	25	1W2	质量验收单	技术员	点检员	检修监理员	生技部专工
116	主机润滑油冷油器	冷却水进出口门更换	标准	点检员	10	1W2	质量验收单	技术员	点检员	检修监理员	生技部专工
117	闭冷水系统	闭冷水至锅炉侧供回水母管联络门更换	标准	点检员	6	1W2	质量验收单	技术员	点检员	检修监理员	生技部专工
118	闭冷水系统	闭冷水至空压机供、回水电动蝶阀检查，根据检查情况更换阀体	标准	点检员	15	1W2	质量验收单	技术员	点检员	检修监理员	生技部专工
119	A前置泵入口电动门	解体检查	标准	点检员	10	2W2	检修工艺记录卡	技术员	点检员	检修监理员	生技部专工
120	B前置泵入口电动门	解体检查	标准	点检员	10	2W2	检修工艺记录卡	技术员	点检员	检修监理员	生技部专工
121	A、B列高压加热器入口三液动三通阀	解体检查、注水阀检修	标准	点检员	20	2H2	文件包	技术员	点检员	检修监理员	生技部专工

续表

汽轮机专业

序号	系统设备名称	项目内容	项目属性	项目负责人	工日	R/W/H	验收类型	验收人			
								一级	二级	监理	三级
122	A、B列高压加热器出口液动三通阀	解体检查	标准	点检员	20	2H2	文件包	技术员	点检员	检修监理员	生技部专工
123	A列给水泵三通阀卸荷水气动门	解体检查、视检查情况更换阀体	标准	点检员	5	2W2	检修工艺记录卡	技术员	点检员	检修监理员	生技部专工
124	B列给水泵三通阀卸荷水气动门	解体检查、视检查情况更换阀体	标准	点检员	5	2W2	检修工艺记录卡	技术员	点检员	检修监理员	生技部专工
125	辅汽系统	辅汽至给水泵汽轮机轴封滤网检查	标准	点检员	4	1W2	质量验收单	技术员	点检员	检修监理员	生技部专工
		内漏疏水阀检查	标准	点检员	40	1W2	质量验收单	技术员	点检员	检修监理员	生技部专工
		阀门盘根检查、必要时更换	标准	点检员	10	1W2	质量验收单	技术员	点检员	检修监理员	生技部专工
126	轴封滤网	轴封滤网检查	标准	点检员	4	1W2	质量验收单	技术员	点检员	检修监理员	生技部专工
127	辅汽至轴封手动旁路阀	解体检查	标准	点检员	4	1W2	质量验收单	技术员	点检员	检修监理员	生技部专工
128	主机轴封系统	疏水器检查	标准	点检员	20	1W2	质量验收单	技术员	点检员	检修监理员	生技部专工
129	给水泵汽轮机轴封系统	疏水器检查	标准	点检员	20	1W2	质量验收单	技术员	点检员	检修监理员	生技部专工
130	循环水管道	阳极板检查、更换、管道内部检查、防腐检查	标准	点检员	140	1W2 1H3	质量验收单	技术员	点检员	检修监理员	生技部专工
131	凝汽器循环水入口/出口电动门	腐蚀、密封面检查	标准	点检员	10	4W2 4H3	质量验收单	技术员	点检员	检修监理员	生技部专工
132	循环水管道	排气阀门、人孔盖检查	标准	点检员	50	3W2	质量验收单	技术员	点检员	检修监理员	生技部专工
133	1号电动滤网	1号电动滤网及其附属阀门、管道检查	标准	点检员	5	1W2	质量验收单	技术员	点检员	检修监理员	生技部专工

续表

汽轮机专业

序号	系统设备名称	项目内容	项目属性	项目负责人	工日	R/W/H	验收类型	验收人一级	二级	监理	三级
134	2号电动滤网	2号电动滤网及其附属阀门、管道检查	标准	点检员	5	1W2	质量验收单	技术员	点检员	检修监理员	生技部专工
135	海水流量调节阀	解体检查	标准	点检员	20	1W2	检修工艺记录卡	技术员	点检员	检修监理员	生技部专工
136	阀门	配合热工阀门传动调试定位	标准	点检员	20	1W1	质量验收单	技术员	点检员	检修监理员	生技部专工
137	阀门	停机前存在缺陷处理	标准	点检员	80	1W1	质量验收单	技术员	点检员	检修监理员	生技部专工
138	EH油系统	EH油管道支架检查	标准	点检员	8	1W2	质量验收单	技术员	点检员	检修监理员	生技部专工
		蓄能器测压充氮（5只）	标准	点检员	5	1W2	检修工艺记录卡	技术员	点检员	检修监理员	生技部专工
		EH油再生填料更换	标准	点检员	5	1W2	质量验收单	技术员	点检员	检修监理员	生技部专工
		EH油箱滤油	标准	点检员	8	1W2	质量验收单	技术员	点检员	检修监理员	生技部专工
		5A、5B EH油冷却风扇热换器清理	标准	点检员	8	1W2	检修工艺记录卡	技术员	点检员	检修监理员	生技部专工
		EH油系统滤网更换	标准	点检员	16	1W2	检修工艺记录卡	技术员	点检员	检修监理员	生技部专工
		EH油系统渗漏点检查处理	标准	点检员	5	1W2	质量验收单	技术员	点检员	检修监理员	生技部专工
139	EH油泵	配合电气油泵电机检查及联轴器检查	标准	点检员	5	1W1	质量验收单	技术员	点检员	检修监理员	生技部专工
140	发电机	配合电气进行发电机气密性试验	标准	点检员	4	1W2	质量验收单	技术员	点检员	检修监理员	生技部专工
141	主机润滑油滤网切换阀	主机润滑油滤网A/B切换阀阀体解检查	标准	点检员	10	1W2 1H3	质量验收单	技术员	点检员	检修监理员	生技部专工
142	主油箱	油系统放油至脏油室、滤油（NAS 5级以下）	标准	点检员	8	1W2 1H3	质量验收单	技术员	点检员	检修监理员	生技部专工
		主油箱内部清理、检查	标准	点检员	12	1W2 1H3	文件包	技术员	点检员	检修监理员	生技部专工
143	油系统	主机油系统整体投油循环	标准	点检员	4	1W2	质量验收单	技术员	点检员	检修监理员	生技部专工

续表

汽轮机专业

序号	系统设备名称	项目内容	项目属性	项目负责人	工日	R/W/H	验收类型	验收人			
								一级	二级	监理	三级
144	A、B 主油箱排烟风机	主油箱排烟风机 A/B 解体检查，进口滤网清理检查	标准	点检员	6	1W2	检修工艺记录卡	技术员	点检员	检修监理员	生技部专工
145	主机润滑油滤网	主机润滑油滤网 A/B 清理检查	标准	点检员	8	1W2 1H3	质量验收单	技术员	点检员	检修监理员	生技部专工
146	主机润滑油冷油器切换阀	主机润滑油冷油器切换阀检查	标准	点检员	8	1W2	质量验收单	技术员	点检员	检修监理员	生技部专工
147	润滑油泵	配合电气润滑油泵电机检修拆装及联轴器检查	标准	点检员	6	1W2	质量验收单	技术员	点检员	检修监理员	生技部专工
148	主机油系统	主机润滑油系统泄漏点处理	标准	点检员	20	1W2	质量验收单	技术员	点检员	检修监理员	生技部专工
		主机润滑油系统金属监督配合工作	标准	点检员	4	1W2	质量验收单	技术员	点检员	检修监理员	生技部专工
149	主机油净化装置	主机油净化装置再循环泵更换	标准	点检员	4	1W2	质量验收单	技术员	点检员	检修监理员	生技部专工
150	顶轴油系统	主机顶轴油滤网清理检查	标准	点检员	4	1W2	质量验收单	技术员	点检员	检修监理员	生技部专工
		主机各轴承顶轴油模块渗油处理，内漏止回阀更换	标准	点检员	15	1W2	质量验收单	技术员	点检员	检修监理员	生技部专工
151	A 顶轴油泵	主机 5A 顶轴油泵联轴器检查	标准	点检员	4	1W2	质量验收单	技术员	点检员	检修监理员	生技部专工
152	B 顶轴油泵	主机 5B 顶轴油泵联轴器检查	标准	点检员	4	1W2	质量验收单	技术员	点检员	检修监理员	生技部专工
153	C 顶轴油泵	主机 5C 顶轴油泵联轴器检查	标准	点检员	6	1W2	质量验收单	技术员	点检员	检修监理员	生技部专工

续表

汽轮机专业

序号	系统设备名称	项目内容	项目属性	项目负责人	工日	R/W/H	验收类型	验收人			
								一级	二级	监理	三级
154	顶轴油系统	主机顶轴油系统金属监督配合工作	标准	点检员	4	1W2	质量验收单	技术员	点检员	检修监理员	生技部专工
155	A、B 交流密封油泵	5A/5B交流密封油泵解体检查	标准	点检员	20	1W2 1H3	文件包	技术员	点检员	检修监理员	生技部专工
156	A、B 密封油排烟风机	5A/5B密封油排烟风机解体检查	标准	点检员	8	1W2	检修工艺记录卡	技术员	点检员	检修监理员	生技部专工
157	密封油氢侧回油箱	氢侧回油箱放油、清理、浮子检查	标准	点检员	5	1W2 1H3	质量验收单	技术员	点检员	检修监理员	生技部专工
158	密封油贮油箱	密封油贮油箱清理检查	标准	点检员	5	1W2 1H3	质量验收单	技术员	点检员	检修监理员	生技部专工
159	密封油真空油箱	密封油真空油箱放油、清理、浮子检查	标准	点检员	5	1W2 1H3	质量验收单	技术员	点检员	检修监理员	生技部专工
160	A、B 密封油滤网	密封油滤网A/B清理检查	标准	点检员	5	1W2	质量验收单	技术员	点检员	检修监理员	生技部专工
161	密封油系统	主机密封油系统金属监督配合工作	标准	点检员	6	1W2	质量验收单	技术员	点检员	检修监理员	生技部专工
162	密封油系统	密封油系统消漏、更换法兰垫片	标准	点检员	10	1W2	质量验收单	技术员	点检员	检修监理员	生技部专工
163	A 给水泵汽轮机油箱	A给水泵汽轮机油箱放油、内部清理检查、并清洗油箱内的滤网、滤油（NAS 5级以下）	标准	点检员	12	1W2 1H3	质量验收单	技术员	点检员	检修监理员	生技部专工
164	B 给水泵汽轮机油箱	B给水泵汽轮机油箱放油、内部清理检查、并清洗油箱内的滤网、滤油（NAS 5级以下）	标准	点检员	12	1W2 1H3	质量验收单	技术员	点检员	检修监理员	生技部专工
165	A 给水泵汽轮机1号交流油泵	A给水泵汽轮机1号交流油泵解体检查，进口滤网清理	标准	点检员	10	2W2 3H3	文件包	技术员	点检员	检修监理员	生技部专工
166	A 给水泵汽轮机2号交流油泵	A给水泵汽轮机2号交流油泵解体检查，进口滤网清理	标准	点检员	10	2W2 3H3	文件包	技术员	点检员	检修监理员	生技部专工

续表

汽轮机专业

序号	系统设备名称	项目内容	项目属性	项目负责人	工日	R/W/H	验收类型	验收人 一级	验收人 二级	验收人 监理	验收人 三级
167	B给水泵汽轮机1号交流油泵	B给水泵汽轮机1号交流油泵解体检查、进口滤网清理	标准	点检员	10	2W2 3H3	文件包	技术员	点检员	检修监理员	生技部专工
168	B给水泵汽轮机2号交流油泵	B给水泵汽轮机2号交流油泵解体检查、进口滤网清理	标准	点检员	10	2W2 3H3	文件包	技术员	点检员	检修监理员	生技部专工
169	A给水泵汽轮机直流油泵	A给水泵汽轮机直流油泵检查、进口滤网清理	标准	点检员	10	1W2	质量验收单	技术员	点检员	检修监理员	生技部专工
170	B给水泵汽轮机直流油泵	B给水泵汽轮机直流油泵检查、进口滤网清理	标准	点检员	10	1W2	质量验收单	技术员	点检员	检修监理员	生技部专工
171	A给水泵汽轮机润滑油滤网	A给水泵汽轮机润滑油滤网清理检查	标准	点检员	5	1W2 1H3	质量验收单	技术员	点检员	检修监理员	生技部专工
172	B给水泵汽轮机润滑油滤网	B给水泵汽轮机润滑油滤网清理检查	标准	点检员	5	1W2 1H3	质量验收单	技术员	点检员	检修监理员	生技部专工
173	A给水泵汽轮机调节油滤网	A给水泵汽轮机调节油滤网清理检查	标准	点检员	5	1W2 1H3	质量验收单	技术员	点检员	检修监理员	生技部专工
174	B给水泵汽轮机调节油滤网	B给水泵汽轮机调节油滤网清理检查	标准	点检员	5	1W2 1H3	质量验收单	技术员	点检员	检修监理员	生技部专工
175	A给水泵汽轮机润滑油蓄能器	A给水泵汽轮机润滑油系统蓄能器充氮检查	标准	点检员	5	1W2	质量验收单	技术员	点检员	检修监理员	生技部专工
176	B给水泵汽轮机润滑油蓄能器	B给水泵汽轮机润滑油系统蓄能器充氮检查	标准	点检员	5	1W2	质量验收单	技术员	点检员	检修监理员	生技部专工
177	A给水泵汽轮机油箱排烟风机	A给水泵汽轮机油箱排烟风机检查	标准	点检员	5	1W2	检修工艺记录卡	技术员	点检员	检修监理员	生技部专工

续表

汽轮机专业

序号	系统设备名称	项目内容	项目属性	项目负责人	工日	R/W/H	验收类型	验收人			
								一级	二级	监理	三级
178	B给水泵汽轮机油箱排烟风机	B给水泵汽轮机油箱排烟风机检查	标准	点检员	5	1W2	检修工艺记录卡	技术员	点检员	检修监理员	生技部专工
179	A、B给水泵汽轮机油管道	A/B给水泵汽轮机冷油器出口管段加装取样一、二次门	标准	点检员	5	1W2	质量验收单	技术员	点检员	检修监理员	生技部专工
180	A给水泵汽轮机后轴承至排烟风机管道	A给水泵汽轮机后轴承至排烟风机管道整改，吹扫	标准	点检员	10	1W3	质量验收单	技术员	点检员	检修监理员	生技部专工
181	A、B给水泵汽轮机油系统	给水泵汽轮机油系消漏，更换法兰垫片	标准	点检员	20	1W2	质量验收单	技术员	点检员	检修监理员	生技部专工
182	A、B给水泵汽轮机油系统	给水泵汽轮机油净化装置临时滤油接口安装	标准	点检员	6	1W2	质量验收单	技术员	点检员	检修监理员	生技部专工
183	A、B给水泵汽轮机油系统	给水泵汽轮机油系统金属监督配合工作	标准	点检员	20	1W2	质量验收单	技术员	点检员	检修监理员	生技部专工
184	给水泵汽轮机油净化装置	给水泵汽轮机油净化装置循环泵电机检查，配合电气专业找中心	标准	点检员	4	1W2	质量验收单	技术员	点检员	检修监理员	生技部专工
185	定冷泵出口滤网	定冷泵出口滤网更换	标准	点检员	5	1W2	质量验收单	技术员	点检员	检修监理员	生技部专工
186	定冷水箱	定冷水箱清理	标准	点检员	4	1W2	检修工艺记录卡	技术员	点检员	检修监理员	生技部专工
187	定冷水管道	靠近发电机处定子水管路加装支吊架	标准	点检员	15	1W2	质量验收单	技术员	点检员	检修监理员	生技部专工
188	A定冷泵	A定冷泵解体检查	标准	点检员	15	1W2 1H3	文件包	技术员	点检员	检修监理员	生技部专工
189	B定冷泵	B定冷泵解体检查	标准	点检员	15	1W2 1H3	文件包	技术员	点检员	检修监理员	生技部专工

续表

汽轮机专业

序号	系统设备名称	项目内容	项目属性	项目负责人	工日	R/W/H	验收类型	验收人			三级
								一级	二级	监理	
190	定冷水系统	定冷水回水母管临时滤布拆除	标准	点检员	4	1W2	质量验收单	技术员	点检员	检修监理员	生技部专工
191	定冷水补水系统	定冷水箱补水滤网更换滤芯	标准	点检员	4	1W2	质量验收单	技术员	点检员	检修监理员	生技部专工
192	主机润滑油温控阀	主机润滑油温控阀渗油处理	标准	点检员	10	1W2	质量验收单	技术员	点检员	检修监理员	生技部专工
193	B 低压旁路阀内漏处理	阀门内漏处理	标准	点检员	80	1W2 1H3	质量验收单	技术员	点检员	检修监理员	生技部专工

锅炉专业标准项目控制计划见表 2-8。

表 2-8　锅炉专业标准项目控制计划表

锅炉专业

序号	系统设备名称	项目内容	项目属性	项目负责人	工日	R/W/H	验收类型	验收人			三级
								一级	二级	监理	
1	水冷壁及联箱	清理管子外壁焦渣和积灰，检查管子焊缝及鳍片	标准	点检员	25	W2	文件包	技术员	点检员	检修监理员	生技部专工
2		检查管子外壁的磨损、胀粗、变形、损伤、烟气冲刷和高温腐蚀，水冷壁测厚，更换少量管子	标准	点检员	40	H2	文件包	技术员	点检员	检修监理员	生技部专工
3		割管取样	标准	点检员	25	W2		技术员	点检员	检修监理员	生技部专工
4		清扫管子外壁积灰	标准	点检员	10	H2	文件包	技术员	点检员	检修监理员	生技部专工
5	过热器及联箱	检查管子磨损、胀粗、弯曲、腐蚀、变形情况，测量壁厚及蠕胀	标准	点检员	20	H2	文件包	技术员	点检员	检修监理员	生技部专工
6		割管取样	标准	点检员	25	H2		技术员	点检员	检修监理员	生技部专工
7		校正管排	标准	点检员	10	H2		技术员	点检员	检修监理员	生技部专工

续表

锅炉专业

序号	系统设备名称	项目内容	项目属性	点检员	工日	R/W/H	验收类型	验收人 一级	二级	监理	三级
8	省煤器及联箱	清扫管子外壁积灰	标准	点检员	10	H2		技术员	点检员	检修监理员	生技部专工
9		检查管子磨损、变形、腐蚀等情况，更换不合格的管子及弯头	标准	点检员	20	W2	文件包	技术员	点检员	检修监理员	生技部专工
10		校正管排	标准	点检员	20	W2		技术员	点检员	检修监理员	生技部专工
11	再热器及联箱	清扫管子外壁积灰	标准	点检员	10	W2		技术员	点检员	检修监理员	生技部专工
12		检查管子磨损、胀粗、弯曲、腐蚀、变形情况，测量壁厚及端胀	标准	点检员	20	W2	文件包	技术员	点检员	检修监理员	生技部专工
13		割管取样	标准	点检员	25	W3		技术员	点检员	检修监理员	生技部专工
14		校正管排	标准	点检员	10	W2		技术员	点检员	检修监理员	生技部专工
15	减温器	检查、修理混合式减温器联箱、进水管、必要时更换喷嘴	标准	点检员	15	W2	文件包	技术员	点检员	检修监理员	生技部专工
16		检查、修理支吊架	标准	点检员	20	W2		技术员	点检员	检修监理员	生技部专工
17	燃烧设备	清理燃烧器周围结焦	标准	点检员	10	H2		技术员	点检员	检修监理员	生技部专工
18		检查修理燃烧器，更换喷嘴，检查、焊补风箱	标准	点检员	30	W2	文件包	技术员	点检员	检修监理员	生技部专工
19		检查、调整风量调节挡板	标准	点检员	15	W2		技术员	点检员	检修监理员	生技部专工
20		检查点火设备	标准	点检员	18	W2		技术员	点检员	检修监理员	生技部专工
21	本体其他	锅炉整体水压试验、检查承压部件的严密性	标准	点检员	20	H2	文件包	技术员	点检员	检修监理员	生技部专工
22		仪用气阀门内外漏检查处理	标准	点检员	10	W2	文件包	技术员	点检员	检修监理员	生技部专工
23		出口烟道膨胀节检查，消缺，下部加装不锈钢丝网	标准	点检员	16	H2	文件包	技术员	点检员	检修监理员	生技部专工
24		锅炉所属安全阀拆装及送检配合；锅炉、压力容器内外检验、压力管道检验配合；金属监督项目配合及复查出缺陷处理	标准	点检员	800	H2	文件包	技术员	点检员	检修监理员	生技部专工

续表

锅炉专业

序号	系统设备名称	项目内容	项目属性	点检员	工日	R/W/H	验收类型	验收人 一级	二级	监理	三级
25	本体其他	高温氧化皮检测项目配合及查出缺陷处理	标准	点检员	50	H2	文件包	技术员	点检员	检修监理员	生技部专工
26		检修平台内搭设、拆除，检修平台调试	标准	点检员	300	H2	文件包	技术员	点检员	检修监理员	生技部专工
27		炉膛负压测点移位配合	标准	点检员	10	H2	文件包	技术员	点检员	检修监理员	生技部专工
28		再热器堵阀拆装	标准	点检员	10	W2	文件包	技术员	点检员	检修监理员	生技部专工
29		检查、调整管道膨胀指示器	标准	点检员	10	W2	文件包	技术员	点检员	检修监理员	生技部专工
30		检查、调整支吊架	标准	点检员	20	W3	文件包	技术员	点检员	检修监理员	生技部专工
31		汽水系统阀门及压力、温度、流量测点一次门抽样15%解体检修	标准	点检员	15	W2	文件包	技术员	点检员	检修监理员	生技部专工
32	汽水管道、阀门	给水电动门 (1)	标准	点检员	15	H3	文件包	技术员	点检员	检修监理员	生技部专工
33		给水电动节门 (1)	标准	点检员	10	H3	文件包	技术员	点检员	检修监理员	生技部专工
34		给水调节阀前进口电动门 (1)	标准	点检员	15	H3	文件包	技术员	点检员	检修监理员	生技部专工
35		给水调节阀后出口电动门 (1)	标准	点检员	15	H3	文件包	技术员	点检员	检修监理员	生技部专工
36		给水至减温水总电动门 (1)	标准	点检员	15	H3	文件包	技术员	点检员	检修监理员	生技部专工
37		给水止回阀解体检修 (1)	标准	点检员	10	W3	文件包	技术员	点检员	检修监理员	生技部专工
38		给水管道取样截止阀 (2)	标准	点检员	6	W2	文件包	技术员	点检员	检修监理员	生技部专工
39		炉外悬吊管放气截止阀 (4)	标准	点检员	10	W2	文件包	技术员	点检员	检修监理员	生技部专工
40		省煤器进口疏水电动截止阀 (2)	标准	点检员	5	W2	文件包	技术员	点检员	检修监理员	生技部专工
41		省煤器出口放气截止阀 (2)	标准	点检员	5	W2	文件包	技术员	点检员	检修监理员	生技部专工
42		省煤器出口放气电动截止阀 (1)	标准	点检员	3	W2	文件包	技术员	点检员	检修监理员	生技部专工
43		水冷壁进口疏水电动截止阀 (4)	标准	点检员	4	W2	文件包	技术员	点检员	检修监理员	生技部专工
44		水冷壁出口放气电动截止阀 (1)	标准	点检员	4	W2	文件包	技术员	点检员	检修监理员	生技部专工
45		水冷壁出口充氢截止阀 (2)	标准	点检员	2	W2	文件包	技术员	点检员	检修监理员	生技部专工

续表

锅炉专业

序号	系统设备名称	项目内容	项目属性	点检员	工日	R/W/H	验收类型	验收人 一级	二级	监理	三级
46		贮水箱取样 (2)	标准	点检员	4	W2	文件包	技术员	点检员	检修监理员	生技部专工
47		循环水泵进口电动闸阀 (1)	标准	点检员	20	H3	文件包	技术员	点检员	检修监理员	生技部专工
48		循环水泵出口电动调节阀 (1)	标准	点检员	10	H3	文件包	技术员	点检员	检修监理员	生技部专工
49		循环水泵出口电动闸阀 (1)	标准	点检员	15	H3	文件包	技术员	点检员	检修监理员	生技部专工
50		循环水泵出口止回阀 (1)	标准	点检员	18	H3	文件包	技术员	点检员	检修监理员	生技部专工
51		循环水泵出口最小流量管电动控制截止阀 (1)	标准	点检员	12	W2	文件包	技术员	点检员	检修监理员	生技部专工
52		循环水泵暖管止回阀 (1)	标准	点检员	12	W2	文件包	技术员	点检员	检修监理员	生技部专工
53		循环水泵进口冷却水管路止回阀 (1)	标准	点检员	2	W2	文件包	技术员	点检员	检修监理员	生技部专工
54		循环水泵进口冷却水管路电动截止阀 (1)	标准	点检员	19	W2	文件包	技术员	点检员	检修监理员	生技部专工
55		循环水泵进口冷却水管路电动调节阀 (1)	标准	点检员	6	W2	文件包	技术员	点检员	检修监理员	生技部专工
56	汽水管道、阀门	循环水泵高压冷却水系统滤网	标准	点检员	5	W2	文件包	技术员	点检员	检修监理员	生技部专工
57		循环水泵低压冷却水系统滤网	标准	点检员	19	W2	文件包	技术员	点检员	检修监理员	生技部专工
58		二级过热器出口取样管截止阀 (4)	标准	点检员	5	W2	文件包	技术员	点检员	检修监理员	生技部专工
59		循环水泵高压冷却水系统止回阀 (1)	标准	点检员	2	W2	文件包	技术员	点检员	检修监理员	生技部专工
60		循环水泵低压冷却水系统止回阀 (1)	标准	点检员	2	W2	文件包	技术员	点检员	检修监理员	生技部专工
61		大气式扩容器进口液动闸阀 (2)	标准	点检员	2	W2	文件包	技术员	点检员	检修监理员	生技部专工
62		大气式扩容器进口液动调节阀 (2)	标准	点检员	3	W2	文件包	技术员	点检员	检修监理员	生技部专工
63		大气式扩容器暖管阀 (1)	标准	点检员	2	W2	文件包	技术员	点检员	检修监理员	生技部专工
64		大气式扩容器电动截止阀 (1)	标准	点检员	3	W2	文件包	技术员	点检员	检修监理员	生技部专工
65		大气式扩容器电动调节阀 (1)	标准	点检员	17	W2	文件包	技术员	点检员	检修监理员	生技部专工
66		过热器疏水站正常放水电动闸阀 (1)	标准	点检员	2	W2	文件包	技术员	点检员	检修监理员	生技部专工
67		过热器疏水站正常放水电动调节阀 (1)	标准	点检员	3	W2	文件包	技术员	点检员	检修监理员	生技部专工

续表

锅炉专业

序号	系统设备名称	项目内容	项目属性	点检员	工日	R/W/H	验收类型	验收人 一级	验收人 二级	验收人 监理	验收人 三级
68		过热器疏水站高水位放水电动截止阀 (1)	标准	点检员	2	W2	文件包	技术员	点检员	检修监理员	生技部专工
69		过热器疏水站高水位放水截止阀 (1)	标准	点检员	3	W2	文件包	技术员	点检员	检修监理员	生技部专工
70		过热器疏水站备用防水电动闸阀 (2)	标准	点检员	30	H2	文件包	技术员	点检员	检修监理员	生技部专工
71		再热器疏水站正常放水电动截止阀 (1)	标准	点检员	2	W2	文件包	技术员	点检员	检修监理员	生技部专工
72		再热器疏水站正常放水电动调节阀 (1)	标准	点检员	3	W2	文件包	技术员	点检员	检修监理员	生技部专工
73		再热器疏水站高水位放水电动截止阀 (1)	标准	点检员	3	W2	文件包	技术员	点检员	检修监理员	生技部专工
74		再热器疏水站高水位放水截止阀 (1)	标准	点检员	3	W2	文件包	技术员	点检员	检修监理员	生技部专工
75		再热器疏水站备用放水截止阀 (2)	标准	点检员	3	W2	文件包	技术员	点检员	检修监理员	生技部专工
76		集水箱溢流管电动闸阀 (1)	标准	点检员	2	W2	文件包	技术员	点检员	检修监理员	生技部专工
77	汽水管道、阀门	集水箱溢流管截止阀 (1)	标准	点检员	9	W2	文件包	技术员	点检员	检修监理员	生技部专工
78		集水箱至冷凝器管道闸阀 (2)	标准	点检员	6	W2	文件包	技术员	点检员	检修监理员	生技部专工
79		集水箱至冷凝器管道电动闸阀 (2)	标准	点检员	23	H2	文件包	技术员	点检员	检修监理员	生技部专工
80		集水箱至冷凝器管道疏水截止阀 (5)	标准	点检员	5	W2	文件包	技术员	点检员	检修监理员	生技部专工
81		冷凝器水泵道最小流量管闸阀 (1)	标准	点检员	3	W2	文件包	技术员	点检员	检修监理员	生技部专工
82		一级过热器进口放气截止阀 (2)	标准	点检员	2	W2	文件包	技术员	点检员	检修监理员	生技部专工
83		一级过热器出口疏水电动截止阀 (2)	标准	点检员	5	W2	文件包	技术员	点检员	检修监理员	生技部专工
84		二级过热器进口放气截止阀 (2)	标准	点检员	2	W2	文件包	技术员	点检员	检修监理员	生技部专工
85		二级过热器出口疏水电动截止阀 (2)	标准	点检员	2	W2	文件包	技术员	点检员	检修监理员	生技部专工
86		三级过热器出口疏水电动止回阀 (2)	标准	点检员	3	W2	文件包	技术员	点检员	检修监理员	生技部专工
87		三级过热器进口疏水电动截止阀 (2)	标准	点检员	7	W2	文件包	技术员	点检员	检修监理员	生技部专工
88		三级过热器进口放水止回阀 (2)	标准	点检员	2	W2	文件包	技术员	点检员	检修监理员	生技部专工
89		三级过热器出口放气截止阀 (2)	标准	点检员	3	W2	文件包	技术员	点检员	检修监理员	生技部专工

续表

锅炉专业

序号	系统设备名称	项目内容	项目属性	点检员	工日	R/W/H	验收类型	验收人一级	二级	监理	三级
90		过热器喷水左右侧总管电动闸阀（2）	标准	点检员	2	W2	文件包	技术员	点检员	检修监理员	生技部专工
91		过热器Ⅰ级喷水管路电动总阀（4）	标准	点检员	3	W2	文件包	技术员	点检员	检修监理员	生技部专工
92		过热器Ⅰ级喷水管路电动调节阀（4）	标准	点检员	2	W2	文件包	技术员	点检员	检修监理员	生技部专工
93		过热器Ⅰ级喷水管路止回阀（4）	标准	点检员	3	W2	文件包	技术员	点检员	检修监理员	生技部专工
94		过热器Ⅰ级喷水管路截止阀（4）	标准	点检员	30	H2	文件包	技术员	点检员	检修监理员	生技部专工
95		过热器Ⅰ级喷水管路电动控制截止阀（4）	标准	点检员	5	W2	文件包	技术员	点检员	检修监理员	生技部专工
96		过热器Ⅰ级喷水管路疏水截止阀（12）	标准	点检员	4	W2	文件包	技术员	点检员	检修监理员	生技部专工
97		过热器Ⅱ级喷水管路电动截止阀（4）	标准	点检员	2	W2	文件包	技术员	点检员	检修监理员	生技部专工
98		过热器Ⅱ级喷水管路电动调节阀（4）	标准	点检员	3	W3	文件包	技术员	点检员	检修监理员	生技部专工
99		过热器Ⅱ级喷水管路止回阀（4）	标准	点检员	16	W2	文件包	技术员	点检员	检修监理员	生技部专工
100	汽水管道、阀门	过热器Ⅱ级喷水管路截止阀（4）	标准	点检员	4	W2	文件包	技术员	点检员	检修监理员	生技部专工
101		过热器Ⅱ级喷水管路电动控制截止阀（4）	标准	点检员	3	W2	文件包	技术员	点检员	检修监理员	生技部专工
102		过热器Ⅱ级喷水管路疏水截止阀（12）	标准	点检员	3	W2	文件包	技术员	点检员	检修监理员	生技部专工
103		一级再热气进口放气截止阀（2）	标准	点检员	3	W2	文件包	技术员	点检员	检修监理员	生技部专工
104		二级再热器进口疏水止回阀（2）	标准	点检员	3	W2	文件包	技术员	点检员	检修监理员	生技部专工
105		二级再热器进口放气截止阀（2）	标准	点检员	3	W2	文件包	技术员	点检员	检修监理员	生技部专工
106		再热器出口总管电动闸阀（1）	标准	点检员	2	W2	文件包	技术员	点检员	检修监理员	生技部专工
107		再热器事故喷水管路电动截止阀（2）	标准	点检员	2	W2	文件包	技术员	点检员	检修监理员	生技部专工
108		再热器事故喷水管路止回阀（2）	标准	点检员	2	W2	文件包	技术员	点检员	检修监理员	生技部专工
109		再热器事故喷水管路过滤器（2）	标准	点检员	2	W2	文件包	技术员	点检员	检修监理员	生技部专工
110		再热器事故喷水管路电动调节阀（2）	标准	点检员	18	W2	文件包	技术员	点检员	检修监理员	生技部专工
111		再热器事故喷水管路疏水截止阀（4）	标准	点检员	4	W2	文件包	技术员	点检员	检修监理员	生技部专工

续表

锅炉专业

序号	系统设备名称	项目内容	项目属性	点检员	工日	R/W/H	验收类型	验收人			
								一级	二级	监理	三级
112	汽水管道、阀门	再热器微量喷水管路电动截止阀 (4)	标准	点检员	2	W2	文件包	技术员	点检员	检修监理员	生技部专工
113		再热器微量喷水管路止回阀 (4)	标准	点检员	2	W2	文件包	技术员	点检员	检修监理员	生技部专工
114		再热器微量喷水管路过滤器 (4)	标准	点检员	3	W2	文件包	技术员	点检员	检修监理员	生技部专工
115		再热器事故喷水管路电动调节阀 (2)	标准	点检员	3	W2	文件包	技术员	点检员	检修监理员	生技部专工
116		再热器微量喷水管路疏水截止阀 (8)	标准	点检员	3	W2	文件包	技术员	点检员	检修监理员	生技部专工
117		水冷壁中间集箱疏放水截止阀 (2)	标准	点检员	2	W2	文件包	技术员	点检员	检修监理员	生技部专工
118		一级再热进口集箱吹灰汽源截止阀 (1)	标准	点检员	2	W2	文件包	技术员	点检员	检修监理员	生技部专工
119		一级再热进口集箱吹灰汽源电动截止阀 (1)	标准	点检员	3	W2	文件包	技术员	点检员	检修监理员	生技部专工
120		一级再热进口集箱吹灰汽源气动调节阀 (1)	标准	点检员	2	W2	文件包	技术员	点检员	检修监理员	生技部专工
121		一级再热进口集箱吹灰汽源安全阀 (1)	标准	点检员	2	W2	文件包	技术员	点检员	检修监理员	生技部专工
122		一级再热进口集箱吹灰疏水截止阀 (1)	标准	点检员	2	W2	文件包	技术员	点检员	检修监理员	生技部专工
123		二级再热进口集箱吹灰汽源电动截止阀 (1)	标准	点检员	2	W2	文件包	技术员	点检员	检修监理员	生技部专工
124		二级再热进口集箱吹灰汽源气动调节阀 (1)	标准	点检员	2	W2	文件包	技术员	点检员	检修监理员	生技部专工
125		二级再热进口集箱吹灰汽源安全阀 (1)	标准	点检员	22	W2	文件包	技术员	点检员	检修监理员	生技部专工
126		过热器喷水站疏水阀 (12)	标准	点检员	2	W2	文件包	技术员	点检员	检修监理员	生技部专工
127		再热器喷水站疏水截止阀 (2)	标准	点检员	3	W2	文件包	技术员	点检员	检修监理员	生技部专工
128		吹灰器疏水站疏水止回阀 (5)	标准	点检员	2	W2	文件包	技术员	点检员	检修监理员	生技部专工
129		再热系统疏水站疏水截止阀 (1)	标准	点检员	18	W2	文件包	技术员	点检员	检修监理员	生技部专工
130		分疏箱至大气扩容器管道取样截止阀 (2)	标准	点检员	4	W2	文件包	技术员	点检员	检修监理员	生技部专工
131		二级再热器出口取样截止阀 (4)	标准	点检员	2	W2	文件包	技术员	点检员	检修监理员	生技部专工
132		省煤器出口充氮截止阀 (2)	标准	点检员	2	W2	文件包	技术员	点检员	检修监理员	生技部专工
133		辅汽至磨煤机用汽减温减压器 (1)	标准	点检员	1	W2	文件包	技术员	点检员	检修监理员	生技部专工

续表

锅炉专业

序号	系统设备名称	项目内容	项目属性	点检员	工日	R/W/H	验收类型	验收人 一级	二级	监理	三级
134		辅汽至磨煤机用汽手动截止阀(1)	标准	点检员	1	W2	文件包	技术员	点检员	检修监理员	生技部专工
135		辅汽至磨煤机用汽管道安全阀(1)	标准	点检员	2	W2	文件包	技术员	点检员	检修监理员	生技部专工
136		锅炉房燃油管道吹扫用汽供汽手动门(1)	标准	点检员	1	W2	文件包	技术员	点检员	检修监理员	生技部专工
137		锅炉房燃油管道吹扫用汽供汽减温减压器(1)	标准	点检员	1	W2	文件包	技术员	点检员	检修监理员	生技部专工
138		锅炉房燃油管道吹扫用汽供汽减温减压器安全阀(1)	标准	点检员	1	W2	文件包	技术员	点检员	检修监理员	生技部专工
139	汽水管道、阀门	厂区燃油吹扫及化水用汽供汽手动门(1)	标准	点检员	7	W2	文件包	技术员	点检员	检修监理员	生技部专工
140		厂区燃油吹扫及化水用汽供汽减温减压器(1)	标准	点检员	1	W2	文件包	技术员	点检员	检修监理员	生技部专工
141		辅汽减温减压器减温水调节阀(3)	标准	点检员	1	W2	文件包	技术员	点检员	检修监理员	生技部专工
142		辅汽系统阀门缺陷检查消缺	标准	点检员	7	W2	文件包	技术员	点检员	检修监理员	生技部专工
143		辅汽减温减压器减温水截止阀(7)	标准	点检员	1	W2	文件包	技术员	点检员	检修监理员	生技部专工
144		高压旁路减温水排汽截止阀(8)	标准	点检员	1	W2	文件包	技术员	点检员	检修监理员	生技部专工
145		高压旁路减温水放空门(6)	标准	点检员	3	W2	文件包	技术员	点检员	检修监理员	生技部专工
146		高压冲洗水冷却器解体检修(1)	标准	点检员	22	W2	文件包	技术员	点检员	检修监理员	生技部专工
147		高压冲洗水过滤器解体检修(1)	标准	点检员	6	W2	文件包	技术员	点检员	检修监理员	生技部专工
148		辅汽疏水手动截止阀更换盘根(12)	标准	点检员	4	W2	文件包	技术员	点检员	检修监理员	生技部专工
149		扩1疏调节阀5A、5B	标准	点检员	3	W2	文件包	技术员	点检员	检修监理员	生技部专工
150		扩1疏隔离阀5A、5B	标准	点检员	2	W2	文件包	技术员	点检员	检修监理员	生技部专工
151		扩2答器至主机组排水槽电动阀	标准	点检员	2	W2	文件包	技术员	点检员	检修监理员	生技部专工
152		消音器清理(5)	标准	点检员	4	W2	文件包	技术员	点检员	检修监理员	生技部专工
153		蓄能器检查、氮压测量加氮	标准	点检员	4	W2	文件包	技术员	点检员	检修监理员	生技部专工
154		油系统管路检查、接头检查漏油情况	标准	点检员	5	W2	文件包	技术员	点检员	检修监理员	生技部专工

续表

锅炉专业

序号	系统设备名称	项目内容	项目属性	点检员	工日	R/W/H	验收类型	验收人 一级	二级	监理	三级
155		系统油质劣化验或更换润滑油（视化验情况而定）	标准	点检员	5		文件包	技术员	点检员	检修监理员	生技部专工
156		分扩压油站进油滤网清洗、油冲洗	标准	点检员	3	W2	文件包	技术员	点检员	检修监理员	生技部专工
157		扩输泵解体检修（2）	标准	点检员	3	W2	文件包	技术员	点检员	检修监理员	生技部专工
158		扩输泵进出口阀门、冷却水阀门清理	标准	点检员	4	W2	文件包	技术员	点检员	检修监理员	生技部专工
159		扩输泵进口滤网检查（2）	标准	点检员	4	W2	文件包	技术员	点检员	检修监理员	生技部专工
160	汽水管道、阀门	扩输泵找正/试转	标准	点检员	2	W2	文件包	技术员	点检员	检修监理员	生技部专工
161		锅炉再循环水泵检查消缺	标准	点检员	22	W2	文件包	技术员	点检员	检修监理员	生技部专工
162		再循环水泵冷却水系统检查/检修	标准	点检员	3	W2	文件包	技术员	点检员	检修监理员	生技部专工
163		事故冷却水泵解体检修（1）	标准	点检员	2	W2	文件包	技术员	点检员	检修监理员	生技部专工
164		事故冷却水泵进口阀门检修	标准	点检员	1	W2	文件包	技术员	点检员	检修监理员	生技部专工
165		事故冷却水泵滤网解体检查	标准	点检员	5	W2	文件包	技术员	点检员	检修监理员	生技部专工
166		事故冷却水泵升压泵检查消缺（2）	标准	点检员	5	W2	文件包	技术员	点检员	检修监理员	生技部专工
167		事故冷却水泵升压泵进出口阀门解体检修	标准	点检员	6	W2	文件包	技术员	点检员	检修监理员	生技部专工
168		事故冷却水泵滤网检查	标准	点检员	4	W2	文件包	技术员	点检员	检修监理员	生技部专工
169		长吹灰器减速箱抽查、修理	标准	点检员	15	2W2		技术员	点检员	检修监理员	生技部专工
170	长吹灰器	长吹灰器提升阀、空气阀组件检查、修理	标准	点检员	35	W2		技术员	点检员	检修监理员	生技部专工
171		长吹灰器内外枪管检查	标准	点检员	10	W2	文件包	技术员	点检员	检修监理员	生技部专工
172		长吹灰器跑车解体、检查	标准	点检员	15	W2		技术员	点检员	检修监理员	生技部专工
173		长吹灰器阀门解体、检查、修理	标准	点检员	15	W2		技术员	点检员	检修监理员	生技部专工
174	短吹灰器	短吹灰器减速箱抽查、修理	标准	点检员	10	W2	文件包	技术员	点检员	检修监理员	生技部专工
175		短吹灰器提升阀、空气阀组件检查、修理	标准	点检员	30	W2		技术员	点检员	检修监理员	生技部专工

续表

锅炉专业

序号	系统设备名称	项目内容	项目属性	点检员	工日	R/W/H	验收类型	验收人 一级	验收人 二级	验收人 监理	验收人 三级
176	短吹灰器	短吹灰器内外枪管及运转螺母解体、检查	标准	点检员	15	W2	文件包	技术员	点检员	检修监理员	生技部专工
177		短吹灰器阀门解体、检查、清理	标准	点检员	10	W2		技术员	点检员	检修监理员	生技部专工
178	燃油系统	油枪组件解体、检查、清理	标准	点检员	10	W2	检修质量验收单	技术员	点检员	检修监理员	生技部专工
179		燃油阀门解体、检查、修理	标准	点检员	10	W2		技术员	点检员	检修监理员	生技部专工
180		催化剂元件清理、检查、修理	标准	点检员	8	W2	检修质量验收单	技术员	点检员	检修监理员	生技部专工
181	脱硝系统	脱硝声波吹灰器解体、检查、修理	标准	点检员	8	W2		技术员	点检员	检修监理员	生技部专工
182		脱硝斜坡小室清理、检查、修理	标准	点检员	10	W2		技术员	点检员	检修监理员	生技部专工
183		脱硝氨管道滤网加旁路	标准	点检员	8	W2		技术员	点检员	检修监理员	生技部专工
184		脱硝系统阀门解体、检查、修理	标准	点检员	10	W2		技术员	点检员	检修监理员	生技部专工
185	等离子系统	等离子发生器检查、修理	标准	点检员	10	W2		技术员	点检员	检修监理员	生技部专工
186		等离子系统阀门、滤网等管路元件检查、修理	标准	点检员	8	W2	文件包	技术员	点检员	检修监理员	生技部专工
187		等离子水泵检查、修理	标准	点检员	6	W2		技术员	点检员	检修监理员	生技部专工
188		磨煤机磨辊及减速箱油质检查、化验、更换	标准	点检员	12	2R		技术员	点检员	检修监理员	生技部专工
189		磨煤机各同隙检查、调整	标准	点检员	23	3W2, 2H2, 2H3		技术员	点检员	检修监理员	生技部专工
190	A 磨煤机	磨煤机各部件磨损检查、修理	标准	点检员	39	2W2	文件包	技术员	点检员	检修监理员	生技部专工
191		磨煤机润滑油系统检查、修理	标准	点检员	13	W2		技术员	点检员	检修监理员	生技部专工
192		磨煤机附属部件、风门、挡板检查、修理	标准	点检员	25			技术员	点检员	检修监理员	生技部专工
193		磨煤机石子煤系统检查、修理	标准	点检员	15			技术员	点检员	检修监理员	生技部专工
194		磨煤机灭火蒸汽系统阀门检查、修理	标准	点检员	8	W2		技术员	点检员	检修监理员	生技部专工
195	B 磨煤机	磨煤机磨辊车检查、油质检查、化验、更换	标准	点检员	12	2R	文件包	技术员	点检员	检修监理员	生技部专工
196		磨煤机各同隙检查、调整	标准	点检员	23	3W2, 2H2, 2H3		技术员	点检员	检修监理员	生技部专工

续表

锅炉专业

序号	系统设备名称	项目内容	项目属性	点检员	工日	R/W/H	验收类型	一级	二级	监理	三级
										验收人	
								技术员	点检员	检修监理员	生技部专工
197	B磨煤机	磨煤机各部件磨损检查、修理	标准	点检员	39	2W2		技术员	点检员	检修监理员	生技部专工
198		磨煤机附属部件、风门、挡板检查、修理	标准	点检员	25			技术员	点检员	检修监理员	生技部专工
199		磨煤机入口防爆门检查、修理	标准	点检员	13		文件包	技术员	点检员	检修监理员	生技部专工
200		磨煤机暖风器检查、修理	标准	点检员	20			技术员	点检员	检修监理员	生技部专工
201		磨煤机石子煤系统检查、修理	标准	点检员	15			技术员	点检员	检修监理员	生技部专工
202		磨煤机灭火蒸汽系统阀门检查、修理	标准	点检员	8	W2		技术员	点检员	检修监理员	生技部专工
203		磨煤机磨辊盘车检查、油质检查、化验、更换	标准	点检员	12	2R		技术员	点检员	检修监理员	生技部专工
204		磨煤机各间隙检查、调整	标准	点检员	23	3W2、2H2、2H3		技术员	点检员	检修监理员	生技部专工
205	C磨煤机	磨煤机各部件磨损检查、修理	标准	点检员	39	2W2	文件包	技术员	点检员	检修监理员	生技部专工
206		磨煤机附属部件、风门、挡板检查、修理	标准	点检员	25			技术员	点检员	检修监理员	生技部专工
207		磨煤机入口防爆门检查、修理	标准	点检员	13			技术员	点检员	检修监理员	生技部专工
208		磨煤机石子煤系统检查、修理	标准	点检员	15			技术员	点检员	检修监理员	生技部专工
209		磨煤机灭火蒸汽系统阀门检查、修理	标准	点检员	8	W2		技术员	点检员	检修监理员	生技部专工
210	D磨煤机	磨煤机轮换A级检修	标准	点检员	400	14W2×2、3H2×2、2H3×2		技术员	点检员	检修监理员	生技部专工
211		磨煤机入口防爆门检查、修理	标准	点检员	2		文件包	技术员	点检员	检修监理员	生技部专工
212		磨煤机附属部件、风门、挡板检查、修理	标准	点检员	18			技术员	点检员	检修监理员	生技部专工
213		磨煤机灭火蒸汽系统阀门检查、修理	标准	点检员	8	W2		技术员	点检员	检修监理员	生技部专工
214	E磨煤机	磨煤机轮换A级检修	标准	点检员	400		文件包	技术员	点检员	检修监理员	生技部专工
215		磨煤机入口防爆门检查、修理	标准	点检员	2			技术员	点检员	检修监理员	生技部专工

续表

锅炉专业

序号	系统设备名称	项目内容	项目属性	点检员	工日	R/W/H	验收类型	一级	验收人 二级	监理	三级
216	E磨煤机	磨煤机附属部件、风门、挡板检查、修理	标准	点检员	18		文件包	技术员	点检员	检修监理员	生技部专工
217		磨煤机灭火蒸汽系统阀门检查、修理	标准	点检员	8	W2		技术员	点检员	检修监理员	生技部专工
218		磨煤机磨辊及减速箱油质检查、化验、更换	标准	点检员	12	2R		技术员	点检员	检修监理员	生技部专工
219		磨煤机各间隙检查、调整	标准	点检员	23	3W2、2H2、2H3		技术员	点检员	检修监理员	生技部专工
220		磨煤机各部件磨损检查、修理	标准	点检员	29	2W2		技术员	点检员	检修监理员	生技部专工
221		磨煤机润滑油系统检查、修理	标准	点检员	13	W2		技术员	点检员	检修监理员	生技部专工
222	F磨煤机	磨煤机附属部件、风门、挡板检查、修理	标准	点检员	20		文件包	技术员	点检员	检修监理员	生技部专工
223		磨煤机石子煤系统检查、修理	标准	点检员	15			技术员	点检员	检修监理员	生技部专工
224		磨煤机入口防爆门检查、修理	标准	点检员	10			技术员	点检员	检修监理员	生技部专工
225		磨煤机灭火蒸汽系统阀门检查、修理	标准	点检员	8	W2		技术员	点检员	检修监理员	生技部专工
226		磨煤机落煤管磨损检查、修理	标准	点检员	5			技术员	点检员	检修监理员	生技部专工
227	D给煤机	给煤机皮带机构检查修理、调整，皮带视磨损情况更换	标准	点检员	25	3W2	文件包	技术员	点检员	检修监理员	生技部专工
228		给煤机清扫机构检查修理、调整	标准	点检员	10	W2		技术员	点检员	检修监理员	生技部专工
229		给煤机称重机构检查修理、调整	标准	点检员	4	W2		技术员	点检员	检修监理员	生技部专工
230	E给煤机	给煤机皮带机构检查修理、调整，皮带视磨损情况更换	标准	点检员	25	3W2	文件包	技术员	点检员	检修监理员	生技部专工
231		给煤机清扫链机构检查修理、调整	标准	点检员	10	W2		技术员	点检员	检修监理员	生技部专工
232		给煤机称重机构检查修理、调整	标准	点检员	4	W2		技术员	点检员	检修监理员	生技部专工
233	F给煤机	给煤机皮带机构检查修理、调整，皮带视磨损情况更换	标准	点检员	25	3W2	文件包	技术员	点检员	检修监理员	生技部专工
234		给煤机清扫链机构检查修理、调整	标准	点检员	10	W2		技术员	点检员	检修监理员	生技部专工
235		给煤机称重机构检查修理、调整	标准	点检员	4	W2		技术员	点检员	检修监理员	生技部专工

续表

锅炉专业

序号	系统设备名称	项目内容	项目属性	点检员	工日	R/W/H	验收类型	验收人			
								一级	二级	监理	三级
236	A密封风机	密封风机解体检查修理	标准	点检员	20	H2	文件包	技术员	点检员	检修监理员	生技部专工
237		密封风机入口过滤器解体检查修理并清洗	标准	点检员	5	R		技术员	点检员	检修监理员	生技部专工
238		密封风机进出口膨胀节检查、更换	标准	点检员	10	W2		技术员	点检员	检修监理员	生技部专工
239		密封风机出口折向挡板检查修理	标准	点检员	5			技术员	点检员	检修监理员	生技部专工
240	B密封风机	密封风机解体检查修理	标准	点检员	20	H2	文件包	技术员	点检员	检修监理员	生技部专工
241		密封风机入口过滤器解体检查修理并清洗	标准	点检员	5	R		技术员	点检员	检修监理员	生技部专工
242		密封风机进出口膨胀节检查、更换	标准	点检员	10	W2		技术员	点检员	检修监理员	生技部专工
243		密封风机出口折向挡板检查修理	标准	点检员	5			技术员	点检员	检修监理员	生技部专工
244	煤粉管道	送粉管道分配器检查、解体、更换	标准	点检员	92	W2	检修质量验收单	技术员	点检员	检修监理员	生技部专工
245		送粉管道管道、弯头及其附件磨损检查、修复、更换	标准	点检员	39	W2	检修质量验收单	技术员	点检员	检修监理员	生技部专工
246	A原煤仓	送粉管道支吊架检查、调整	标准	点检员	10	W2		技术员	点检员	检修监理员	生技部专工
247		原煤仓仓检查、衬板磨损检查修理	标准	点检员	5	W2	检修质量验收单	技术员	点检员	检修监理员	生技部专工
248		煤斗疏松机检查、更换	标准	点检员	2	W2	检修质量验收单	技术员	点检员	检修监理员	生技部专工
249	B原煤仓	原煤仓仓检查、衬板磨损检查、更换	标准	点检员	5	W2	检修质量验收单	技术员	点检员	检修监理员	生技部专工
250		煤斗疏松机检查、传动试验	标准	点检员	2	W2	检修质量验收单	技术员	点检员	检修监理员	生技部专工
251	C原煤仓	原煤仓仓检查、衬板磨损检查、更换	标准	点检员	5	W2	检修质量验收单	技术员	点检员	检修监理员	生技部专工
252		煤斗疏松机检查、传动试验	标准	点检员	2	W2	检修质量验收单	技术员	点检员	检修监理员	生技部专工
253	D原煤仓	原煤仓仓检查、衬板磨损检查、更换	标准	点检员	5	W2	检修质量验收单	技术员	点检员	检修监理员	生技部专工
254		煤斗疏松机检查、传动试验	标准	点检员	2	W2	检修质量验收单	技术员	点检员	检修监理员	生技部专工
255	E原煤仓	原煤仓仓检查、衬板磨损检查修理、更换	标准	点检员	5	W2	检修质量验收单	技术员	点检员	检修监理员	生技部专工
256		煤斗疏松机检查、传动试验	标准	点检员	2	W2	检修质量验收单	技术员	点检员	检修监理员	生技部专工

续表

锅炉专业

序号	系统设备名称	项目内容	项目属性	点检员	工日	R/W/H	验收类型	验收人 一级	二级	监理	三级
257	F原煤仓	原煤仓检查、衬板磨损检查、更换	标准	点检员	5	W2	检修质量验收单	技术员	点检员	检修监理员	生技部专工
258		煤斗疏松机检查处理、传动试验	标准	点检员	2	W2		技术员	点检员	检修监理员	生技部专工
259	A引风机	检查、修理润滑油系统（油泵出口加装隔离阀）	标准	点检员	20	1W2	文件包	技术员	点检员	检修监理员	生技部专工
260		检查、修补磨损的壳体、叶轮	标准	点检员	15	1W2		技术员	点检员	检修监理员	生技部专工
261		引风机前导叶及风机进出口挡板检修	标准	点检员	15	1W2		技术员	点检员	检修监理员	生技部专工
262		引风机轴承冷却风系统检修	标准	点检员	15	1W2		技术员	点检员	检修监理员	生技部专工
263		引风机出口膨胀节更换	标准	点检员	25	1W2		技术员	点检员	检修监理员	生技部专工
264	B引风机	检查、修理润滑油系统（油泵出口加装隔离阀）	标准	点检员	20	1W2	文件包	技术员	点检员	检修监理员	生技部专工
265		检查、修补磨损的壳体、叶轮	标准	点检员	15	1W2		技术员	点检员	检修监理员	生技部专工
266		引风机前导叶及风机进出口挡板检修	标准	点检员	15	1W2		技术员	点检员	检修监理员	生技部专工
267		引风机轴承冷却风系统检修	标准	点检员	15	1W2		技术员	点检员	检修监理员	生技部专工
268		引风机出口膨胀节更换	标准	点检员	25	1W2		技术员	点检员	检修监理员	生技部专工
269	A空气预热器	检查、修理和调整回转式预热器的各部分密封装置、传动机构、中心支承轴承、传热元件等、检查转子及扇形板	标准	点检员	153	3W3 1H3	文件包	技术员	点检员	检修监理员	生技部专工
270		检查、修理冷却水系统、润滑油系统	标准	点检员	70	1W2		技术员	点检员	检修监理员	生技部专工
271		漏风控制系统提升杆密封座更换、调整	标准	点检员	60	1W2		技术员	点检员	检修监理员	生技部专工
272	B空气预热器	检查、修理和调整回转式预热器的各部分密封装置、传动机构、中心支承轴承、传热元件等、检查转子及扇形板	标准	点检员	153	3W3 1H3	文件包	技术员	点检员	检修监理员	生技部专工
273		检查、修理冷却水系统、润滑油系统	标准	点检员	70	1W2		技术员	点检员	检修监理员	生技部专工
274		漏风控制系统提升杆密封座更换、调整	标准	点检员	60	1W2		技术员	点检员	检修监理员	生技部专工

续表

锅炉专业

序号	系统设备名称	项目内容	项目属性	点检员	工日	R/W/H	验收类型	验收人			
								一级	二级	监理	三级
275	A 一次风机	一次风机电机轴瓦解体、检查、密封更换	标准	点检员	12	1W2		技术员	点检员	检修监理员	生技部专工
276		风机油站、电机油润滑油站润滑油滤网清理更换、油泵联轴器检查更换	标准	点检员	18	1W2		技术员	点检员	检修监理员	生技部专工
277		一次风机液压缸连接簧片更换、液压头找中心、叶片开度检查	标准	点检员	26	H2	文件包	技术员	点检员	检修监理员	生技部专工
278		一次风机转子、轴承箱解体检查	标准	点检员	12	H2		技术员	点检员	检修监理员	生技部专工
279		出口挡板检查、修理	标准	点检员	8	1W2		技术员	点检员	检修监理员	生技部专工
280		膨胀节检查、修理	标准	点检员	14	1W2		技术员	点检员	检修监理员	生技部专工
281	B 一次风机	一次风机电机轴瓦解体、检查、密封更换	标准	点检员	12	1W2		技术员	点检员	检修监理员	生技部专工
282		风机油站、电机油润滑油站润滑油滤网清理更换、油泵联轴器检查更换	标准	点检员	18	1W2		技术员	点检员	检修监理员	生技部专工
283		一次风机液压缸连接簧片更换、液压头找中心、叶片开度检查	标准	点检员	26	H2	文件包	技术员	点检员	检修监理员	生技部专工
284		出口挡板检查、修理	标准	点检员	12	H2		技术员	点检员	检修监理员	生技部专工
285		膨胀节检查、修理	标准	点检员	8	1W2		技术员	点检员	检修监理员	生技部专工
286	A 送风机	风机电机轴瓦解体、检查、密封更换	标准	点检员	12	1W2		技术员	点检员	检修监理员	生技部专工
287		风机油站、电机油润滑油站润滑油滤网清理更换、油泵联轴器检查更换	标准	点检员	18	1W2		技术员	点检员	检修监理员	生技部专工
288		风机液压缸连接簧片更换、液压头找中心、叶片开度检查	标准	点检员	26	H2	文件包	技术员	点检员	检修监理员	生技部专工
289		出口挡板检查、修理	标准	点检员	12	H2		技术员	点检员	检修监理员	生技部专工
290		膨胀节检查、修理	标准	点检员	8	1W2		技术员	点检员	检修监理员	生技部专工

续表

锅炉专业

序号	系统设备名称	项目内容	项目属性	点检员	工日	R/W/H	验收类型	验收人			
								一级	二级	监理	三级
291	B送风机	风机电机轴瓦解体、检查、密封体、密封更换	标准	点检员	12	1W2		技术员	点检员	检修监理员	生技部专工
292		风机油站、电机油站润滑油滤网清理更换、油泵联轴器检查更换	标准	点检员	18	1W2		技术员	点检员	检修监理员	生技部专工
293	B送风机	风机液压缸连接簧片更换、液压头找中心、叶片开度检查	标准	点检员	26	H2	文件包	技术员	点检员	检修监理员	生技部专工
294		出口挡板检查、修理	标准	点检员	12	H2		技术员	点检员	检修监理员	生技部专工
295		膨胀节检查、修理	标准	点检员	8	1W2		技术员	点检员	检修监理员	生技部专工
296	烟风道	烟风道膨胀节（非金属膨胀节）及保温检查消缺	标准	点检员	14	H2		技术员	点检员	检修监理员	生技部专工
297	烟风道	烟风道冷、热风门挡板松活络、开度检查、风门密封更换、执行机构加油、校验配合	标准	点检员	7	H2	检修质量验收单	技术员	点检员	检修监理员	生技部专工
298		烟风道内部检查、修理、清理、内部支撑防磨检查处理（包括脱硫增压风机前导流板）	标准	点检员	14	H2		技术员	点检员	检修监理员	生技部专工
299	A、B火检风机	风机叶轮解体检查、滤网清洗、更换	标准	点检员	6	W2	检修质量验收单	技术员	点检员	检修监理员	生技部专工
300		出口切换挡板检查、清理、消缺	标准	点检员	4	W2		技术员	点检员	检修监理员	生技部专工
301	A、B稀释风机	风机解体检查、轴承箱解体检查处理、润滑油更换	标准	点检员	8	W2	检修质量验收单	技术员	点检员	检修监理员	生技部专工
302		风机滤网清洗、更换	标准	点检员	4	W2		技术员	点检员	检修监理员	生技部专工
303	A、B等离子风机	风机叶轮解体检查、滤网清洗、更换	标准	点检员	4	W2	检修质量验收单	技术员	点检员	检修监理员	生技部专工
304		出口切换挡板检查、清理、消缺	标准	点检员	5	W2		技术员	点检员	检修监理员	生技部专工

电气一次专业标准项目控制计划见表 2-9。

表 2-9 电气一次专业标准项目控制计划

电气一次专业

序号	系统设备名称	项目内容	项目属性	点检员	工日	R/W/H	验收类型	验收人			
								一级	二级	监理	三级
1	发电机	发电机气体置换配合	标准	点检员	6	2W2		技术员	点检员	检修监理员	生技部专工
2		发电机出线小室及封母出线小室接线检查、清扫、缺陷处理	标准	点检员	2	2W2	文件包	技术员	点检员	检修监理员	生技部专工
3		发电机出线及中性点软连接拆装，并打力矩	标准	点检员	12	1W3	文件包	技术员	点检员	检修监理员	生技部专工
4		发电机打开两侧端盖	标准	点检员	12	1W3	文件包	技术员	点检员	检修监理员	生技部专工
5		发电机主、副刷励拆除	标准	点检员	2	2R3	文件包	技术员	点检员	检修监理员	生技部专工
6		修前定、转子间隙和转子磁力中心测量	标准	点检员	10	1W3	文件包	技术员	点检员	检修监理员	生技部专工
7		发电机抽出转子	标准	点检员	30	1W3	文件包	技术员	点检员	检修监理员	生技部专工
8		发电机背面大、小支架检查及螺栓紧固状态检查	标准	点检员	2	2W2	文件包	技术员	点检员	检修监理员	生技部专工
9		绕组接头处连接螺丝加强保险及接头接触压降试验	标准	点检员	2	2W2	文件包	技术员	点检员	检修监理员	生技部专工
10		定子端部连接线屏蔽检查	标准	点检员	1	1W3	文件包	技术员	点检员	检修监理员	生技部专工
11		主引线软连接检查及整体加固	标准	点检员	4	2W2	文件包	技术员	点检员	检修监理员	生技部专工
12		定子堂及其他各部位吹扫、清理	标准	点检员	10	1R3	文件包	技术员	点检员	检修监理员	生技部专工
13		发电机端盖、压板、钢圈、衬垫、密封垫检查、清扫	标准	点检员	10	5R3	文件包	技术员	点检员	检修监理员	生技部专工
14		紧固件螺栓及止动垫片全面检查、处理	标准	点检员	5	2R3	文件包	技术员	点检员	检修监理员	生技部专工
15		定子铁芯、端部检查、铁芯预紧力检查配合	标准	点检员	2	1R3	文件包	技术员	点检员	检修监理员	生技部专工
16		定子槽楔测量检查及缺陷处理	标准	点检员	10	1W3	文件包	技术员	点检员	检修监理员	生技部专工
17		定子通风孔检查	标准	点检员	2	1W3	文件包	技术员	点检员	检修监理员	生技部专工

续表

电气一次专业

序号	系统设备名称	项目内容	项目属性	点检员	工日	R/W/H	验收类型	验收人			
								一级	二级	监理	三级
18		定子线棒端部绝缘检查，并处理	标准	点检员	4	1W3	文件包	技术员	点检员	检修监理员	生技部专工
19		定子线棒端部压紧部位紧查及防松处理	标准	点检员	4	1W3	文件包	技术员	点检员	检修监理员	生技部专工
20		定子线棒绝缘引水管等漏水、渗水痕迹检查并处理	标准	点检员	2	1W3	文件包	技术员	点检员	检修监理员	生技部专工
21		定子端部结构件（槽口垫块、间隙垫块、适形材料、绑扎带、绝缘）检查	标准	点检员	6	1W3	文件包	技术员	点检员	检修监理员	生技部专工
22		引水管、绝缘支架、可调绑环、径向支持环及其螺杆螺母、汇水环及固定支架螺栓检查及处理	标准	点检员	3	1W3	文件包	技术员	点检员	检修监理员	生技部专工
23		定子出线、中性点包括出线套管、接线端面、互感器、避雷器、手包绝缘、箱罩等清扫、检查及试验	标准	点检员	6	5W3	文件包	技术员	点检员	检修监理员	生技部专工
24	发电机	测温元件检查、校验及处理	标准	点检员	2	1R2	文件包	技术员	点检员	检修监理员	生技部专工
25		定子绕组及出线水路水压试验	标准	点检员	6	1H3	文件包	技术员	点检员	检修监理员	生技部专工
26		汇水管的进出水管和排污管焊口无损探伤	标准	点检员	2	1W3		技术员	点检员	检修监理员	生技部专工
27		定子线棒热水流及超声波流量试验	标准	点检员	2	1R3	文件包	技术员	点检员	检修监理员	生技部专工
28		发电机定子端部模态试验	标准	点检员	2	1W3	文件包	技术员	点检员	检修监理员	生技部专工
29		转子平衡块、平衡螺栓及其他紧固件检查	标准	点检员	2	1R3	文件包	技术员	点检员	检修监理员	生技部专工
30		转子护环位移检查	标准	点检员	2	1R3	文件包	技术员	点检员	检修监理员	生技部专工
31		转子中心环、护环、风扇叶片、风扇座环、轴颈检查	标准	点检员	2	1W3	文件包	技术员	点检员	检修监理员	生技部专工

续表

电气一次专业

序号	系统设备名称	项目内容	项目属性	点检员	工日	R/W/H	验收类型	验收人			
								一级	二级	监理	三级
32		转子护环、风扇叶片无损探伤	标准	点检员	2	1W3	文件包	技术员	点检员	检修监理员	生技部专工
33		转子表面、转子槽楔检查	标准	点检员	2	1W3	文件包	技术员	点检员	检修监理员	生技部专工
34		护环下的挡风板、绕组检查	标准	点检员	2	1W3	文件包	技术员	点检员	检修监理员	生技部专工
35		转子风路清扫、通风试验和气密试验	标准	点检员	6	1H3	文件包	技术员	点检员	检修监理员	生技部专工
36		转子导电螺栓及引线清扫、检查	标准	点检员	2	1R3	文件包	技术员	点检员	检修监理员	生技部专工
37		滑环尺寸测量、刷架及发电刷清扫检查	标准	点检员	4	1R3	文件包	技术员	点检员	检修监理员	生技部专工
38		发电机穿转子	标准	点检员	30	1H3	文件包	技术员	点检员	检修监理员	生技部专工
39		发电机励磁系统一次设备检查	标准	点检员	3	1W3	文件包	技术员	点检员	检修监理员	生技部专工
40		发电机后定、转子间隙和转子磁力中心测量	标准	点检员	2	1R3	文件包	技术员	点检员	检修监理员	生技部专工
41	发电机	氢气冷却器清理、抽芯检查、清理水室防腐、更换密封垫	标准	点检员	20		文件包	技术员	点检员	检修监理员	生技部专工
42		氢气冷却器水压试验及回装	标准	点检员	20	1H3	文件包	技术员	点检员	检修监理员	生技部专工
43		发电机相关管路检查、吹扫及缺陷处理	标准	点检员	4	1R3	文件包	技术员	点检员	检修监理员	生技部专工
44		发电机组回装	标准	点检员	30	1W3	文件包	技术员	点检员	检修监理员	生技部专工
45		发电机轴瓦对地绝缘测量检查及处理	标准	点检员	6	1R3	文件包	技术员	点检员	检修监理员	生技部专工
46		发电机整体气密试验、查漏并处理	标准	点检员	6	1H3	文件包	技术员	点检员	检修监理员	生技部专工
47		发电机检查预防性电气试验	标准	点检员	10	3H3	文件包	技术员	点检员	检修监理员	生技部专工
48		发电机励磁系统一次母线清扫	标准	点检员	4	1R3	文件包	技术员	点检员	检修监理员	生技部专工
49		励磁机二极管测量、检查、处理清扫	标准	点检员	8	1R3	文件包	技术员	点检员	检修监理员	生技部专工
50		发电机中性点设备检修、预试	标准	点检员	6	1W3	文件包	技术员	点检员	检修监理员	生技部专工
51		氢气除湿机清扫、检查、维护及缺陷处理	标准	点检员	6	1W3	文件包	技术员	点检员	检修监理员	生技部专工

续表

电气一次专业

序号	系统设备名称	项目内容	项目属性	点检员	工日	R/W/H	验收类型	验收人			
								一级	二级	监理	三级
52	发电机	发电机绝缘过热装置、局放装置、漏液检测装置清扫检查及消缺	标准	点检员	6	1R3	文件包	技术员	点检员	检修监理员	生技部专工
53		发电机试验配合	标准	点检员	10	1W3	文件包	技术员	点检员	检修监理员	生技部专工
54		发电机TA改造电缆线头压接鼻、接线	标准	点检员	8	1W3	文件包	技术员	点检员	检修监理员	生技部专工
55		发电机检修中新发现缺陷处理	标准	点检员	8	1W3	文件包	技术员	点检员	检修监理员	生技部专工
56		电动机前后轴承检查、不合格更换	标准	点检员	12	2W3	文件包	技术员	点检员	检修监理员	生技部专工
57		电动机轴承润滑油更换	标准	点检员	4	2R3	文件包	技术员	点检员	检修监理员	生技部专工
58		电动机前后轴承渗漏点处理	标准	点检员	6	2R3	文件包	技术员	点检员	检修监理员	生技部专工
59	D、E磨煤机电动机	电动机抽转子、定、转子检查	标准	点检员	6	2W3	文件包	技术员	点检员	检修监理员	生技部专工
60		电动机定子槽楔检查	标准	点检员	1	2W3	文件包	技术员	点检员	检修监理员	生技部专工
61		电动机内引电缆检查、加热缩缩管	标准	点检员	4	2W3	文件包	技术员	点检员	检修监理员	生技部专工
62		电动机接线盒电缆、接线	标准	点检员	4	2W3	文件包	技术员	点检员	检修监理员	生技部专工
63		电动机空冷器及电动机本体清扫	标准	点检员	4	2W3	文件包	技术员	点检员	检修监理员	生技部专工
64		电动机加热器检查及缺陷处理	标准	点检员	1	2H2	文件包	技术员	点检员	检修监理员	生技部专工
65		电动机电气试验及配合	标准	点检员	2	2W3	文件包	技术员	点检员	检修监理员	生技部专工
66	A、B增压风机电动机	电动机前后轴承检查、不合格更换	标准	点检员	26	2W3	文件包	技术员	点检员	检修监理员	生技部专工
67		电动机轴承润滑油更换	标准	点检员	2	2R3	文件包	技术员	点检员	检修监理员	生技部专工
68		电动机前后轴承渗漏点处理	标准	点检员	3	2R3	文件包	技术员	点检员	检修监理员	生技部专工
69		电动机抽转子、定、转子检查	标准	点检员	6	2W3	文件包	技术员	点检员	检修监理员	生技部专工
70		电动机定子槽楔检查	标准	点检员	2	2W3	文件包	技术员	点检员	检修监理员	生技部专工
71		电动机内引电缆检查、加热缩缩管	标准	点检员	2	2W3	文件包	技术员	点检员	检修监理员	生技部专工
72		电动机接线盒电缆、接线柱检查	标准	点检员	2	1W3	文件包	技术员	点检员	检修监理员	生技部专工

续表

电气一次专业

序号	系统设备名称	项目内容	项目属性	点检员	工日	R/W/H	验收类型	验收人 一级	二级	监理	三级
73	A、B 增压风机电动机	电动机空冷器及电动机本体清扫	标准	点检员	6	1W3	文件包	技术员	点检员	检修监理员	生技部专工
74		电动机电气试验及配合	标准	点检员	1	1W3	文件包	技术员	点检员	检修监理员	生技部专工
75		电动机前后轴承检查、不合格更换	标准	点检员	12	1W3	文件包	技术员	点检员	检修监理员	生技部专工
76		电动机轴承润滑油更换	标准	点检员	4	1R3	文件包	技术员	点检员	检修监理员	生技部专工
77		电动机前后轴承渗漏点处理	标准	点检员	6	1R3	文件包	技术员	点检员	检修监理员	生技部专工
78	A、B、C、D 浆液循环泵电动机检查	电动机抽转子、定、转子检查	标准	点检员	12	1W3	文件包	技术员	点检员	检修监理员	生技部专工
79		电动机定子槽楔检查	标准	点检员	4	1W3	文件包	技术员	点检员	检修监理员	生技部专工
80		电动机内引电缆检查、加热缩套管	标准	点检员	4	1W3	文件包	技术员	点检员	检修监理员	生技部专工
81		电动机接线盒电缆、接线柱检查	标准	点检员	4	1W3	文件包	技术员	点检员	检修监理员	生技部专工
82		电动机空冷器及电动机本体清扫	标准	点检员	6	1W3	文件包	技术员	点检员	检修监理员	生技部专工
83		电动机电气试验及配合	标准	点检员	2	1W3	文件包	技术员	点检员	检修监理员	生技部专工
84		电动机前后轴承检查、不合格更换	标准	点检员	6	1W3	文件包	技术员	点检员	检修监理员	生技部专工
85		电动机轴承润滑油更换	标准	点检员	2	1R3	文件包	技术员	点检员	检修监理员	生技部专工
86		电动机前后轴承渗漏点处理	标准	点检员	3	1R3	文件包	技术员	点检员	检修监理员	生技部专工
87	A、C 氧化风机电动机检查	电动机抽转子、定、转子检查	标准	点检员	6	1W3	文件包	技术员	点检员	检修监理员	生技部专工
88		电动机定子槽楔检查	标准	点检员	2	1W3	文件包	技术员	点检员	检修监理员	生技部专工
89		电动机内引电缆检查、加热缩套管	标准	点检员	2	1W3	文件包	技术员	点检员	检修监理员	生技部专工
90		电动机接线盒电缆、接线柱检查	标准	点检员	2	1W3	文件包	技术员	点检员	检修监理员	生技部专工
91		电动机空冷器及电动机本体清扫	标准	点检员	2	1W3	文件包	技术员	点检员	检修监理员	生技部专工
92		电动机电气试验及配合	标准	点检员	1	1W3	文件包	技术员	点检员	检修监理员	生技部专工

续表

电气一次专业

序号	系统设备名称	项目内容	项目属性	点检员	工日	R/W/H	验收类型	验收人 一级	验收人 二级	验收人 监理	验收人 三级
93	A、B闭冷泵电动机检查	电动机前后轴承检查、不合格更换	标准	点检员	6	1W3	文件包	技术员	点检员	检修监理员	生技部专工
94		电动机轴承润滑油更换	标准	点检员	2	1R3	文件包	技术员	点检员	检修监理员	生技部专工
95		电动机前后轴承渗漏点处理	标准	点检员	2	1R3	文件包	技术员	点检员	检修监理员	生技部专工
96		电动机抽转子、定、转子检查	标准	点检员	6	1W3	文件包	技术员	点检员	检修监理员	生技部专工
97		电动机定子槽楔检查	标准	点检员	2	1W3	文件包	技术员	点检员	检修监理员	生技部专工
98		电动机内引电缆检查、加热缩套管	标准	点检员	2	1W3	文件包	技术员	点检员	检修监理员	生技部专工
99		电动机接线盒电缆、接线柱检查	标准	点检员	2	1W3	文件包	技术员	点检员	检修监理员	生技部专工
100		电动机空冷器及电动机本体清扫	标准	点检员	3	1W3	文件包	技术员	点检员	检修监理员	生技部专工
101		电动机电气试验及配合	标准	点检员	1	1W3	文件包	技术员	点检员	检修监理员	生技部专工
102	A、B汽泵前置泵电动机检查	电动机前后轴承检查、不合格更换	标准	点检员	6	1W3	文件包	技术员	点检员	检修监理员	生技部专工
103		电动机轴承润滑油更换	标准	点检员	2	1R3	文件包	技术员	点检员	检修监理员	生技部专工
104		电动机前后轴承渗漏点处理	标准	点检员	2	1R3	文件包	技术员	点检员	检修监理员	生技部专工
105		电动机抽转子、定、转子检查	标准	点检员	6	1W3	文件包	技术员	点检员	检修监理员	生技部专工
106		电动机定子槽楔检查	标准	点检员	2	1W3	文件包	技术员	点检员	检修监理员	生技部专工
107		电动机内引电缆检查、加热缩套管	标准	点检员	2	1W3	文件包	技术员	点检员	检修监理员	生技部专工
108		电动机接线盒电缆、接线柱检查	标准	点检员	2	1W3	文件包	技术员	点检员	检修监理员	生技部专工
109		电动机空冷器及电动机本体清扫	标准	点检员	2	1W3	文件包	技术员	点检员	检修监理员	生技部专工
110		电动机电气试验及配合	标准	点检员	1	1W3	文件包	技术员	点检员	检修监理员	生技部专工

电气一次专业

序号	系统设备名称	项目内容	点检员	项目属性	点检员	工日	R/W/H	验收类型	验收人			
									一级	二级	监理	三级
111	A、B、C 凝结水泵电动机	电动机前后轴承检查、不合格更换	点检员	标准	点检员	6	1W3	文件包	技术员	点检员	检修监理员	生技部专工
112		电动机轴承润滑油更换	点检员	标准	点检员	2	1R3	文件包	技术员	点检员	检修监理员	生技部专工
113		电动机前后轴承渗漏点处理	点检员	标准	点检员	3	1R3	文件包	技术员	点检员	检修监理员	生技部专工
114		电动机抽转子、定、转子检查	点检员	标准	点检员	6	1W3	文件包	技术员	点检员	检修监理员	生技部专工
115		电动机定子槽楔检查	点检员	标准	点检员	2	1W3	文件包	技术员	点检员	检修监理员	生技部专工
116		电动机内引电缆检查、加热缩套管	点检员	标准	点检员	2	1W3	文件包	技术员	点检员	检修监理员	生技部专工
117		电动机接线盒电缆、接线柱检查	点检员	标准	点检员	2	1W3	文件包	技术员	点检员	检修监理员	生技部专工
118		电动机空冷器及电动机本体清扫	点检员	标准	点检员	3	1W3	文件包	技术员	点检员	检修监理员	生技部专工
119		电动机电气试验及配合	点检员	标准	点检员	1	1W3	文件包	技术员	点检员	检修监理员	生技部专工
120	炉水循环泵电动机	电动机内引电缆检查、加热缩套管	点检员	标准	点检员	2	1W3	质量验收单	技术员	点检员	检修监理员	生技部专工
121		电动机接线盒电缆、接线柱检查	点检员	标准	点检员	2	1W3	质量验收单	技术员	点检员	检修监理员	生技部专工
122		电动机空冷冷却器及电动机本体清扫	点检员	标准	点检员	3	1W3	质量验收单	技术员	点检员	检修监理员	生技部专工
123		电动机电气试验及配合	点检员	标准	点检员	1	1W3	质量验收单	技术员	点检员	检修监理员	生技部专工
124	A、B 循环水泵电动机	电动机内引电缆检查、加热缩套管	点检员	标准	点检员	4	1W3	质量验收单	技术员	点检员	检修监理员	生技部专工
125		电动机接线盒电缆、接线柱检查	点检员	标准	点检员	2	1W3	质量验收单	技术员	点检员	检修监理员	生技部专工
126		电动机空冷冷却器及电动机本体清扫	点检员	标准	点检员	2	1W3	质量验收单	技术员	点检员	检修监理员	生技部专工
127		电动机电气试验及配合	点检员	标准	点检员	2	1W3	质量验收单	技术员	点检员	检修监理员	生技部专工
128	A、B 送风机电动机	电动机内引电缆检查、加热缩套管	点检员	标准	点检员	4	1W3	质量验收单	技术员	点检员	检修监理员	生技部专工
129		电动机接线盒电缆、接线柱检查	点检员	标准	点检员	2	1W3	质量验收单	技术员	点检员	检修监理员	生技部专工
130		电动机空冷冷却器及电动机本体清扫	点检员	标准	点检员	2	1W3	质量验收单	技术员	点检员	检修监理员	生技部专工
131		电动机加热器等附件修理检查更换	点检员	标准	点检员	2	2W3	质量验收单	技术员	点检员	检修监理员	生技部专工
132		电动机电气试验及配合	点检员	标准	点检员	1	1W3	质量验收单	技术员	点检员	检修监理员	生技部专工

续表

电气一次专业

序号	系统设备名称	项目内容	项目属性	点检员	工日	R/W/H	验收类型	验收人			
								一级	二级	监理	三级
133	A、B引风机电动机	电动机内引电缆检查、加热缩套管	标准	点检员	4	1W3	质量验收单	技术员	点检员	检修监理员	生技部专工
134		电动机接线盒电缆、接线柱检查	标准	点检员	2	1W3	质量验收单	技术员	点检员	检修监理员	生技部专工
135		电动机空冷器及电动机本体清扫	标准	点检员	2	1W3	质量验收单	技术员	点检员	检修监理员	生技部专工
136		电动机加热器等附件检查修理更换	标准	点检员	2	2W3	质量验收单	技术员	点检员	检修监理员	生技部专工
137		电动机电气试验及配合	标准	点检员	1	1W3	质量验收单	技术员	点检员	检修监理员	生技部专工
138	A、B一次风机电动机	电动机内引电缆检查、加热缩套管	标准	点检员	4	1W3	质量验收单	技术员	点检员	检修监理员	生技部专工
139		电动机接线盒电缆、接线柱检查	标准	点检员	2	1W3	质量验收单	技术员	点检员	检修监理员	生技部专工
140		电动机空冷器及电动机本体清扫	标准	点检员	2	1W3	质量验收单	技术员	点检员	检修监理员	生技部专工
141		电动机加热器等附件检查修理更换	标准	点检员	2	2W3	质量验收单	技术员	点检员	检修监理员	生技部专工
142		电动机电气验验及配合	标准	点检员	1	1W3	质量验收单	技术员	点检员	检修监理员	生技部专工
143	火检风机电动机	火检冷却风机电动机解体检查	标准	点检员	6	1W2	质量验收单	技术员	点检员	检修监理员	生技部专工
144	空气预热器主电动机	空气预热器主电动机解体检修	标准	点检员	12	1W2	质量验收单	技术员	点检员	检修监理员	生技部专工
145	空气预热器导向、支撑轴承润滑泵电动机	空气预热器导向、支撑轴承润滑泵电动机解体检修	标准	点检员	12	1W2	质量验收单	技术员	点检员	检修监理员	生技部专工
146	送风机及电动机油泵电动机	送风机及电动机油泵电动机解体检修	标准	点检员	24	1W2	质量验收单	技术员	点检员	检修监理员	生技部专工

续表

电气一次专业

序号	系统设备名称	项目内容	项目属性	点检员	工日	R/W/H	验收类型	验收人 一级	验收人 二级	验收人 监理	验收人 三级
147	一次风机及一次风机电动机油泵电动机	一次风机及一次风机电动机油泵电动机解体检修	标准	点检员	24	1W2	质量验收单	技术员	点检员	检修监理员	生技部专工
148	引风机及引风机冷却风机电动机油泵电动机	引风机冷却风机及引风机电动机油泵电动机解体检修	标准	点检员	24	1W2	质量验收单	技术员	点检员	检修监理员	生技部专工
149	磨煤机油站电动机	磨煤机油站电动机解体检修	标准	点检员	32	1W2	质量验收单	技术员	点检员	检修监理员	生技部专工
150	脱硝稀释风机电动机	脱硝稀释风机电动机解体检修	标准	点检员	12	1W2	质量验收单	技术员	点检员	检修监理员	生技部专工
151	等离子冷却风机电动机	等离子冷却风机电动机解体检修	标准	点检员	6	1W2	质量验收单	技术员	点检员	检修监理员	生技部专工
152	密封风机电动机	密封风机电动机解体检修	标准	点检员	6	1W2	质量验收单	技术员	点检员	检修监理员	生技部专工
153	石膏及石灰石浆液排出泵电动机	石膏及石灰石浆液排出泵电动机解体检修	标准	点检员	24	1W2	质量验收单	技术员	点检员	检修监理员	生技部专工
154	脱硫吸收塔搅拌器电动机	脱硫吸收塔搅拌器电动机解体检修	标准	点检员	24	1W2	质量验收单	技术员	点检员	检修监理员	生技部专工
155	增压风机油站电动机、冷却风机电动机	增压风机油站电动机、冷却风机电动机解体检修	标准	点检员	56	1W2	质量验收单	技术员	点检员	检修监理员	生技部专工

续表

电气一次专业

序号	系统设备名称	项目内容	项目属性	点检员	工日	R/W/H	验收类型	验收人			
								一级	二级	监理	三级
156	磨煤机旋转分离器电动机	磨煤机旋转分离器电动机解体检修	标准	点检员	32	1W2	质量验收单	技术员	点检员	检修监理员	生技部专工
157	脱硫真空皮带脱水机	脱硫真空皮带脱水机电动机解体检修	标准	点检员	40	1W2	质量验收单	技术员	点检员	检修监理员	生技部专工
158	脱硫真空泵电动机	脱硫真空泵电动机解体检修	标准	点检员	8	1W2	质量验收单	技术员	点检员	检修监理员	生技部专工
159	主机交流润滑油泵电动机	A主机交流润滑油泵电动机解体检修	标准	点检员	16	1W2	质量验收单	技术员	点检员	检修监理员	生技部专工
160		B主机交流润滑油泵电动机解体检修	标准	点检员	6	1W2	质量验收单	技术员	点检员	检修监理员	生技部专工
161	EH油泵及油冷风机电动机	EH油泵及油冷风机电动机解体检修	标准	点检员	6		质量验收单	技术员	点检员	检修监理员	生技部专工
162	EH油泵及油冷风机电动机	密封油泵电动机解体检修	标准	点检员	20	1W2	质量验收单	技术员	点检员	检修监理员	生技部专工
163	真空泵、真空泵密封液循环泵电动机	真空泵、真空泵密封液循环泵电动机解体检修	标准	点检员	8	1W2	质量验收单	技术员	点检员	检修监理员	生技部专工
164	主机、给水泵汽轮机,EH油净油装置再循环泵电动机	主机和EH油净油装置再循环泵及EH冷却风扇电动机检修	标准	点检员	42	1W2	质量验收单	技术员	点检员	检修监理员	生技部专工

续表

电气一次专业

序号	系统设备名称	项目内容	项目属性	点检员	工日	R/W/H	验收类型	验收人			
								一级	二级	监理	三级
165	主机、给水泵、汽轮机、密封油排烟风机电动机	油箱排烟风机电动机解体检修	标准	点检员	24	1W2	质量验收单	技术员	点检员	检修监理员	生技部专工
166	高低压旁路电动机	高低压旁路电动机解体检修	标准	点检员	24	1W2	质量验收单	技术员	点检员	检修监理员	生技部专工
167	直流电动机	主机直流油泵电动机解体检修	标准	点检员	12	1W2	质量验收单	技术员	点检员	检修监理员	生技部专工
168		A给水泵汽轮机直流油泵电动机接线盒及碳刷检查	标准	点检员	2	1W2	质量验收单	技术员	点检员	检修监理员	生技部专工
169		B给水泵汽轮机直流油泵电动机接线盒及碳刷检查	标准	点检员	2	1W2	质量验收单	技术员	点检员	检修监理员	生技部专工
170	发电机定冷水泵电动机	发电机定冷水泵电动机解体检修	标准	点检员	2	1W2	质量验收单	技术员	点检员	检修监理员	生技部专工
171	柴油发电机	电动机预试	标准	点检员	8	1W2	质量验收单	技术员	点检员	检修监理员	生技部专工
172	主变压器	外壳及其附件清扫、套管清擦、渗漏检查及处理	标准	点检员	8	1W2	质量验收单	技术员	点检员	检修监理员	生技部专工
173		压力释放阀清扫、检查	标准	点检员	8	3W3	文件包	技术员	点检员	检修监理员	生技部专工
174		呼吸器检修、更换干燥剂	标准	点检员	8	3W3	文件包	技术员	点检员	检修监理员	生技部专工
175	A、B、C相	油枕检查、油位指示装置检查、清扫	标准	点检员	6	3W3	文件包	技术员	点检员	检修监理员	生技部专工
176		阀门管路检查	标准	点检员	6	3W3	文件包	技术员	点检员	检修监理员	生技部专工
177		冷却器、冷却风扇及电动机解体检查轴承更换、试转、风叶、散热器清理	标准	点检员	6	3W3	文件包	技术员	点检员	检修监理员	生技部专工

续表

电气一次专业

序号	系统设备名称	项目内容	项目属性	点检员	工日	R/W/H	验收类型	验收人		
								一级	二级	三级
178	主变压器A、B、C相	冷却系统控制柜及电气回路、电缆检查	标准	点检员	32	3W3	文件包	技术员	点检员	检修监理员	生技部专工
179		铁芯及夹件外部接地检查	标准	点检员	12	3W3	文件包	技术员	点检员	检修监理员	生技部专工
180		温控器及气体继电器检查、校验	标准	点检员	4	3W3	文件包	技术员	点检员	检修监理员	生技部专工
181		主变压器侧避雷器检修	标准	点检员	10	3W3	文件包	技术员	点检员	检修监理员	生技部专工
182		主变压器电气试验	标准	点检员	10	3H3	文件包	技术员	点检员	检修监理员	生技部专工
183		外壳及其附件清扫、套管清擦、渗漏检查及处理	标准	点检员	30	3H3	文件包	技术员	点检员	检修监理员	生技部专工
184		压力释放阀清扫、检查	标准	点检员	12	3W3	文件包	技术员	点检员	检修监理员	生技部专工
185		呼吸器检修、更换呼吸剂	标准	点检员	8	3W3	文件包	技术员	点检员	检修监理员	生技部专工
186		储油柜检查、油位指示装置检查、清扫	标准	点检员	4	3W3	文件包	技术员	点检员	检修监理员	生技部专工
187		阀门管路检查	标准	点检员	4	3W3	文件包	技术员	点检员	检修监理员	生技部专工
188	5A、5B高压厂用变压器	冷却器、冷却风扇及电动机检查试转、散热器清理	标准	点检员	4	3W3	文件包	技术员	点检员	检修监理员	生技部专工
189		冷却系统控制柜及电气回路、电缆检查	标准	点检员	24	3W3	文件包	技术员	点检员	检修监理员	生技部专工
190		铁芯及夹件外部接地检查	标准	点检员	6	3W3	文件包	技术员	点检员	检修监理员	生技部专工
191		中性点电阻箱检查	标准	点检员	4	3W3	文件包	技术员	点检员	检修监理员	生技部专工
192		温控器及气体继电器检查、校验	标准	点检员	4	3W3	文件包	技术员	点检员	检修监理员	生技部专工
193		变压器电气试验	标准	点检员	8	2H3	文件包	技术员	点检员	检修监理员	生技部专工

续表

电气一次专业

序号	系统设备名称	项目内容	项目属性	点检员	工日	R/W/H	验收类型	验收人			
								一级	二级	监理	三级
								技术员	点检员	检修监理员	生技部专工
194	干式变压器	A汽轮机变压器及附件检修、电气试验	标准	点检员	8	2H3	文件包	技术员	点检员	检修监理员	生技部专工
195		B汽轮机变压器及附件检修、电气试验	标准	点检员	24	3W3	质量验收单	技术员	点检员	检修监理员	生技部专工
196		检修变压器及附件检修、电气试验	标准	点检员	24	3W3	质量验收单	技术员	点检员	检修监理员	生技部专工
197		照明变压器及附件检修、电气试验	标准	点检员	24	3W3	质量验收单	技术员	点检员	检修监理员	生技部专工
198		A锅炉变压器及附件检修、电气试验	标准	点检员	24	3W3	质量验收单	技术员	点检员	检修监理员	生技部专工
199		B锅炉变压器及附件检修、电气试验	标准	点检员	12	3W3	质量验收单	技术员	点检员	检修监理员	生技部专工
200		A公用变压器及附件检修、电气试验	标准	点检员	6	3W3	质量验收单	技术员	点检员	检修监理员	生技部专工
201		B公用变压器及附件检修、电气试验	标准	点检员	6	3W3	质量验收单	技术员	点检员	检修监理员	生技部专工
202		A除尘变压器及附件检修、电气试验	标准	点检员	2	1W3	文件包	技术员	点检员	检修监理员	生技部专工
203		B除尘变压器及附件检修、电气试验	标准	点检员	2	1W3	文件包	技术员	点检员	检修监理员	生技部专工
204		除尘备用变压器及附件检修、电气试验	标准	点检员	2	1W3	文件包	技术员	点检员	检修监理员	生技部专工
205		A脱硫变压器及附件检修、电气试验	标准	点检员	2	1W3	文件包	技术员	点检员	检修监理员	生技部专工
206		B脱硫变压器及附件检修、电气试验	标准	点检员	2	1H3	文件包	技术员	点检员	检修监理员	生技部专工
207		等离子点火变压器及附件检修、电气试验	标准	点检员	1	1W3	文件包	技术员	点检员	检修监理员	生技部专工
208		A检修综合楼变及附件检修、电气试验	标准	点检员	4	1H3	文件包	技术员	点检员	检修监理员	生技部专工
209		A联合建筑变检修及电气试验	标准	点检员	20	1W2	质量验收单	技术员	点检员	检修监理员	生技部专工
210		8台等离子点火隔离变检修及电气试验	标准	点检员			质量验收单	技术员	点检员	检修监理员	生技部专工
211	电除尘整流变检修及电气试验	本体绝缘油的微水、色谱、耐压实验分析	标准	点检员	120	6H3	文件包	技术员	点检员	检修监理员	生技部专工
212		外壳及其附件清扫、检查、渗漏处理	标准	点检员	100	4H3	文件包	技术员	点检员	检修监理员	生技部专工

续表

电气一次专业

序号	系统设备名称	项目内容	项目属性	点检员	工日	R/W/H	验收类型	验收人			
								一级	二级	监理	三级
213	电除尘整流变检修及电气试验	储油柜检修、油位指示装置检查	标准	点检员	400	6H3	文件包	技术员	点检员	检修监理员	生技部专工
214		储油柜、呼吸器等处管路检修	标准	点检员	20	1H3	文件包	技术员	点检员	检修监理员	生技部专工
215		取样阀检修	标准	点检员	60	3H3	文件包	技术员	点检员	检修监理员	生技部专工
216		散热器清扫	标准	点检员	80	3H3	文件包	技术员	点检员	检修监理员	生技部专工
217		变压器铁芯接地检查	标准	点检员	80	3H3	文件包	技术员	点检员	检修监理员	生技部专工
218		套管瓷套表面清洁、裂纹、放电痕迹及接头检查	标准	点检员	80	3H3	文件包	技术员	点检员	检修监理员	生技部专工
219		测温装置检查	标准	点检员	20	1H3	文件包	技术员	点检员	检修监理员	生技部专工
220	封闭母线及附件	发电机侧主封母检修	标准	点检员	32	1H3	文件包	技术员	点检员	检修监理员	生技部专工
221		主变压器侧主封母检修	标准	点检员	12	1W3	文件包	技术员	点检员	检修监理员	生技部专工
222		A高压厂用变压器低压侧封母检修	标准	点检员	12	1W3	文件包	技术员	点检员	检修监理员	生技部专工
223		B高压厂用变压器低压侧封母检修	标准	点检员	12	1W3	文件包	技术员	点检员	检修监理员	生技部专工
224	发电机出口 TV	第三组 TV 更换	标准	点检员	12	1W3	文件包	技术员	点检员	检修监理员	生技部专工
225		第一组 TV 检修	标准	点检员	12	1W3	文件包	技术员	点检员	检修监理员	生技部专工
226		第二组 TV 检修	标准	点检员	12	1W3	文件包	技术员	点检员	检修监理员	生技部专工
227	6kV 厂用 A1 段/A2 段/B1 段/B2 段母线及开关检修；6kV 输煤 A 段/B 段母线及开关 关主检修	打开开关柜各防护盖板、各部位清扫	标准	点检员	12	1W3	文件包	技术员	点检员	检修监理员	生技部专工
228		母线各接头部分及螺栓紧固、检查	标准	点检员	12	1W3	文件包	技术员	点检员	检修监理员	生技部专工
229		母线支持绝缘子清扫、检查	标准	点检员	12	1W3	文件包	技术员	点检员	检修监理员	生技部专工
230		开关室静触头、活板检查	标准	点检员	12	1W3	文件包	技术员	点检员	检修监理员	生技部专工
231		开关室二次插头检查	标准	点检员	12	1W3	文件包	技术员	点检员	检修监理员	生技部专工
232		开关室地刀及航空操作机构检查	标准	点检员	12	1W3	文件包	技术员	点检员	检修监理员	生技部专工
233		开关室电流互感器检查、试验	标准	点检员	12	1W3	文件包	技术员	点检员	检修监理员	生技部专工

续表

电气一次专业

序号	系统设备名称	项目内容	项目属性	点检员	工日	R/W/H	验收类型	验收人			
								一级	二级	监理	三级
234		电缆室避雷器检查、试验	标准	点检员	12	1W3	文件包	技术员	点检员	检修监理员	生技部专工
235		电缆室主接地母线检查、开关柜接地测试检查	标准	点检员	12	1W3	文件包	技术员	点检员	检修监理员	生技部专工
236		开关柜照明、加热器检查	标准	点检员	64	8W3	文件包	技术员	点检员	检修监理员	生技部专工
237		开关柜底板孔洞封堵检查	标准	点检员	24	1W3	文件包	技术员	点检员	检修监理员	生技部专工
238		开关小车清洁	标准	点检员	36	1W3	文件包	技术员	点检员	检修监理员	生技部专工
239		主导电回路检修	标准	点检员	36	1W3	文件包	技术员	点检员	检修监理员	生技部专工
240		绝缘套管、绝缘拉杆等绝缘部件检查	标准	点检员	24	1W3	文件包	技术员	点检员	检修监理员	生技部专工
241	6kV厂用A1段/A2段/B1段/B2段母线及开关检修；6kV输煤A段/B段母线及开关检修	真空泡检查、试验	标准	点检员	24	1W3	文件包	技术员	点检员	检修监理员	生技部专工
242		分合闸线圈检查	标准	点检员	12	24W3	文件包	技术员	点检员	检修监理员	生技部专工
243		操作机构、传动机构、储能机构检修	标准	点检员	12	24W3	文件包	技术员	点检员	检修监理员	生技部专工
244		高压熔断器检查	标准	点检员	12	24W3	文件包	技术员	点检员	检修监理员	生技部专工
245		小车推进机构、闭锁装置检查	标准	点检员	12	24W3	文件包	技术员	点检员	检修监理员	生技部专工
246		小车触头插入深度检查	标准	点检员	12	24W3	文件包	技术员	点检员	检修监理员	生技部专工
247		辅助接点动作情况检查、测量	标准	点检员	24	24W3	文件包	技术员	点检员	检修监理员	生技部专工
248		开关分、合闸线圈检查	标准	点检员	12	24W3	文件包	技术员	点检员	检修监理员	生技部专工
249		TV清扫、检查	标准	点检员	24	24W3	文件包	技术员	点检员	检修监理员	生技部专工
250		TV导电回路检修	标准	点检员	12	24W3	文件包	技术员	点检员	检修监理员	生技部专工
251		高压熔断器检查	标准	点检员	60	6W3	文件包	技术员	点检员	检修监理员	生技部专工
252		手车推进机构检修	标准	点检员	46	6W3	文件包	技术员	点检员	检修监理员	生技部专工
253		五防性能检查	标准	点检员	46	6W3	文件包	技术员	点检员	检修监理员	生技部专工
254		开关、母线、TV、TA、避雷器等电气试验	标准	点检员			文件包	技术员	点检员	检修监理员	生技部专工

续表

电气一次专业

序号	系统设备名称	项目内容	项目属性	点检员	工日	R/W/H	验收类型	验收人			
								一级	二级	监理	三级
255	发电机出口断路器检修	发电机出口断路器本体清扫检查	标准	点检员	24	6W3	文件包	技术员	点检员	检修监理员	生技部专工
256		照明、加热器、接地线检查	标准	点检员	24	6W3	文件包	技术员	点检员	检修监理员	生技部专工
257		断路器、刀闸操动机构检查	标准	点检员	24	6W3	文件包	技术员	点检员	检修监理员	生技部专工
258		操作机构风机电动机及电缆检查	标准	点检员	24	6W3	文件包	技术员	点检员	检修监理员	生技部专工
259		壳体内避雷器、电压互感器、电流互感器、容及内部软连接检查	标准	点检员	24	6W3	文件包	技术员	点检员	检修监理员	生技部专工
260		FS₆压力表检查	标准	点检员	24	6W3	文件包	技术员	点检员	检修监理员	生技部专工
261		出口断路器电气试验	标准	点检员	24	6W3	文件包	技术员	点检员	检修监理员	生技部专工
262	GIS开关检修	GIS进线套管清擦	标准	点检员	24	6W3	文件包	技术员	点检员	检修监理员	生技部专工
263		5043开关检查预试	标准	点检员	24	6W3	文件包	技术员	点检员	检修监理员	生技部专工
264		5053开关检查预试	标准	点检员	24	6W3	文件包	技术员	点检员	检修监理员	生技部专工
265	架空线及瓷瓶检查、清扫	套管、避雷器清扫	标准	点检员	24	6W3	文件包	技术员	点检员	检修监理员	生技部专工
266		绝缘子清扫及零值测量	标准	点检员	60	6W3	文件包	技术员	点检员	检修监理员	生技部专工
267	动力电缆	电缆本体及电缆头清扫检查（64条）	标准	点检员	24	6W3	文件包	技术员	点检员	检修监理员	生技部专工
268		电缆电气试验（64条）	标准	点检员	60	6W3	文件包	技术员	点检员	检修监理员	生技部专工
269	400V低压配电盘	汽轮机PCA、B段、MCCA、B、C段、暖通MCC段开关母线检查清扫及开关检查清扫及缺陷处理	标准	点检员	60	6W3	文件包	技术员	点检员	检修监理员	生技部专工
270		锅炉PC5A B段、MCCA、B段及渣仓MCC开关柜母线检查清扫及开关检查清扫及缺陷处理	标准	点检员	24	6W3	文件包	技术员	点检员	检修监理员	生技部专工
271		锅炉PCA的4面柜和5B的3面柜及其联络母线绝缘子更换	标准	点检员	24	6W3	文件包	技术员	点检员	检修监理员	生技部专工

续表

电气一次专业

序号	系统设备名称	项目内容	项目属性	点检员	工日	R/W/H	验收类型	一级	二级	监理	三级
									验收人		
272		脱硝 MCC 开关柜母线检查清扫及开关检查清扫及缺陷处理	标准	点检员	24	6W3	文件包	技术员	点检员	检修监理员	生技部专工
273		保安 PC 段、汽轮机保安 MCC A、B 段检查清扫及开关检查清扫及缺陷处理	标准	点检员	24	6W3	文件包	技术员	点检员	检修监理员	生技部专工
274		锅炉保安 MCC A、B 段开关柜母线检查清扫及开关检查清扫及缺陷处理	标准	点检员	24	6W3	文件包	技术员	点检员	检修监理员	生技部专工
275		脱硫 PCA、B 段、保安及公用 MCC 段母线检查清扫及开关检查清扫及缺陷处理	标准	点检员	24	6W3	文件包	技术员	点检员	检修监理员	生技部专工
276		公用 PCA、B 段母线检查清扫及开关检查清扫及缺陷处理	标准	点检员	24	6W3	文件包	技术员	点检员	检修监理员	生技部专工
277	400V 低压配电盘	等离子 PC 开关柜母线检查清扫及开关检查清扫及缺陷处理	标准	点检员	18	6W2	文件包	技术员	点检员	检修监理员	生技部专工
278		400V 电除尘 PCA 段开关母线、开关检查清扫及缺陷处理	标准	点检员	60	6W3	文件包	技术员	点检员	检修监理员	生技部专工
279		400V 电除尘 PCB 段开关柜母线、开关检查清扫及缺陷处理	标准	点检员	100	6W3	文件包	技术员	点检员	检修监理员	生技部专工
280		400V 电除尘备用段开关母线、开关检查清扫及缺陷处理	标准	点检员	2	1W2	文件包	技术员	点检员	检修监理员	生技部专工
281		400V 电除尘控制 A 段母线、开关检查清扫及缺陷处理	标准	点检员	3	1W3	文件包	技术员	点检员	检修监理员	生技部专工
282		400V 电除尘控制 A 段母线、开关检查清扫及缺陷处理	标准	点检员	12	1H3	文件包	技术员	点检员	检修监理员	生技部专工

硫化专业标准项目控制计划见表 2-10。

表 2-10

硫化专业标准项目控制计划表

硫化专业

序号	系统设备名称	项目内容	项目属性	工作负责人	工日	R/W/H	验收类型	验收人 一级	二级	监理	三级
1	电除尘器检修	电除尘内部清理积灰	标准	工作负责人	40	W2		工作负责人	点检员	监理	生技部专工
2		阴极板、阴极线检查部修	标准	工作负责人	20	W2		工作负责人	点检员	监理	生技部专工
3		阴极大小框架检查检修	标准	工作负责人	20	W2		工作负责人	点检员	监理	生技部专工
4		阴极悬挂装置检查检修	标准	工作负责人	10	W3		工作负责人	点检员	监理	生技部专工
5		阳、阴极振打装置检查检修	标准	工作负责人	20	W3		工作负责人	点检员	监理	生技部专工
6		阳、阴极振打减速机解体检修	标准	工作负责人	30	W3		工作负责人	点检员	监理	生技部专工
7		灰斗检查检修	标准	工作负责人	30	W3		工作负责人	点检员	监理	生技部专工
8 / 9		壳体及外围设备、进出口封头、槽形板检修（包括检修人孔门、进出口封头及支撑件，均布板的检修）	标准	工作负责人	20	W2	文件包	工作负责人	点检员	监理	生技部专工
10		电除尘空载升压试验	标准	工作负责人	30	W2		工作负责人	点检员	监理	生技部专工
11		灰斗气化风机电动机找正	标准	工作负责人	30	W2		工作负责人	点检员	监理	生技部专工
12	干灰输灰系统检修	全面检查检修一、二、三、四电场干灰系统流化风管道、节流孔板及其止回阀	标准	工作负责人	30	W2		工作负责人	点检员	监理	生技部专工
13		全面检查检修空气预热器仓泵干灰管线节流孔板、止回阀及其连接胶管	标准	工作负责人	8	H3	文件包	工作负责人	点检员	监理	生技部专工
14		电除尘一、二、三、四电场入口圆顶阀、换圆圆阀、气动排堵阀、出口切换圆顶阀解体检修	标准	工作负责人	4	W2		工作负责人 工作负责人	点检员	监理	生技部专工
		各电场干灰系统出口弯头检查检修	标准	工作负责人	30	W2		工作负责人	点检员	监理	生技部专工

续表

硫化专业

序号	系统设备名称	项目内容	项目属性	工作负责人	工日	R/W/H	验收类型	验收人			
								一级	二级	监理	三级
								工作负责人	点检员	监理	生技部专工
15	干灰输灰系统检修	电除尘器一、二、三、四电场、空气预热器仓泵同仓管道及内部套管检查清理积灰	标准	工作负责人	15	W2	文件包	工作负责人	点检员	监理	生技部专工
16		电除尘器一、二、三、四电场灰管线壁厚测量（超声波测厚仪）	标准	工作负责人	20	W2		工作负责人	点检员	监理	生技部专工
17	2台除灰水泵检修	轴承检查检修维护加油	标准	工作负责人	20	W2		工作负责人	点检员	监理	生技部专工
18		叶轮、护板检查检修	标准	工作负责人	20	W2		工作负责人	点检员	监理	生技部专工
19		对轮找中心	标准	工作负责人	20	W2		工作负责人	点检员	监理	生技部专工
20		各个号轮及轴承检查（记录轴承型号）	标准	工作负责人	9	W2		工作负责人	点检员	监理	生技部专工
21		链条刮板磨损情况检查	标准	工作负责人	40	W3		工作负责人	点检员	监理	生技部专工
22		驱动油站换油、换油过滤器	标准	工作负责人	20	W3		工作负责人	点检员	监理	生技部专工
23	捞渣机检修	捞渣机各链条护板检查	标准	工作负责人	30	W2	文件包	工作负责人	点检员	监理	生技部专工
24		捞渣机各液压油管路检查	标准	工作负责人	10	W2		工作负责人	点检员	监理	生技部专工
25		溢流水槽、槽体内及排污管查清理杂物	标准	工作负责人	20	W3		工作负责人	点检员	监理	生技部专工
26		系统各地沟及事故排渣三通内积渣彻底清理	标准	工作负责人	8	W3		工作负责人	点检员	监理	生技部专工
27		涨紧油站换油、换过滤器	标准	工作负责人	12	W2		工作负责人	点检员	监理	生技部专工
28		链条冲洗水喷头检查疏通	标准	工作负责人	8	W3		工作负责人	点检员	监理	生技部专工
29	2台渣仓检修	渣仓内部积渣清理并检查	标准	工作负责人	8	W1	文件包	工作负责人	点检员	监理	生技部专工
30		渣仓沥水管路及排水管疏通	标准	工作负责人	8	W2		工作负责人	点检员	监理	生技部专工
31		排渣门检查加油	标准	工作负责人	12	W2		工作负责人	点检员	监理	生技部专工

续表

硫化专业

序号	系统设备名称	项目内容	项目属性	工作负责人	工日	R/W/H	验收类型	验收人一级	二级	三级	
32	浓缩机检修	浓缩机内淤泥彻底清理	标准	工作负责人	8	W2		工作负责人	点检员	监理	生技部专工
33		浓缩机斜板、浓缩机耙架检查	标准	工作负责人	6	W2		工作负责人	点检员	监理	生技部专工
34		耙架提升装置和传动装置检查维护	标准	工作负责人	8	W2		工作负责人工作负责人	点检员	监理	生技部专工
35		减速机换油	标准	工作负责人	8	W2		工作负责人	点检员	监理	生技部专工
36		各阀门检查维护	标准	工作负责人	4	W2	文件包	工作负责人	点检员	监理	生技部专工
37		排泥池内淤泥彻底清理	标准	工作负责人	22	W2		工作负责人	点检员	监理	生技部专工
38		排泥池冲洗水喷头检查疏通	标准	工作负责人	12	W2		工作负责人	点检员	监理	生技部专工
39	浓缩机2台排泥泵检修	排泥泵轴承及密封件检查（记录轴承及密封件型号）	标准	工作负责人	10	W2	文件包	工作负责人	点检员	监理	生技部专工
40		叶轮检查	标准	工作负责人	12	W2		工作负责人	点检员	监理	生技部专工
41		各阀门及止回阀检查维护	标准	工作负责人	8	W2		工作负责人	点检员	监理	生技部专工
42		集水池内积渣彻底清理	标准	工作负责人	6	W1		工作负责人	点检员	监理	生技部专工
43	2台排水泵检修	系统各阀门及进、出口止回阀检查维护	标准	工作负责人	6	W1		工作负责人	点检员	监理	生技部专工
44		轴承检查（记录轴承型号）	标准	工作负责人	15	W3		工作负责人	点检员	监理	生技部专工
45		叶轮检查	标准	工作负责人	15	W3		工作负责人	点检员	监理	生技部专工
46		轴承箱清理并换油	标准	工作负责人	10	H3		工作负责人	点检员	监理	生技部专工
47		对轮找中心	标准	工作负责人	10	W1		工作负责人	点检员	监理	生技部专工

续表

硫化专业

序号	系统设备名称	项目内容	项目属性	工作负责人	工日	R/W/H	验收类型	验收人一级	验收人二级	验收人监理	验收人三级
48		油站油箱清理换油	标准	工作负责人	5	W2		工作负责人	点检员	监理	生技部专工
49		油站滤网清理，油管路检查	标准	工作负责人	10	W1		工作负责人	点检员	监理	生技部专工
50		轮毂及承承箱检查	标准	工作负责人	10	W1		工作负责人	点检员	监理	生技部专工
51		更换轮毂内部易损件	标准	工作负责人	8	W1		工作负责人	点检员	监理	生技部专工
52		叶片角度检查调整	标准	工作负责人	10	W1		工作负责人	点检员	监理	生技部专工
53	2 台增压风机检修	轮毂密封片间隙检查	标准	工作负责人	10	W2	检修工艺卡	工作负责人	点检员	监理	生技部专工
54		叶片检查及间隙测量	标准	工作负责人	4	W1		工作负责人	点检员	监理	生技部专工
55		风机地脚检查，紧固	标准	工作负责人	4	W1		工作负责人	点检员	监理	生技部专工
56		扩散筒中心间筒内部检查清理	标准	工作负责人	40	W2		工作负责人	点检员	监理	生技部专工
57		执行机构解体检查	标准	工作负责人	20	H2		工作负责人	点检员	监理	生技部专工
58		密封风机解体检修	标准	工作负责人	12	W2		工作负责人	点检员	监理	生技部专工
59		5B 增压风机电动机找正	标准	工作负责人	2	W1		工作负责人	点检员	监理	生技部专工
60		净烟气挡板内部检查、检查挡板同步并并开关限位整定	标准	工作负责人	2	W1		工作负责人	点检员	监理	生技部专工
61	烟风道检修	旁路挡板内部检查、检查挡板同步并并开关限位整定	标准	工作负责人	8	W3	文件包	工作负责人	点检员	监理	生技部专工
62		吸收塔入口膨胀节外部检查检修	标准	工作负责人	10	H3		工作负责人	点检员	监理	生技部专工
63		烟道防腐检查修复	标准	工作负责人	4	W2		工作负责人	点检员	监理	生技部专工
64		增压风机出口烟道检查清理	标准	工作负责人	20	W2		工作负责人	点检员	监理	生技部专工
65		事故喷淋箱检查清理	标准	工作负责人	6	W1		工作负责人	点检员	监理	生技部专工

续表

硫化专业

序号	系统设备名称	项目内容	项目属性	工作负责人	工日	R/W/H	验收类型	验收人			
								一级	二级		三级
66		除雾器喷嘴检查清理	标准	工作负责人	4	W2		工作负责人	点检员	监理	生技部专工
67		吸收塔喷淋层喷嘴检查清理、更换	标准	工作负责人	30	W2		工作负责人	点检员	监理	生技部专工
68	烟风道检修	吸收塔防腐检查、修复	标准	工作负责人	30	W3		工作负责人	点检员	监理	生技部专工
69		浆液循环泵滤网检查、清洗	标准	工作负责人	2	W1		工作负责人	点检员	监理	生技部专工
70		吸收塔底部清理	标准	工作负责人	2	W2		工作负责人	点检员	监理	生技部专工
71		吸收塔顶部清理	标准	工作负责人	2	W2		工作负责人	点检员	监理	生技部专工
72		吸收塔搅拌器减速机换油	标准	工作负责人	4	W1	文件包	工作负责人	点检员	监理	生技部专工
73	7台吸收塔搅拌器检修	皮带、皮带轮检查更换及皮带轮平行度调整	标准	工作负责人	6	W1		工作负责人	点检员	监理	生技部专工
74		叶轮检查检修	标准	工作负责人	10	W2		工作负责人	点检员	监理	生技部专工
75		轴承加油	标准	工作负责人	20	W2		工作负责人	点检员	监理	生技部专工
76	2台吸收塔排水坑设备检修	搅拌器减速机换油	标准	工作负责人	8	W1		工作负责人	点检员	监理	生技部专工
77		搅拌器轴承箱解体检查	标准	工作负责人	12	W1		工作负责人	点检员	监理	生技部专工
78		搅拌器减速机轴封检查	标准	工作负责人	20	W2		工作负责人	点检员	监理	生技部专工
79		地坑清理	标准	工作负责人	16	W1		工作负责人	点检员	监理	生技部专工
80	4台浆液循环泵检修	浆液循环泵入口管道检查	标准	工作负责人	15	W1		工作负责人	点检员	监理	生技部专工
81		浆液循环泵叶轮外观检查或更换	标准	工作负责人	30	W1	检修工艺卡	工作负责人	点检员	监理	生技部专工
82		浆液循环泵紧固泵体固定螺栓	标准	工作负责人	6	W2		工作负责人	点检员	监理	生技部专工
83		浆液循环泵减速机换油	标准	工作负责人	15	W3		工作负责人	点检员	监理	生技部专工

续表

硫化专业

序号	系统设备名称	项目内容	项目属性	工作负责人	工日	R/W/H	验收类型	验收人 一级	二级	监理	三级
84	4台浆液循环泵检修	浆液循环泵轴承箱解体检修	标准	工作负责人	15	W1	检修工艺卡	工作负责人	点检员	监理	生技部专工
85		浆液循环泵更换泵轴承润滑油	标准	工作负责人	18	W1		工作负责人	点检员	监理	生技部专工
86		浆液循环泵减速机联轴器检查	标准	工作负责人	8	W2		工作负责人	点检员	监理	生技部专工
87		吸收塔浆液循环泵电动机找正	标准	工作负责人	12	W1		工作负责人	点检员	监理	生技部专工
88	3台氧化风机检修	氧化风机换油	标准	工作负责人	20	W2	文件包	工作负责人	点检员	监理	生技部专工
89		风机间隙测量	标准	工作负责人	20	W3		工作负责人	点检员	监理	生技部专工
90		氧化风管检查	标准	工作负责人	15	W1		工作负责人	点检员	监理	生技部专工
91		风机对轮复查	标准	工作负责人	15	W1		工作负责人	点检员	监理	生技部专工
92		入口滤网清理	标准	工作负责人	20	W2		工作负责人	点检员	监理	生技部专工
93		氧化风机电动机找正	标准	工作负责人	30	W3		工作负责人	点检员	监理	生技部专工
94	2台吸收塔石膏排出泵检修	轴承箱检查、检修	标准	工作负责人	20	W1	检修工艺卡	工作负责人	点检员	监理	生技部专工
95		机械密封检查、叶轮检查	标准	工作负责人	1C	W1		工作负责人	点检员	监理	生技部专工
96		出入口扰胶接头更换	标准	工作负责人	4	W2		工作负责人	点检员	监理	生技部专工
97		石膏排出泵电动机找正	标准	工作负责人	6	W1		工作负责人	点检员	监理	生技部专工
98	2台石灰石浆液泵检修	轴承箱解体检修	标准	工作负责人	2	W1	检修工艺卡	工作负责人	点检员	监理	生技部专工
99		机械密封检查检修、叶轮检查	标准	工作负责人	4	W2		工作负责人	点检员	监理	生技部专工
100		出入口扰胶接头更换	标准	工作负责人	6	W1		工作负责人	点检员	监理	生技部专工
101		石灰石浆液泵电动机找正	标准	工作负责人	4	W1		工作负责人	点检员	监理	生技部专工

续表

硫化专业

序号	系统设备名称	项目内容	项目属性	工作负责人	工日	R/W/H	验收类型	验收人			
								一级	二级	监理	三级
102	制浆区排水坑泵检修	轴承箱检修、更换油脂	标准	工作负责人	8	H2		工作负责人	点检员	监理	生技部专工
103		机械密封检查检修、叶轮检查	标准	工作负责人	6	W1	检修工艺卡	工作负责人	点检员	监理	生技部专工
104		轴承检查、更换油脂	标准	工作负责人	4	W1		工作负责人	点检员	监理	生技部专工
105	石灰石浆液箱检修	石灰石浆液箱搅拌器轴弯曲度检查	标准	工作负责人	12	W1		工作负责人	点检员	监理	生技部专工
106		石灰石浆液箱搅拌器解体检修	标准	工作负责人	12	W2	检修工艺卡	工作负责人	点检员	监理	生技部专工
107		石灰石浆液箱清空	标准	工作负责人	16	W1		工作负责人	点检员	监理	生技部专工
108		石灰石浆液箱防腐检查修复	标准	工作负责人	6	W2		工作负责人	点检员	监理	生技部专工
109	日粉仓检	日粉仓清理检查	标准	工作负责人	8	W1		工作负责人	点检员	监理	生技部专工
110		日粉仓气化板、管路清理检查	标准	工作负责人	6	W1	检修工艺卡	工作负责人	点检员	监理	生技部专工
111		石灰石粉仓锁气卸料器、下料气动插板门解体检修	标准	工作负责人	12	W2		工作负责人	点检员	监理	生技部专工
112	2台除雾器	机械密封检查检修	标准	工作负责人	8	W2	检修工艺卡	工作负责人	点检员	监理	生技部专工
113	冲洗水泵	轴承箱检修	标准	工作负责人	60	W2		工作负责人	点检员	监理	生技部专工
114	工艺水泵	机械密封检查检修	标准	工作负责人	8	W1		工作负责人	点检员	监理	生技部专工
115		轴承箱检修	标准	工作负责人	8	W1	文件包	工作负责人	点检员	监理	生技部专工
116		脱硫系统工艺水至吸收塔阀门检修	标准	工作负责人	4	W2		工作负责人	点检员	监理	生技部专工
117	工艺水系统管阀检修	循环泵减速机冷却水管道检查清理	标准	工作负责人	30	W3	检修工艺卡	工作负责人	点检员	监理	生技部专工

续表

硫化专业

序号	系统设备名称	项目内容	项目属性	工作负责人	工日	R/W/H	验收类型	一级	二级	监理	三级
118	浆液系统管阀	吸收塔入口烟道事故喷淋水管道检查	标准	工作负责人	26	W2	检修工艺卡	工作负责人	点检员	监理	生技部专工
119		除雾器冲洗水门检查、更换	标准	工作负责人	16	W2	检修工艺卡	工作负责人	点检员	监理	生技部专工
120		石膏排出泵进出口阀门检修	标准	工作负责人	4	W2	检修工艺卡	工作负责人	点检员	监理	生技部专工
121		石灰石浆液管道阀门检修	标准	工作负责人	30	W3	检修工艺卡	工作负责人	点检员	监理	生技部专工
122	前置过滤器检修	前置过滤器检查检修、紧固	标准	工作负责人	26	W2	检修质量验收单	工作负责人	点检员	监理	生技部专工
123		前置过滤器系统各手动、气动蝶阀检查、更换垫片	标准	工作负责人	26	W2		工作负责人	点检员	监理	生技部专工
124	高速混床系统检修	A 高速混床内部衬胶检查检修	标准	工作负责人	4	W2		工作负责人	点检员	监理	生技部专工
125		A 高速混床进出水帽检查、紧固	标准	工作负责人	4	W2		工作负责人	点检员	监理	生技部专工
126		A 高速混床树脂捕捉器衬胶检查、修复	标准	工作负责人	15	H3		工作负责人	点检员	监理	生技部专工
127		A 高速混床树脂捕捉器滤芯检查、清理	标准	工作负责人	26	W2		工作负责人	点检员	监理	生技部专工
128		A 树脂捕捉器垫片更换	标准	工作负责人	4	W2	文件包	工作负责人	点检员	监理	生技部专工
129		B 高速混床内部衬胶检查检修	标准	工作负责人	4	W2		工作负责人	点检员	监理	生技部专工
130		B 高速混床进出水帽检查、紧固	标准	工作负责人	16	H3		工作负责人	点检员	监理	生技部专工
131		B 高速混床树脂捕捉器衬胶检查、修复	标准	工作负责人	26	W2		工作负责人	点检员	监理	生技部专工
132		B 高速混床树脂捕捉器滤芯检查、清理	标准	工作负责人	4	W2		工作负责人	点检员	监理	生技部专工
133		B 树脂捕捉器垫片更换	标准	工作负责人	4	W2		工作负责人	点检员	监理	生技部专工
134		C 高速混床内部衬胶检查检修	标准	工作负责人	16	H3		工作负责人	点检员	监理	生技部专工

续表

硫化专业

序号	系统设备名称	项目内容	项目属性	工作负责人	工日	R/W/H	验收类型	验收人			
								一级	二级	监理	三级
135		C高速混床进出水帽检查、紧固	标准	工作负责人	26	W2		工作负责人	点检员	监理	生技部专工
136		C高速混床树脂捕捉器衬胶检查、修复	标准	工作负责人	4	W2		工作负责人	点检员	监理	生技部专工
137		C高速混床树脂捕捉器滤芯检查、清理	标准	工作负责人	4	W2		工作负责人	点检员	监理	生技部专工
138		C树脂捕捉器垫片更换	标准	工作负责人	16	H3		工作负责人	点检员	监理	生技部专工
139		D高速混床内部衬胶检查检修	标准	工作负责人	26	W2	文件包	工作负责人	点检员	监理	生技部专工
140	高速混床系统检修	D高速混床进出水帽检查、紧固	标准	工作负责人	26	W3		工作负责人	点检员	监理	生技部专工
141		D高速混床树脂捕捉器衬胶检查、修复	标准	工作负责人	10	W2		工作负责人	点检员	监理	生技部专工
142		D高速混床树脂捕捉器滤芯检查、清理	标准	工作负责人	6	W2		工作负责人	点检员	监理	生技部专工
143		D树脂捕捉器垫片更换	标准	工作负责人	6	W2		工作负责人	点检员	监理	生技部专工
144		高速混床系统各手动、气动蝶阀检查、气动球阀检查、阀门垫片更换	标准	工作负责人	4	W2		工作负责人	点检员	监理	生技部专工
145		高速混床系统气动球阀检查	标准	工作负责人	6	W2		工作负责人	点检员	监理	生技部专工
146		分离塔水帽检查、紧固	标准	工作负责人	6	W2		工作负责人	点检员	监理	生技部专工
147		分离塔排水装置检查、紧固	标准	工作负责人	4	W2		工作负责人	点检员	监理	生技部专工
148		分离塔内衬胶检查检修	标准	工作负责人	6	W2		工作负责人	点检员	监理	生技部专工
149		阴塔水帽检查、紧固	标准	工作负责人	6	W2		工作负责人	点检员	监理	生技部专工
150	精处理再生系统检修	阴塔排水装置检查、紧固	标准	工作负责人	4	W2	文件包	工作负责人	点检员	监理	生技部专工
151		阴塔内衬胶检查检修	标准	工作负责人	6	W1		工作负责人	点检员	监理	生技部专工
152		阳塔水帽更换	标准	工作负责人	6	W2		工作负责人	点检员	监理	生技部专工
153		阳塔排水装置支架板更换	标准	工作负责人	4	W2		工作负责人	点检员	监理	生技部专工
154		阳塔内衬胶检查检修	标准	工作负责人	4	W2		工作负责人	点检员	监理	生技部专工

硫化专业

序号	系统设备名称	项目内容	项目属性	工作负责人	工日	R/W/H	验收类型	验收人 一级	二级	监理	三级
155	定冷水小混床	定冷水小混床内部检查、清理	标准	工作负责人	4	W2		工作负责人	点检员	监理	生技部专工
156		定冷水小混床树脂更换	标准	工作负责人	4	W2		工作负责人	点检员	监理	生技部专工
157		启动分离器取样器检查清理并更换排污门	标准	工作负责人	4	W2		工作负责人	点检员	监理	生技部专工
158		过热蒸汽取样检查清理并更换排污门	标准	工作负责人	4	W2		工作负责人	点检员	监理	生技部专工
159		凝结水取样检查清理	标准	工作负责人	4	W2		工作负责人	点检员	监理	生技部专工
160		精处理混床取样检查清理	标准	工作负责人	4	W2		工作负责人	点检员	监理	生技部专工
161		除氧器取样检查清理	标准	工作负责人	4	W2		工作负责人	点检员	监理	生技部专工
162		再热蒸汽取样检查清理并更换排污门	标准	工作负责人	4	W2	文件包	工作负责人	点检员	监理	生技部专工
163	汽水取样系统	辅助蒸汽取样检查清理	标准	工作负责人	4	W2		工作负责人	点检员	监理	生技部专工
164		辅助加热器疏水取样检查清理	标准	工作负责人	30	W2		工作负责人	点检员	监理	生技部专工
165		低压加热器疏水取样检查清理	标准	工作负责人	4	W2		工作负责人	点检员	监理	生技部专工
166		高压加热器疏水取样检查清理	标准	工作负责人	20	W2		工作负责人	点检员	监理	生技部专工
167		省煤器取样检查清理	标准	工作负责人	6	W1		工作负责人	点检员	监理	生技部专工
168		解体检修刮泥机减速机	标准	工作负责人	3	W1		工作负责人	点检员	监理	生技部专工
169		搅拌机叶轮及刮泥机构和刮板检修	标准	工作负责人	8	W2		工作负责人	点检员	监理	生技部专工
170	澄清池检修	澄清池斜板更换	标准	工作负责人	6	W2	检修质量验收单	工作负责人	点检员	监理	生技部专工
171		澄清池本体和排泥斗冲洗和检查	标准	工作负责人	4	W1		工作负责人	点检员	监理	生技部专工
172		澄清池集水槽冲洗和检查	标准	工作负责人	4	W2		工作负责人	点检员	监理	生技部专工
173		澄清池内部金属构件除锈并重新防腐	标准	工作负责人	2	W1		工作负责人	点检员	监理	生技部专工
174		沉淀池管道阀门检查检修	标准	工作负责人	4	W1		工作负责人	点检员	监理	生技部专工

续表

硫化专业

序号	系统设备名称	项目内容	项目属性	工作负责人	工日	R/W/H	验收类型	验收人			
								一级	二级	监理	三级
175	熟化池检修	熟化池检查和清理	标准	工作负责人	4	W2		工作负责人	点检员	监理	生技部专工
176		搅拌器检查、检修	标准	工作负责人	2	W1	检修质量验收单	工作负责人	点检员	监理	生技部专工
177		减速机检查、更换润滑油	标准	工作负责人	4	W1		工作负责人	点检员	监理	生技部专工
178	注砂池检修	注砂池检查和清理	标准	工作负责人	4	W2		工作负责人	点检员	监理	生技部专工
179		搅拌器检查、检修	标准	工作负责人	2	W1		工作负责人	点检员	监理	生技部专工
180		减速机检查、更换润滑油	标准	工作负责人	6	W2		工作负责人	点检员	监理	生技部专工
181	混凝池检修	混凝池检查和清理	标准	工作负责人	4	W1		工作负责人	点检员	监理	生技部专工
182		搅拌器检查、检修	标准	工作负责人	4	W2	检修质量验收单	工作负责人	点检员	监理	生技部专工
183		减速机检查、更换润滑油	标准	工作负责人	2	W1		工作负责人	点检员	监理	生技部专工
184		混凝池内海水原水管更换密封	标准	工作负责人	4	W2		工作负责人	点检员	监理	生技部专工
185	混凝剂溶液池检修	搅拌器检修、防腐	标准	工作负责人	10	H3	检修质量验收单	工作负责人	点检员	监理	生技部专工
186		溶液池清理	标准	工作负责人	2	W1		工作负责人	点检员	监理	生技部专工
187		管道疏通、滤网清理	标准	工作负责人	4	W2		工作负责人	点检员	监理	生技部专工
188	凝结水贮存水箱	呼吸器更换碱液检查、内部清理防腐检查、液位计检查	标准	工作负责人	10	H3	检修质量验收单	工作负责人	点检员	监理	生技部专工
189	除盐水箱	呼吸器更换碱液检查、内部清理防腐检查、液位计检查	标准	工作负责人	2	W1	检修质量验收单	工作负责人	点检员	监理	生技部专工

金属专业标准项目控制计划见表 2-11。

表 2-11

金属专业标准项目控制计划表

金属专业

序号	系统设备名称	项目内容	项目属性	项目负责人	工日	R/W/H	验收类型	验收人		
								一级	二级	三级
1	主蒸汽管道	监督检查	技术监督	工作负责人			检验与试验报告	工作负责人	点检员	监理	生技部专工
2	再热热段	监督检查	技术监督	工作负责人			检验与试验报告	工作负责人	点检员	监理	生技部专工
3	再热冷段	监督检查	技术监督	工作负责人			检验与试验报告	工作负责人	点检员	监理	生技部专工
4	汽水分离器焊缝	监督检查	技术监督	工作负责人			检验与试验报告	工作负责人	点检员	监理	生技部专工
5	高温联箱焊缝	监督检查	技术监督	工作负责人			检验与试验报告	工作负责人	点检员	监理	生技部专工
6	给水联箱焊缝	监督检查	技术监督	工作负责人			检验与试验报告	工作负责人	点检员	监理	生技部专工
7	主给水管道	监督检查	技术监督	工作负责人			检验与试验报告	工作负责人	点检员	监理	生技部专工
8	汽轮机轴瓦	监督检查	技术监督	工作负责人			检验与试验报告	工作负责人	点检员	监理	生技部专工
9	汽轮机推力瓦	监督检查	技术监督	工作负责人			检验与试验报告	工作负责人	点检员	监理	生技部专工
10	汽轮机密封瓦	监督检查	技术监督	工作负责人			检验与试验报告	工作负责人	点检员	监理	生技部专工
11	汽轮机低压转子叶片检查（末三级）	监督检查	技术监督	工作负责人			检验与试验报告	工作负责人	点检员	监理	生技部专工
12	汽轮机低压转子叶根检查（末三级）	监督检查	技术监督	工作负责人			检验与试验报告	工作负责人	点检员	监理	生技部专工
13	靠背轮螺栓检查	监督检查	技术监督	工作负责人			检验与试验报告	工作负责人	点检员	监理	生技部专工
14	发电机大轴检查（轴颈）	监督检查	技术监督	工作负责人			检验与试验报告	工作负责人	点检员	监理	生技部专工
15	发电机护环检查	监督检查	技术监督	工作负责人			检验与试验报告	工作负责人	点检员	监理	生技部专工
16	发电机风叶检查	监督检查	技术监督	工作负责人			检验与试验报告	工作负责人	点检员	监理	生技部专工
17	大于或等于 M32 的高温螺栓检查（运行温度大于或等于 400℃）	监督检查	技术监督	工作负责人			检验与试验报告	工作负责人	点检员	监理	生技部专工

热控专业标准项目控制计划见表2-12。

表2-12　　热控专业标准项目控制计划

热控专业

序号	系统设备名称	项目内容	项目属性	项目负责人	工日	R/W/H	验收类型	验收人		
								一级	二级	三级
1		DCS系统数据备份	标准	班长	2	1W1	文件包	工作负责人	技术员	生技部专工
2		DCS系统柜内卫生清理、卡件清灰	标准	班长	9	1W1	文件包	工作负责人	技术员	生技部专工
3		DCS系统操作员站画面检查、修改	标准	班长	6	1W1	文件包	工作负责人	技术员	生技部专工
4		DCS系统电源检查	标准	班长	2	1W2	文件包	工作负责人	技术员	生技部专工
5		DCS系统操作员站检查	标准	班长	2	1W1	文件包	工作负责人	技术员	生技部专工
6		DCS系统服务器及工程师站检查	标准	班长	2	1W2	文件包	工作负责人	技术员	生技部专工
7		DCS系统机柜控制电源切换试验	标准	班长	3	1H3	文件包	工作负责人	技术员	生技部专工
8	DCS系统	DCS系统机柜控制器主从切换试验	标准	班长	3	1H3	文件包	工作负责人	技术员	生技部专工
9		DCS系统控制柜卡件各通信号静态传动，每块卡件一点进行抽检	标准	班长	20	1W2	文件包	工作负责人	技术员	生技部专工
10		DCS系统接地系统检查及测试，并出具检查报告及测试报告。需电气配合测试	标准	班长	15	1W3	文件包	工作负责人	技术员	生技部专工
11		审查已执行的保护连锁逻辑及定值	标准	班长	10	1W2	文件包	工作负责人	技术员	生技部专工
12		系统报警梳理	标准	班长	5	1W1	文件包	工作负责人	技术员	生技部专工
13		修订图纸资料，达到与实际相符	标准	班长	5	1W1	文件包	工作负责人	技术员	生技部专工
14		对存在问题的预制电缆进行更换	标准	班长	10	1W1	文件包	工作负责人	技术员	生技部专工
15		梳理"停机不停炉"逻辑方案，并在实施后试验	标准	班长	3	1W1	文件包	工作负责人	技术员	生技部专工

热控专业

序号	系统设备名称	项目内容	项目属性	项目负责人	工日	R/W/H	验收类型	验收人 一级	验收人 二级	验收人 三级
16		DEH系统检修前系统数据备份	标准	班长	1	1W1	文件包	工作负责人	技术员	生技部专工
17		DEH系统卡件检查	标准	班长	2	1W1	文件包	工作负责人	技术员	生技部专工
18		DEH系统电源检查	标准	班长	2	1W1	文件包	工作负责人	技术员	生技部专工
19		DEH系统服务器及工程师站检查	标准	班长	2	1W2	文件包	工作负责人	技术员	生技部专工
20		DEH系统机柜控制电源切换试验	标准	班长	2	1W1	文件包	工作负责人	技术员	生技部专工
21		DEH系统机柜控制器主从切换试验	标准	班长	2	1W1	文件包	工作负责人	技术员	生技部专工
22		DEH系统控制柜及卡件清灰	标准	班长	3	1W1	文件包	工作负责人	技术员	生技部专工
23		DEH系统控制柜卡件各通道信号静态传动	标准	班长	4	1W1	文件包	工作负责人	技术员	生技部专工
24	DEH系统	DEH系统 BRAUN回路重点检查、试验	标准	班长	2	1W1	文件包	工作负责人	技术员	生技部专工
25		配合机务拆装伺服阀、电磁阀，并对主机阀门上热控设备进行重点检查	标准	班长	3	1W1	文件包	工作负责人	技术员	生技部专工
26		DEH系统转速传感器拆除、送校、复装	标准	班长	16	1W2	文件包	工作负责人	技术员	生技部专工
27		控制柜信号电缆屏蔽接地电阻测试及抗干扰能力测试及信号电缆绝缘检查、端子紧固	标准	班长	6	1H3	文件包	工作负责人	技术员	生技部专工
28		DEH系统压力表拆除、校验、复装	标准	班长	10	1W1	文件包	工作负责人	技术员	生技部专工
29		DEH系统压力开关拆除、校验、复装	标准	班长	6	1W1	文件包	工作负责人	技术员	生技部专工
30		DEH系统压力类变送器拆除、校验、复装	标准	班长	10	1W1	文件包	工作负责人	技术员	生技部专工
31		DEH系统温度元件拆除、校验、复装	标准	班长	10	1W1	文件包	工作负责人	技术员	生技部专工

续表

热控专业

序号	系统设备名称	项目内容	项目属性	项目负责人	工日	R/W/H	验收类型	验收人 一级	验收人 二级	验收人 三级
32	DEH 系统	DEH 系统温度表拆除、校验、复装	标准	班长	20	1W2	文件包	工作负责人	技术员	生技部专工
33		DEH 系统就地控制柜、端子箱卫生清扫	标准	班长	5	1W1	文件包	工作负责人	技术员	生技部专工
34		DEH 系统检查就地接地接线盒电缆连接、接线紧固情况	标准	班长	2	1W1	文件包	工作负责人	技术员	生技部专工
35		DEH 系统检查就地接地接线盒电缆标志等检查	标准	班长	2	1W1	文件包	工作负责人	技术员	生技部专工
36		DEH 系统阀门调试	标准	班长	2	1W1	文件包	工作负责人	技术员	生技部专工
37		DEH 系统阀门联动试验	标准	班长	4	1W1	文件包	工作负责人	技术员	生技部专工
38	ETS 系统	ETS 系统控制卡件各通道信号静态传动	标准	班长	2	1W3	文件包	工作负责人	技术员	生技部专工
39		ETS 系统控制卡件清灰	标准	班长	6	1W2	文件包	工作负责人	技术员	生技部专工
40		ETS 系统电源检查	标准	班长	2	1W1	文件包	工作负责人	技术员	生技部专工
41		主机 ETS 动态在线试验	标准	班长	2	1W1	文件包	工作负责人	技术员	生技部专工
42		就地接线盒端子接线检查	标准	班长	2	1W1	文件包	工作负责人	技术员	生技部专工
43		就地接线盒控制盘卫生清扫	标准	班长	1	1W1	文件包	工作负责人	技术员	生技部专工
44	EH 油系统	就地接线盒电缆绝缘检查	标准	班长	1	1W1	文件包	工作负责人	技术员	生技部专工
45		EH 油系统压力表检查、校验	标准	班长	3	1W1	文件包	工作负责人	技术员	生技部专工
46		EH 油系统压力开关检查、校验	标准	班长	3	1H3	文件包	工作负责人	技术员	生技部专工
47		EH 油系统压力类变送器检查、校验	标准	班长	6	1W1	文件包	工作负责人	技术员	生技部专工

续表

热控专业

序号	系统设备名称	项目内容	项目属性	项目负责人	工日	R/W/H	验收类型	验收人		
								一级	二级	三级
48		MEH 控制柜及卡件清灰	标准	班长	2	1W1	文件包	工作负责人	技术员	生技部专工
49		MEH 系统卡件检查	标准	班长	2	1W1	文件包	工作负责人	技术员	生技部专工
50		MEH 系统电源系统检查	标准	班长	2	1W1	文件包	工作负责人	技术员	生技部专工
51		MEH 系统机柜控制电源切换试验	标准	班长	2	1W1	文件包	工作负责人	技术员	生技部专工
52		MEH 系统机柜控制器主从切换试验	标准	班长	2	1W3	文件包	工作负责人	技术员	生技部专工
53		MEH 系统就地控制柜卡件清灰	标准	班长	3	1W1	文件包	工作负责人	技术员	生技部专工
54		MEH 系统控制柜卡件各通道信号传动	标准	班长	3	1W1	文件包	工作负责人	技术员	生技部专工
55	MEH 系统	控制柜信号电缆屏蔽接地电阻测试及抗干扰能力测试及信号电缆绝缘检查、接线紧固	标准	班长	2	1W1	文件包	工作负责人	技术员	生技部专工
56		METS 动态在线试验	标准	班长	4	1H3	文件包	工作负责人	技术员	生技部专工
57		配合机务拆装所有阀门的 LVDT 及液压放大器信号线	标准	班长	10	1W1	文件包	工作负责人	技术员	生技部专工
58		MEH 系统转速探头及装置拆除、送验、复装	标准	班长	10	1W1	文件包	工作负责人	技术员	生技部专工
59		MEH 系统压力表拆除、校验、复装	标准	班长	10	1W1	文件包	工作负责人	技术员	生技部专工
60		MEH 系统压力开关拆除、校验、复装	标准	班长	10	1W2	文件包	工作负责人	技术员	生技部专工
61		MEH 系统压力类变送器拆除、校验、复装	标准	班长	12	1W1	文件包	工作负责人	技术员	生技部专工
62		MEH 系统温度元件拆除、校验、复装	标准	班长	10	1W1	文件包	工作负责人	技术员	生技部专工
63		MEH 系统温度表拆除、校验、复装	标准	班长	10	1W1	文件包	工作负责人	技术员	生技部专工
64		MEH 系统阀门行程开关检查	标准	班长	4	1W1	文件包	工作负责人	技术员	生技部专工

续表

热控专业

序号	系统设备名称	项目内容	项目属性	项目负责人	工日	R/W/H	验收类型	验收人一级	验收人二级	验收人三级
65	MEH系统	MEH系统电磁阀及回路检查	标准	班长	2	1W1	文件包	工作负责人	技术员	生技部专工
66		MEH系统就地控制柜、端子箱卫生清扫	标准	班长	1	1W1	文件包	工作负责人	技术员	生技部专工
67		MEH系统就地控制柜、端子箱接线紧固	标准	班长	1	1W1	文件包	工作负责人	技术员	生技部专工
68		MEH系统就地控制柜、端子箱标志检查	标准	班长	1	1W1	文件包	工作负责人	技术员	生技部专工
69		MEH系统阀门调试	标准	班长	6	1W2	文件包	工作负责人	技术员	生技部专工
70		MEH系统设备传动试验	标准	班长	4	1W3	文件包	工作负责人	技术员	生技部专工
71	TSI系统	TSI系统机柜控制卡件工作状态检查	标准	班长	1	1W1	文件包	工作负责人	技术员	生技部专工
72		TSI系统机柜控制卡件检修前系统数据备份	标准	班长	1	1W1	文件包	工作负责人	技术员	生技部专工
73		TSI系统控制柜卫生清扫	标准	班长	1	1W1	文件包	工作负责人	技术员	生技部专工
74		TSI系统控制柜电源检查并做切换试验	标准	班长	1	1W3	文件包	工作负责人	技术员	生技部专工
75		控制柜信号电缆屏蔽接地电阻测试及抗干扰能力测试及信号电缆绝缘检查、接线紧固	标准	班长	6	1W1	文件包	工作负责人	技术员	生技部专工
76		TSI系统控制柜端子接线检查	标准	班长	1	1W1	文件包	工作负责人	技术员	生技部专工
77		TSI系统就地测量元件拆除、送校、复装	标准	班长	20	1W3	文件包	工作负责人	技术员	生技部专工
78		TSI系统测量卡件检查	标准	班长	1	1W1	文件包	工作负责人	技术员	生技部专工
79		TSI系统测量回路检查	标准	班长	2	1W1	文件包	工作负责人	技术员	生技部专工
80		TSI系统端子箱卫生清扫、2瓦处卫生重点打扫	标准	班长	2	1W1	文件包	工作负责人	技术员	生技部专工
81		TSI系统就地端子箱端子接线检查	标准	班长	2	1W1	文件包	工作负责人	技术员	生技部专工
82		TSI系统上电调试	标准	班长	10	1W1	文件包	工作负责人	技术员	生技部专工

续表

热控专业

序号	系统设备名称	项目内容	项目属性	项目负责人	工日	R/W/H	验收类型	验收人 一级	验收人 二级	验收人 三级
83	MTSI系统	MTSI 系统机柜控制卡件工作状态检查备份	标准	班长	1	1W1	文件包	工作负责人	技术员	生技部专工
84		MTSI 系统机柜控制卡件检修前系统数据备份	标准	班长	1	1W1	文件包	工作负责人	技术员	生技部专工
85		MTSI 系统控制柜卫生清扫	标准	班长	1	1W1	文件包	工作负责人	技术员	生技部专工
86		MTSI 系统控制柜电源检查并做切换试验	标准	班长	1	1W1	文件包	工作负责人	技术员	生技部专工
87		MTSI 系统控制柜端子接线检查	标准	班长	2	1W1	文件包	工作负责人	技术员	生技部专工
88		MTSI 系统传感器、前置器与延伸电缆拆除、送校、复装	标准	班长	16	1W3	文件包	工作负责人	技术员	生技部专工
89		控制柜信号电缆屏蔽接地电阻测试及抗干扰能力测试及信号电缆绝缘检查、接线紧固	标准	班长	4	1W1	文件包	工作负责人	技术员	生技部专工
90		MTSI 系统就地端子箱卫生清扫	标准	班长	1	1W1	文件包	工作负责人	技术员	生技部专工
91		MTSI 系统就地端子箱端子接线检查	标准	班长	1	1W1	文件包	工作负责人	技术员	生技部专工
92		MTSI 系统上电、测量元件回路调试	标准	班长	10	1W1	文件包	工作负责人	技术员	生技部专工
93	低压旁路系统	低压旁路系统压力表拆除、校验、复装	标准	班长	2	1W1	文件包	工作负责人	技术员	生技部专工
94		低压旁路系统压力开关拆除、校验、复装	标准	班长	6	1W1	文件包	工作负责人	技术员	生技部专工
95		低压旁路系统压力类变送器拆除、校验、复装	标准	班长	10	1W1	文件包	工作负责人	技术员	生技部专工
96		低压旁路系统温度元件拆除、校验、复装	标准	班长	6	1W1	文件包	工作负责人	技术员	生技部专工
97		低压旁路系统温度组件表拆除、校验、复装	标准	班长	2	1W1	文件包	工作负责人	技术员	生技部专工
98		低压旁路系统 ED 卡检查	标准	班长	4	1W2	文件包	工作负责人	技术员	生技部专工

续表

热控专业

序号	系统设备名称	项目内容	项目属性	项目负责人	工日	R/W/H	验收类型	验收人		
								一级	二级	三级
99	低压旁路系统	低压旁路系统控制回路检查	标准	班长	2	1W1	文件包	工作负责人	技术员	生技部专工
100		低压旁路系统控制柜卫生清扫	标准	班长	1	1W1	文件包	工作负责人	技术员	生技部专工
101		低压旁路系统控制柜电源检查	标准	班长	1	1W1	文件包	工作负责人	技术员	生技部专工
102		低压旁路系统控制柜信号传动	标准	班长	2	1W1	文件包	工作负责人	技术员	生技部专工
103		低压旁路系统就地电缆连接检查	标准	班长	1	1W1	文件包	工作负责人	技术员	生技部专工
104		低压旁路系统就地电缆接线紧固	标准	班长	1	1W1	文件包	工作负责人	技术员	生技部专工
105		低压旁路系统液动门检查	标准	班长	4	1W1	文件包	工作负责人	技术员	生技部专工
106		低压旁路系统电磁阀检查	标准	班长	1	1W1	文件包	工作负责人	技术员	生技部专工
107		低压旁路系统液动门调试	标准	班长	2	1W1	文件包	工作负责人	技术员	生技部专工
108		低压旁路系统液动门传动	标准	班长	2	1W2	文件包	工作负责人	技术员	生技部专工
109		低压旁路系统设备静态联动	标准	班长	2	1W3	文件包	工作负责人	技术员	生技部专工
110	机侧IDAS系统	机侧IDAS系统接线盒紧线	标准	班长	1	1W1	文件包	工作负责人	技术员	生技部专工
111		机侧IDAS系统接线盒清灰	标准	班长	1	1W1	文件包	工作负责人	技术员	生技部专工
112		机侧IDAS系统回路检查，每块卡件一点进行抽检	标准	班长	2	1W1	文件包	工作负责人	技术员	生技部专工
113	机侧电源柜系统	机侧电源柜卫生清扫	标准	班长	1	1W1	文件包	工作负责人	技术员	生技部专工
114		机侧电源柜空气开关检查更换	标准	班长	12	1W1	文件包	工作负责人	技术员	生技部专工
115		机侧电源柜线路检查	标准	班长	8	1W1	文件包	工作负责人	技术员	生技部专工
116		机侧电源柜绝缘检查	标准	班长	6	1W2	文件包	工作负责人	技术员	生技部专工
117		机侧电源柜冗余切换试验	标准	班长	4	1W1	文件包	工作负责人	技术员	生技部专工

续表

热控专业

序号	系统设备名称	项目内容	项目属性	项目负责人	工日	R/W/H	验收类型	验收人		
								一级	二级	三级
118		就地接线盒端子接线检查	标准	班长	1	1W1	文件包	工作负责人	技术员	生技部专工
119		就地接线盒控制盘卫生清扫	标准	班长	1	1W1	文件包	工作负责人	技术员	生技部专工
120		就地接线盒电源检查	标准	班长	1	1W1	文件包	工作负责人	技术员	生技部专工
121		就地接线盒电缆绝缘检查	标准	班长	2	1W1	文件包	工作负责人	技术员	生技部专工
122		系统压力表检查、校验	标准	班长	2	1W1	文件包	工作负责人	技术员	生技部专工
123		系统压力开关检查、校验	标准	班长	4	1W2	文件包	工作负责人	技术员	生技部专工
124	凝结水系统	系统变送器检查、校验	标准	班长	6	1W1	文件包	工作负责人	技术员	生技部专工
125		系统温度元件检查、校验	标准	班长	3	1W1	文件包	工作负责人	技术员	生技部专工
126		系统温度表检查、校验	标准	班长	2	1W1	文件包	工作负责人	技术员	生技部专工
127		气动执行器检查	标准	班长	6	1W1	文件包	工作负责人	技术员	生技部专工
128		气动执行器调试	标准	班长	6	1W1	文件包	工作负责人	技术员	生技部专工
129		气动执行阀门门传动	标准	班长	6	1W1	文件包	工作负责人	技术员	生技部专工
130		电动执行器检查	标准	班长	6	1W1	文件包	工作负责人	技术员	生技部专工
131		电动执行器调试	标准	班长	6	1W1	文件包	工作负责人	技术员	生技部专工
132		电动执行阀门传动	标准	班长	6	1W1	文件包	工作负责人	技术员	生技部专工
133	汽轮机真空系统	就地接线盒端子接线检查	标准	班长	2	1W1	文件包	工作负责人	技术员	生技部专工
134		就地接线盒控制盘卫生清扫	标准	班长	2	1W1	文件包	工作负责人	技术员	生技部专工
135		就地接线盒电源检查	标准	班长	2	1W1	文件包	工作负责人	技术员	生技部专工

续表

热控专业

序号	系统设备名称	项目内容	项目属性	项目负责人	工日	R/W/H	验收类型	验收人 一级	验收人 二级	验收人 三级
136		就地接线盒电缆绝缘检查	标准	班长	2	1W1	文件包	工作负责人	技术员	生技部专工
137		系统压力表检查、校验	标准	班长	2	1W1	文件包	工作负责人	技术员	生技部专工
138		系统压力开关检查、校验	标准	班长	4	1W2	文件包	工作负责人	技术员	生技部专工
139		系统变送器检查、校验	标准	班长	6	1W1	文件包	工作负责人	技术员	生技部专工
140		系统温度元件检查、校验	标准	班长	2	1W1	文件包	工作负责人	技术员	生技部专工
141	汽轮机真空系统	系统温度表检查、校验	标准	班长	2	1W1	文件包	工作负责人	技术员	生技部专工
142		气动执行器检查	标准	班长	6	1W1	文件包	工作负责人	技术员	生技部专工
143		气动执行器调试	标准	班长	6	1W1	文件包	工作负责人	技术员	生技部专工
144		气动执行器阀门门行传动	标准	班长	6	1W1	文件包	工作负责人	技术员	生技部专工
145		电磁阀检查	标准	班长	2	1W1	文件包	工作负责人	技术员	生技部专工
146		电磁阀传动	标准	班长	2	1W1	文件包	工作负责人	技术员	生技部专工
147		就地接线盒端子接线检查	标准	班长	2	1W1	文件包	工作负责人	技术员	生技部专工
148		就地接线盒控制盘卫生清扫	标准	班长	1	1W1	文件包	工作负责人	技术员	生技部专工
149		就地接线盒电源检查	标准	班长	2	1W1	文件包	工作负责人	技术员	生技部专工
150	油系统	就地接线盒电缆绝缘检查	标准	班长	2	1W1	文件包	工作负责人	技术员	生技部专工
151		系统压力表检查、校验	标准	班长	6	1W1	文件包	工作负责人	技术员	生技部专工
152		系统压力开关检查、校验	标准	班长	6	1W3	文件包	工作负责人	技术员	生技部专工
153		系统压力类变送器检查、校验	标准	班长	6	1W1	文件包	工作负责人	技术员	生技部专工

续表

热控专业

序号	系统设备名称	项目内容	项目属性	项目负责人	工日	R/W/H	验收类型	验收人 一级	验收人 二级	验收人 三级
154		系统温度元件检查、校验	标准	班长	6	1W1	文件包	工作负责人	技术员	生技部专工
155		系统温度表检查、校验	标准	班长	6	1W1	文件包	工作负责人	技术员	生技部专工
156	油系统	油系统引压二次门检查紧固	标准	班长	2	1W1	文件包	工作负责人	技术员	生技部专工
157		电磁阀检查	标准	班长	2	1W1	文件包	工作负责人	技术员	生技部专工
158		电磁阀传动、油泵联启试验	标准	班长	4	1W2	文件包	工作负责人	技术员	生技部专工
159		就地接线盒端子接线检查	标准	班长	2	1W1	文件包	工作负责人	技术员	生技部专工
160		就地接线盒控制盘卫生清扫	标准	班长	1	1W1	文件包	工作负责人	技术员	生技部专工
161		就地接线盒电源检查	标准	班长	2	1W1	文件包	工作负责人	技术员	生技部专工
162		就地接线盒电缆绝缘检查	标准	班长	1	1W1	文件包	工作负责人	技术员	生技部专工
163		系统压力表检查、校验	标准	班长	6	1W1	文件包	工作负责人	技术员	生技部专工
164	给水泵汽轮机油系统	系统压力开关检查、校验	标准	班长	6	1H3	文件包	工作负责人	技术员	生技部专工
165		系统压力类变送器检查、校验	标准	班长	6	1W1	文件包	工作负责人	技术员	生技部专工
166		系统温度元件检查、校验	标准	班长	6	1W1	文件包	工作负责人	技术员	生技部专工
167		系统温度表检查、校验	标准	班长	4	1W1	文件包	工作负责人	技术员	生技部专工
168		油系统引压二次门检查紧固	标准	班长	2	1W1·	文件包	工作负责人	技术员	生技部专工
169		电磁阀检查	标准	班长	2	1W1	文件包	工作负责人	技术员	生技部专工
170		电磁阀传动、油泵联启试验	标准	班长	4	1W2	文件包	工作负责人	技术员	生技部专工

续表

热控专业

序号	系统设备名称	项目内容	项目属性	项目负责人	工日	R/W/H	验收类型	验收人 一级	验收人 二级	验收人 三级
171		就地接线盒端子接线检查	标准	班长	1	1W1	文件包	工作负责人	技术员	生技部专工
172		就地接线盒控制盘卫生清扫	标准	班长	2	1W1	文件包	工作负责人	技术员	生技部专工
173		就地接线盒电源检查	标准	班长	1	1W1	文件包	工作负责人	技术员	生技部专工
174		就地接线盒电缆绝缘检查	标准	班长	2	1W1	文件包	工作负责人	技术员	生技部专工
175		系统压力表检查、校验	标准	班长	6	1W1	文件包	工作负责人	技术员	生技部专工
176		系统压力开关检查、校验	标准	班长	6	1W1	文件包	工作负责人	技术员	生技部专工
177		系统变送器检查、校验	标准	班长	6	1W1	文件包	工作负责人	技术员	生技部专工
178		系统温度元件检查、校验	标准	班长	4	1W1	文件包	工作负责人	技术员	生技部专工
179	循环水系统	系统温度表检查、校验	标准	班长	4	1W1	文件包	工作负责人	技术员	生技部专工
180		油系统取样管接头检查紧固	标准	班长	2	1W1	文件包	工作负责人	技术员	生技部专工
181		油系统引压二次门检查紧固	标准	班长	2	1W1	文件包	工作负责人	技术员	生技部专工
182		液控蝶阀检修前逻辑备份	标准	班长	2	1W1	文件包	工作负责人	技术员	生技部专工
183		液控蝶阀阀卡件检查	标准	班长	1	1W1	文件包	工作负责人	技术员	生技部专工
184		液控蝶阀电源检查	标准	班长	2	1W1	文件包	工作负责人	技术员	生技部专工
185		液控蝶阀调试	标准	班长	6	1W1	文件包	工作负责人	技术员	生技部专工
186		液控蝶阀传动	标准	班长	2	1W1	文件包	工作负责人	技术员	生技部专工
187		电动执行器检查	标准	班长	2	1W1	文件包	工作负责人	技术员	生技部专工
188		电动执行器调试	标准	班长	2	1W1	文件包	工作负责人	技术员	生技部专工
189		电动执行器阀门传动	标准	班长	2	1W1	文件包	工作负责人	技术员	生技部专工

续表

热控专业

序号	系统设备名称	项目内容	项目属性	项目负责人	工日	R/W/H	验收类型	验收人		
								一级	二级	三级
190	给水系统	就地接线盒端子接线检查	标准	班长	1	1W1	文件包	工作负责人	技术员	生技部专工
191		就地接线盒控制盘卫生清扫	标准	班长	1	1W1	文件包	工作负责人	技术员	生技部专工
192		就地接线盒电源检查	标准	班长	1	1W1	文件包	工作负责人	技术员	生技部专工
193		就地接线盒电缆绝缘检查	标准	班长	1	1W1	文件包	工作负责人	技术员	生技部专工
194		系统压力表检查、校验	标准	班长	6	1W1	文件包	工作负责人	技术员	生技部专工
195		系统压力开关检查、校验	标准	班长	6	1W1	文件包	工作负责人	技术员	生技部专工
196		系统变送器检查、校验	标准	班长	6	1W1	文件包	工作负责人	技术员	生技部专工
197		系统温度元件检查、校验	标准	班长	10	1W1	文件包	工作负责人	技术员	生技部专工
198		系统温度表检查、校验	标准	班长	6	1W1	文件包	工作负责人	技术员	生技部专工
199		过滤器检查、过滤器清灰	标准	班长	6	1W1	文件包	工作负责人	技术员	生技部专工
200		气动执行器调试	标准	班长	10	1W1	文件包	工作负责人	技术员	生技部专工
201		气动执行器阀门传动	标准	班长	8	1W1	文件包	工作负责人	技术员	生技部专工
202		电动执行器检查	标准	班长	6	1W1	文件包	工作负责人	技术员	生技部专工
203		电动执行器调试	标准	班长	6	1W1	文件包	工作负责人	技术员	生技部专工
204		电动执行器阀门传动	标准	班长	6	1W1	文件包	工作负责人	技术员	生技部专工
205	给水泵系统	就地接线盒端子接线检查	标准	班长	1	1W1	文件包	工作负责人	技术员	生技部专工
206		就地接线盒控制盘卫生清扫	标准	班长	1	1W1	文件包	工作负责人	技术员	生技部专工
207		就地接线盒电源检查	标准	班长	1	1W1	文件包	工作负责人	技术员	生技部专工
208		就地接线盒电缆绝缘检查	标准	班长	1	1W1	文件包	工作负责人	技术员	生技部专工

续表

热控专业

序号	系统设备名称	项目内容	项目属性	项目负责人	工日	R/W/H	验收类型	验收人 一级	验收人 二级	验收人 三级
209		系统压力表检查、校验	标准	班长	4	1W1	文件包	工作负责人	技术员	生技部专工
210		系统压力开关检查、校验	标准	班长	10	1W1	文件包	工作负责人	技术员	生技部专工
211		系统变送器检查、校验	标准	班长	10	1W1	文件包	工作负责人	技术员	生技部专工
212		系统温度元件检查、校验	标准	班长	10	1W1	文件包	工作负责人	技术员	生技部专工
213		系统温度表检查、校验	标准	班长	2	1W1	文件包	工作负责人	技术员	生技部专工
214	给水泵系统	油系统取样管接头检查紧固	标准	班长	1	1W1	文件包	工作负责人	技术员	生技部专工
215		油系统取样二次门检查紧固	标准	班长	1	1W1	文件包	工作负责人	技术员	生技部专工
216		气动执行器检查、过滤器清灰	标准	班长	2	1W1	文件包	工作负责人	技术员	生技部专工
217		气动执行器调试	标准	班长	10	1W1	文件包	工作负责人	技术员	生技部专工
218		气动执行器阀门传动	标准	班长	6	1W1	文件包	工作负责人	技术员	生技部专工
219		电动执行器检查	标准	班长	2	1W1	文件包	工作负责人	技术员	生技部专工
220		电动执行器调试	标准	班长	6	1W1	文件包	工作负责人	技术员	生技部专工
221		电动执行器阀门传动	标准	班长	6	1W1	文件包	工作负责人	技术员	生技部专工
222		就地接线盒端子接线检查	标准	班长	1	1W1	文件包	工作负责人	技术员	生技部专工
223		系统压力开关检查、校验	标准	班长	4	1W1	文件包	工作负责人	技术员	生技部专工
224	辅助蒸汽系统	系统压力表检查、校验	标准	班长	4	1W1	文件包	工作负责人	技术员	生技部专工
225		系统变送器检查、校验	标准	班长	10	1W1	文件包	工作负责人	技术员	生技部专工
226		系统温度元件检查、校验	标准	班长	10	1W1	文件包	工作负责人	技术员	生技部专工
227		系统温度表检查、校验	标准	班长	2	1W1	文件包	工作负责人	技术员	生技部专工

续表

热控专业

序号	系统设备名称	项目内容	项目属性	项目负责人	工日	R/W/H	验收类型	验收人 一级	验收人 二级	验收人 三级
228	辅助蒸汽系统	气动执行器检查、过滤器清灰	标准	班长	2	1W1	文件包	工作负责人	技术员	生技部专工
229		气动执行器调试	标准	班长	4	1W1	文件包	工作负责人	技术员	生技部专工
230		气动执行器阀门传动	标准	班长	2	1W1	文件包	工作负责人	技术员	生技部专工
231		电动执行器检查	标准	班长	2	1W1	文件包	工作负责人	技术员	生技部专工
232		电动执行器调试	标准	班长	4	1W1	文件包	工作负责人	技术员	生技部专工
233		电动执行器阀门传动	标准	班长	2	1W1	文件包	工作负责人	技术员	生技部专工
234		就地接线盒端子接线检查	标准	班长	1	1W1	文件包	工作负责人	技术员	生技部专工
235		就地接线盒整制盘卫生清扫	标准	班长	1	1W1	文件包	工作负责人	技术员	生技部专工
236		就地接线盒电源检查	标准	班长	1	1W1	文件包	工作负责人	技术员	生技部专工
237		就地接线盒电缆绝缘检查	标准	班长	1	1W1	文件包	工作负责人	技术员	生技部专工
238	汽轮机过热蒸汽系统	系统压力表检查、校验	标准	班长	4	1W1	文件包	工作负责人	技术员	生技部专工
239		系统压力开关检查、校验	标准	班长	4	1W1	文件包	工作负责人	技术员	生技部专工
240		系统变送器检查、校验	标准	班长	4	1W1	文件包	工作负责人	技术员	生技部专工
241		系统温度元件检查、校验	标准	班长	10	1W1	文件包	工作负责人	技术员	生技部专工
242		系统温度表检查、校验	标准	班长	2	1W1	文件包	工作负责人	技术员	生技部专工
243		气动执行器检查、过滤器清灰	标准	班长	2	1W1	文件包	工作负责人	技术员	生技部专工
244		气动执行器调试	标准	班长	2	1W1	文件包	工作负责人	技术员	生技部专工
245		气动执行器阀门传动	标准	班长	2	1W1	文件包	工作负责人	技术员	生技部专工
246		电动执行器检查	标准	班长	6	1W1	文件包	工作负责人	技术员	生技部专工
247		电动执行器调试	标准	班长	6	1W1	文件包	工作负责人	技术员	生技部专工
248		电动执行器阀门传动	标准	班长	2	1W1	文件包	工作负责人	技术员	生技部专工

续表

热控专业

序号	系统设备名称	项目内容	项目属性	项目负责人	工日	R/W/H	验收类型	验收人一级	验收人二级	验收人三级
249		就地接线盒端子接线检查	标准	班长	1	1W1	文件包	工作负责人	技术员	生技部专工
250		就地接线盒控制盘卫生清扫	标准	班长	1	1W1	文件包	工作负责人	技术员	生技部专工
251		就地接线盒电源检查	标准	班长	1	1W1	文件包	工作负责人	技术员	生技部专工
252		就地接线盒电缆绝缘检查	标准	班长	1	1W1	文件包	工作负责人	技术员	生技部专工
253		系统压力表检查、校验	标准	班长	2	1W1	文件包	工作负责人	技术员	生技部专工
254		系统压力开关检查、校验	标准	班长	4	1W1	文件包	工作负责人	技术员	生技部专工
255	汽轮机再热蒸汽系统	系统变送器检查、校验	标准	班长	6	1W1	文件包	工作负责人	技术员	生技部专工
256		系统温度元件检查、校验	标准	班长	10	1W1	文件包	工作负责人	技术员	生技部专工
257		系统温度表检查、校验	标准	班长	2	1W1	文件包	工作负责人	技术员	生技部专工
258		气动执行器检查、过滤器清灰	标准	班长	1	1W1	文件包	工作负责人	技术员	生技部专工
259		气动执行器调试	标准	班长	6	1W1	文件包	工作负责人	技术员	生技部专工
260		气动执行器阀门传动	标准	班长	2	1W1	文件包	工作负责人	技术员	生技部专工
261		电动执行器检查	标准	班长	6	1W1	文件包	工作负责人	技术员	生技部专工
262		电动执行器调试	标准	班长	1	1W1	文件包	工作负责人	技术员	生技部专工
263		电动执行器阀门传动	标准	班长	1	1W1	文件包	工作负责人	技术员	生技部专工
264		就地接线盒端子接线检查	标准	班长	2	1W1	文件包	工作负责人	技术员	生技部专工
265	汽轮机油汽系统	就地接线盒控制盘卫生清扫	标准	班长	2	1W1	文件包	工作负责人	技术员	生技部专工
266		就地接线盒电源检查	标准	班长	2	1W1	文件包	工作负责人	技术员	生技部专工
267		就地接线盒电缆绝缘检查	标准	班长	2	1W1	文件包	工作负责人	技术员	生技部专工

续表

热控专业

序号	系统设备名称	项目内容	项目属性	项目负责人	工日	R/W/H	验收类型	验收人 一级	验收人 二级	验收人 三级
268	汽轮机油汽系统	系统压力表检查、校验	标准	班长	2	1W1	文件包	工作负责人	技术员	生技部专工
269		系统压力开关检查、校验	标准	班长	2	1W1	文件包	工作负责人	技术员	生技部专工
270		系统变送器检查、校验	标准	班长	10	1W1	文件包	工作负责人	技术员	生技部专工
271		系统变送器元件检查、校验	标准	班长	10	1W1	文件包	工作负责人	技术员	生技部专工
272		系统温度表检查、校验	标准	班长	4	1W1	文件包	工作负责人	技术员	生技部专工
273		气动执行器检查、过滤器清洗	标准	班长	2	1W1	文件包	工作负责人	技术员	生技部专工
274		气动执行器调试、重点检查调试止回阀	标准	班长	2	1W1	文件包	工作负责人	技术员	生技部专工
275		气动执行器阀门传动	标准	班长	2	1W1	文件包	工作负责人	技术员	生技部专工
276		电动执行器检查	标准	班长	8	1W1	文件包	工作负责人	技术员	生技部专工
277		电动执行器调试	标准	班长	8	1W1	文件包	工作负责人	技术员	生技部专工
278		电动执行器阀门传动	标准	班长	1	1W1	文件包	工作负责人	技术员	生技部专工
279		就地接线盒端子接线检查	标准	班长	2	1W1	文件包	工作负责人	技术员	生技部专工
280		就地接线盒控制盘卫生清扫	标准	班长	2	1W1	文件包	工作负责人	技术员	生技部专工
281		就地接线盒控制盘电源检查	标准	班长	2	1W1	文件包	工作负责人	技术员	生技部专工
282		就地接线盒电缆绝缘检查	标准	班长	2	1W1	文件包	工作负责人	技术员	生技部专工
283	汽轮机高压加热器系统	系统压力表检查、校验	标准	班长	4	1W1	文件包	工作负责人	技术员	生技部专工
284		系统压力开关检查、校验	标准	班长	1	1W1	文件包	工作负责人	技术员	生技部专工
285		系统变送器检查、校验	标准	班长	10	1W1	文件包	工作负责人	技术员	生技部专工
286		系统温度元件检查、校验	标准	班长	10	1W1	文件包	工作负责人	技术员	生技部专工

续表

热控专业

序号	系统设备名称	项目内容	项目属性	项目负责人	工日	R/W/H	验收类型	验收人		
								一级	二级	三级
287		系统温度表检查、校验	标准	班长	4	1W1	文件包	工作负责人	技术员	生技部专工
288	汽轮机高	气动执行器检查	标准	班长	8	1W1	文件包	工作负责人	技术员	生技部专工
289	压加热器	气动执行器调试	标准	班长	8	1W1	文件包	工作负责人	技术员	生技部专工
290	系统	气动执行器阀门传动	标准	班长	1	1W1	文件包	工作负责人	技术员	生技部专工
291		气动执行器检查、过滤器清灰	标准	班长	1	1W1	文件包	工作负责人	技术员	生技部专工
292		电动执行器调试	标准	班长	8	1W1	文件包	工作负责人	技术员	生技部专工
293		电动执行器阀门传动	标准	班长	8	1W1	文件包	工作负责人	技术员	生技部专工
294		就地接线盒端子接线检查	标准	班长	1	1W1	文件包	工作负责人	技术员	生技部专工
295		就地接线盒控制盘卫生清扫	标准	班长	1	1W1	文件包	工作负责人	技术员	生技部专工
296		就地接线盒电源检查	标准	班长	1	1W1	文件包	工作负责人	技术员	生技部专工
297		就地接线盒电缆绝缘检查	标准	班长	1	1W1	文件包	工作负责人	技术员	生技部专工
298		系统压力表检查、校验	标准	班长	4	1W1	文件包	工作负责人	技术员	生技部专工
299		系统压力开关检查、校验	标准	班长	2	1W1	文件包	工作负责人	技术员	生技部专工
300	汽轮机低	系统变送器检查、校验	标准	班长	6	1W1	文件包	工作负责人	技术员	生技部专工
301	压加热器	系统温度元件检查、校验	标准	班长	8	1W1	文件包	工作负责人	技术员	生技部专工
302	系统	系统温度表检查、校验	标准	班长	4	1W1	文件包	工作负责人	技术员	生技部专工
303		气动执行器调试	标准	班长	1	1W1	文件包	工作负责人	技术员	生技部专工
304		气动执行器检查、过滤器清灰	标准	班长	8	1W1	文件包	工作负责人	技术员	生技部专工
305		气动执行器阀门传动	标准	班长	4	1W1	文件包	工作负责人	技术员	生技部专工
306		电动执行器检查	标准	班长	8	1W1	文件包	工作负责人	技术员	生技部专工
307		电动执行器调试	标准	班长	8	1W1	文件包	工作负责人	技术员	生技部专工
308		电动执行器阀门传动	标准	班长	1	1W1	文件包	工作负责人	技术员	生技部专工

续表

热控专业

序号	系统设备名称	项目内容	项目属性	项目负责人	工日	R/W/H	验收类型	验收人		
								一级	二级	三级
309		就地接线盒端子接线检查	标准	班长	1	1W1	文件包	工作负责人	技术员	生技部专工
310		就地接线盒控制盘卫生清扫	标准	班长	1	1W1	文件包	工作负责人	技术员	生技部专工
311		就地接线盒电源检查	标准	班长	1	1W1	文件包	工作负责人	技术员	生技部专工
312		就地接线盒电缆绝缘检查	标准	班长	1	1W1	文件包	工作负责人	技术员	生技部专工
313		系统压力表检查、校验	标准	班长	4	1W1	文件包	工作负责人	技术员	生技部专工
314		系统压力开关检查、校验	标准	班长	4	1W1	文件包	工作负责人	技术员	生技部专工
315	汽轮机凝水系统	系统变送器检查、校验	标准	班长	6	1W1	文件包	工作负责人	技术员	生技部专工
316		系统温度元件检查、校验	标准	班长	6	1W1	文件包	工作负责人	技术员	生技部专工
317		系统温度表检查、校验	标准	班长	4	1W1	文件包	工作负责人	技术员	生技部专工
318		气动执行器检查、过滤器清灰	标准	班长	2	1W1	文件包	工作负责人	技术员	生技部专工
319		气动执行器调试	标准	班长	6	1W1	文件包	工作负责人	技术员	生技部专工
320		气动执行器阀门传动	标准	班长	4	1W1	文件包	工作负责人	技术员	生技部专工
321		电动执行器检查	标准	班长	4	1W1	文件包	工作负责人	技术员	生技部专工
322		电动执行器调试	标准	班长	6	1W1	文件包	工作负责人	技术员	生技部专工
323		电动执行器阀门传动	标准	班长	4	1W1	文件包	工作负责人	技术员	生技部专工
324	发电机辅助系统	就地接线盒端子接线检查	标准	班长	2	1W1	文件包	工作负责人	技术员	生技部专工
325		就地接线盒控制盘卫生清扫	标准	班长	2	1W1	文件包	工作负责人	技术员	生技部专工
326		就地接线盒电源检查	标准	班长	2	1W1	文件包	工作负责人	技术员	生技部专工
327		就地接线盒电缆绝缘检查	标准	班长	2	1W1	文件包	工作负责人	技术员	生技部专工

续表

热控专业

序号	系统设备名称	项目内容	项目属性	项目负责人	工日	R/W/H	验收类型	验收人 一级	二级	三级
328	发电机辅助系统	系统压力表检查、校验	标准	班长	2	1W1	文件包	工作负责人	技术员	生技部专工
329		系统压力开关检查、校验	标准	班长	4	1W1	文件包	工作负责人	技术员	生技部专工
330		系统变送器检查、校验	标准	班长	10	1W1	文件包	工作负责人	技术员	生技部专工
331		系统温度元件检查、校验	标准	班长	10	1W1	文件包	工作负责人	技术员	生技部专工
332		系统温度表检查、校验	标准	班长	4	1W1	文件包	工作负责人	技术员	生技部专工
333		气动执行器检查、过滤器清灰	标准	班长	3	1W1	文件包	工作负责人	技术员	生技部专工
334		气动执行器调试	标准	班长	8	1W1	文件包	工作负责人	技术员	生技部专工
335		气动执行器阀门传动	标准	班长	8	1W1	文件包	工作负责人	技术员	生技部专工
336		电动执行器检查	标准	班长	8	1W1	文件包	工作负责人	技术员	生技部专工
337		电动执行器调试	标准	班长	4	1W1	文件包	工作负责人	技术员	生技部专工
338		电动执行器阀门传动		班长	4	1W1	文件包	工作负责人	技术员	生技部专工
339	冷却水系统	系统压力表检查、校验	标准	班长	6	1W1	文件包	工作负责人	技术员	生技部专工
340		系统压力开关检查、校验	标准	班长	6	1W1	文件包	工作负责人	技术员	生技部专工
341		系统变送器检查、校验	标准	班长	6	1W1	文件包	工作负责人	技术员	生技部专工
342		系统温度元件检查、校验	标准	班长	10	1W1	文件包	工作负责人	技术员	生技部专工
343		系统温度表检查、校验	标准	班长	6	1W1	文件包	工作负责人	技术员	生技部专工
344		电动执行器检查	标准	班长	4	1W1	文件包	工作负责人	技术员	生技部专工
345		电动执行器调试	标准	班长	4	1W1	文件包	工作负责人	技术员	生技部专工

续表

序号	系统设备名称	项目内容	项目属性	项目负责人	工日	R/W/H	验收类型	验收人 一级	验收人 二级	验收人 三级
	热控专业									
346		PLC 及程控柜检查、卫生清扫	标准	班长	2	1W1	文件包	工作负责人	技术员	生技部专工
347		PLC CPU 切换试验	标准	班长	2	1W2	文件包	工作负责人	技术员	生技部专工
348		PLC 程控柜电源切换试验	标准	班长	2	1W2	文件包	工作负责人	技术员	生技部专工
349		精处理系统变送器校验	标准	班长	10	1W1	文件包	工作负责人	技术员	生技部专工
350	精处理系统	精处理系统热电阻校验	标准	班长	16	1W1	文件包	工作负责人	技术员	生技部专工
351		精处理系统压力校验	标准	班长	4	1W1	文件包	工作负责人	技术员	生技部专工
352		精处理系统压力开关校验	标准	班长	6	1W1	文件包	工作负责人	技术员	生技部专工
353		精处理系统气动阀门调试	标准	班长	8	1W1	文件包	工作负责人	技术员	生技部专工
354		精处理系统电磁阀箱检查	标准	班长	5	1W1	文件包	工作负责人	技术员	生技部专工
355		精处理系统通道检测	标准	班长	2	1W1	文件包	工作负责人	技术员	生技部专工
356		精处理系统保护信号传动	标准	班长	6	1W2	文件包	工作负责人	技术员	生技部专工
357		精处理系统 pH 表、电导率表、钠表、酸碱浓度计校验、电板清洗、硅表、钠表整机校验及取样系统过滤器更换	标准	班长	4	1W2	文件包	工作负责人	技术员	生技部专工
358	化学仪表校验	发电机氢气纯度仪校验、发电机氢气湿度仪送厂家校验	标准	班长	4	1W2	文件包	工作负责人	技术员	生技部专工
359		脱硫吸收塔 pH 二次表校验、整机校验	标准	班长	8	1W2	文件包	工作负责人	技术员	生技部专工
360		脱硝分析取样管道及探头清理、更换过滤器等、仪表校验	标准	班长	10	1W2	文件包	工作负责人	技术员	生技部专工
361		电除尘浊度仪光电部分清理及校验	标准	班长	6	1W2	文件包	工作负责人	技术员	生技部专工

热控专业

序号	系统设备名称	项目内容	项目属性	项目负责人	工日	R/W/H	验收类型	验收人 一级	二级	三级
362		脱硫DCS系统数据备份	标准	班长	2	1W1	文件包	工作负责人	技术员	生技部专工
363		脱硫DCS系统柜内卫生清理，卡件清灰	标准	班长	4	1W1	文件包	工作负责人	技术员	生技部专工
364		脱硫DCS系统操作员站画面检查、修改	标准	班长	4	1W1	文件包	工作负责人	技术员	生技部专工
365		脱硫DCS系统电源检查	标准	班长	2	1W2	文件包	工作负责人	技术员	生技部专工
366		脱硫DCS系统操作员站检查	标准	班长	2	1W1	文件包	工作负责人	技术员	生技部专工
367	脱硫DCS	脱硫DCS系统工程师站检查	标准	班长	2	1W1	文件包	工作负责人	技术员	生技部专工
368		脱硫DCS系统机柜控制电源切换试验	标准	班长	3	1W3	文件包	工作负责人	技术员	生技部专工
369		脱硫DCS系统机柜控制器主从切换试验	标准	班长	3	1W2	文件包	工作负责人	技术员	生技部专工
370		脱硫DCS系统控制柜卡件各通道信号静态传动	标准	班长	6	1W1	文件包	工作负责人	技术员	生技部专工
371		脱硫DCS系统接地系统检查及测试	标准	班长	3	1W1	文件包	工作负责人	技术员	生技部专工
372		脱硫DCS系统现场总线相关设备检查及通信测试	标准	班长	3	1W1	文件包	工作负责人	技术员	生技部专工
373		炉膛压力开关校验	标准	班长	6	1H3	文件包	工作负责人	技术员	生技部专工
374		炉膛压力开关电缆绝缘测试	标准	班长	2	1W1	文件包	工作负责人	技术员	生技部专工
375		炉膛压力变送器校验	标准	班长	6	1H3	文件包	工作负责人	技术员	生技部专工
376		炉膛压力测点取样管路吹灰	标准	班长	2	1W1	文件包	工作负责人	技术员	生技部专工
377	烟风系统	炉膛压力测点反扫	标准	班长	2	1W1	文件包	工作负责人	技术员	生技部专工
378		送风机A、B温度元件检查及端子紧固	标准	班长	2	1W1	文件包	工作负责人	技术员	生技部专工
379		送风机A、B失速开关校验	标准	班长	4	1W1	文件包	工作负责人	技术员	生技部专工
380		送风机A、B油站压力开关校验	标准	班长	8	1W1	文件包	工作负责人	技术员	生技部专工
381		送风机A、B油站差压开关校验	标准	班长	8	1W1	文件包	工作负责人	技术员	生技部专工
382		送风机A、B油站温度开关校验	标准	班长	8	1W1	文件包	工作负责人	技术员	生技部专工
383		送风机A、B油站压力表校验	标准	班长	6	1W1	文件包	工作负责人	技术员	生技部专工

续表

热控专业

序号	系统设备名称	项目内容	项目属性	项目负责人	工日	R/W/H	验收类型	验收人一级	验收人二级	验收人三级
384		送风机 A、B 油站温度表检查	标准	班长	6	1W1	文件包	工作负责人	技术员	生技部专工
385		送风机 A、B 机动叶执行器调试、开关试验	标准	班长	8	1W2	文件包	工作负责人	技术员	生技部专工
386		送风机 A、B 本体接线盒卫生清扫、接线紧固	标准	班长	2	1W1	文件包	工作负责人	技术员	生技部专工
387		引风机 A、B 温度元件检查及端子紧固	标准	班长	2	1W1	文件包	工作负责人	技术员	生技部专工
388		引风机 A、B 失速开关校验	标准	班长	4	1W1	文件包	工作负责人	技术员	生技部专工
389		引风机 A、B 油站压力开关校验	标准	班长	8	1W1	文件包	工作负责人	技术员	生技部专工
390		引风机 A、B 油站差压开关校验	标准	班长	8	1W1	文件包	工作负责人	技术员	生技部专工
391		引风机 A、B 油站温度开关校验	标准	班长	8	1W1	文件包	工作负责人	技术员	生技部专工
392		引风机 A、B 油站压力表校验	标准	班长	6	1W1	文件包	工作负责人	技术员	生技部专工
393	烟风系统	引风机 A、B 油站温度表检查	标准	班长	6	1W1	文件包	工作负责人	技术员	生技部专工
394		引风机 A、B 机静叶执行器调试、开关试验	标准	班长	8	1W2	文件包	工作负责人	技术员	生技部专工
395		引风机 A、B 本体接线盒卫生清扫、接线紧固	标准	班长	2	1W1	文件包	工作负责人	技术员	生技部专工
396		一次风机 A、B 温度元件检查及端子紧固	标准	班长	2	1W1	文件包	工作负责人	技术员	生技部专工
397		一次风机 A、B 失速开关校验	标准	班长	4	1W1	文件包	工作负责人	技术员	生技部专工
398		一次风机 A、B 油站压力开关校验	标准	班长	8	1W1	文件包	工作负责人	技术员	生技部专工
399		一次风机 A、B 油站差压开关校验	标准	班长	8	1W1	文件包	工作负责人	技术员	生技部专工
400		一次风机 A、B 油站温度开关校验	标准	班长	8	1W1	文件包	工作负责人	技术员	生技部专工
401		一次风机 A、B 油站压力表校验	标准	班长	6	1W1	文件包	工作负责人	技术员	生技部专工
402		一次风机 A、B 油站温度表检查	标准	班长	6	1W1	文件包	工作负责人	技术员	生技部专工
403		一次风机 A、B 机动叶执行器调试、开关试验	标准	班长	8	1W2	文件包	工作负责人	技术员	生技部专工
404		一次风机 A、B 本体接线盒卫生清扫、接线紧固	标准	班长	2	1W1	文件包	工作负责人	技术员	生技部专工
405		锅炉辅机振动控制柜接线检查、端子紧固	标准	班长	2	1W1	文件包	工作负责人	技术员	生技部专工

续表

热控专业

序号	系统设备名称	项目内容	项目属性	项目负责人	工日	R/W/H	验收类型	验收人		
								一级	二级	三级
406	烟风系统	烟气侧变送器仪表管路吹扫	标准	班长	10	1W1	文件包	工作负责人	技术员	生技部专工
407		烟风系统变送器校验	标准	班长	30	1W1	文件包	工作负责人	技术员	生技部专工
408		烟风系统电动头接线检查	标准	班长	20	1W1	文件包	工作负责人	技术员	生技部专工
409		烟风系统挡板调试、开关试验	标准	班长	20	1W2	文件包	工作负责人	技术员	生技部专工
410		角风门电动执行机构检查	标准	班长	20	1W1	文件包	工作负责人	技术员	生技部专工
411		角风门电动执行机构调试、开关试验	标准	班长	20	1W1	文件包	工作负责人	技术员	生技部专工
412		氧化锆氧探头清灰	标准	班长	2	1W1	文件包	工作负责人	技术员	生技部专工
413		氧化锆氧量计检查、接线紧固	标准	班长	2	1W1	文件包	工作负责人	技术员	生技部专工
414		氧化锆氧量计标定	标准	班长	2	1W2	文件包	工作负责人	技术员	生技部专工
415		燃烧器摆角控制设备检查及调试	标准	班长	4	1W2	文件包	工作负责人	技术员	生技部专工
416	MFT系统	锅炉MFT电缆绝缘测试	标准	班长	8	1W3	文件包	工作负责人	技术员	生技部专工
417		锅炉MFT保护试验	标准	班长	4	1H3	文件包	工作负责人	技术员	生技部专工
418		硬手操盘按钮接线检查、操作试验	标准	班长	4	1W2	文件包	工作负责人	技术员	生技部专工
419	高压旁路系统	高压旁路系统压力表校验	标准	班长	2	1W1	文件包	工作负责人	技术员	生技部专工
420		高压旁路系统压力开关校验	标准	班长	2	1H3	文件包	工作负责人	技术员	生技部专工
421		高压旁路系统温度元件检查及端子紧固	标准	班长	2	1W1	文件包	工作负责人	技术员	生技部专工
422		高压旁路系统控制柜卫生清扫	标准	班长	2	1W1	文件包	工作负责人	技术员	生技部专工
423		高压旁路系统控制回路检查、接线紧固	标准	班长	2	1W1	文件包	工作负责人	技术员	生技部专工
424		高压旁路系统控制柜电源检查	标准	班长	2	1W2	文件包	工作负责人	技术员	生技部专工
425		高压旁路系统ESD卡参数备份	标准	班长	1	1W2	文件包	工作负责人	技术员	生技部专工
426		高压旁路系统压力开关、变送器仪表管保温、伴热电缆检查	标准	班长	2	1W2	文件包	工作负责人	技术员	生技部专工
427		高压旁路系统控制柜信号传动	标准	班长	2	1W1	文件包	工作负责人	技术员	生技部专工
428		高压旁路系统液动阀门调试、开关试验	标准	班长	10	1H2	文件包	工作负责人	技术员	生技部专工

续表

热控专业

序号	系统设备名称	项目内容	项目属性	项目负责人	工日	R/W/H	验收类型	验收人 一级	验收人 二级	验收人 三级
429	汽水系统	汽水系统压力表校验	标准	班长	4	1W1	文件包	工作负责人	技术员	生技部专工
430		汽水系统温度元件检查、校验及端子紧固	标准	班长	10	1W1	文件包	工作负责人	技术员	生技部专工
431		汽水系统电动头检查、力矩核对	标准	班长	6	1W1	文件包	工作负责人	技术员	生技部专工
432		汽水系统电动门调试、开关试验	标准	班长	4	1W1	文件包	工作负责人	技术员	生技部专工
433		汽水系统变送器校验	标准	班长	6	1W1	文件包	工作负责人	技术员	生技部专工
434		再热器安全门压力开关、汽水系统变送器仪表管保温、伴热电缆检查、整改	标准	班长	6	1W2	文件包	工作负责人	技术员	生技部专工
435		再热器安全门控制柜卫生清扫	标准	班长	2	1W1	文件包	工作负责人	技术员	生技部专工
436		再热器安全门控制回路检查、接线紧固	标准	班长	2	1W1	文件包	工作负责人	技术员	生技部专工
437		再热器安全门压力开关校验	标准	班长	6	1H3	文件包	工作负责人	技术员	生技部专工
438		再热器安全门正常开关及快开试验	标准	班长	4	1H3	文件包	工作负责人	技术员	生技部专工
439		锅炉疏水液压站油箱控制箱卫生清扫	标准	班长	1	1W1	文件包	工作负责人	技术员	生技部专工
440	启动疏水系统	锅炉疏水液压站油站控制回路检查、接线紧固	标准	班长	2	1W1	文件包	工作负责人	技术员	生技部专工
441		锅炉分疏箱液控控制阀控制回路检查	标准	班长	2	1W1	文件包	工作负责人	技术员	生技部专工
442		锅炉分疏箱液控控制阀控制装置参数备份	标准	班长	1	1W1	文件包	工作负责人	技术员	生技部专工
443		锅炉分疏箱液控控制阀调试、开关试验	标准	班长	6	1W2	文件包	工作负责人	技术员	生技部专工
444		锅炉疏水、排气电动头检查、力矩核对	标准	班长	6	1W1	文件包	工作负责人	技术员	生技部专工
445		锅炉疏水、排气系统变送器仪表管保温、伴热检查	标准	班长	3	2W2	文件包	工作负责人	技术员	生技部专工
446		锅炉疏水、排气系统阀门调试、开关试验	标准	班长	20	1W1	文件包	工作负责人	技术员	生技部专工
447		启动循环泵系统温度元件检查、校验及端子紧固	标准	班长	2	1W1	文件包	工作负责人	技术员	生技部专工
448		启动循环泵系统变送器校验	标准	班长	2	1W1	文件包	工作负责人	技术员	生技部专工
449		分配集箱温度测点校验	标准	班长	10	1W2	文件包	工作负责人	技术员	生技部专工
450		分配集箱温度测点接线检查	标准	班长	2	1W1	文件包	工作负责人	技术员	生技部专工

续表

热控专业

序号	系统设备名称	项目内容	项目属性	项目负责人	工日	R/W/H	验收类型	验收人		
								一级	二级	三级
451	空气预热器系统	空气预热器漏风控制柜卫生清扫	标准	班长	1	1W1	文件包	工作负责人	技术员	生技部专工
452		空气预热器漏风控制系统控制回路检查、接线紧固	标准	班长	2	1W1	文件包	工作负责人	技术员	生技部专工
453		空气预热器漏风控制系统调试、冷态试验	标准	班长	10	1W2	文件包	工作负责人	技术员	生技部专工
454		空气预热器红外热点控制柜卫生清扫	标准	班长	4	1W1	文件包	工作负责人	技术员	生技部专工
455		空气预热器红外热点探测系统控制回路检查、接线紧固	标准	班长	2	1W2	文件包	工作负责人	技术员	生技部专工
456		空气预热器红外热点探测系统调试、冷态试验	标准	班长	10	1W1	文件包	工作负责人	技术员	生技部专工
457		空气预热器油站压力表校验	标准	班长	2	1W1	文件包	工作负责人	技术员	生技部专工
458		空气预热器油站压差开关校验	标准	班长	8	1W2	文件包	工作负责人	技术员	生技部专工
459		空气预热器油站温度测量元件检查、校验及端子紧固	标准	班长	8	1W1	文件包	工作负责人	技术员	生技部专工
460	制粉系统	磨煤机出口门电磁阀检查	标准	班长	6	1W1	文件包	工作负责人	技术员	生技部专工
461		磨煤机出口门行程开关检查、端子紧固	标准	班长	2	1W1	文件包	工作负责人	技术员	生技部专工
462		磨煤机冷热风关断门调试、开关试验	标准	班长	10	1W2	文件包	工作负责人	技术员	生技部专工
463		磨煤机所属电动执行机构调试、开关试验	标准	班长	6	1W2	文件包	工作负责人	技术员	生技部专工
464		磨煤机所属电动执行机构检查、开关试验	标准	班长	20	1W2	文件包	工作负责人	技术员	生技部专工
465		磨煤机出口门控制箱卫生清扫	标准	班长	2	1W1	文件包	工作负责人	技术员	生技部专工
466		磨煤机石子煤进出口插板门控制回路检查、开关试验	标准	班长	10	1H3	文件包	工作负责人	技术员	生技部专工
467		磨煤机油站压力开关校验	标准	班长	10	1W1	文件包	工作负责人	技术员	生技部专工
468		磨煤机油站压差开关校验	标准	班长	2	1W1	文件包	工作负责人	技术员	生技部专工
469		磨煤机油站压力表校验	标准	班长	8	1W1	文件包	工作负责人	技术员	生技部专工
470		磨煤机所属温度元件检查、校验及端子紧固	标准	班长	18	1W1	文件包	工作负责人	技术员	生技部专工
471		磨煤机一次风量仪表接头检查	标准	班长	2	1W2	文件包	工作负责人	技术员	生技部专工
472		磨煤机测量元件仪表管接头管路吹扫	标准	班长	8	1W1	文件包	工作负责人	技术员	生技部专工

续表

热控专业

序号	系统设备名称	项目内容	项目属性	项目负责人	工日	R/W/H	验收类型	验收人 一级	验收人 二级	验收人 三级
473	制粉系统	给煤机进、出口门控制箱卫生清扫	标准	班长	2	1W1	文件包	工作负责人	技术员	生技部专工
474		给煤机进、出口门控制回路检查、接线紧固	标准	班长	8	1W1	文件包	工作负责人	技术员	生技部专工
475		给煤机进、出口门调试、开关试验	标准	班长	16	1W1	文件包	工作负责人	技术员	生技部专工
476		给煤机控制柜卫生清扫	标准	班长	2	1W1	文件包	工作负责人	技术员	生技部专工
477		给煤机控制柜控制回路检查、接线紧固	标准	班长	2	1W1	文件包	工作负责人	技术员	生技部专工
478		给煤机定度	标准	班长	12	1W2	文件包	工作负责人	技术员	生技部专工
479		锅炉点火控制柜卫生清扫	标准	班长	2	1W1	文件包	工作负责人	技术员	生技部专工
480		锅炉点火控制回路检查、接线紧固	标准	班长	8	1W1	文件包	工作负责人	技术员	生技部专工
481		锅炉点火油枪、点火枪调试、试验	标准	班长	20	1W1	文件包	工作负责人	技术员	生技部专工
482	点火系统	等离子点火控制柜设备检查、通信复位、重启	标准	班长	2	1W1	文件包	工作负责人	技术员	生技部专工
483		等离子点火控制柜接线紧固	标准	班长	8	1W1	文件包	工作负责人	技术员	生技部专工
484		等离子点火压力开关校验	标准	班长	2	1W1	文件包	工作负责人	技术员	生技部专工
485		等离子点火压力开关校验	标准	班长	2	1W1	文件包	工作负责人	技术员	生技部专工
486		等离子点火温度元件检查及端子紧固	标准	班长	2	1W1	文件包	工作负责人	技术员	生技部专工
487		等离子点火风粉流速仪表柜检查及端子紧固	标准	班长	2	1W2	文件包	工作负责人	技术员	生技部专工
488		燃油系统压力开关校验	标准	班长	4	1W2	文件包	工作负责人	技术员	生技部专工
489		燃油系统压差开关校验	标准	班长	4	1H2	文件包	工作负责人	技术员	生技部专工
490	炉前油系统	燃油系统压力表校验	标准	班长	4	1W1	文件包	工作负责人	技术员	生技部专工
491		燃油系统阀门调试、开关试验	标准	班长	2	1W1	文件包	工作负责人	技术员	生技部专工
492		进、回油电磁阀检查	标准	班长	2	1W1	文件包	工作负责人	技术员	生技部专工
493		燃油回关快关阀控制回路检查	标准	班长	1	1W1	文件包	工作负责人	技术员	生技部专工

续表

序号	系统设备名称	项目内容	项目属性	项目负责人	工日	R/W/H	验收类型	验收人一级	验收人二级	验收人三级
494		火检控制柜卫生清扫	标准	班长	1	1W1	文件包	工作负责人	技术员	生技部专工
495		火检控制柜回路检查、接线紧固	标准	班长	2	1W1	文件包	工作负责人	技术员	生技部专工
496		火检探头镜头清灰	标准	班长	10	1W1	文件包	工作负责人	技术员	生技部专工
497	火检系统	火检光纤检查及回装	标准	班长	6	1W2	文件包	工作负责人	技术员	生技部专工
498		火检探头电缆绝缘测试	标准	班长	2	1W1	文件包	工作负责人	技术员	生技部专工
499		火检冷却风压力开关校验	标准	班长	2	1W2	文件包	工作负责人	技术员	生技部专工
500		火检冷却风差压开关校验	标准	班长	4	1W1	文件包	工作负责人	技术员	生技部专工
501		火检冷却风压力表校验	标准	班长	6	1W1	文件包	工作负责人	技术员	生技部专工
502		吹灰系统电动门检查	标准	班长	2	1W1	文件包	工作负责人	技术员	生技部专工
503		吹灰系统电动门调试、开关试验	标准	班长	2	1W1	文件包	工作负责人	技术员	生技部专工
504		蒸汽吹灰器行程开关检查、调整	标准	班长	2	1W1	文件包	工作负责人	技术员	生技部专工
505		蒸汽吹灰远程柜卫生清扫	标准	班长	2	1W1	文件包	工作负责人	技术员	生技部专工
506	吹灰系统	蒸汽吹灰控制卡件检查、接线紧固	标准	班长	2	1W1	文件包	工作负责人	技术员	生技部专工
507		水力吹灰程控柜卫生清扫	标准	班长	2	1W1	文件包	工作负责人	技术员	生技部专工
508		水力吹灰控制回路检查、接线紧固	标准	班长	2	1W1	文件包	工作负责人	技术员	生技部专工
509		水力吹灰供水门调试、开关试验	标准	班长	1	1W1	文件包	工作负责人	技术员	生技部专工
510		吹灰系统测量元件校验	标准	班长	8	1W1	文件包	工作负责人	技术员	生技部专工
511		吹灰系统温度元件检查及端子紧固	标准	班长	2	1W1	文件包	工作负责人	技术员	生技部专工
512	炉侧IDAS系统	IDAS前置机箱接线检查、紧固	标准	班长	8	1W1	文件包	工作负责人	技术员	生技部专工
513		IDAS就地控制柜通道试验，每卡件抽查一点	标准	班长	4	1W1	文件包	工作负责人	技术员	生技部专工

热控专业

续表

热控专业

序号	系统设备名称	项目内容	项目属性	项目负责人	工日	R/W/H	验收类型	验收人		
								一级	二级	三级
514	底渣系统	底渣系统远程 I/O 柜卫生清扫	标准	班长	2	1W1	文件包	工作负责人	技术员	生技部专工
515		底渣系统远程 I/O 柜检查、端子紧固	标准	班长	2	1W1	文件包	工作负责人	技术员	生技部专工
516		二级刮板控制回路检查、端子紧固	标准	班长	2	1W1	文件包	工作负责人	技术员	生技部专工
517		捞渣机张紧油站控制回路检查、端子紧固	标准	班长	6	1W1	文件包	工作负责人	技术员	生技部专工
518		渣仓气动门控制回路检查、试验	标准	班长	6	1W1	文件包	工作负责人	技术员	生技部专工
519		底渣系统热控表计检查、校验	标准	班长	6	1W1	文件包	工作负责人	技术员	生技部专工
520		底渣系统电动推杆限位开关检查、调整	标准	班长	2	1W2	文件包	工作负责人	技术员	生技部专工
521		底渣系统补水电动门检修	标准	班长	6	1W1	文件包	工作负责人	技术员	生技部专工
522	炉侧电源柜	炉侧电源柜卫生清扫	标准	班长	2	1W1	文件包	工作负责人	技术员	生技部专工
523		炉侧电源柜空气开关检查更换	标准	班长	14	1W1	文件包	工作负责人	技术员	生技部专工
524		炉侧电源柜线路检查	标准	班长	6	1W1	文件包	工作负责人	技术员	生技部专工
525		炉侧电源柜绝缘检查	标准	班长	2	1W2	文件包	工作负责人	技术员	生技部专工
526	气力除灰系统	气力除灰远程 I/O 柜检查、端子紧固	标准	班长	2	1W1	文件包	工作负责人	技术员	生技部专工
527		气力除灰气动阀门调试	标准	班长	10	1W1	文件包	工作负责人	技术员	生技部专工
528		气力除灰变送器检查	标准	班长	8	1W1	文件包	工作负责人	技术员	生技部专工
529		气力除灰压力开关校验	标准	班长	8	1W2	文件包	工作负责人	技术员	生技部专工
530		气力除灰压力表检查	标准	班长	8	1W1	文件包	工作负责人	技术员	生技部专工
531	电除尘	电除尘程控柜检查、端子紧固	标准	班长	2	1W1	文件包	工作负责人	技术员	生技部专工
532		电除尘 PLC 切换试验	标准	班长	1	1W1	文件包	工作负责人	技术员	生技部专工
533		电除尘 PLC 程控柜电源切换试验	标准	班长	1	1W2	文件包	工作负责人	技术员	生技部专工
534		电除尘温度元件校验	标准	班长	20	1W1	文件包	工作负责人	技术员	生技部专工
535		灰斗料位开关检查	标准	班长	20	1W1	文件包	工作负责人	技术员	生技部专工

续表

热控专业

序号	系统设备名称	项目内容	项目属性	项目负责人	工日	R/W/H	验收类型	验收人 一级	验收人 二级	验收人 三级
536	脱硫吸收塔系统	脱硫吸收塔系统电动执行器调试	标准	班长	10	1W1	文件包	工作负责人	技术员	生技部专工
537		脱硫吸收塔系统电动执行器开关试验	标准	班长	10	1W1	文件包	工作负责人	技术员	生技部专工
538		脱硫吸收塔系统变送器校验	标准	班长	6	1W1	文件包	工作负责人	技术员	生技部专工
539		脱硫吸收塔系统压力表校验	标准	班长	6	1W1	文件包	工作负责人	技术员	生技部专工
540		脱硫吸收塔系统总线柜通信检查、卫生清扫、端子紧固	标准	班长	6	1W1	文件包	工作负责人	技术员	生技部专工
541		增压风机A、B温度元件检查及端子紧固	标准	班长	2	1W1	文件包	工作负责人	技术员	生技部专工
542		增压风机A、B失速开关校验	标准	班长	4	1W1	文件包	工作负责人	技术员	生技部专工
543		增压风机A、B油站压力开关校验	标准	班长	8	1W2	文件包	工作负责人	技术员	生技部专工
544		增压风机A、B油站差压开关校验	标准	班长	8	1W2	文件包	工作负责人	技术员	生技部专工
545		增压风机A、B油站温度开关校验	标准	班长	8	1W1	文件包	工作负责人	技术员	生技部专工
546		增压风机A、B油站压力表校验	标准	班长	6	1W1	文件包	工作负责人	技术员	生技部专工
547	脱硫风烟系统	增压风机A、B油站温度表检查	标准	班长	6	1W1	文件包	工作负责人	技术员	生技部专工
548		增压风机A、B机动叶执行器调试、开关试验	标准	班长	8	1W2	文件包	工作负责人	技术员	生技部专工
549		增压风烟系统A、B本体接线盒卫生清扫、接线紧固	标准	班长	2	1W1	文件包	工作负责人	技术员	生技部专工
550		脱硫风烟系统电动执行机构调试	标准	班长	26	1W1	文件包	工作负责人	技术员	生技部专工
551		脱硫风烟系统电动执行机构开关试验	标准	班长	2	1W1	文件包	工作负责人	技术员	生技部专工
552		脱硫旁路挡板快开回路检查、开关试验	标准	班长	1	1H3	文件包	工作负责人	技术员	生技部专工
553		CEMS系统回路检查	标准	班长	4	1W1	文件包	工作负责人	技术员	生技部专工
554		CEMS系统电缆绝缘检查	标准	班长	4	1W1	文件包	工作负责人	技术员	生技部专工
555		CEMS系统仪表校验	标准	班长	2	1W1	文件包	工作负责人	技术员	生技部专工

续表

热控专业

序号	系统设备名称	项目内容	项目属性	项目负责人	工日	R/W/H	验收类型	验收人一级	验收人二级	验收人三级
556	脱硝系统	脱硝系统执行器调试	标准	班长	12	1W1	文件包	工作负责人	技术员	生技部专工
557		脱硝系统变送器校验	标准	班长	8	1W1	文件包	工作负责人	技术员	生技部专工
558		脱硝系统压力表校验	标准	班长	8	1W1	文件包	工作负责人	技术员	生技部专工
559		脱硝分析仪表调试、卫生清扫及试验验标定	标准	班长	8	1W1	文件包	工作负责人	技术员	生技部专工
560	炉管泄漏检测系统	炉管泄漏报警监测系统柜卫生清扫	标准	班长	2	1W1	文件包	工作负责人	技术员	生技部专工
561		炉管泄漏检测系统设备检查、回路试验	标准	班长	2	1W1	文件包	工作负责人	技术员	生技部专工
562	火焰电视系统	火焰电视镜头清灰	标准	班长	2	1W1	文件包	工作负责人	技术员	生技部专工
563		火焰电视摄像头解体检查	标准	班长	1	1W1	文件包	工作负责人	技术员	生技部专工
564		火焰电视接线端子紧固	标准	班长	1	1W1	文件包	工作负责人	技术员	生技部专工
565		火焰电视进退试验、保护试验	标准	班长	2	1W1	文件包	工作负责人	技术员	生技部专工
566	闭路电视系统	就地摄像头、云台等卫生清扫	标准	班长	8	1W1	文件包	工作负责人	技术员	生技部专工
567		闭路电视系统控制柜检查、卫生清扫、端子紧固	标准	班长	2	1W1	文件包	工作负责人	技术员	生技部专工

电气二次专业标准项目控制计划见表 2-13。

表 2-13　电气二次专业标准项目控制计划

电气二次专业

序号	系统设备名称	项目内容	项目属性	项目	工日	R/W/H	验收类型	验收人一级	验收人二级	验收人三级
1	发电机第一套、第二套保护	发电机第一套、第二套保护装置及二次回路检查	标准	班长	80	H3	检修工艺记录卡	工作负责人	技术员	生技部专工
2	主变压器第一套、第二套保护	主变压器第一套、第二套保护装置及二次回路检查	标准	班长	60	H3	检修工艺记录卡	工作负责人	技术员	生技部专工

续表

电气二次专业

序号	系统设备名称	项目内容	项目属性	项目	工日	R/W/H	验收类型	验收人		
								一级	二级	三级
3	A、B高压厂用变压器第一套、第二套保护	A、B高压厂用变压器第一套、第二套保护装置及二次回路检查	标准	班长	40	H3	检修工艺记录卡	工作负责人	技术员	生技部专工
4	发变组非电量保护	发变组非电量保护及保护管理机二次回路检查	标准	班长	30	H3	检修工艺记录卡	工作负责人	技术员	生技部专工
5	发电机TA及TV端子箱	发电机TA及TV端子箱及其二次回路检查	标准	班长	10	W2	检修质量验收单	工作负责人	技术员	生技部专工
6	主变压器、高压厂用变压器TA及TV端子箱	主变压器、高压厂用变压器TA及TV端子箱及其二次回路检查	标准	班长	10	W2	检修质量验收单	工作负责人	技术员	生技部专工
7	主变压器、高压厂用变压器冷却器控制柜	主变压器、高压厂用变压器冷却器控制柜及其二次回路检查	标准	班长	10	W2	检修质量验收单	工作负责人	技术员	生技部专工
8	发电机出口断路器控制柜	发电机出口断路器控制柜二次回路检查	标准	班长	5	W2	检修质量验收单	工作负责人	技术员	生技部专工
9	发变组故障录波器	发变组故障录波器及其二次回路检查	标准	班长	15	W2	检修工艺记录卡	工作负责人	技术员	生技部专工
10	机组变送器屏1	机组变送器屏1检查	标准	班长	20	H3	检修质量验收单	工作负责人	技术员	生技部专工
11	机组变送器屏2	机组变送器屏2检查	标准	班长	20	H3	检修质量验收单	工作负责人	技术员	生技部专工
12	自动准同期装置	自动准同期装置及其二次回路检查	标准	班长	15	H3	检修质量验收单	工作负责人	技术员	生技部专工
13	快切屏1	快切屏1装置及其二次回路检查	标准	班长	15	H3	检修质量验收单	工作负责人	技术员	生技部专工
14	快切屏2	快切屏2装置及其二次回路检查	标准	班长	15	H3	检修工艺记录卡	工作负责人	技术员	生技部专工
15	ECS系统	ECS系统检查	标准	班长	20	W2	检修质量验收单	工作负责人	技术员	生技部专工
16	零功率切机装置	第一套、第二套零功率切机装置及其二次回路检查	标准	班长	20	H3	检修工艺记录卡	工作负责人	技术员	生技部专工
17	发变组电能表屏	发变组电能表校验及其二次回路检查	标准	班长	10	H3	检修质量验收单	工作负责人	技术员	生技部专工

续表

电气二次专业

序号	系统设备名称	项目内容	项目属性	项目	工日	R/W/H	验收类型	验收人		
								一级	二级	三级
18	AGC 及机组测控屏	AGC 及机组测控屏检查	标准	班长	5	W2	检修质量验收单	工作负责人	技术员	生技部专工
19	PMU 装置	PMU 装置及二次回路检查	标准	班长	5	W2	检修质量验收单	工作负责人	技术员	生技部专工
20	励磁调节器系统	励磁系统试验及其二次回路检查	标准	班长	50	H3	检修工艺记录卡	工作负责人	技术员	生技部专工
21	110V A 段直流系统	110V A 段直流充放电试验、充电机、蓄电池检查、监察装置及二次回路传动	标准	班长	15	W2	检修工艺记录卡	工作负责人	技术员	生技部专工
22	110V B 段直流系统	110V B 段直流充放电试验、充电机、蓄电池检查、监察装置及二次回路传动	标准	班长	15	W2	检修工艺记录卡	工作负责人	技术员	生技部专工
23	220V 直流系统	220V 直流充放电试验、充电机、蓄电池检查、监察装置及二次回路传动	标准	班长	20	W2	检修工艺记录卡	工作负责人	技术员	生技部专工
24	主机直流润滑、密封油泵控制箱、A、B 给水泵汽轮机直流油泵控制箱	主机直流润滑、密封油泵控制箱、A、B 给水泵汽轮机直流油泵控制箱二次回路检查	标准	班长	10	W2	检修质量验收单	工作负责人	技术员	生技部专工
25	第一套 UPS 装置	第一套 UPS 装置检查、清扫及切换试验	标准	班长	10	W2	检修工艺记录卡	工作负责人	技术员	生技部专工
26	第二套 UPS 装置	第二套 UPS 装置检查、清扫及切换试验	标准	班长	10	W2	检修工艺记录卡	工作负责人	技术员	生技部专工
27	脱硫 UPS56A 装置	脱硫 UPS56A 装置检查、清扫及切换试验	标准	班长	10	W2	检修工艺记录卡	工作负责人	技术员	生技部专工
28	6kV5A1 段备用进线开关	6kV5A1 段备用进线开关装置及二次回路检查	标准	班长	9	W2	检修工艺记录卡	工作负责人	技术员	生技部专工
29	6kV5A1 段备用进线 TV	6kV5A1 段备用进线 TV 二次回路检查	标准	班长	9	W2	检修工艺记录卡	工作负责人	技术员	生技部专工
30	6kV5A1 段工作进线开关	6kV5A1 段工作进线开关装置及二次回路检查	标准	班长	9	W2	检修工艺记录卡	工作负责人	技术员	生技部专工

续表

电气二次专业

序号	系统设备名称	项目内容	项目属性	项目	工日	R/W/H	验收类型	验收人		
								一级	二级	三级
31	6kV5A1段工作进线TV	6kV5A1段工作进线TV二次回路检查	标准	班长	9	W2	检修工艺记录卡	工作负责人	技术员	生技部专工
32	6kV5A1段母线TV	6kV5A1段母线TV二次回路检查	标准	班长	9	W2	检修工艺记录卡	工作负责人	技术员	生技部专工
33	A循环水泵开关保护	A循环水泵开关保护装置及二次回路检查	标准	班长	9	W2	检修工艺记录卡	工作负责人	技术员	生技部专工
34	A送风机开关保护	A送风机开关保护装置及二次回路检查	标准	班长	9	W2	检修工艺记录卡	工作负责人	技术员	生技部专工
35	A一次风机开关保护	A一次风机开关保护装置及二次回路检查	标准	班长	9	W2	检修工艺记录卡	工作负责人	技术员	生技部专工
36	A增压风机开关保护	A增压风机开关保护装置及二次回路检查	标准	班长	9	W2	检修工艺记录卡	工作负责人	技术员	生技部专工
37	A公用变压器开关保护	A公用变压器开关保护装置及二次回路检查	标准	班长	9	W2	检修工艺记录卡	工作负责人	技术员	生技部专工
38	A脱硫变压器开关保护	A脱硫变压器开关保护装置及二次回路检查	标准	班长	9	W2	检修工艺记录卡	工作负责人	技术员	生技部专工
39	A汽轮机变压器开关保护	A汽轮机变压器开关保护装置及二次回路检查	标准	班长	9	W2	检修工艺记录卡	工作负责人	技术员	生技部专工
40	A除尘变压器开关保护	A除尘变压器开关保护装置及二次回路检查	标准	班长	9	W2	检修工艺记录卡	工作负责人	技术员	生技部专工
41	A多功能厅变压器开关保护	A多功能厅变压器开关保护装置及二次回路检查	标准	班长	9	W2	检修工艺记录卡	工作负责人	技术员	生技部专工
42	A磨煤机开关保护	A磨煤机开关保护装置及二次回路检查	标准	班长	9	W2	检修工艺记录卡	工作负责人	技术员	生技部专工
43	B磨煤机开关保护	B磨煤机开关保护装置及二次回路检查	标准	班长	9	W2	检修工艺记录卡	工作负责人	技术员	生技部专工
44	A低压加热器疏水泵开关保护	A低压加热器疏水泵开关保护装置及二次回路检查	标准	班长	9	W2	检修工艺记录卡	工作负责人	技术员	生技部专工
45	A除灰空压机开关保护	A除灰空压机开关保护装置及二次回路检查	标准	班长	9	W2	检修工艺记录卡	工作负责人	技术员	生技部专工

续表

电气二次专业

序号	系统设备名称	项目内容	项目属性	项目	工日	R/W/H	验收类型	验收人		
								一级	二级	三级
46	A氧化风机开关保护	A氧化风机开关保护装置及二次回路检查	标准	班长	9	W2	检修工艺记录卡	工作负责人	技术员	生技部专工
47	C凝结水输送泵开关保护	C凝结水输送泵开关保护装置及二次回路检查	标准	班长	9	W2	检修工艺记录卡	工作负责人	技术员	生技部专工
48	A生产检修综合楼变开关保护	A生产检修综合楼变开关保护装置及二次回路检查	标准	班长	9	W2	检修工艺记录卡	工作负责人	技术员	生技部专工
49	0E化水变压器开关保护	0E化水变压器开关保护装置及二次回路检查	标准	班长	9	W2	检修工艺记录卡	工作负责人	技术员	生技部专工
50	6kV5A2段备用进线开关	6kV5A2段备用进线开关装置及二次回路检查	标准	班长	9	W2	检修工艺记录卡	工作负责人	技术员	生技部专工
51	6kV5A2段备用进线TV	6kV5A2段备用进线TV二次回路检查	标准	班长	9	W2	检修工艺记录卡	工作负责人	技术员	生技部专工
52	6kV5A2段工作进线开关	6kV5A2段工作进线开关装置及二次回路检查	标准	班长	9	W2	检修工艺记录卡	工作负责人	技术员	生技部专工
53	6kV5A2段工作进线TV	6kV5A2段工作进线TV二次回路检查	标准	班长	9	W2	检修工艺记录卡	工作负责人	技术员	生技部专工
54	6kV5A2段母线TV	6kV5A2段母线TV二次回路检查	标准	班长	9	W2	检修工艺记录卡	工作负责人	技术员	生技部专工
55	A凝结水泵开关保护	A凝结水泵开关保护装置及二次回路检查	标准	班长	9	W2	检修工艺记录卡	工作负责人	技术员	生技部专工
56	A汽泵前置泵开关保护	A汽泵前置泵开关保护装置及二次回路检查	标准	班长	9	W2	检修工艺记录卡	工作负责人	技术员	生技部专工
57	A引风机开关保护	A引风机开关保护装置及二次回路检查	标准	班长	9	W2	检修工艺记录卡	工作负责人	技术员	生技部专工
58	B吸收塔浆液循环泵开关保护	B吸收塔浆液循环泵开关保护装置及二次回路检查	标准	班长	9	W2	检修工艺记录卡	工作负责人	技术员	生技部专工

续表

电气二次专业

序号	系统设备名称	项目内容	项目属性	项目	工日	R/W/H	验收类型	验收人 一级	验收人 二级	验收人 三级
59	C吸收塔浆液循环泵开关保护	C吸收塔浆液循环泵开关保护装置及二次回路检查	标准	班长	9	W2	检修工艺记录卡	工作负责人	技术员	生技部专工
60	启动循环泵开关保护	启动循环泵开关保护装置及二次回路检查	标准	班长	9	W2	检修工艺记录卡	工作负责人	技术员	生技部专工
61	A厂应急电源开关保护	A厂应急电源开关保护装置及二次回路检查	标准	班长	9	W2	检修工艺记录卡	工作负责人	技术员	生技部专工
62	A锅炉变压器开关保护	A锅炉变压器开关保护装置及二次回路检查	标准	班长	9	W2	检修工艺记录卡	工作负责人	技术员	生技部专工
63	除尘备用变开关保护	除尘备用变开关保护装置及二次回路检查	标准	班长	9	W2	检修工艺记录卡	工作负责人	技术员	生技部专工
64	6kV输煤2A段电源（一）开关保护	6kV输煤2A段电源（一）开关保护装置及二次回路检查	标准	班长	9	W2	检修工艺记录卡	工作负责人	技术员	生技部专工
65	C磨煤机开关保护	C磨煤机开关保护装置及二次回路检查	标准	班长	9	W2	检修工艺记录卡	工作负责人	技术员	生技部专工
66	A闭冷泵开关保护	A闭冷泵开关保护装置及二次回路检查	标准	班长	9	W2	检修工艺记录卡	工作负责人	技术员	生技部专工
67	A仪用空压机开关保护	A仪用空压机开关保护装置及二次回路检查	标准	班长	9	W2	检修工艺记录卡	工作负责人	技术员	生技部专工
68	B除灰空压机开关保护	B除灰空压机开关保护装置及二次回路检查	标准	班长	9	W2	检修工艺记录卡	工作负责人	技术员	生技部专工
69	B氧化风机开关保护	B氧化风机开关保护装置及二次回路检查	标准	班长	9	W2	检修工艺记录卡	工作负责人	技术员	生技部专工
70	照明变压器开关保护	照明变压器开关保护装置及二次回路检查	标准	班长	9	W2	检修工艺记录卡	工作负责人	技术员	生技部专工
71	0C化水变压器开关保护	0C化水变压器开关保护装置及二次回路检查	标准	班长	9	W2	检修工艺记录卡	工作负责人	技术员	生技部专工

续表

电气二次专业

序号	系统设备名称	项目内容	项目属性	项目	工日	R/W/H	验收类型	验收人 一级	验收人 二级	验收人 三级
72	6kV5B1 段备用进线开关	6kV5B1 段备用进线开关装置及二次回路检查	标准	班长	9	W2	检修工艺记录卡	工作负责人	技术员	生技部专工
73	6kV5B1 段备用进线 TV	6kV5B1 段备用进线 TV 二次回路检查	标准	班长	9	W2	检修工艺记录卡	工作负责人	技术员	生技部专工
74	6kV5B1 段工作进线开关	6kV5B1 段工作进线开关装置及二次回路检查	标准	班长	9	W2	检修工艺记录卡	工作负责人	技术员	生技部专工
75	6kV5B1 段工作进线 TV	6kV5B1 段工作进线 TV 二次回路检查	标准	班长	9	W2	检修工艺记录卡	工作负责人	技术员	生技部专工
76	6kV5B1 段母线 TV	6kV5B1 段母线 TV 二次回路检查	标准	班长	9	W2	检修工艺记录卡	工作负责人	技术员	生技部专工
77	B 循环水泵开关保护	B 循环水泵开关保护装置及二次回路检查	标准	班长	9	W2	检修工艺记录卡	工作负责人	技术员	生技部专工
78	B 送风机开关保护	B 送风机开关保护装置及二次回路检查	标准	班长	9	W2	检修工艺记录卡	工作负责人	技术员	生技部专工
79	B 一次风机开关保护	B 一次风机开关保护装置及二次回路检查	标准	班长	9	W2	检修工艺记录卡	工作负责人	技术员	生技部专工
80	B 增压风机开关保护	B 增压风机开关保护装置及二次回路检查	标准	班长	9	W2	检修工艺记录卡	工作负责人	技术员	生技部专工
81	B 凝结水泵开关保护	B 凝结水泵开关保护装置及二次回路检查	标准	班长	9	W2	检修工艺记录卡	工作负责人	技术员	生技部专工
82	检修变压器开关保护	检修变压器开关保护装置及二次回路检查	标准	班长	9	W2	检修工艺记录卡	工作负责人	技术员	生技部专工
83	B 脱硫变压器开关保护	B 脱硫变压器开关保护装置及二次回路检查	标准	班长	9	W2	检修工艺记录卡	工作负责人	技术员	生技部专工
84	B 汽轮机变压器开关保护	B 汽轮机变压器开关保护装置及二次回路检查	标准	班长	9	W2	检修工艺记录卡	工作负责人	技术员	生技部专工
85	B 除尘变压器开关保护	B 除尘变压器开关保护装置及二次回路检查	标准	班长	9	W2	检修工艺记录卡	工作负责人	技术员	生技部专工
86	A 雨水泵房变压器开关保护	A 雨水泵房变压器开关保护装置及二次回路检查	标准	班长	9	W2	检修工艺记录卡	工作负责人	技术员	生技部专工

续表

电气二次专业

序号	系统设备名称	项目内容	项目属性	项目	工日	R/W/H	验收类型	验收人 一级	二级	三级
87	D磨煤机开关保护	D磨煤机开关保护装置及二次回路检查	标准	班长	9	W2	检修工艺记录卡	工作负责人	技术员	生技部专工
88	E磨煤机开关保护	E磨煤机开关保护装置及二次回路检查	标准	班长	9	W2	检修工艺记录卡	工作负责人	技术员	生技部专工
89	B低压加热器疏水泵开关保护	B低压加热器疏水泵开关保护装置及二次回路检查	标准	班长	9	W2	检修工艺记录卡	工作负责人	技术员	生技部专工
90	C除灰空压机开关保护	C除灰空压机开关保护装置及二次回路检查	标准	班长	9	W2	检修工艺记录卡	工作负责人	技术员	生技部专工
91	6kV5B2段备用进线开关	6kV5B2段备用进线开关装置及二次回路检查	标准	班长	9	W2	检修工艺记录卡	工作负责人	技术员	生技部专工
92	6kV5B2段备用进线TV	6kV5B2段备用进线TV二次回路检查	标准	班长	9	W2	检修工艺记录卡	工作负责人	技术员	生技部专工
93	6kV5B2段工作进线开关	6kV5B2段工作进线开关装置及二次回路检查	标准	班长	9	W2	检修工艺记录卡	工作负责人	技术员	生技部专工
94	6kV5B2段工作进线TV	6kV5B2段工作进线TV二次回路检查	标准	班长	9	W2	检修工艺记录卡	工作负责人	技术员	生技部专工
95	6kV5B2段母线TV	6kV5B2段母线TV二次回路检查	标准	班长	9	W2	检修工艺记录卡	工作负责人	技术员	生技部专工
96	C凝结水泵开关保护	C凝结水泵开关保护装置及二次回路检查	标准	班长	9	W2	检修工艺记录卡	工作负责人	技术员	生技部专工
97	B汽泵前置泵开关保护	B汽泵前置泵开关保护装置及二次回路检查	标准	班长	9	W2	检修工艺记录卡	工作负责人	技术员	生技部专工
98	B引风机开关保护	B引风机开关保护装置及二次回路检查	标准	班长	9	W2	检修工艺记录卡	工作负责人	技术员	生技部专工
99	A吸收塔浆液循环泵开关保护	A吸收塔浆液循环泵开关保护装置及二次回路检查	标准	班长	9	W2	检修工艺记录卡	工作负责人	技术员	生技部专工
100	D吸收塔浆液循环泵开关保护	D吸收塔浆液循环泵开关保护装置及二次回路检查	标准	班长	9	W2	检修工艺记录卡	工作负责人	技术员	生技部专工

续表

电气二次专业

序号	系统设备名称	项目内容	项目属性	项目	工日	R/W/H	验收类型	验收人 一级	验收人 二级	验收人 三级
101	等离子变压器开关保护	等离子变压器开关保护装置及二次回路检查	标准	班长	9	W2	检修工艺记录卡	工作负责人	技术员	生技部专工
102	A 除灰变压器开关保护	A 除灰变压器开关保护装置及二次回路检查	标准	班长	9	W2	检修工艺记录卡	工作负责人	技术员	生技部专工
103	B 锅炉变压器开关保护	B 锅炉变压器开关保护装置及二次回路检查	标准	班长	9	W2	检修工艺记录卡	工作负责人	技术员	生技部专工
104	6kV 输煤 2B 段电源（一）开关保护	6kV 输煤 2B 段电源（一）开关保护装置及二次回路检查	标准	班长	9	W2	检修工艺记录卡	工作负责人	技术员	生技部专工
105	F 磨煤机开关保护	F 磨煤机开关保护装置及二次回路检查	标准	班长	9	W2	检修工艺记录卡	工作负责人	技术员	生技部专工
106	B 闭冷水泵开关保护	B 闭冷水泵开关保护装置及二次回路检查	标准	班长	9	W2	检修工艺记录卡	工作负责人	技术员	生技部专工
107	A 杂用空压机开关保护	A 杂用空压机开关保护装置及二次回路检查	标准	班长	9	W2	检修工艺记录卡	工作负责人	技术员	生技部专工
108	B 仪用空压机开关保护	B 仪用空压机开关保护装置及二次回路检查	标准	班长	9	W2	检修工艺记录卡	工作负责人	技术员	生技部专工
109	C 氧化风机开关保护	C 氧化风机开关保护装置及二次回路检查	标准	班长	9	W2	检修工艺记录卡	工作负责人	技术员	生技部专工
110	A 皮带机电机（一）、（二）开关保护	A 皮带机电机（一）、（二）开关保护装置及二次回路检查	标准	班长	9	W2	检修工艺记录卡	工作负责人	技术员	生技部专工
111	汽轮机 PC A 段开关、母线 TV 保护	汽轮机 PC A 段开关、母线 TV 保护及二次回路检查、表计校验	标准	班长	18	W2	检修工艺记录卡	工作负责人	技术员	生技部专工
112	汽轮机 PC B 段开关、母线 TV 保护	汽轮机 PC B 段开关、母线 TV 保护及二次回路检查、表计校验	标准	班长	18	W2	检修工艺记录卡	工作负责人	技术员	生技部专工

续表

电气二次专业

序号	系统设备名称	项目内容	项目属性	项目	工日	R/W/H	验收类型	验收人		
								一级	二级	三级
113	锅炉 PC A 段开关、母线 TV 保护	锅炉 PC A 段开关、母线 TV 保护及二次回路检查、表计校验	标准	班长	18	W2	检修工艺记录卡	工作负责人	技术员	生技部专工
114	锅炉 PC B 段开关、母线 TV 保护	锅炉 PC B 段开关、母线 TV 保护及二次回路检查、表计校验	标准	班长	18	W2	检修工艺记录卡	工作负责人	技术员	生技部专工
115	公用 PC A 段开关、母线 TV 保护、表计校验	公用 PC A 段开关、母线 TV 保护及二次回路检查、表计校验	标准	班长	18	W2	检修工艺记录卡	工作负责人	技术员	生技部专工
116	等离子点火 PC 段开关、母线 TV 保护	等离子点火 PC 段开关、母线 TV 保护及二次回路检查、表计校验	标准	班长	18	W2	检修工艺记录卡	工作负责人	技术员	生技部专工
117	除尘 PC A 段开关、母线 TV 保护	除尘 PC A 段开关、母线 TV 保护及二次回路检查、表计校验	标准	班长	18	W2	检修工艺记录卡	工作负责人	技术员	生技部专工
118	除尘 PC B 段开关、母线 TV 保护	除尘 PC B 段开关、母线 TV 保护及二次回路检查、表计校验	标准	班长	18	W2	检修工艺记录卡	工作负责人	技术员	生技部专工
119	除尘备用段开关、母线 TV 保护	除尘备用段开关、母线 TV 保护及二次回路检查、表计校验	标准	班长	18	W2	检修工艺记录卡	工作负责人	技术员	生技部专工
120	除尘控制 A 段	除尘控制 A 段二次回路检查、表计校验	标准	班长	18	W2	检修质量验收单	工作负责人	技术员	生技部专工
121	除尘控制 B 段	除尘控制 B 段二次回路检查、表计校验	标准	班长	18	W2	检修质量验收单	工作负责人	技术员	生技部专工
122	脱硫 PC A 段开关、母线 TV 保护	脱硫 PC A 段开关、母线 TV 保护及二次回路检查、表计校验	标准	班长	18	W2	检修工艺记录卡	工作负责人	技术员	生技部专工
123	脱硫 PC B 段开关、母线 TV 保护	脱硫 PC B 段开关、母线 TV 保护及二次回路检查、表计校验	标准	班长	18	W2	检修工艺记录卡	工作负责人	技术员	生技部专工

续表

电气二次专业

序号	系统设备名称	项目内容	项目属性	项目	工日	R/W/H	验收类型	验收人 一级	验收人 二级	验收人 三级
124	除灰 PC A 段开关、母线 TV 保护	除灰 PC A 段开关、母线 TV 保护及二次回路检查、表计校验	标准	班长	18	W2	检修工艺记录卡	工作负责人	技术员	生技部专工
125	雨水泵房 PC A 段开关、母线 TV 保护	雨水泵房 PC A 段开关、母线 TV 保护及二次回路检查、表计校验	标准	班长	18	W2	检修工艺记录卡	工作负责人	技术员	
126	A、B 火检冷却风机就地控制柜、A、B 等离子冷却风机就地控制柜、A、B 一次风机、A、B 送风机、A、B 增压风机油站就地控制柜	A、B 火检冷却风机就地控制柜、A、B 等离子冷却风机就地控制柜、A、B 一次风机、A、B 送风机、A、B 增压风机油站就地控制柜等二次回路检查	标准	班长	20	W2	检修质量验收单	工作负责人	技术员	生技部专工
127	等离子点火电源柜	等离子点火电源柜检查、清扫	标准	班长	10	W2	检修质量验收单	工作负责人	技术员	生技部专工
128	磨煤机旋转分离器变频柜	磨煤机旋转分离器变频柜检查、清扫、变频器参数核对	标准	班长	15	W2	检修质量验收单	工作负责人	技术员	生技部专工
129	柴发控制系统	柴发控制系统全部检查、二次回路传动	标准	班长	10	H3	检修工艺记录卡	工作负责人	技术员	生技部专工
130	保安 PC 段	保安 PC 段二次回路检查	标准	班长	10	H3	检修工艺记录卡	工作负责人	技术员	生技部专工
131	5042、5043 开关 NCS 测控屏	5042、5043 开关 NCS 监控回路检查	标准	班长	10	H3	检修质量验收单	工作负责人	技术员	生技部专工
132	5042、5043 开关保护及其汇控柜	5042、5043 开关保护及汇控柜二次回路检查	标准	班长	10	H3	检修质量验收单	工作负责人	技术员	生技部专工

三、非标项目控制计划

汽轮机专业非标项目控制计划见表 2-14。

表 2-14

汽轮机专业非标项目控制计划

序号	系统设备名称	项目内容	项目属性	项目负责人	工日	R/W/H	验收类型	验收人			
								一级	二级	监理	三级
汽轮机专业											
1	汽轮机	6～8 瓦轴振大处理	隐患治理	点检员	30	3H3	检修质量验收单	工作负责人	点检员	监理	生技部专工
2	汽轮机	低压缸Ⅱ揭缸转子检查车削	隐患治理	点检员	200	3W2 3H3	检修质量验收单	工作负责人	点检员	监理	生技部专工
3	凝汽器	凝汽器内六抽管道安装保温罩	节能	点检员	100	3W2 3H3	检修质量验收单	工作负责人	点检员	监理	生技部专工
4	凝汽器	凝汽器返回水室连通管增设温度测点（两处）	配合热控	点检员	30	2W2	检修质量验收单	工作负责人	点检员	监理	生技部专工
5	凝汽器	凝汽器抽真空管道双背压改造、新增手动门增设操作平台	节能	点检员	150	2H2	检修质量验收单	工作负责人	点检员	监理	生技部专工
6	凝结水系统	系统管道支吊架振动治理	技术改造	点检员	200	1W2	质量验收单	工作负责人	点检员	监理	生技部专工

锅炉专业非标项目控制计划见表 2-15。

表 2-15

锅炉专业非标项目控制计划表

序号	系统设备名称	项目内容	项目属性	项目负责人	工日	R/W/H	验收类型	验收人			
								一级	二级	监理	三级
锅炉专业											
1	安全阀	安全阀校验	安全	点检员	80	H3	检验报告	工作负责人	点检员	监理	生技部专工
2	四大管道	四大管道及炉本体支吊架专项检查与整改	安全	点检员	1000	H3	检修质量验收单	工作负责人	点检员	监理	生技部专工
3	水冷壁	水冷壁防磨检查防爆处理、高温受热面氧化皮检测与防治	隐患治理	点检员	700	H3	检修质量验收单	工作负责人	点检员	监理	生技部专工
4	C 磨煤机	C 磨煤机出口阀气源隔离门改造	技改	点检员	10	W2	检修质量验收单	工作负责人	点检员	监理	生技部专工
5	A、B、C、D、E、F 磨煤机	A、B、C、D、E、F 磨煤机出口粉管短节改造更换	隐患治理	点检员	180	W2	检修质量验收单	工作负责人	点检员	监理	生技部专工
6	压力容器	压力容器内外部检验	安全	点检员	100		检验报告	工作负责人	点检员	监理	生技部专工
7	脱硫脱硝系统压力管道	压力管道检验	安全	点检员	400		检验报告	工作负责人	点检员	监理	生技部专工

电气一次专业非标项目控制计划见表 2-16。

表 2-16　电气一次专业非标项目控制计划

序号	系统设备名称	项目内容	项目属性	项目负责人	工日	R/W/H	验收类型	验收人			
								一级	二级	监理	三级
电气一次专业											
1	发电机 TA	升级改造一组	隐患治理	点检员	24	H2	质量验收单	工作负责人	点检员	监理	生技部专工
2	发电机出口 TV	TV 升级改造一组	隐患治理	点检员	72	H2	质量验收单	工作负责人	点检员	监理	生技部专工
3	主变压器	加装在线监测装置	安全	点检员	20	H2	文件包	工作负责人	点检员	监理	生技部专工
4	6kV 厂用 A1 段、A2 段、B1 段、B2 段、6kV 输煤 A 段、B 段	开关柜活门改造	安全	点检员	110	H3	质量验收单	工作负责人	点检员	监理	生技部专工
5	高压厂用变压器中性点	电缆更换	安全	点检员	6	W2	质量验收单	工作负责人	点检员	监理	生技部专工
6	二级刮板输送机改造	电气相关工作	技改	点检员	20	H3	质量验收单	工作负责人	点检员	监理	生技部专工
7	MCC 电动机保护器	改造更换调试	安全	点检员	110	H3	质量验收单	工作负责人	点检员	监理	生技部专工

硫化专业非标项目控制计划见表 2-17。

表 2-17　硫化专业非标项目控制计划表

序号	系统设备名称	项目内容	项目属性	项目负责人	工日	R/W/H	验收类型	验收人			
								一级	二级	监理	三级
硫化专业											
1	汽水取样系统	低温架冷却水管加装一次门	技改	点检员	10	W2	检修质量验收单	工作负责人	点检员	监理	生技部专工
2	脱硫吸收塔出口烟道水槽	吸收塔出口烟道前加装一道疏水槽，并作防腐保护	技改	点检员	50	H2	检修质量验收单	工作负责人	点检员	监理	生技部专工
3	取消高压密封风机及加热器	拆除高压密封风系统	消缺	点检员	40	W2	检修质量验收单	工作负责人	点检员	监理	生技部专工

续表

序号	系统设备名称	项目内容	项目属性	项目负责人	工日	R/W/H	验收类型	验收人			
								一级	二级	监理	三级
4	A/B 增压风机入口挡板改造	增压风机入口挡板（2台）各增加一台执行器，每台执行器驱动3片挡板	技改	点检员	40	H2	检修质量验收单	工作负责人	点检员	监理	生技部专工
5	排水坑泵改造	选用结构相对简单、稳定性较高的卧式泵，更换原卧立式泵	技改	点检员	120	H3	检修质量验收单	工作负责人	点检员	监理	生技部专工
6	空气预热器输灰系统1号仓泵	1号仓泵入口圆顶阀更换为插板门，拆除仓泵冷却水管	技改	点检员	20	W2	检修质量验收单	工作负责人	点检员	监理	生技部专工
7	电除尘器输灰系统	输灰系统储气罐进气管增加手动门	技改	点检员	10	W2	检修质量验收单	工作负责人	点检员	监理	生技部专工
8	底渣系统	A/B 排水泵增加进口滤网冲洗水管道、A/B 排水泵出口电动门增加手动门	技改	点检员	20	W2	检修质量验收单	工作负责人	点检员	监理	生技部专工
9	底渣系统捞渣机	更换捞渣机浸水轮	消缺	点检员	20	W2	检修质量验收单	工作负责人	点检员	监理	生技部专工
10	旁路烟道加装疏水槽	旁路烟道前加装一道疏水槽，并作防腐保护	技改	点检员	50	H2	检修质量验收单	工作负责人	点检员	监理	生技部专工
11	吸收塔浆液循环泵入口滤网换型	修改原滤网支撑构架，并修复防腐、更换新型滤网	安全	点检员	140	H3	检修质量验收单	工作负责人	点检员	监理	生技部专工
12	二级刮板机改造	更换二级刮板机、B渣仓移位	技改	点检员	300	H3	检修质量验收单	工作负责人	点检员	监理	生技部专工

金属专业非标项目控制计划见表 2-18。

表 2-18

金属专业非标项目控制计划表

序号	系统设备名称	项目内容	项目属性	项目负责人	工日	R/W/H	验收类型	验收人			
								一级	二级	监理	三级

金属监督

1	再热热段堵阀	焊缝质量检查	标准项目	点检员	10	H2	检验和试验报告	工作负责人	点检员	监理	生技部专工
2	再热冷段堵阀	焊缝质量检查	标准项目	点检员	10	H2	检验和试验报告	工作负责人	点检员	监理	生技部专工
3	二级再热器异种钢接头	焊缝质量检查	标准项目	点检员	50	H2	检验和试验报告	工作负责人	点检员	监理	生技部专工
4	二级过热器异种钢接头	焊缝质量检查	标准项目	点检员	5C	H2	检验和试验报告	工作负责人	点检员	监理	生技部专工
5	P92 集箱焊缝检查	焊缝质量检查	标准项目	点检员	200	H3	检验和试验报告	工作负责人	点检员	监理	生技部专工
6	炉外大口径联通管	焊缝质量检查	标准项目	点检员	200	H3	检验和试验报告	工作负责人	点检员	监理	生技部专工
7	水冷壁 T23 焊口普查	焊缝质量检查	标准项目	点检员	200	H2	检验和试验报告	工作负责人	点检员	监理	生技部专工
8	炉底前后墙水冷壁水封处检查	焊缝质量检查	标准项目	点检员	30	H2	检验和试验报告	工作负责人	点检员	监理	生技部专工
9	水冷壁、过热器、再热器等割管取样焊口检查	焊缝质量检查	标准项目	点检员	80	H2	检验和试验报告	工作负责人	点检员	监理	生技部专工
10	锅炉联箱及管道包管温角焊缝检查	焊缝质量检查	标准项目	点检员	60	H2	检验和试验报告	工作负责人	点检员	监理	生技部专工
11	锅炉管道联通管探伤孔角焊缝检查	焊缝质量检查	标准项目	点检员	60	H2	检验和试验报告	工作负责人	点检员	监理	生技部专工
12	四大管道相连的小管道焊缝检查	焊缝质量检查	标准项目	点检员	80	H2	检验和试验报告	工作负责人	点检员	监理	生技部专工
13	炉外管（放气、取样、疏水等）焊缝检查	焊缝质量检查	标准项目	点检员	60	H2	检验和试验报告	工作负责人	点检员	监理	生技部专工
14	炉外疏水管道等改造	焊缝质量检查	标准项目	点检员	30	H2	检验和试验报告	工作负责人	点检员	监理	生技部专工

续表

序号	系统设备名称	项目内容	项目属性	项目负责人	工日	R/W/H	验收类型	一级	二级	监理	三级
15	锅炉燃油管道焊口检查	焊缝质量检查	标准项目	点检员	40	H2	检验和试验报告	工作负责人	点检员	监理	生技部专工
16	炉外异种钢焊口普查	焊缝质量检查	标准项目	点检员	60	H2	检验和试验报告	工作负责人	点检员	监理	生技部专工
17	厚壁管三通焊缝	焊缝质量检查	标准项目	点检员	50	H2	检验和试验报告	工作负责人	点检员	监理	生技部专工
18	汽轮机外管（疏水等）焊缝检查	焊缝质量检查	标准项目	点检员	25	H2	检验和试验报告	工作负责人	点检员	监理	生技部专工
19	汽轮机高低压加热器阀门更换焊口	焊缝质量检查	标准项目	点检员	10	H2	检验和试验报告	工作负责人	点检员	监理	生技部专工
20	主油箱管焊缝检查	焊缝质量检查	标准项目	点检员	10	H2	检验和试验报告	工作负责人	点检员	监理	生技部专工
21	给水泵汽轮机、给水泵、前置泵轴瓦检查	焊缝质量检查	标准项目	点检员	10	H2	检验和试验报告	工作负责人	点检员	监理	生技部专工
22	高压旁路阀阀门抽查	焊缝质量检查	标准项目	点检员	8	H2	检验和试验报告	工作负责人	点检员	监理	生技部专工
23	低压旁路隔离阀检查	焊缝质量检查	标准项目	点检员	8	H2	检验和试验报告	工作负责人	点检员	监理	生技部专工
24	给水泵汽轮机油管道	焊缝质量检查	标准项目	点检员	10	H2	检验和试验报告	工作负责人	点检员	监理	生技部专工
25	EH油管道	焊缝质量检查	标准项目	点检员	10	H2	检验和试验报告	工作负责人	点检员	监理	生技部专工
26	高低压旁路阀门液压油管道	焊缝质量检查	标准项目	点检员	8	H2	检验和试验报告	工作负责人	点检员	监理	生技部专工
27	润滑油（含顶轴油）系统管道焊缝检查	焊缝质量检查	标准项目	点检员	8	H2	检验和试验报告	工作负责人	点检员	监理	生技部专工
28	密封油管道焊缝检查	焊缝质量检查	标准项目	点检员	10	H2	检验和试验报告	工作负责人	点检员	监理	生技部专工
29	发电机汇水环	焊缝质量检查	标准项目	点检员	10	H2	检验和试验报告	工作负责人	点检员	监理	生技部专工

土建专业非标项目控制计划见表 2-19。

表 2-19　土建专业非标项目控制计划表

序号	项目	项目内容	项目属性	责任单位	项目负责人	工日	R/W/H	验收人		
								一级	二级	三级
土建专业										
1	循环水泵房循环水管道穿墙位置漏水处理	循环水泵房循环水管道穿墙位置漏水处理	隐患治理	工程	点检员	60	W2	工作负责人	点检员	监理	生技部专工
2	冷却塔压力水槽伸缩缝处理	冷却塔压力水槽伸缩缝处理	隐患治理	工程	点检员	60	W2	工作负责人	点检员	监理	生技部专工
3	冷却塔塔体检查维修、防腐维修	冷却塔塔体检查维修、防腐维修	隐患治理	工程	点检员	60	W2	工作负责人	点检员	监理	生技部专工
4	加氧改造	加氧改造土建部分工作	技术改造	工程	点检员	30	W2	工作负责人	点检员	监理	生技部专工
5	澄清池上下爬梯	澄清池上下爬梯更换不锈钢 316L 材料	隐患治理	工程	点检员	10	W2	工作负责人	点检员	监理	生技部专工
6	浓缩机排污池维修	浓缩机排污池维修	隐患治理	工程	点检员	12	W2	工作负责人	点检员	监理	生技部专工
7	主变压器油色谱在线监测装置	主变压器油色谱在线监测装置基础土建	安全	工程	点检员			工作负责人	点检员	监理	生技部专工

热控专业非标项目控制计划见表 2-20。

表2-20

热控专业非标项目控制计划

热控专业

序号	系统	项目	类别							
1	给水系统	汽泵前置泵压力测点引压管路改造，轴封加热器出口压力变送器及压力表管改造	隐患治理	技术员	8	1W2	检修质量验收单	工作负责人	技术员	生技部专工
2	TSI 系统	汽轮机 TSI 接线盒改造	隐患治理	技术员	16	1W2	检修质量验收单	工作负责人	技术员	生技部专工
3	精处理系统	精处理系统阀门气源管路增加装截止门	隐患治理	技术员	8	1W2	检修质量验收单	工作负责人	技术员	生技部专工
4	凝结水系统	凝泵密封水压力低开关改为变送器，给水泵汽轮机润滑油网差压高压力开关更换为高差压变送器	隐患治理	技术员	16	1W2	检修质量验收单	工作负责人	技术员	生技部专工
5	ETS 系统	励磁机后冷却热风温度，氢冷器出口处冷氢温度测点增加	隐患治理	技术员	6	1W3	检修质量验收单	工作负责人	技术员	生技部专工
6	凝结水系统	机务循环水出水温度测点增加两个（电缆敷设）	隐患治理	技术员	20	1W2	检修质量验收单	工作负责人	技术员	生技部专工
7	给水系统	给水泵非驱动端密封水调节门不便于检修，转180°	隐患治理	技术员	4	1W2	检修质量验收单	工作负责人	技术员	生技部专工
8	汽轮机油系统	汽轮机油系统仪表管接头及阀门改造	隐患治理	技术员	36	1W2	检修质量验收单	工作负责人	技术员	生技部专工
9	精处理系统	增加精处理画面画面机组排水槽流量显示（电缆敷设）	隐患治理	技术员	18	1W2	检修质量验收单	工作负责人	技术员	生技部专工
10	给水泵出口电动门改造	增加模拟量反馈（电缆敷设）	隐患治理	技术员	16	1W2	检修质量验收单	工作负责人	技术员	生技部专工
11	给水泵汽轮机本体	给水泵壳体温度改造	隐患治理	技术员	10	1W2	检修质量验收单	工作负责人	技术员	生技部专工
12	水平衡用测点改造	增加平衡用测量装置	隐患治理	技术员	30	1W2	检修质量验收单	工作负责人	技术员	生技部专工
13	精处理系统	加氧装置改造	技术改造	技术员	56	1W3	检修质量验收单	工作负责人	技术员	生技部专工
14	捞渣机渣池补水方式改造	捞渣机渣池补水方式改造	技术改造	技术员	12	1W2	检修质量验收单	工作负责人	技术员	生技部专工
15	保护用测点仪表管增加壁温监视元件	实现对锅炉主要汽水系统变送器、压力开关仪表管壁温监视、报警	技术改造	技术员	12	1W2	检修质量验收单	工作负责人	技术员	生技部专工

续表

热控专业

序号	项目	内容	类别	技术员			检修质量验收单	工作负责人	技术员	生技部专工
16	空气预热器 LCS 改造	将 LCS 通过通信的方式接入 DCS，实现远程监控	技术改造	技术员	16	1W3	检修质量验收单	工作负责人	技术员	生技部专工
17	空气预热器出口挡板改造	将原来一体安装的电动头改为分体安装		技术员	32	1W2	检修质量验收单	工作负责人	技术员	生技部专工
18	过热器减温水电动门执行器更换	将目前故障率较高的 EMG 执行器更换	隐患治理	技术员	18	2W2	检修质量验收单	工作负责人	技术员	生技部专工
19	脱硫旁路执行器改造	为防止机械卡涩，更换输出功率较大的执行器	隐患治理	技术员	16	1H3	检修质量验收单	工作负责人	技术员	生技部专工
20	本体系统	锅炉负压取样点位置改造	技术改造	技术员	45	1W2	检修质量验收单	工作负责人	技术员	生技部专工
21	脱硫系统	脱硫系统增压风机入口挡板增加 2 台执行机构		技术员	34	1W2	检修质量验收单	工作负责人	技术员	生技部专工
22	脱硫入口烟气压力取样器移位	将脱硫入口烟气压力取样器重新布置安装	隐患治理	技术员	10	1W2	检修质量验收单	工作负责人	技术员	生技部专工
23	二次风量测量集灰罐移位	将集灰罐移到风道上方	隐患治理	技术员	15	1W2	检修质量验收单	工作负责人	技术员	生技部专工
24	烟气氧量测量过滤器挡板	重新加工安装法兰，安装过滤器挡板	隐患治理	技术员	25	1W2	检修质量验收单	工作负责人	技术员	生技部专工
25	捞渣机补水电动门执行机构更换	更换原来国产执行机构为通用型 SIPOS 或 ROTORK 执行机构	技术改造	技术员	5	1W2	检修质量验收单	工作负责人	技术员	生技部专工
26	就地 6 台给煤机控制柜	就地 6 台给煤机控制柜电源敷设，引用 UPS 电源	技术改造	技术员	16	1W2	检修质量验收单	工作负责人	技术员	生技部专工
27	真空泵系统	真空泵出口加装两个阀门（电缆敷设）	技术改造	技术员	26	2W2	检修质量验收单	工作负责人	技术员	生技部专工
28	引风机静叶执行器改造	为防止机械卡涩，更换输出功率较大的执行器	隐患治理	技术员	6	1H3	检修质量验收单	工作负责人	技术员	生技部专工
29	再热蒸汽系统	5B 给水泵汽轮机高压进汽流水罐液位高频繁报警、疏水门开启高报警仍在	消缺	技术员	4	1W2	检修质量验收单	工作负责人	技术员	生技部专工
30	给水泵汽轮机机体	5A 汽泵密封水温度表测量不准	消缺	技术员	1	1W2	检修质量验收单	工作负责人	技术员	生技部专工

电气二次非标项目控制计划见表 2-21。

表 2-21

电气二次非标项目控制计划表

电气二次专业

序号										
1	A、B 段电除尘高压控制柜	A、B 段电除尘高压控制柜增加试验转换开关	一般技术改造	技术员	15	W2	检修质量验收单	工作负责人	技术员	生技部专工
2	电度表屏	高压厂用变压器电能表改造为 0.2 级	一般技术改造	技术员	10	H3	检修质量验收单	工作负责人	技术员	生技部专工
3	变送器屏 1、2	发电机、主变压器、高压厂用变压器功率变送器改造为 0.2 级；主变压器变送器接线改三相四线制	一般技术改造	技术员	20	H3	检修质量验收单	工作负责人	技术员	生技部专工
4	发电机机端 TV	发电机机端 TV 改造为符合精度要求的 TV	一般技术改造	技术员	5	H3	检修质量验收单	工作负责人	技术员	生技部专工
5	发电机辅助 TA 柜	发电机测量 TA 改造，在原有辅助 TA 回路再串联一个符合精度要求的 TA	一般技术改造	技术员	40	H3	检修质量验收单	工作负责人	技术员	生技部专工
6	主厂房 400V 各 PC 段	更换 400V 各 PC 段电动机控制器	一般技术改造	技术员	100	W2	检修质量验收单	工作负责人	技术员	生技部专工
7	主变压器高压侧 TV	测量主变压器 TV 精度是否符合关口计量要求	技术监督	技术员	40	W2	检修质量验收单	工作负责人	技术员	生技部专工
8	励磁调节器，AGC	将机组 PSS 投退信号接入远动装置	两措	技术员	10	W2	检修质量验收单	工作负责人	技术员	生技部专工
9	各保护、自动装置盘柜	用错表测量屏蔽层接地线电流，做好记录	安评	技术员	5	W2	检修质量验收单	工作负责人	技术员	生技部专工
10	脱硝 MCC 进线	脱硝 MCC 进线 TQ30F 更换、增加交流电压及控制回路保险	消缺	技术员	5	W2	检修质量验收单	工作负责人	技术员	生技部专工
11	高压厂用变压器第一套保护	5B 厂用变压器第一套保护 T35 装置更换	消缺	技术员	6	H3	检修质量验收单	工作负责人	技术员	生技部专工
12	5043 开关测控屏	安装涌流抑制器屏柜、铺设电缆、接线及装置调试	科技	技术员	50	H3	检修质量验收单	工作负责人	技术员	生技部专工

四、 重大技改项目控制计划表

A 级检修重大技改项目控制计划见表 2-22。

表 2-22 A 级检修重大技改项目控制计划表

序号	项目	项目内容	责任部门	项目负责人
1	二级刮板改造	增容改造	设备部	设备部专业主管
2	主变压器加装在线监测装置	加检测装置	设备部	设备部专业主管

五、 重大修理项目控制计划

A 级检修重大修理项目控制计划见表 2-23。

表 2-23 A 级检修重大修理项目控制计划表

序号	项目	项目内容	责任单位	项目负责人	备注
1	水冷壁防磨防爆检查分析与处理、高温受热面氧化皮检测与防治	对螺旋段水冷壁 T23 管材进行磁粉、硬度检查，对重点部位焊口进行拍片检查，对高负荷区域管壁温度进行测厚检测，处理管道缺陷。对高温受热面管道内氧化皮进行检测与分析	设备部	设备部专业主管	外委
2	四大管道及炉本体支吊架专项检查与整改	支吊架调整	设备部	设备部专业主管	外委
3	机炉外管及主机油系统管道检查	焊口检查	设备部	设备部专业主管	外委

第六节 试 验 项 目

一、 修前（停机前）试验项目

A 级检修修前试验项目计划见表 2-24。

表 2-24 A 级检修修前试验项目计划表

序号	项目	试验内容	验收级别	所属专业	备注
1	ATT 试验	ATT 试验	三级	汽轮机	发电部停机前
2	高压加热器三通阀切换试验	高压加热器三通阀切换试验	三级	汽轮机	发电部停机前
3	各抽汽逆止门关闭试验	抽汽止回门关闭试验	三级	汽轮机	电科院停机前
4	主再热汽门关闭试验	主再热汽门关闭时间测定	三级	汽轮机	电科院停机前

续表

序号	项目	试验内容	验收级别	所属专业	备注
5	排汽试验	4 台再热器安全阀排汽试验	三级	锅炉	发电部停机前
6	空气预热器漏风试验	漏风试验	二级	锅炉	电科院停机前
7	发电机温升试验	不同负荷下铁芯温度分布	三级	电气一次	发电部停机前
8	电除尘器效率监测试验	除尘效率检查	二级	硫化	电科院（修前一个月）
9	脱硫系统效率监测试验	脱硫效率检查	二级	硫化	电科院（修前一个月）
10	脱硝系统效率监测试验	脱硝效率检查	二级	锅炉	电科院（修前一个月）
11	机组修前性能试验	机组修前性能试验	三级	汽轮机、锅炉	电科院停机前

二、 修中实验项目

A 级检修修中试验项目计划见表 2-25。

表 2-25　　　　　　　　　　A 级检修修中试验项目计划表

序号	项目	试验内容	验收级别	所属专业	备注
1	传动试验	吹灰器冷态传动试验	二级	锅炉	发电部停机前
2	水压试验	锅炉二次汽系统水压试验项目	三级	锅炉	发电部停机前
3	发电机水压试验	定子绕组及出线水路水压试验	三级	电气一次	运行部、设备部
4	发电机热水流试验	定子线棒热水流试验	三级	电气一次	发电部
5	凝汽器灌水查漏试验	凝汽器灌水查漏试验	三级	汽轮机	运行部、设备部
6	发电机气密试验	发电机整体气密试验	三级	电气一次	运行部、设备部
7	主再热汽门关闭试验	主再热汽门关闭时间测定	三级	汽轮机	电科院
8	汽轮机顶轴试验	汽轮机大轴顶起高度测定	三级	汽轮机	运行部、设备部
9	火检风备用	火检风机切换及一次风系统间切换	二级	锅炉	运行部、设备部
10	水压试验	锅炉一、二次汽系统水压试验项目	三级	锅炉	运行部、设备部
11	传动试验	油枪，点火枪传动试验	二级	锅炉	运行部、设备部
12	点火试验	等离子点火试验	二级	锅炉	运行部、设备部
13	厂用电源快切试验	6kV 各段厂用电源快切试验及录波	三级	发电部、电气二次	运行部、设备部

三、 启动中实验项目

A 级检修启动中试验项目计划见表 2-26。

表 2-26   A 级检修启动中试验项目计划表

序号	项目	试验内容	验收级别	所属专业	备注
1	发电机开机试验	发电机空载试验	三级	电气一次 电气二次	运行部、设备部
2	发电机假同期试验	发电机假同期试验	三级		
3	励磁系统特性检查试验	励磁系统闭环试验	三级	电气二次	运行部、设备部
4	励磁通道切换试验	励磁调节器通道切换试验	三级		
5	带负荷测试	所有保护及自动装置带负荷测试 CT、PT 相位	三级		
6	主变压器、厂变压器两路冷却器电源切换试验	电源切换	三级	电气二次	运行部、设备部
7	柴发自动联启试验	柴发自动联启试验	三级	电气二次	运行部、设备部
8	磨煤机一次风配平试验	测定各风管风速及偏差	二级	锅炉	电科院
9	送风机性能试验	测出风机在单独或并列运行条件下的节流和调节特性，喘振开关校验	二级	锅炉	电科院
10	空气预热器漏风试验	漏风试验	二级	锅炉	电科院
11	吹灰器热态试验	热态传动及压力调整	二级	锅炉	运行部、设备部
12	再热器安全阀试验	压力整定与调整	三级	锅炉	运行部、设备部
13	燃油泄漏试验	燃油泄漏试验	三级	锅炉	运行部、设备部
14	热控电源切换试验	热控配电柜 220V 交流电源切换试验	三级	热控	运行部、设备部
15	热控电源切换试验	热控 DCS 电源切换试验	三级	热控	运行部、设备部
16	热控电源切换试验	热控 DEH 电源切换试验	三级	热控	运行部、设备部
17	热控电源切换试验	热控 MEH 电源切换试验	三级	热控	运行部、设备部
18	AP 切换试验	各控制器 AP 切换试验	二级	热控	运行部、设备部
19	PLC 切换冗余试验	精处理 PLC 冗余切换试验	二级	热控	运行部、设备部
20	ETS 系统保护试验	ETS 系统保护试验 42 项	三级	热控	运行部、设备部
21	给水泵汽轮机保护试验	给水泵汽轮机 A 保护试验 26 项	二级	热控	运行部、设备部
22	给水泵汽轮机保护试验	给水泵汽轮机 B 保护试验 26 项	二级	热控	运行部、设备部
23	主机油系统保护、联锁试验	主机润滑油泵 A、B 联锁保护试验	三级	热控	运行部、设备部
24	主机油系统保护、联锁试验	主机润滑事故油泵联锁保护试验	三级	热控	运行部、设备部

续表

序号	项目	试验内容	验收级别	所属专业	备注
25	主机油系统保护、联锁试验	主机顶轴油泵 A、B、C 联锁保护试验	二级	热控	运行部、设备部
26	主机油系统保护、联锁试验	主机 EH 油系统联锁、保护试验	三级	热控	运行部、设备部
27	给水泵汽轮机油系统保护试验	主机给水泵汽轮机 A 油泵联锁试验	二级	热控	运行部、设备部
28	给水泵汽轮机油系统保护试验	主机给水泵汽轮机 B 油泵联锁试验	二级	热控	运行部、设备部
29	机组大联锁试验	大联锁试验	三级	热控	运行部、设备部、生技部
30	机组 DEH 仿真试验	DEH 仿真试验	二级	热控	运行部、设备部、生技部
31	重要辅机保护试验	凝结水泵、循环水泵、汽泵前置泵、真空泵等保护联锁试验	二级	热控	运行部、设备部
32	阀门传动试验	锅炉汽水系统阀门传动试验	一级	热控	运行部、设备部
33	阀门传动试验	高压旁路、再热器安全门、疏水液控阀传动试验	三级	热控	运行部、设备部
34	阀门传动试验	锅炉烟风系统挡板传动试验	一级	热控	运行部、设备部
35	阀门传动试验	锅炉制粉系统阀门传动试验	一级	热控	运行部、设备部
36	阀门传动试验	脱硫总线阀门传动试验	一级	热控	运行部、设备部
37	阀门传动试验	脱硫旁路挡板开关试验	三级	热控	运行部、设备部
38	锅炉主保护、主要辅机保护试验	MFT 动作条件试验，MFT 动作后的联动功能试验	三级	热控	运行部、设备部
39	锅炉主保护、主要辅机保护试验	送、引、一次风机、增压风机保护试验	三级	热控	运行部、设备部
40	锅炉主保护、主要辅机保护试验	锅炉启动循环泵保护试验	二级	热控	运行部、设备部
41	锅炉主保护、主要辅机保护试验	给煤机、磨煤机保护试验	三级	热控	运行部、设备部
42	脱硫系统主要保护、主要辅机保护试验	脱硫联锁跳闸保护试验	三级	热控	运行部、设备部
43	电除尘器效率监测试验	除尘效率检查	三级	硫化	电科院
44	电除尘升压试验	升压	三级	硫化	电科院
45	汽门严密性试验	汽门严密性试验	三级	汽轮机	电科院
46	汽门快关时间测试	汽门快关时间测试	三级	汽轮机	电科院
47	汽轮机超速试验	超速试验	三级	汽轮机	运行部、设备部
48	给水泵自动并泵试验	给水泵并泵顺控	三级	热控	运行部、设备部

续表

序号	项目	试验内容	验收级别	所属专业	备注
49	RB 试验、FCB 试验	RB 试验、FCB 试验	三级	热控	运行部、设备部
50	CCS 负荷摆动试验	CCS 扰动试验，参数优化	三级	热控	运行部、设备部
51	一次调频、AGC 测试	测试和优化试验	三级	热控	运行部、设备部
52	给水自动调节品质试验	给水系统及焓控系统扰动试验，自动调节参数整定	三级	热控	运行部、设备部
53	送引风自动调节品质试验	风烟系统扰动试验，自动调节参数整定	三级	热控	运行部、设备部
54	一、二级及再热器减温水系统自动调节品质试验	减温水系统扰动试验，自动调节参数整定	三级	热控	运行部、设备部
55	磨组系统自动调节品质试验	磨组系统扰动试验，自动调节参数整定	三级	热控	运行部、设备部
56	燃料主控自动调节品质试验	燃料主控及系统扰动试验，自动调节参数整定	三级	热控	运行部、设备部
57	高、低压加热器水位自动调节品质试验	高、低压加热器水位系统扰动试验，自动调节参数整定	三级	热控	运行部、设备部
58	开闭式水系统自动调节品质试验	开闭式水系统扰动试验，自动调节参数整定	三级	热控	运行部、设备部
59	凝结水、除氧器系统自动调节品质试验	凝结水、除氧器系统扰动试验，自动调节参数整定	三级	热控	运行部、设备部
60	脱硫系统自动调节品质试验	脱硫系统扰动试验，自动调节参数整定	三级	热控	运行部、设备部
61	脱硝系统自动调节品质试验	脱硝系统扰动试验，自动调节参数整定	三级	热控	运行部、设备部

四、A 级检修修后性能试验项目

A 级检修修后性能试验项目计划见表 2-27。

表 2-27   A 级检修修后性能试验项目计划表

序号	项目	试验修内容	验收级别	所属专业	备注
1	电除尘器效率监测试验	除尘效率检查	二级	硫化	电科院（修后一个月内）
2	脱硫系统效率监测试验	脱硫效率检查	二级	硫化	电科院（修后一个月内）
3	脱硝系统效率监测试验	脱硝效率检查	二级	锅炉	电科院（修后一个月）
4	各抽汽止回门关闭试验	抽汽止回门关闭试验	三级	汽轮机	电科院（修后一个月内）
5	机组修后性能试验	机组修前性能试验	三级	汽轮机、锅炉	电科院（修后一个月内）

第七节 A级检修进度网络图

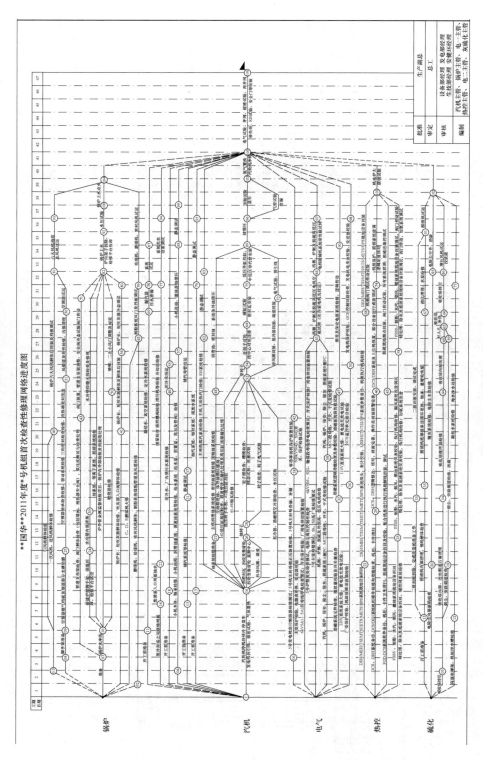

图 2-2 A级检修进度网络图

第八节 A 级检修现场布置图

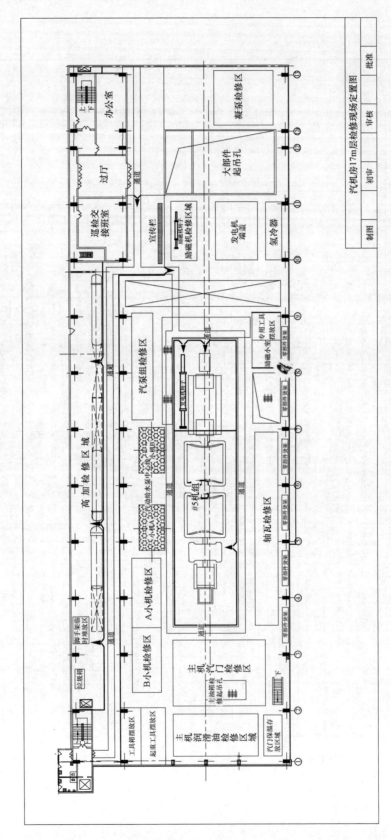

图 2-3 8.1 汽机房 17m 汽轮发电机检修定置图

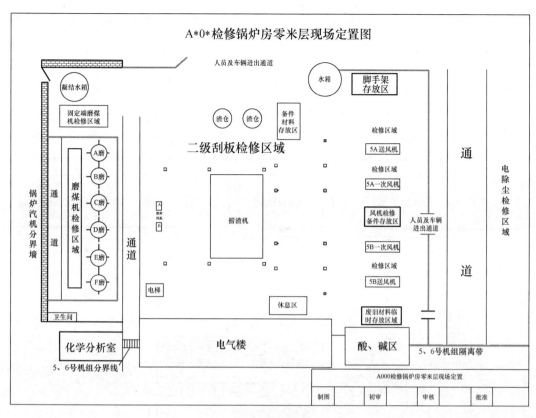

图 2-4　锅炉零米检修定置图

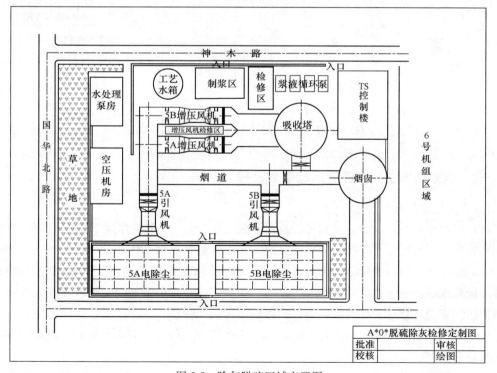

图 2-5　除灰脱硫区域定置图

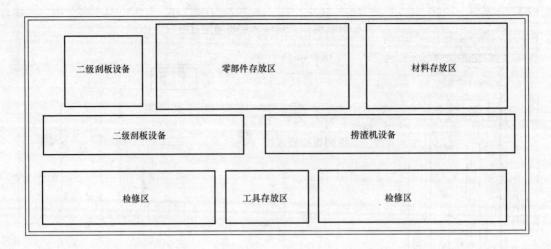

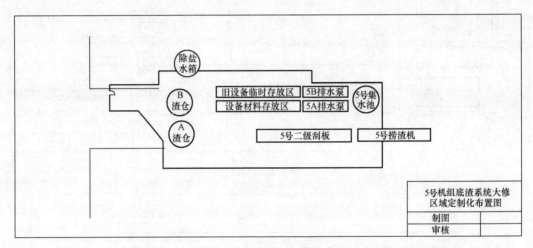

图 2-6   底渣系统（0m）检修定置图

第九节   主要风险控制计划

一、 检修现场主要存在的风险事故及控制措施

（一）高空坠落预防措施

（1）高空作业人员身体条件必须符合 GB 26860《电业安全工作规程》要求，患有精神病、癫痫病、高血压、心脏病、眩晕症、恐高症的人员禁止攀高作业；

（2）高空作业的脚手架必须牢固可靠，并有可供攀登的梯阶，在每个脚手架搭建验收后填写质量验收单，一级验收由负责人签字，二级验收由项目负责部门安健环专责人签字，三级由公司级安健环管理人员验收，经过验收后方可投入使用；

（3）高空作业的脚手架每天开工前，应由工作负责人进行一次全面检查，发现问题应及时整改；

（4）在没有脚手架或脚手架措施不完善的高空作业人员必须系安全带，穿防滑鞋并系紧；

（5）安全带每天使用前都应进行检查，对于有变形、破损、断线、断股、卡扣松动、弹簧紧力不足及超期服务的安全带一律不准使用；

（6）防坠器每天使用前还应做速刹装置试验，一般速刹距离不得超过300mm；

（7）安全带的使用禁止低挂高用，固定端必须牢固可靠，禁止拴挂在脚手架或不牢固的建筑物体上；

（8）梯子下面要放防滑胶皮垫，上面要结牢，搭好跳板及脚手架，要站稳把牢；

（9）在天车轨道上工作时，在电源开关上要挂停电牌，专人看护并通知司机；

（10）接近高压线或裸导线时，要求停电并在开关上挂"有人工作、禁止合闸"；

（11）上车辆、屋架等时，对攀登件先试一下，牢固后再蹬；

（12）高空作业至少设一人监护。

（二）机械伤害防止措施

（1）熟知工器具（含电动工具、手动、安全用具，下同）的使用方法，正确使用工器具；

（2）工器具使用前必须经过全面检查，不合格的工器具禁止带入检修现场；

（3）设备的解体应遵照其工艺程序进行，已解体的设备应放置在安全可靠的地点，不得发生倾斜或倾倒；

（4）已解体的设备，如不准备回装，应及时运出检修现场；

（5）大件及较重设备的搬运，必须由有经验的人员统一指挥进行；

（6）设备及消缺材料的装卸及运输，应绑扎牢固，不发生滚动或大幅度位移，任何情况下不允许客货混装；

（7）转动机械的检修工作，必须有可靠的制动措施（如切断电源、取下保险），否则禁止开工作业；

（8）劳动防护用品应配备佩戴齐全，主机本体、给水泵汽轮机本体及磨煤机检修人员应配备防砸鞋；

（9）机械设备使用的刀具、工夹具及加工的零件要装卡牢固，不得松动，防止压伤、砸伤、挤伤；

（10）试运设备时，人员必须远离现场；

（11）禁止扩大工作范围。

（三）高空落物预防措施

（1）高空作业一律使用工具袋，备品备件等可移动物品的放置必须安全可靠，不允许有落物情况发生；

（2）工器具及材料不允许上下投掷，应用绳索上下吊送；

（3）上部高空作业，下部应设置围栏，并设专人监护；

（4）立体交叉的高空作业，上下层之间必须有可靠的隔绝措施；

（5）脚手架上部的杂物应及时清除，不允许长时间堆放；

（6）高处电、火焊的切割作业，切割物必须有防止突然下落的安全措施，否则不允许切割作业；

（7）高空作业下部禁止通行和停留；

（8）已解体的设备及其零部件禁止存放在楼梯平台和过道上，存放地点必须安全可靠；

（9）严禁携带笨重物品登高。

（四）触电伤害预防措施

（1）所有的电动工具，每次使用前必须进行全面检查，导线、插头、插座、开关等部位有破损、漏电情况禁止带入消缺现场使用；

（2）电焊机、气泵、切割机等电动工器具外壳必须有良好的接地线；

（3）接地线只允许接在厂区接地网上或接在电源线的接地侧，不允许接在水工设备或其他金属构架上；

（4）电气设备上的标示牌，除原设置人员或运行专责人外，其他任何人不准移动；

（5）临时电源的接引，必须由设备部专业电工统一负责，其他人员一律不允许从事该项工作；

（6）检修的转动设备，必须有可靠的停电措施，任何情况下都不允许有突然来电的情况发生；

（7）除工作人员，任何人不允许靠近带电设备，任何人不允许擅自进入母线室和高压区域；

（8）电气、热工和电焊工作人员进入工作现场，必须穿绝缘鞋，绝缘用品用具使用前应进行检查，否则不准使用；

（9）电动工器具及行灯，必须配备漏电保护器，漏电保护器使用前应做跳闸试验；

（10）金属容器内的焊接作业，必须严格执行 GB 26860《电业安全工作规程》规定。

（五）起重作业伤害预防措施

（1）检修时，所有启用的起重设备（含手拉葫芦和电梯）必须处于完好备用状态，并在每次投入使用前应进行一次全面的检查，如有影响安全的问题，禁止使用；

（2）起重设备起吊前，吊物的重量和起重设备的最大载荷量应做到心中有数，任何情况下不允许超载荷起吊作业；

（3）起重设备的司机、指挥人员、监护人员均为特种作业人员，应经过有关专业部门培训、考试合格后方可持证上岗；

（4）主要设备及大件起吊工作，各级管理人员及领导应到位监督指导；

（5）吊物下禁止通行和逗留，并设专人监护，起吊重物行走时，必须通知下方工作人员暂离危险点；

（6）绑扎吊物的绳索及滑轮、吊钩、应经过检查，吊物必须捆绑牢固，绝不允许起吊过程中滑落；

（7）临时启用的卷扬机、手拉葫芦，各受力端的支吊点必须牢固可靠，受力端的支吊点不允许支吊在热力设备及栏杆上、管道上；

（8）起重设备的保护，如限位保护、极限保护、刹车装置，必须灵活好用，否则不允许起吊；

（9）两台起重设备同时起吊一个重物，应提前制定起吊技术方案和安全措施，经总工程师批准后方可进行；

（10）起重机的主、副钩任何情况下不允许同时运行；

（11）主吊车在运行时，驾驶室至少应保持两人，即一人操作，一人监护；

（12）吊物不允许长时间悬在空中，重物暂时悬在空中时，司机严禁离开驾驶室；

（13）起重的提升速度要保持平稳，严禁忽上忽下、忽慢忽快，吊物与地面距离不要保持过高，在条件允许的情况下，吊车行走时尽量降低吊物与地面的距离；

（14）自制简易起重起吊架必须按自制工器具管理要求执行；

（15）起吊指挥人对起吊作业安全负全责，其他人如有异议必须向负责人反馈，由负责人统一指挥。

（六）检修现场火灾预防措施

（1）凡动火作业项目，均应配备适量的消防器材或有效的防火措施；

（2）氢、油系统及附近区域的作业必须办理动火工作票；

（3）上部动火作业，下部如有易燃、易爆物品时，必须有可靠的隔绝措施，并设置专人在下监护；

（4）动火作业附近区域不得堆放易燃易爆物品，杂物应及时清除，确认无火灾风险时方可进行动火作业；

（5）脚手架上的电火焊作业，脚手架平台应设置阻燃层隔绝，不允许在木质和竹跳板脚手架平台上直接施焊；

（6）中午和下午收工前，必须检查有无遗留火种，检查电源是否关掉；

（7）检修现场严禁吸烟，除火焊工外，火种一律不准带入机组检修现场；

（8）氢油系统设备和制粉系统设备内的积油、积粉、积煤、氢气必须吹扫清除干净，且与运行系统有可靠的隔绝措施，以上系统设备允许开启的阀门应全部开启，避免可燃性气体积存；

（9）消防水系统应完好备用，消防器材数量允足，确保在火情发生时及时投入；

（10）检修现场消防通道必须保持畅通。

二、 确保运行机组安全运行稳定隔离措施

在机组检修期间，为了确保运行机组安全、稳定运行，在相邻机组之间进行可靠隔离。具体隔离措施如下：

（一）通道隔离措施

（1）汽机房零米层检修与运行相邻机组组之间吊物孔靠机组分界线设置隔离围栏（可布置宣传栏），A列小门封闭，汽轮机房临时隔离围栏及固定端大门处设置保卫岗，控制检修人员进入。

（2）汽机房 8.6m 层检修与运行相邻机组组之间设置全封闭隔离围栏。

（3）汽机房 17m 层机组之间设置隔离围栏，根据 17m 层检修定置图进行隔离。隔离带在南侧开口，设置运行通道，设置保卫岗。

（4）汽机房除氧间 25m 层、33m 层检修与运行相邻机组之间设置隔离围栏，全部封死。

（5）锅炉房零米层检修与运行相邻机组之间沿炉侧机组分界线设置全封闭炉侧隔离围栏。根据锅炉零米层定置图布置，检修垃圾场布置于检修区域中，每天定期在保卫监督下开放区域运出垃圾。

（6）检修与运行相邻机组组磨煤机区域之间、检修区域内设置临时休息点。

（7）机组各电子间、配电室房间全部上锁。

（8）在电除尘与送风机之间道路上 6 号炉区域设置简单围栏和标识，设置巡逻岗，禁止

检修人员进入。

（二）检修与运行相邻机组各配电室及电子间隔离措施

（1）400V 除尘配电室内除尘 PC5A、5B 段与 6A、6B 段之间设置隔离围栏，进行区域标识。

（2）检修与运行相邻机组除尘控制室内除尘控制 PC5A、5B 段与 6A、6B 段之间设置隔离围栏，进行区域标识。

（3）400V 脱硫配电室内脱硫 PC 段与脱硫公用 MCC 段之间设置隔离围栏，进行区域标识。

（4）汽机房 8.6m 层机侧阀门控制柜之间设置隔离围栏，进行区域标识。

（5）检修与运行相邻机组 UPS 室之间设置隔离围栏，进行区域标识。

（6）检修与运行相邻机组电气保护室（17m）检修与运行相邻机组盘柜之间设置隔离围栏，进行区域标识。

（7）锅炉配电室内磨煤机旋转分离器变频柜盘设置隔离围栏，进行区域标识。

（8）各配电室内公用配电盘柜检修，单独设置隔离围栏，各配电室内公用配电盘柜运行，单独设备隔离围栏。

注：凭检修通行证可进入检修区域，凭胸卡可进入运行区域，日常维护所聘外委临时工和各外委维护队伍，需办理生产区域维护工作证，在电厂维护和点检人员带领下，方可进入运行区域。

三、主要危险工作半定量评估清单

危险工作半定量评估清单见表 2-28。

表 2-28　　　　　　　　　　危险工作半定量评估清单

序号	专业	危险工作项目	风险评估指数（RPN）			风险值	风险等级
			概率 P	严重度 S	暴露率 E	RPN	
1	汽轮机	高、中压阀门设备检修	8	8	4	256	一般
2	汽轮机	锅炉给水泵组检修	8	8	4	256	一般
3	汽轮机	除氧器检修	8	8	4	256	一般
4	汽轮机	高、低压加热器检修	8	8	4	256	一般
5	汽轮机	凝结水泵检修	8	8	4	256	一般
6	汽轮机	汽轮机低压缸检修	9	9	3	243	一般
7	汽轮机	给水泵汽轮机检修	9	9	3	243	一般
8	汽轮机	主机凝汽器清扫查漏检修	7	8	4	224	一般
9	汽轮机	油箱清理	6	7	4	168	低
10	汽轮机	发电机抽、穿转子	9	9	7	567	较大
11	汽轮机	检修中搭拆架子	8	7	7	392	一般
12	汽轮机	电、火焊作业	9	7	4	252	一般
13	汽轮机	氢气系统检修	9	8	4	288	一般
14	汽轮机	冷油器检修	7	8	4	224	一般
15	汽轮机	EH 油系统检修	8	8	4	256	一般
16	汽轮机	润滑油系统检修	8	7	4	224	一般

续表

序号	专业	危险工作项目	风险评估指数（RPN）			风险值	风险
			概率 P	严重度 S	暴露率 E	RPN	等级
17	汽轮机	凝器循环水返回水连通管橡胶伸缩节更换	8	8	9	576	较大
18	锅炉	锅炉水冷壁检查	8	8	10	640	较大
19	锅炉	锅炉炉膛受热面管子检查	8	9	9	648	较大
20	锅炉	锅炉再热器安全阀检修	7	9	10	630	较大
21	锅炉	锅炉制粉系统检修	8	8	10	640	较大
22	硫化	增压风机检修（油站油箱清理换油；油站滤网清理，油管路检查；轮毂及轴承箱检查；更换轮毂内部易损件；叶片角度检查调整；轮毂密封片间隙检查；叶片检查及间隙测量；风机地脚检查、紧固；扩散筒中心筒内部检查清理；执行机构解体检查；密封风机解体检修）	4	4	7	175	低
23	硫化	增压风机检修（油站油箱清理换油；油站滤网清理，油管路检查；轮毂及轴承箱检查；更换轮毂内部易损件；叶片角度检查调整；轮毂密封片间隙检查；叶片检查及间隙测量；风机地脚检查、紧固；扩散筒中心筒内部检查清理；执行机构解体检查；密封风机解体检修）	4	4	7	175	低
24	硫化	烟风道检修［增压风机入口挡板（2 台）各增加一台执行器，连杆机构解体检修；净烟气挡板内部检查，检查挡板同步并开关限位整定；旁路挡板内部检查，检查挡板同步并开关限位整定；吸收塔入口膨胀节外部检查检修；烟道防腐检查修复；增压风机出口烟道检查清理；事故喷淋箱检查清理］	5	5	7	175	低
25	硫化	浆液循环泵解体检修（浆液循环泵入口管道检查；浆液循环泵叶轮外观检查或更换；浆液循环泵紧固泵体固定螺栓；浆液循环泵减速机换油；浆液循环泵更换泵轴承润滑油；浆液循环泵减速机联轴器检查；吸收塔浆液循环泵电动机找正）	4	4	7	111	低
26	硫化	浆液循环泵解体检修（浆液循环泵入口管道检查；浆液循环泵叶轮外观检查或更换；浆液循环泵紧固泵体固定螺栓；浆液循环泵减速机换油；浆液循环泵更换泵轴承润滑油；浆液循环泵减速机联轴器检查；吸收塔浆液循环泵电动机找正）	4	4	7	111	低
27	硫化	浆液循环泵解体检修（浆液循环泵入口管道检查；浆液循环泵叶轮外观检查或更换；浆液循环泵紧固泵体固定螺栓；浆液循环泵减速机换油；浆液循环泵更换泵轴承润滑油；浆液循环泵减速机联轴器检查；吸收塔浆液循环泵电动机找正）	4	4	7	111	低

续表

序号	专业	危险工作项目	风险评估指数（RPN）			风险值	风险等级
			概率 P	严重度 S	暴露率 E	RPN	
28	硫化	浆液循环泵解体检修（浆液循环泵入口管道检查；浆液循环泵叶轮外观检查或更换；浆液循环泵紧固泵体固定螺栓；浆液循环泵减速机换油；浆液循环泵更换泵轴承润滑油；浆液循环泵减速机联轴器检查；吸收塔浆液循环泵电机找正）	4	4	7	111	低
29	硫化	氧化风机检修（氧化风机换油；风机间隙测量；氧化风管检查；风机对轮复查；入口滤网清理；氧化风机电机找正）	4	3	8	96	低
30	硫化	吸收塔搅拌器检修（吸收塔搅拌器减速机换油；皮带、皮带轮检查更换及皮带轮平行度调整；叶轮检查检修）	5	4	7	140	低
31	硫化	吸收塔搅拌器检修（吸收塔搅拌器减速机换油；皮带、皮带轮检查更换及皮带轮平行度调整；叶轮检查检修）	5	4	7	140	低
32	硫化	吸收塔搅拌器检修（吸收塔搅拌器减速机换油；皮带、皮带轮检查更换及皮带轮平行度调整；叶轮检查检修）	5	4	7	140	低
33	硫化	吸收塔搅拌器检修（吸收塔搅拌器减速机换油；皮带、皮带轮检查更换及皮带轮平行度调整；叶轮检查检修）	5	4	7	140	低
34	硫化	吸收塔搅拌器检修（吸收塔搅拌器减速机换油；皮带、皮带轮检查更换及皮带轮平行度调整；叶轮检查检修）	5	4	7	140	低
35	硫化	吸收塔搅拌器检修（吸收塔搅拌器减速机换油；皮带、皮带轮检查更换及皮带轮平行度调整；叶轮检查检修）	5	4	7	140	低
36	硫化	吸收塔搅拌器检修（吸收塔搅拌器减速机换油；皮带、皮带轮检查更换及皮带轮平行度调整；叶轮检查检修）	5	4	7	140	低
37	硫化	吸收塔检修（事故喷淋喷嘴检查；吸收塔喷淋层喷嘴检查清理、更换；吸收塔防腐检查、修复；浆液循环泵滤网检查、清洗；吸收塔底部清理；除雾器喷嘴检查清理）	8	9	7	504	较大
38	硫化	吸收塔排水坑设备检修（轴承加油；搅拌器减速机换油；排水坑泵检查检修，叶轮检查；排水坑泵轴承检查、更换；排水坑泵上下轴检查；排水坑泵油管路检查；搅拌器浆液检查；搅拌器轴弯曲度检查；搅拌器轴承箱解体检查；搅拌器减速机轴封检查；地坑清理）	4	4	7	111	低

续表

序号	专业	危险工作项目	风险评估指数（RPN）			风险值	风险等级
			概率 P	严重度 S	暴露率 E	RPN	
39	硫化	石灰石浆液箱检修（搅拌器轴弯曲度检查；石灰石浆液箱搅拌器解体检修；石灰石浆液箱清空；石灰石浆液箱防腐检查修复）	5	4	7	140	低
40	硫化	电除尘器检修（电除尘内部清理积灰；阳极板检查检修；阴极线检查检修；阴极大小框架检查检修；阴极悬挂装置检查检修；阴极振打装置检查检修；阳极振打装置检查检修；阴阳极振打减速机解体检修；灰斗检查检修；壳体及外围设备、进出口封头、槽形板检修等）	8	8	8	511	较大
41	硫化	电除尘空载升压试验	7	8	8	448	较大
42	硫化	电除尘器检修（电除尘内部清理积灰；阳极板检查检修；阴极线检查检修；阴极大小框架检查检修；阴极悬挂装置检查检修；阴极振打装置检查检修；阳极振打装置检查检修；阴阳极振打减速机解体检修；灰斗检查检修；壳体及外围设备、进出口封头、槽形板检修等）	8	8	8	511	较大
43	硫化	电除尘电除尘空载升压试验	7	8	8	448	较大
44	硫化	电除尘一电场干灰系统全面检修（清理流化风管道及其止回阀，清理节流孔板，解体仓泵间补气阀，入口圆顶阀与置换圆顶阀解体检修，气动排堵阀解体，仓泵间管道解体清理，输灰管道及弯头测厚）	5	5	7	175	低
45	硫化	电除尘二电场干灰系统全面检修（清理流化风管道及其止回阀，清理节流孔板，解体仓泵间补气阀，入口圆顶阀与置换圆顶阀解体检修，气动排堵阀解体，仓泵间管道解体清理，输灰管道及弯头测厚）	5	5	7	175	低
46	硫化	电除尘三电场干灰系统全面检修（清理流化风管道及其止回阀，清理节流孔板，入口圆顶阀解体检修，气动排堵阀解体，仓泵间管道解体清理，输灰管道及弯头测厚）	5	5	7	175	低
47	硫化	电除尘四电场干灰系统全面检修（清理流化风管道及其止回阀，清理节流孔板，入口圆顶阀解体检修，气动排堵阀解体，仓泵间管道解体清理，输灰管道及弯头测厚）	5	5	7	175	低
48	硫化	省煤器输灰系统检修（省煤器入口圆顶阀解体，全面检查更换省煤器干灰管线浓相稳定器及其连接胶管，仓泵间管道解体清理）	5	5	7	175	低

续表

| 序号 | 专业 | 危险工作项目 | 风险评估指数（RPN） | | | 风险值 | 风险 |
			概率 P	严重度 S	暴露率 E	RPN	等级
49	硫化	电除尘一、二电场出口切换圆顶阀解体检修	4	5	7	140	低
50	硫化	电除尘一、二电场出口切换圆顶阀解体检修	4	5	7	140	低
51	硫化	三、四电场切换圆顶阀解体检修	4	5	7	140	低
52	硫化	捞渣机检修（通轴导轮及轴承检查；驱动链轮轴承检查；张紧轮轴承检查；链条刮板磨损情况检查；驱动油站换油、换油过滤器；捞渣机各链条护板检查；捞渣机各液压油管路检查；捞渣机溢流水池积渣情况检查、清理；捞渣机链条冲洗水效验；涨紧油站换油、换过滤器）	5	5	7	175	低
53	硫化	碎渣机检修（碎渣机解体检查及组装，碎渣机滚轮及鳄板检查；碎渣机驱动减速机换油；碎渣机液偶及梅花瓣检查）	4	5	7	140	低
54	硫化	埋刮板机检修（链条刮板磨损情况检查；驱动链轮支撑轴承检查；过渡链轮支撑轴承检查；涨紧轮解体检查；各固定销检查；驱动减速机更换润滑油；刮板及支撑磨损情况检查）	4	5	7	140	低
55	硫化	渣仓检修（渣仓内部检查，阀门检查，渣仓淅水管路疏通）	5	5	7	175	低
56	电气一次	发电机预试	5	5	4	400	较大
57	电气一次	汽泵前置泵电机大修	4	5	2	40	低
58	电气一次	闭冷泵电机大修	4	5	2	40	低
59	电气一次	凝结水泵电机大修	4	7	2	56	低
60	电气一次	低压加热器疏水泵电机大修	4	5	2	40	低
61	电气一次	发电机大修	4	8	7	224	一般
62	电气一次	给水泵汽轮机交流润滑油泵电机大修	4	5	2	40	低
63	电气一次	定子冷却水泵电机大修	4	5	2	40	低
64	电气一次	主机交流润滑油泵电机大修	4	5	2	40	低
65	电气一次	磨煤机电机检修	4	7	2	56	低
66	电气一次	引风机电机检修	4	5	2	40	低
67	电气一次	送风机电机检修	4	5	2	40	低
68	电气一次	一次风机电机检修	4	5	2	40	低
69	电气一次	400V 低压开关检修	3	4	2	24	低
70	电气一次	6kV 电缆	4	4	4	64	低
71	电气一次	6kV 厂用 A1 段工作电源进线开关及压变	4	4	4	64	低
72	电气一次	6kV 厂用 A1 段负荷开关及母线压变	4	4	4	64	低
73	电气一次	6kV 厂用 A1 段母线	4	4	4	64	低

续表

序号	专业	危险工作项目	风险评估指数（RPN）			风险值	风险等级
			概率 P	严重度 S	暴露率 E	RPN	
74	电气一次	6kV 厂用 A2 段工作电源进线开关及压变	4	4	4	64	低
75	电气一次	6kV 厂用 A2 段负荷开关及母线压变	4	4	4	64	低
76	电气一次	6kV 厂用 A2 段母线	4	4	4	64	低
77	电气一次	6kV 厂用 B1 段工作电源进线开关及压变	4	4	4	64	低
78	电气一次	6kV 厂用 B1 段负荷开关及母线压变	4	4	4	64	低
79	电气一次	6kV 厂用 B1 段母线	4	4	4	64	低
80	电气一次	6kV 厂用 B2 段工作电源进线开关及压变	4	4	4	64	低
81	电气一次	6kV 厂用 B2 段负荷开关及母线压变	4	4	4	64	低
82	电气一次	6kV 厂用 B2 段母线	4	4	4	64	低
83	电气一次	发电机出口 GCB	5	6	5	150	低
84	电气一次	发电机出口 PT 柜	5	6	5	150	低
85	电气一次	发电机预试	5	5	4	100	低
86	电气一次	电除尘硅变动力电缆检查	5	3	2	30	低
87	电气一次	主变压器 A 相	4	5	2	40	低
88	电气一次	主变压器 B 相	4	5	2	40	低
89	电气一次	主变压器 C 相	4	5	2	40	低
90	电气一次	A 高压厂用变压器	3	4	2	24	低
91	电气一次	A 高压厂用变压器	3	4	2	24	低
92	电气二次	励磁系统试验及其二次回路检修	8	6	7	336	一般
93	电气二次	机组变送器屏检修	8	8	6	384	一般
94	电气二次	6kV 系统二次设备检修	8	8	5	320	一般
95	电气二次	电除尘高压控制柜控制单元检查及回路检查，电除尘高压控制柜增加试验转换开关	8	8	5	320	一般
96	电气二次	直流系统检修	8	8	5	320	一般
97	电气二次	500kV 保护、监控系统检修	8	8	7	448	较大
98	电气二次	发电机第一套、第二套保护装置及二次回路检修	8	8	7	448	较大
99	电气二次	主变压器、高压厂用变压器第一套、第二套保护装置及二次回路检修	8	8	7	448	较大
100	电气二次	发电机出口断路器控制柜二次回路检修	5	6	7	210	一般
101	电气二次	发电机、主变压器、高压厂用变压器 CT 及 PT 端子箱及其二次回路检修	8	8	6	384	一般
102	电气二次	主变压器、高压厂用变压器冷却器控制柜及其二次回路检修	5	6	7	210	一般
103	电气二次	自动准同期装置及其二次回路检修	6	6	7	252	一般

| 序号 | 专业 | 危险工作项目 | 风险评估指数（RPN） | | | 风险值 | 风险 |
			概率 P	严重度 S	暴露率 E	RPN	等级
104	电气二次	第一套、第二套零功率切机装置及其二次回路检修	6	6	7	252	一般
105	电气二次	快切屏装置及其二次回路检修	6	6	7	252	一般
106	电气二次	UPS 系统检修	5	6	7	210	一般
107	电气二次	400V 系统二次设备检修	5	6	7	210	一般
108	电气二次	柴发控制系统检修	6	6	7	252	一般
109	电气二次	发电机计量 TA/TV 改造	8	8	7	448	较大
110	电气二次	发电机、主变压器、高压厂用变压器功率变送器改造	5	6	7	210	一般
111	电气二次	PSS 投退信号接入远动装置	5	6	7	210	一般
112	热控	DEH 控制系统及其现场设备检修	7	7	4	196	低
113	热控	MEH 控制系统及其现场设备检修	7	6	4	168	低
114	热控	ETS 控制系统及其现场设备检修	7	7	4	196	低
115	热控	METS 控制系统及其现场设备检修	7	6	4	168	低
116	热控	TSI 控制系统及其现场设备检修	7	7	4	196	低
117	热控	MTSI 控制系统及其现场设备检修	7	6	4	168	低
118	热控	BYPASS 控制系统及其现场设备检修	7	7	4	196	低

过程管理控制文件

第一节 执行的标准

一、国家和行业规范

1. DL/T 438—2016《火力发电厂金属技术监督规程》
2. DL/T 439—2018《火力发电厂高温紧固件技术导则》
3. DL/T 441—2004《火力发电厂高温高压蒸汽管道蠕变监督导则》
4. DL/T 596—2018《电力设备预防性试验规程》
5. DL 612—2017《电力行业锅炉压力容器安全监督规程》
6. DL/T 620—2016《交流电气装置的过电压保护和绝缘配合》
7. DL/T 838—2017《燃煤火力发电企业设备检修导则》
8. DL 5009—2014《电力建设安全工作规程》
9. DL 5190—2012《电力建设施工技术规范》
10. GB 2894—2008《安全标志及其使用导则》
11. GB 26860—2011《电业安全工作规程》
12. GB 50169—2016《电气装置安装工程 接地装置施工及验收规范》
13. GB 50229—2019《火力发电厂与变电所设计防火规范》
14.《国家电网公司电力安全工作规程（试行）》(2014 版)
15.《防止电力生产事故的二十五项重点要求》(国能安全〔2014〕161 号)
16.《防止电力生产重大事故的二十五项重点要求实施细则》(2017 版)

二、检修通用标准

1. ISO 9001—2018《质量管理体系》
2. ISO 14001—2015《环境管理体系认证》
3. GB/T 28001—2011《职业健康安全管理体系》
4. DL/T 838—2017《燃煤火力发电企业设备检修导则》

第二节　施　工　三　措

一、发电机抽、穿转子组织施工方案

（一）项目概况

型号：THDF 125/67

额定容量：1112MVA；额定功率：1000MW；定子电压：27kV；定子电流：23778A；功率因数：0.90；氢压：0.5MPa；额定转速：3000r/min；相数：3；接法：YY；频率：50Hz；定、转子绝缘等级：F；定子质量：462 000kg；转子质量：88 000kg；励磁电压：437V；励磁电流：5887A；额定运行氢压：0.5MPa；最大运行氢压：0.52MPa；此次检修的目的是对设备运行状况进行检查摸底。

（二）项目组织机构及职责

组织机构：

领导小组组长：生产副总

组员：检修副总工、设备部经理、生技部经理、生技部电气主管、设备部电气主管、设备部汽轮机主管

项目负责人：电气点检员

施工负责人：

职责：

领导小组职责：全面负责发电机抽转子工作管理。

组员职责：负责发电机抽转子现场管理及技术管理。

项目负责人职责：负责发电机抽转子现场工作安排及协调，负责施工质量及安全。

（三）施工组织措施

抽穿转子总负责：设备部经理

起重负责人：起重班班长

起重指挥（音响指挥）：起重班班长

司索人员：起重班员　起重班员

电气专业负责人：电气点检员

励端工作人员：电气点检员、汽轮机点检员

汽端工作人员：电气点检员、汽轮机点检员

跟腔工作人员：电气点检员

机务专业负责人：汽轮机点检员

机务施工人员：本体班长

职责：抽穿转子总负责：全面负责发电机抽转子的现场协调管理。

起重负责人：指导和监督抽转子过程中吊装方法和指挥的正确性。

起重指挥（音响指挥）：全面负责抽转子起重过程指挥。

司索人员：听从起重指挥的命令，正确按工艺要求司索。

电气专业负责人：负责电气专业和机务及起重的协调。检查监督抽转子过程中电气设备

的安全可靠。

　　励端工作人员、汽端工作人员、跟膛工作人员：负责抽转子过程中转、定子间隙的监护和设备的安全。

　　机务专业负责人：负责机务专业和电气及起重的协调。检查监督抽转子过程中机务设备的安全可靠。

　　机务施工人员：负责抽转子过程中转子对轮、轴承的拆装和设备的安全。

　　（四）工艺措施

　　1. 抽转子前准备

　　（1）确认发电机上端盖已拆卸，轴瓦及密封瓦都已拆卸。

　　（2）汽轮机与发电机靠背轮螺栓已拆，二靠背轮用顶丝顶开。

　　（3）拆卸励磁机并吊到指定地点，空档处要用木板牢固盖好，拆卸定子汽端挡风板和励端气隙隔板。

　　（4）确认转子抽出用牵引点，约距励磁机 11m。该点要牢固，转子牵引力在 8～10t。

　　2. 拆靠背轮及轴瓦

　　（1）调整好转子位置，汽轮机和发电机靠背轮解体，将拆下来的附件保管好。

　　（2）确认上端盖及密封瓦与上瓦已拆。装上大轴支承工具，翻出下瓦，然后放到指定地点。注意事项：下瓦翻上后，先要用四只螺栓固定好瓦块再吊。

　　（3）确认下瓦已翻出，然后用行车装好轴颈托架，轴颈托架装到轴颈中间，具体位置由电气人员确认。装时弧形重头朝上，轴颈上有保护套。注意轴颈托架中分面螺栓不要拧太紧，要会转动。

　　3. 抽转子

　　（1）用行车吊起转子，通知专业人员检查定转子间隙同时加强沟通防止起吊过程中伤到定转子，然后用小钩吊转动转子托架，将转子托架转动至下方摆正并紧紧固螺栓。转子质量由行车承担。汽侧工作暂时停止。

　　注意事项：转子左右间隙由专职人员确认好。汽侧工作暂时结束时要有专人看护，防止行车下滑。

　　（2）确认转子已是抽的位置（圆周方向由电气人员确认），在先装上转子托架，装的位置是在发电机汽侧靠背轮端面，结合面要有保护垫（最里层是白布，白布上面是胶皮）。

　　注意事项：装一只百分表来监视转子下沉。如用千斤顶最好不要用液压千斤顶。

　　（3）拆卸励端下端盖大部分固定螺栓，在下端盖左右下四点至少各留有两个螺栓，然后用两个吊环分别固定在机座上部，以此为承力点，用两个 5t 葫芦吊好下端盖。用行车吊起转子刚离开下端盖，拆卸下端盖剩余固定螺栓，用葫芦缓慢放下下端盖 700mm 左右，用专用吊耳分别与端盖两侧三个螺栓孔固定，并放在底板上，底板与专用吊耳之间用木板保护，端盖与机座之间用 200mm 左右厚木方隔离保护。

　　注意事项：放下下端盖时先要确认端盖下面油管已全部拆卸。拆卸下端盖下面立销两侧镶块，做好记号，保管好。

　　（4）下端盖放好后，开始放入保护垫和弧形滑板，放入时先穿好尼龙绳，从励侧向汽侧拉。放到位置后保护垫与弧形滑板四角用绳子固定好。在转子与滑板之间放入弧形滑块。弧形滑板放在距转子汽侧护环内侧约 85mm 处。

　　注意事项：穿绳子时先要穿好铅丝，铅丝头要用胶布包好，防止划伤定转子。弧形滑板及弧形滑块要清理好，提前要涂好润滑油（优质润滑脂也可以）。在绑弧形拖板及弧形滑块时注意不能碰触定子线棒和水管。在放入弧形滑板时注意不要碰擦汽端风叶。在发电机底部两端辅好橡皮，以防油脂、杂物及灰土散落到定子线棒中去。

（5）确认保护橡皮垫、弧形滑板已下入并已固定好后。用行车同时缓慢把转子向励侧移动，当汽端行车吊绳距机座 200mm 时，停止行走，缓慢放下汽侧行车，使汽侧转子质量完全放在弧形滑块上，再行走一段距离，当转子托架已过阶梯状铁芯后，质量将由转子托架承受。

注意事项：在汽侧转子放下时，左右间隙应均匀，转子水平用励端行车进行调整。

（6）在励端装好牵引用 FQC60 型发电机转子抽穿转子装置，牵引点距励端约 11m 左右位置，设专人操作牵引装置。全部准备工作结束后开始往外抽，抽时有专人指挥，发电机前后有专人监护，包括电气人员。然后在专人指挥下转子缓慢向定子外面拉，同时励侧行车随转子移动。在移动时时刻注意转子与定子上下、左右间隙，并设专人察看，若距离小时应立即停止进行调整，调整合格后方可继续进行。然后一直往外拉直至转子重心移出定子膛外。

注意事项：轴颈托架在进入弧形滑板前一定要缓慢，以防碰到弧形拖板。轴颈托架翻下后一定要同定子铁芯底部中心线保持一致。

（7）当转子重心全部移出定子时，在励端转子上垫好二合一专用木方，放下转子。用行车调离牵引装置，同时在转子重心两侧约 1m 处绑好专用钢丝绳，在绑时先用白布和胶皮包好转子，在胶皮上面再包上一层专用保护木帘，然后起吊转子，并调整好转子水平，确保转子水平时用行车缓慢把转子移出定子膛内，确认转子已全部脱离定子后，把转子吊至专用支架上。

注意事项：在行车移出时一定要缓慢，一次性移出，转子两端要有专人监护，转子汽端要有专职监察人员跟随转子进入定子膛内，观察转子上下、左右间隙。当转子用行车移出时注意防止转子前后摆动而碰擦定子。

（8）穿转子时与以上工序基本相反，只是不采用抽穿转子装置，而是利用行车吊钩并依靠专用穿转子工具推入膛内，转子工具推动力来自于固定于定子两侧的吊环。

（五）工期进度图（横道图简单示意）

拆发电机前靠背轮→拆上轴瓦→拆汽侧励侧密封瓦→装假瓦，翻下瓦→吊出上端盖、放下大端盖，放入滑板、滑块等→抽发电机转子→待其重心出定子后用行车吊出转子→发电机转子安放至检修场地→吊出发电机前后下端盖至检修场地

（六）安全措施

各级安全人员职责及管控方案

（1）进入检修现场的工作人员必须严格执行《电业安全工作规程》和有关安全生产管理规定。

（2）在生产现场必须按规定着装，戴好安全帽，按各专业工作特性佩戴、使用个人防护用品，高空作业人员必须系好安全带。

（3）工作现场使用的各种起重、测量、电动工器具、劳动保护用品必须是经过检验合格的产品。

（4）抽转子前，应在现场设临时围栏，禁止无关人员进入现场。

（5）进入抽转子现场的所有人员，必须无条件服从现场安全管理人员的指挥，并严格遵守《电业生产安全规程》的有关规定。

（6）抽转子前，行车及有关专用起重工具、器具，应按规定进行检查并经负荷试验合

格，方准使用。

（7）整个抽转子过程必须坚持由一个人统一指挥，其他检修人员必须服从指挥调度。

（8）抽穿转子检修施工或检修风险分析及控制措施见表 3-1。

表 3-1 抽穿转子检修施工风险分析及控制措施表

序号	工作程序或工艺	可能存在的风险	采取的控制措施
1	设备起吊	坠落伤人	抽转子前调试吊车起吊抱闸应良好，检查起吊用具，确保合格
2	抽转子时	孔洞坠落	在检修过程中出现的孔洞应及时封堵或围上围栏
3	转子起吊	坠落伤人	检查钢丝绳断股及葫芦滑链
4	部件检查清理	汽封齿尖刃、毛刺伤手	配备劳保用具，加强安全技能培训

（七）技术措施

（1）确认汽轮机与发电机靠背轮螺栓已拆，背轮已用顶丝顶开。

（2）确认上端盖及密封瓦与上瓦、下瓦已拆除，转子已放上假瓦上。

（3）确认转子抽出用牵引点，约距机座 11m。该点要牢固，转子牵引力 8～10t。

（4）转子左右间隙由专职监察人员确认好。汽侧工作暂时结束时要有专人看护，防止行车下滑。

（5）穿绳子时先要穿好铅丝，铅丝头要用胶布包好，防止划伤定转子。弧形拖板及弧形滑块要清理好，然后涂好润滑油。在绑弧形拖板及弧形滑块时注意定子线棒。在放入弧形拖板时注意不要碰擦汽端风叶。在发电机底部两端辅好橡皮，以防油脂、杂物及灰土散落到定子线棒中去。

（6）在汽侧转子放下时，左右间隙应均匀，转子水平用励端行车进行调整。

（7）轴颈托架在进入弧形拖板前一定要缓慢，以防碰到弧形拖板。轴颈托架翻下后一定要同定子铁芯底部中心线保持一致。

（8）在行车移出时一定要缓慢，一次性移出，转子两端要有专人监护，转子汽端要有电气人员跟随转子进入定子膛内，观察转子上下、左右间隙。当转子用行车移出时注意防止转子摆动而碰擦定子。

（9）跟随进入定子膛内的检修人员，必须穿着连体服、优质软底鞋。

（八）质量验收（计划）

抽穿转子质量控制措施见表 3-2。

表 3-2 抽穿转子质量控制措施

序号	验收点名称	验收类型	验收（具体人）			监理
			一级	二级	三级	
1	抽转子前准备	W-1				
2	发电机抽转子	H-1				
3	穿转子前准备	W-2				
4	发电机穿转子	H-2				

二、 低压缸开缸组织施工方案

（一）设备概况

低压缸采用双层缸为双分流程各 6 级反动式叶片，包括 3 级扭转叶片级和标准低压末 3 级。内外缸均为钢板焊接形式，外缸与轴承座分离，直接与凝汽器刚性连接。其中低压上半外缸 47.5t，带排汽导流环的低压上半内缸 54.8t。

（二）项目组织机构及职责

组织机构：

      领导小组组长：生产副总

      组员：检修副总工、设备部经理、设备部汽轮机主管

      项目负责人：汽轮机点检员　汽轮机点检员

职责：

      领导小组职责：全面负责低压缸开缸工作管理。

      组员职责：负责低压缸开缸现场管理及技术管理。

      项目负责人职责：负责发低压缸开缸现场工作安排及协调，负责施工质量及安全。

（三）施工范围及工作量

（1）本次施工范围为：5 号机汽轮机 2 号低压外缸拆中分面螺栓，吊出 2 号低压内外缸。

（2）主要工作量：①拆除低压外缸中分面螺栓；②拆低压缸进汽管法兰螺栓；③顶起低压外上缸；④吊出低压外上缸；⑤拆除低压内缸中分面螺栓；⑥吊出低压内上缸。

（四）工器具准备

低压缸开缸工器具准备见表 3-3。

表 3-3　　　　　　　　　　　低压缸开缸工器具准备

序号	工器具名称	数量
1	10t 葫芦	2 个
2	常用起重工具	一批
3	吊索	4 根
4	顶缸螺栓（外缸）	4 枚
5	加热柜	1 个
6	榔头 4P	2 把
7	呆扳手	若干
8	梅花扳手	若干

（五）工序内容及注意事项

（1）搭设牢靠的脚手架。

（2）利用敲击扳手拆卸中、低压连通管法兰螺栓。当法兰螺栓拆卸完后，将连通管缓慢吊出，放在指定地点。

（3）中压缸上裸露的连通管口，用铁板、木板或彩条布遮盖好。

（4）拆卸低压内外缸轴封膨胀节；拆卸低压缸冷却水喷水管接头，以免影响低压外缸的起吊。

（5）利用敲击扳手、汽动扳手或液压扳手拆卸低压外缸水平结合面螺栓。

（6）用塞尺测量并记录低压汽缸水平中分面间隙。

（7）起吊前装顶丝顶开上下缸结合面，顶起高度均匀。

（8）用行车及专用的汽缸起吊钢丝绳（或挂上足够起吊汽缸重量的手拉链条葫芦及钢丝绳）将低压外缸吊出。

（9）吊起 100～150mm 时，暂停起吊，检查内部随同起吊的部件是否有掉落的可能，确保安全无误的情况下，方可起吊。

（10）起吊中调整水平，四角高度差不大于 2mm（以下汽缸水平面为基准），汽缸吊出后放在指定地点并用枕木垫好。

（11）利用螺栓加热器加热拆卸低压内缸水平结合面螺栓。

（12）拆卸汽缸顶部堵丝，换上固定高压蒸汽室（喷嘴室）的专用螺栓，把缸内蒸汽室（喷嘴室）固定好，以防止起吊内缸时掉出来。

（13）用塞尺测量并记录低压内缸水平中分面间隙。

（14）用行车及专用的汽缸起吊钢丝绳（或挂上足够起吊汽缸质量的手拉链条葫芦及钢丝绳）将低压内缸吊出。

（15）起吊前装顶丝顶开上下缸结合面，顶起高度均匀。

（16）缸体等吊起 100～150mm 时，暂停起吊，检查内部随同起吊的部件是否有掉落的可能，确保安全无误的情况下，方可起吊。

（17）起吊中调整水平，四角高度差不大于 2mm（以下汽缸水平面为基准），汽缸吊出后放在指定地点并用枕木垫好。

（18）上内缸吊离后仔细检查各内缸水平结合面有无蒸汽泄漏痕迹，若有漏汽痕迹应详细记录，特别是穿透性痕迹，涂料中是否有硬质杂物及垃圾，并做好记录。

（六）安全措施

（1）钢丝绳等完好无缺陷并经过检验，专用工器具齐全、完好。

（2）各项起重作业的工具及起重指挥，应严格按照起重作业的规定执行，设专人指挥。

（3）在起吊过程中，与工作无关人员禁止在起重工作区域内行走或停留，任何人不准在吊物下停留或行走。

（4）检查与起吊过程中，不准身体任何部位伸入上下缸接合面之间。

（5）在内外缸开缸后，对所有开口均应予以封堵，防止异物落入。

三、 低压转子起吊组织施工方案

（一）设备概况

低压转子双分流程各 6 级反动式叶片，包括 3 级扭转叶片级和标准低压末 3 级，末级叶片长度为 1145.8mm。带叶片的转子总重 104.9t。

（二）项目组织机构及职责

组织机构：

领导小组组长：生产副总

组员：检修副总工、设备部经理、设备部汽轮机主管

项目负责人：汽轮机点检员、汽轮机点检员

职责：

领导小组职责：全面负责低压转子起吊工作管理。

组员职责：负责低压转子起吊现场管理及技术管理。

项目负责人职责：负责发低压转子起吊现场工作安排及协调，负责施工质量及安全。

（三）施工范围及工作量

（1）本次施工范围为：5 号机汽轮机 2 号低压转子起吊。

（2）主要工作量：吊出低压转子。

（四）工器具准备

低压缸低压转子起吊工器具准备见表 3-4。

表 3-4　　　　　　　　低压缸低压转子起吊工器具准备

序　号	工器具名称	数　量
1	常用起重工具	一批
2	吊索	4 根
3	专用起吊工具	1 套

（五）工序内容及注意事项

（1）转子起吊进行安全、技术交底，起吊时必须统一指挥。

（2）检查各起重机械、吊具、专用钢丝绳完好无损，将放置转子用的专用支架在指定位置按要求摆放好（根据转子质量选择支架放置位置，应尽量选择下部有钢梁支架的台板）。

（3）确认转子所要测量的数据以及与转子有关的数据已测量完毕。

（4）检查确认所有影响转子起吊的设备零、部件已拆除。

（5）做好轴瓦在转子起吊时被带起的防护措施。

（6）做好轴颈的保护措施，以免在穿挂钢丝绳时碰、擦伤。

（7）转子挂专用吊装工具进行吊装，转子吊装就位过程应使用转子导向装置进行，各方位设专人监视转子下放、上升情况，严防转子任何部位与缸内设备发生碰撞，发现异常情况及时停止作业，处理完毕后方可继续吊装作业。

（8）转子略微吊起后，用合像水平仪检查转子是否水平；将水平仪放在转子后部轴颈处放正，检查并调整吊钩，使转子水平度偏差不大于 0.1mm/m。

（9）全面检查吊具安全可靠后，才允许继续缓慢点动起吊，转子吊离汽缸后，方可继续提升或移动。

（10）转子吊出后应立即用白布把各轴颈部位包好，把转子放在转子支架上。

（六）安全措施

（1）吊装进行之前，所有参与人员必须经过安全、技术交底。

（2）吊装前检查行车性能，确信行车刹车系统良好，检查吊装钢丝绳无损伤。

（3）起吊绑扎转子须由有经验的起重工进行，并由专人指挥吊装。

（4）作业人员严禁在转子吊移位置下方停留或通过，无关人员禁止进入吊装现场。

（5）确认转子与轴瓦接触位置已清理干净并涂油保护。

（6）在转子起吊前，必须查清转子的质量，清楚转子的重心位置。

（7）在转子起吊前，应仔细检查吊转子的专用工具有无损坏。

（8）在转子起吊过程中，必须有人在两旁扶住转子防止转子摆动，并随时监视转子与静止部件的间隙，防止发生碰撞钩挂及摩擦。

（9）在转子起吊后必须用长麻绳拴住转子，以控制转子在空中摩晃。

（10）转子吊出放置在托架时，必须在轴颈下垫上橡胶皮或其他柔性物，并将支承的轴颈部分用布包好。

（11）在转子吊出后，对下缸所有开口均应予以封堵，防止异物落入。

四、低压缸扣缸组织施工方案

（一）项目简介

低压缸采用双层缸为双分流程，各6级反动式叶片，包括3级扭转叶片级和标准低压末3级。内外缸均为钢板焊接形式，外缸与轴承座分离，直接与凝汽器刚性连接。其中低压上半外缸47.5t，带排汽导流环的低压上半内缸54.8t。

（二）组织机构及职责

组织机构：

领导小组组长：生产副总

组员：检修副总工、设备部经理、设备部汽轮机主管

项目负责人：汽轮机点检员

职责：

领导小组职责：全面负责汽轮机低压缸扣缸工作管理

组员职责：负责汽轮机低压缸扣缸开缸现场管理及技术管理

项目负责人职责：负责汽轮机低压缸扣缸现场工作安排及协调，负责施工质量及安全

（三）施工方案

（1）检查2号低压缸扣缸工作各种条件已经具备。

（2）确认缸内各项检修工作已全部结束，各种技术记录和缺陷处理记录完整无缺、准确无误，经验收合格。

（3）汽缸、隔板套、轴封套、隔板、螺栓、螺帽、销子、垫圈等零部件清理、检查、测量、探伤等结束，符合要求。

（4）转子叶片测频等工作已结束。

（5）转子和轴承的检修工作已经结束，经验收合格。

（6）与扣缸有关班组的检修工作已结束，具备扣缸条件。

（7）已办好"扣缸签证书"。

（8）准备好扣盖用的机，工具，清理检查吊具、钢丝绳、链条葫芦。

（9）确定扣盖组织机构，统一指挥。

(10) 参加扣盖的所有人员进行安全、技术交底。

(11) 缸前通知有关人员及业主到场。

(12) 彻底清理低压缸内下缸、外下缸，取下抽汽管、轴封蒸汽管堵板，确认各管内无异物，清理干净，并用压缩空气吹过确实畅通。

(13) 用内窥镜检查确认低压缸下部各管道内无任何异物。

(14) 在挂耳和支承块及底销上涂 MoS_2，然后将低压 2 号内下缸及下隔板套、隔板平稳吊入。

(15) 低压 2 号内下缸及下隔板套、隔板吊入时应有专人在外下缸内监视，确保各抽汽管、进汽管上下对准后，方可缓慢落下。

(16) 检查确认轴封块安装方向正确。

(17) 清理各隔板套、隔板，各底销、隔板套槽、隔板槽、挂耳结合面涂 MoS_2，分别吊入各隔板套、各级隔板，确认各汽封块安装方向正确。

(18) 轴承下半部及外油挡下半部分别吊装就位。

(19) 转子吊装前再次检查下缸各部件安装正确。

(20) 清理低压 2 号转子，将低压 2 号转子吊装就位。吊装时要调整水平与下缸一致。

(21) 转子就位后复测通流间隙应与组装记录相同。

(22) 轴承上半部临时安装并紧固好。

(23) 用分体油顶、螺旋千斤顶或大撬杆前后移动转子，做半缸轴向窜动测量。

(24) 将 2 号低压转子置于轴向冷态位置。

(25) 清理低压 2 号内上缸，装上导向杆，各中分面涂密封涂料，将低压 2 号内上缸吊装就位。

(26) 吊装低压 2 号内上缸时，应调整水平，使汽缸四角高度差小于 2mm（以下汽缸水平面为基准），方可缓慢落下。

(27) 用分体油顶、螺旋千斤顶或大撬杆前后移动转子，做转子轴向窜动测量，应与半缸轴窜值一致。

(28) 用螺栓加热器热紧低压 2 号内缸中分法兰螺栓。

(29) 复装低压进汽短管。

(30) 清理外上缸及其连通管法兰密封面，在各滑销及滑销槽涂 MoS_2，装上导向杆，各中分面涂密封涂料，清理检查吊具并将外上缸平稳吊装就位。

(31) 吊装外上缸时，应调整水平，使汽缸四角高度差小于 2mm（以下汽缸水平面为基准），方可缓慢落下。

(32) 用塞尺测量并记录低压汽缸水平中分面间隙。

(33) 利用敲击扳手、汽动扳手或液压扳手紧固低压外缸水平结合面螺栓。

(34) 复装低压缸冷却水喷水管接头。

(35) 复装低压外缸进汽口与内缸的连接密封板螺栓，并吊出连接板。

(36) 复装中压缸－1 号低压缸－2 号低压缸蒸汽连通管。

(37) 热工的相关测量元件安装就位。

（四）工期进度图

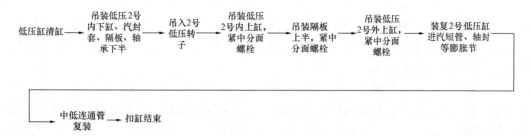

图 3-1 低压缸扣缸工序图

（五）安全措施

（1）扣缸工作开始前，必须核对工作票、危险预控单、风险评估、应急预案齐全并准确实用；对工作人员进行行为观察。扣缸应用专用工具，钢丝绳及吊车的大钩、抱闸等进行仔细检查，确保起吊工作安全可靠。使用专用的起重工具，起吊前应该遵守《安全生产工作规定》第 691 条的规定进行检查。

（2）工作场所设置围栏，围栏的出口保卫人员 24h 不间断值班，出入人员需有上缸许可证。

（3）工作场所内的孔洞盖上防护盖板或搭设检修平台。

（4）起吊汽轮机本体的部件时，必须由有效资质的专业起重工（专人）指挥并穿着标志服，有有效资质的专业起重司机操纵天车，吊物下严禁站人。检查大盖的起吊是否均衡时以及在整个起吊时间内，禁止工作人员将头部或手伸入汽缸法兰结合面之间。

（5）设备零部件和专用工具要按照定置图摆放，放置要稳固。

（6）易燃物要集中放置并妥善保管，破布、油棉纱等要及时清理，17m 平台汽缸附近应配备 10 瓶左右干粉灭火器。

（7）法兰口、管口要提前做好封闭准备工作。

（8）上缸工作要穿合格的连体工作服，在汽缸上行走或工作时要注意防止滑倒。

（9）盘动转子时要有专人指挥，确认转子附近无人时方可盘动转子，此项工作人员衣着合格、扎紧袖口、纽扣扣整齐、不得戴线手套，任何人不得站在钢丝绳的对面。

（10）电源线应沿固定通道布置。

（11）缸内照明应采用装置合格的 24V 行灯。

（12）扣缸作业过程中，应及时清理作业现场，做到工完、料净、场地清。

（13）在规定的场地里注意不要碰坏设备。

（14）选用适当的钢丝绳和专用夹具，必须是能够承受翻转时可能承受的最大动负荷。

（15）汽缸扣盖前应制定好作业方案及施工组织机构，并对作业人员进行安全、技术交底。

（16）参加作业的起重工、钳工、热工、电气、电焊等人员必须是有经验的技术工人并有对应工种的上岗证，其他人员未经允许不得参加作业。

（17）汽轮机扣盖前应对行车及其他专用工、机具进行检查，确认完好无损。

（18）参加扣盖作业的人员必须穿连体工作服，随身不得携带工具以外的其他物品。

（19）扣盖作业时使用的工具必须清点登记后统一保管，由工具管理人员负责登记工具使用情况，扣盖作业完毕后应清点核对，发现工具缺损时，应及时报告。

（20）扣盖作业使用的工具应用白布带绑孔作为保险绳，工具不使用时应交回工具管理员保管，不得随意放置。

（21）扣盖作业时，任何人不得将身体的任何部位伸入上、下缸法兰面之间。

（22）如需在上、下缸和法兰面之间作业时（如涂汽缸密封脂）必须用方木将上半汽缸支承好方可进行作业。

（23）在使用螺栓加热器前，必须仔细检查加热棒的电缆有无损伤、漏电现象，否则不得使用，使用加热棒的长度直径应与螺栓中心孔的尺寸相符。

（24）同一根螺栓不得长时间连续加热，防止加热棒损坏。

（25）扣盖作业完成后，应立即封闭导汽管、连通管口，防止异物落入汽缸内。

（26）整个扣盖作业过程，应连续进行，不得中途停止，否则应重新检查。

（六）技术措施

（1）扣缸前下列项目应全部调整合格，并且记录齐全：① 台板纵横销、汽缸立销间隙记录齐全；② 汽缸水平结合面间隙记录齐全；③ 半实缸轴系找中心记录齐全；④ 汽缸水平度及转子轴颈扬度记录齐全；⑤ 汽封及通流部分间隙测量记录，转子的定位尺寸记录齐全；⑥ 联轴器垫片厚度记录齐全；⑦ 推力间隙记录齐全；⑧ 汽轮机本体合金部件光谱复查和 M32 以上高温紧固件硬度复查记录齐全；⑨ 基础沉降观测记录齐全；⑩ 汽轮机转子测量记录齐全；⑪ 文件包中的各种记录及签证齐全；⑫ 设备缺陷处理记录与签证齐全。

（2）扣缸前检查下列各项应符合要求：① 地脚螺栓固定情况完好；② 半实缸联轴器找中心完毕；③ 汽缸与汽室内清洁无杂物，无遗漏工具，并确信连接管道内部清洁无异物；④ 汽缸内部部件金相试验完毕；⑤ 汽缸外露孔洞的临时封闭件准备齐全；⑥ 汽缸内在运行中可能松脱的部件已采取锁紧措施。

（3）汽轮机扣缸总体要求：① 待全部检修工作结束后，可进行最后组装及扣缸工作。② 组装工作开始前，应将下汽缸及轴承座内的部件吊起，用抹布及压缩空气彻底清扫，将抽汽孔、疏水孔等处的临时堵板取出，认真检查汽缸、凝汽器及轴承内部，必须去除一切杂物，用压缩空气检查各处压力表孔是否畅通。③ 扣缸工作从向汽缸内吊装第一个部件开始，到大盖就位，紧结合面螺栓，应连续进行，因特殊原因中断时，需指定专人看守汽缸。④ 扣缸前，应把汽缸内的所有零部件用压缩空气吹扫清理一遍，扣缸时每一部件必须吹扫清理干净。⑤ 汽缸内所有螺栓均应有防松脱措施。⑥ 缸内零部件的回装顺序应遵循先下后上、由前往后的原则，下缸部套回装完毕后，吊入转子，然后回装上缸部套，用吊车盘动转子，检查有无金属摩擦声；确定无摩擦声音后，方可正式扣缸。各部件回吊时，应参考附表中部件的质量和最大尺寸选择合适的起吊工具，选择起吊工具时同时考虑起吊过程中的最大承重。⑦ 正式吊扣上缸前，需安健环专业人员、设备部专业人员、施工方专业人员、监理方专业人员共同检查签证并检查各部套水平面的结合情况。⑧ 盘动转子，检查视听无问题后，吊起大盖 200mm，四周用方木垫好，均匀抹涂料，厚度约 0.5mm。⑨ 汽缸整个下落过程与揭缸时起吊过程一样，应注意保持汽缸内部无摩擦，保持结合面水平。⑩ 在汽缸未完全落靠前（5～10mm 间隙）打入结合面的定位销，使上下汽缸正确对准，才可将汽缸完全落靠。⑪ 在汽缸扣完后，应将导汽管口封好并贴上封条以免掉入杂物。

五、锅炉水压查漏方案

（一）设备概况

锅炉采用上海锅炉厂有限责任公司生产的 1000MW 燃煤锅炉为超超临界参数直流炉，其结构主要特点是：单炉膛、一次再热、采用切圆燃烧方式、露天布置、平衡通风、固态排渣、全钢构架、全悬吊结构塔式锅炉。

锅炉主要技术性能参数见表 3-5。

表 3-5　　　　　　　　　　锅炉主要技术性能参数表

名　称	单位	BMCR	BRL
过热蒸汽流量	t/h	3091	2943
过热器出口蒸汽压力	MPa	27.46	27.34
过热器出口蒸汽温度	℃	606	606
再热蒸汽流量	t/h	2680.9	2466.4
再热器进口蒸汽压力	MPa	6.16	6.88
再热器出口蒸汽压力	MPa	6.86	6.69
再热器进口蒸汽温度	℃	374	366
再热器出口蒸汽温度	℃	603	603
省煤器进口给水温度	℃	298	296

（二）水压查漏范围

（1）水冷壁及省煤器系统：水冷壁（水冷壁进口集箱、水冷壁中间集箱、水冷壁出口集箱、垂直水冷壁、螺旋水冷壁、灰斗水冷壁）、炉外悬吊管连接管、水冷壁出口集箱至分离器管道、省煤器、下降管系统。

（2）过热系统：一级过热器、二级过热器、三级过热器、一级过热器进口分配集箱、一级过热器进口分配集箱至一级过热器管道、一级过热器至二级过热器管道、二级过热器至三级过热器管道、过热器一级减温器、过热器二级减温器等。

（3）启动系统：分离器、分离器进出口管道、贮水箱、贮水箱进出口管道、循环泵进出口管道、启动循环泵、启动循环泵高压冷却器，贮水箱至大气扩容器液压闸阀前。

（4）主蒸汽管路及高压旁路管道：从三级过热器出口集箱至汽轮机主汽门，高压旁路管道至高旁阀。

（5）给水管道：自 62.1m 三通前电动闸阀至省煤器进口。

（6）放空气管路先至一次阀，后至二次阀。

（7）疏水管路先至一次阀，后至二次阀。

（8）取样管路先至一次阀，后至二次阀。

（9）过热器减温水至一次阀。

（10）所有分离器、贮水箱附件先至一次阀，后至二次阀。

（11）系统内热工测点、仪表等先至一次阀，后至二次阀。

（三）水压查漏要求

（1）本次一次系统水压查漏最高压力不大于 20MPa。

（2）水压查漏时锅炉各金属壁温 21～49℃。

（3）水压查漏升压速度：$0.2\sim0.3$ MPa/min。

（4）水压查漏降压速度：0.3 MPa/min。

（5）水压查漏水质要求：pH $=9.4\sim10$，NTU<1，$SiO_2<30\times10^{-9}$，$Fe<100\times10^{-9}$，导电度小于 0.6 us/cm。

（6）一次系统压力汽水分离器就地压力表为准。

（四）水压查漏前的检查与准备

（1）检查除氧器、锅炉给水泵、前置泵及相关阀门具备投运条件。

（2）检查锅炉与水压查漏有关各汽水系统阀门及锅炉各受热面施工工作全部结束的汽水系统，各相关工作票已终结（或放到运行押票）具备投运条件。

（3）水压范围内的金检、焊接、探伤、热处理所有工作全部结束并合格。

（4）水压查漏范围内各仪表、变送器施工工作结束，热工方面的各测温元件焊接结束，压力测点的一、二次门检修结束并检查合格。

（5）DCS 各控制元件正常，各参数正常，可以正常监视。

（6）化学加药系统检修工作完毕并具备投用条件。

（7）汽水系统各支吊架工作完成并经调整符合要求：各恒力弹簧应锁紧，主汽系统管线的弹簧支吊架提前装好定位销，以防止水压实验过程中弹簧有变化量，水压查漏过程中以上管线弹簧支吊架过载损坏。

（8）水压查漏前检修相关部门需提前确认检查是否有影响锅炉及各管道自由膨胀的临时支架或临时焊接支撑等，防止水压查漏过程各部件膨胀不畅，损坏设备，水压查漏前后全面检查记录锅炉膨胀指示一次。

（9）主机各主汽关断阀及调阀工作结束，已经制定了防止汽轮机进水和防止主汽门损坏的措施（检查锅炉汽水系统与汽轮机确已隔绝，为防止因阀门泄漏而使汽轮机进水，高压缸排汽止回阀前疏水阀、汽轮机本体疏水、抽汽止回阀前疏水、中压主汽门后疏水阀、冷段管道疏水阀、补汽阀 A、B 前疏水阀应打开，监视疏水阀后温度。）

（10）A 高压旁路门 50LBF10AA 级 6、B 高压旁路门 50LBF11AA 级 6、C 高压旁路门 50LBF20AA 级 6、D 高压旁路门 50LBF21AA 级必须机械锁定，油站保持运行。

（11）需要检查部位保温已拆除。

（12）水压查漏应在周围气温高于 6℃时进行，低于 6℃时须有防冻措施。

（13）水压查漏用的水温应保持高于周围露点的温度以防锅炉表面结露，但也不宜温度过高以防止引起汽化和过大的温差应力，一般为 $21\sim70$℃。最高不得超过 80℃，上水温度与启动分离器壁温之差小于 28℃。如果锅炉金属温度小于 38℃且给水温度较高，锅炉上水速率应尽可能小。

（14）水压查漏前应准备足够的除盐水，满足锅炉上水的要求。在锅炉进水前，应确保自给水泵出口至汽轮机主汽门前设备及管道的外来物质已清除干净。

（15）锅炉水压查漏之前已经确认现场通道满足要求，锅炉照明满足要求，锅炉电梯可用。

（16）锅炉水压查漏之前，水压区域应用警示带进行隔离，并通知相关部门水压注意事项。

（17）水压查漏相关记录表格和试验措施完毕。

（18）水压时的除盐水系统、500m² 水箱、凝结水输送泵系统具备投用条件。

（19）水压查漏物品准备：高压系统水压查漏范围内的水容积约 800t，准备除盐水

3000t 左右；浓度 26% 的氨水约 280kg。

（五）锅炉上水及水压升压系统说明

（1）锅炉上水说明。

如果凝结水系统不具备条件、除氧器检修完毕、给水泵组及进出口系统至少一台检修完毕、高压加热器旁路等检修完毕具备条件。为确保检修进度按期完成，从凝补水低压输送水泵向除氧器进水，从给水泵前置泵-给水泵泵体-高压加热器旁路给水管道-省煤器-水冷壁-启动系统-过热器系统进水。

（2）炉水加热系统为除氧器加热制水。

（3）升压系统说明。利用临时打压泵进行升压。升压泵进水口为 500m^2 水箱排污管口引出，从水压升压泵的出口开始，安装 $\phi60\times8$ 的 20G（或 15CrMo），直接引到锅炉水冷壁至大气扩容器放水电动阀门前。锅炉管路安装一次手动隔离阀，进入系统前安装一只止回阀，进口手动二、三次阀。

（六）锅炉水压

（1）水冲洗。

1）低压加热器、除氧器水冲洗：参照机组正常启动清洗步骤，清管至除氧器排放水质合格，各阶段水质控制标准：pH＝9.4～10，NTU＜1，SiO$_2$＜30×10^{-9}，Fe＜100×10^{-9}，导电度＜0.6us/cm。

2）锅炉上水冲洗：低压加热器、除氧器冲洗水质合格后，利用给水泵前置泵向锅炉上水进行锅炉排放冲洗，锅炉排放水质控制标准：pH＝9.4～10，NTU＜1，SiO$_2$＜30×10^{-9}，Fe＜100×10^{-9}，导电度小于 0.6μs/cm。

3）锅炉排放水质合格后转锅炉循环，水温控制在 21～70℃。

（2）一次汽系统上水。

1）锅炉一次汽系统上水前需进行一次水质化验，化验内容包括：Cl$^-$，pH，NTU，SiO$_2$，Fe，氢电导，确认各项水质指标合格后开始上水。须化验室出水质书面正式报告（加氨调整 pH 值，pH 值为 9.4～10 之间。除盐水中氯离子的含量小于 0.2mg/L）。

2）通过给水泵前置泵缓慢把水送向主蒸汽系统。

3）当三级过热器出口排空门出现水持续流出 20min 后，关闭过热器疏水集箱放水管道主路一、二次门、旁路手动一、二次门，放水管道放水一、二次门，当三级过热气出口排空门水质清澈没有气泡后关闭三级过热器出口排空一、二次门。

4）当二级过热器入口排空门连续有水冒出，且水质清澈、没有气泡后关闭二级过热器入口排空一、二次门。

5）当一级过热器入口排空门连续有水冒出，且水质清澈、没有气泡后关闭一级过热器入口排空一、二次门。

6）当水冷壁及分疏箱排空口处出现水持续冒出的时候，关闭锅炉给水调节站旁路调节门及其前后手动门。

（3）系统升压。

1）系统满水后，应确认锅炉启动循环泵底部放水双隔离门关闭。

2）水压查漏采用临时升压泵进行升压，在锅炉升压前，必须检查启动分离器壁温不低于 21℃。

3) 系统排空阀及疏水阀关闭后，锅炉压力会上升，OM 要注意监视。升压过程要注意 OM 的压力变送器读数与现场临时压力表读数进行核对，如发现两个压力表偏差大于 0.6MPa，要汇报水压总指挥确认。

4) 按照水压查漏满水后阀门状态对机组阀门进行检查，确认无误后，对系统进行升压，升压速度控制不大于 0.3MPa/min。

5) 当压力升至 2MPa，暂停升压，进行初步检查，经检查无缺陷可继续升压。

6) 当一次汽系统压力升至 20MPa 时，保持升压泵运行，调节升压泵转速将一次汽系统稳压 20min。对一次汽系统进行全面检查，并做好记录。

7) 水压查漏升压过程中始终要监视高压缸疏水阀后温度，判断是否有水出。

8) 水压查漏升压过程中始终要监视再热器冷段临时疏水监视点（取自冷段母管疏水管路）是否有水出，若有水应立即停止升压，进行处理，防止水进入再热器。

（4）持压及检查。

1) 现场指挥确认压力不需上升时，维持当前状态，对锅炉进行全面检查。

2) 检查人员对分工范围内的项目进行详细检查，检查项目包括水压范围内的各管线、阀门、支吊架、探伤孔、临时盲板等。

（5）降压。

1) 水压查漏结束后，当系统有泄漏的时候，应不开门泄压，且必须保证水压查漏泵运行以控制锅炉的泄压速度。

2) 当压力降至零时，开启启动分离器、过热器、主汽管道各空气阀和疏水阀进行放水。如锅炉准备投入运行，且水质合乎要求，可放水至启动分离器可见水位。省煤器、过热器的疏水放尽。

3) 水压查漏结束后，拆除弹簧吊架的销子。

（七）水压查漏合格标准

（1）水质、水温标准见前述（四）。

（2）上满水后钢结构、本体承载体系正常。

（3）受压元件无破裂及漏水现象。

（4）受压元件无明显残余变形。

（5）锅炉膨胀有完整记录，并无异常。

（八）水压查漏组织机构和分工

组长：生产副总

副组长：设备部经理、发电部经理、检修单位负责人

现场指挥：检修单位负责人、锅炉点检员

成员：设备部锅炉专业、维护单位、检修单位、当值运行人员

质量验收：锅炉专工、锅炉点检员、检修单位相关人员

检查人力资源配置及器材由设备部锅炉专业、维护三部、检修单位共同解决。

（九）安全措施

（1）参加水压查漏人员必须进行安全措施交底，分工明确，熟悉系统路径，了解系统设备状态，操作熟练，认真做好各项技术记录，听从指挥，坚守岗位。

（2）临时系统管道、阀门及附件必须进行严格的检验认可。

（3）水压查漏期间，通道畅通无阻，易燃物品和垃圾彻底清除，平台、栏杆、格栅安全可靠。

（4）所有临时设备和管道均挂牌标识。

（5）水压查漏期间，非工作人员不得进入水压查漏区域。危险区域必须挂警告牌，设专人监护。升压泵及管道系统，锅炉范围设围栏，非检查人员一律不得入内。

（6）升压前，设备部和维护部门必须进行全面检查，待所有人员全部离开后方可升压。水压检查时，不得站在临时堵头、焊缝、手孔盖板等装置的对面或法兰的侧面。

（7）进水时应监视所有的管道支吊架有无变形。

（8）炉膛内应有良好的检查装置，脚手架、脚手板应搭设牢固、规范并通过验收后方可使用。炉内设置检查用照明，照明应充足，采用220V的临时固定灯具时，必须装设漏电保护器，灯具必须有保护罩，电源线必须用橡胶软电缆，穿过墙洞、管口处应设保护套管。装设高度应为施工人员触及不到的地方，严禁用220V临时照明作为行灯使用。

（9）水压查漏检查时分工明确，分组进行检查，对各组检查人员进行登记，检查工作应尽快结束并有秩序地逐个撤出检查地点，以免发生意外。

（10）水压查漏期间，锅炉及附近停止一切与锅炉水压查漏无关的工作。

（11）临时管道投用前必须冲洗干净。

（12）水压查漏的检查人员未经许可严禁擅自启闭系统上的各类阀门。

（13）检查人员发现问题及时通知水压查漏指挥，决定采取应急措施。

（14）加药人员应戴好防护用品、用具，要注意防止药液溅入眼睛内。

（15）水压查漏期间，与机组相连的水压查漏管路和阀门必须可靠隔离，并挂禁止操作牌。

（十）水压查漏锁定支吊架清单

（1）固定端一路：主蒸汽母管35、30号支架两端各挂1个5t葫芦，24号支架处挂1个5t葫芦。8号支架处挂2个5t葫芦（或用销子进行固定）。

（2）扩建端一路：主蒸汽母管79、75号支架两端各挂1个5t葫芦，9支架处挂1个5t葫芦。48号支架处挂2个5t葫芦（或用销子进行固定）。

（3）葫芦挂设前，对支架弹簧刻度进行标记。葫芦挂好拉紧受力过程中，监测支架弹簧刻度，要保证葫芦适当受力，而又不影响支架原来的受力状态（保证弹簧刻度不发生变化）（或用销子进行固定）。

（十一）水压查漏工具配备

水压查漏工具技术规范见表3-6。

表3-6　　　　　　　　　　　水压查漏工具技术规范表

名称	规格	数量
升压泵	变频可调式升压泵（32MPa）3S2（A）-SZ70/140	1台
温度计	接触式或红外线温度仪	2只
手电筒	强光	20只

六、锅炉内外部检验方案

（一）项目概况

机组锅炉 SG3091/27.56-M54X 型锅炉是由上海锅炉有限公司引进 Alstom-Power 公司 Boiler Gmbhd 的技术生产的超超临界参数变压运行螺旋管圈直流炉。锅炉采用一次再热、单炉膛单切圆燃烧、平衡通风、露天布置、故态排渣、全钢构架塔式布置。锅炉最低直流负荷为 30％BMCR，本体系统配 30％BMCR 容量的启动循环泵。锅炉不投油最低稳燃负荷 30％BMCR。锅炉设计煤种烟煤（活鸡兔矿煤）。

机组锅炉运行至今，计划 4 月份停机进行此机组第一次检修。根据《锅炉定期检验规则》（国家质量技术监督局）第 5 条、第 6 条以及《电力工业锅炉压力容器检验规程》相关内容规定要求：此锅炉需进行内外部检验。

依据《特种设备安全监察条例》《蒸汽锅炉安全技术监察规程》和《锅炉定期检验规则》以及电力行业等相关法规标准，制定本检验方案。

（二）组织机构及职责

1. 组织机构

（1）领导小组组长：设备部经理

领导小组副组长：生技部经理

领导小组成员：锅炉点检员

（2）工作小组组长：锅炉点检员

工作小组成员：锅炉点检员、施工单位人员

项目负责人：锅炉点检员

2. 职责

（1）领导小组职责：①审批项目的安全措施、技术措施；②协调指挥该项目的实施工作；③安排、协调、监督、检查安全措施和技术措施的有效落实情况；④组织项目的总结和评价。

（2）工作小组职责：①项目负责人职责：负责参与整个项目方案的制定，监督施工流程和工艺，落实项目的人力、工器具、材料和备件的准备，检查完成情况，及时向上级反映施工进度和完成情况，负责安全措施和技术措施的有效落实，负责和施工单位及其他相关专业进行沟通协调，以确保改造方案顺利实施。②施工单位人员职责：根据现场情况合理安排施工，负责按照制定的施工方案进行具体安装工作，服从公司相关部门、领导小组、项目负责人的工作安排，严格按工艺流程作业，发现问题及时反映并按方案整改。

3. 乙方检验人员组织及安排

（1）该项目组织实施严格按照中国特检院质量保证体系进行。

（2）项目组成人员拟配备见表 3-7。

表 3-7　　　　　　　　　　　水压试验项目人员资质表

序号	名称	持 证 种 类	备注
1	无损检测	锅炉检验师	技术负责人
2	无损检测	锅炉检验师	项目负责人

序号	名称	持　证　种　类	备注
3	无损检测	锅炉检验师	安全负责人
4	无损检测	锅炉检验师、UTIII、RTIII、MTIII、PTIII	无损检测负责任人
5	无损检测	锅炉检验师、MTIII、RTIII	检验人员
6	无损检测	锅炉检验师、UTII、RTII、MTII、PTII	检验人员
7	无损检测	/	金相检验负责人
8	无损检测	锅炉检验师	检验人员
9	无损检测	锅炉检验师	检验人员
10	无损检测	锅炉检验师	检验人员
11	无损检测	锅炉检验师	检验人员
12	无损检测	UTII、MTII	检验人员

（3）根据现场检验的进度和具体情况，中国特检院须为该项目配备足够的持证检验人员。

4. 现场所需主要检验仪器设备、物质器材、工具

（1）宏观检验所用的常用工具：检验锤、电筒、钢尺、焊缝尺、拉线钢丝、垫铁、反射镜、放大镜、千分卡尺、游标卡尺、塞尺、吊线锤、直角尺、水平尺、钢卷尺、环向对接偏差样板、纵向对接偏差样板、钢丝刷、专用样板、筒壳内径拉杆量具等。

（2）检验所需仪器：测厚仪、硬度计、软管内窥镜、现场金相仪、便携式看谱镜、磁粉探伤仪、渗透探伤器材、超声波探伤仪、射线探伤仪、水准仪或经纬仪等。

（3）安全防护用品及其他必要的仪器设备。

（三）执行标准

DL 612《电力工业锅炉压力容器监察规程》

DL 647《电站锅炉压力容器检验规程》

DL/T 438《火力发电厂金属技术监督规程》

DL 5047《电力建设施工及验收技术规范》（锅炉机组篇）

DL 5031《电力建设施工及验收技术规范》（管道篇）

DL/T 5054《火力发电厂汽水管道设计技术规定》

DL/T 616《火力发电厂汽水与支吊架维修调整导则》

其他相关规程、标准及有关合同条款。

（四）内外部检验范围

1. 机组锅炉内部检验

（1）锅炉本体受压元件、部件及其连接件；

（2）锅炉范围内管道（包括主蒸汽管道、再热蒸汽热段管道、再热蒸汽冷段管道、主给水管道）；

（3）锅炉承重部件、炉墙保温等。

2. 机组锅炉外部检验

（五）检验工作内容和重点

内部检验具体检验项目及技术论证要求如下：

1. 水冷壁的检验重点

（1）应定点监测管壁厚度和胀粗情况。

（2）热负荷较高区域水冷壁管是否有过热、变形、鼓包、磨损、高温腐蚀、胀粗、裂纹等缺陷，必要时应增加测厚、胀粗量、变形量、割管和金相检查。割管检查项目包括内壁腐蚀与结垢情况观察，内壁结垢量分析，必要时对垢成分进行分析。

（3）燃烧器周围、各门孔两侧等处是否有碰伤、砸扁、磨损、开裂、腐蚀等缺陷，必要时应增加测厚和变形量测量。

（4）折烟角处水冷壁管是否有过热、变形、胀粗、磨损等缺陷。

（5）防渣管是否有过热、胀粗、变形、鼓包和疲劳裂纹等缺陷，必要时应增加测厚或表面探伤检查。

（6）吹灰器附近和炉膛出口处的水冷壁管是否有磨损减薄，必要时应附加测厚检查。

（7）膜式水冷壁是否有开裂和严重变形，固定件是否有损坏、脱落现象。

（8）冷灰斗是否砸伤，下部弯头部位是否存在磨损，必要时应附加测厚检验。

2. 水冷壁上下集箱的检验重点

（1）抽查集箱内外表面有无严重腐蚀，必要时应测厚。

（2）管座角焊缝有无超标缺陷、裂纹，必要时应进行表面探伤。

（3）对于内部有挡板的集箱，应用内窥镜检查挡板是否完好、有无开裂，连通管是否被堵，水冷壁入口节流圈有无脱落、结垢、磨损。

（4）集箱支座接触是否良好，吊耳与集箱焊缝有无裂纹，必要时应进行表面探伤。

（5）宏观抽查集箱封头焊缝、孔桥部位、管座角焊缝、环形集箱弯头对接焊缝，必要时进行表面探伤或超声探伤。

3. 省煤器的检验重点

（1）定点检测每组上部管排、弯头附近管子和烟气走廊管子的壁厚。

（2）整体管排有无变形、磨损；支吊架、管卡、阻流板、防磨瓦等有无烧坏、脱落、磨损。

（3）省煤器管排处有无严重积灰和低温腐蚀。

（4）应检查入口端管子内部氧腐蚀情况，必要时应进行割管抽样检查。

（5）省煤器管束的悬吊结构件、固定卡、管卡、阻流板、防磨板等是否有烧坏、脱落、变形、移位、磨损等情况。

（6）吹灰器附近管子是否存在吹损，必要时进行测厚检验。

4. 省煤器进、出口集箱的检验重点

（1）抽查集箱内部是否有腐蚀和水渣、泥垢。

（2）检查省煤器进口集箱内部的氧腐蚀情况。

（3）抽查集箱短管角焊缝是否有裂纹，必要时应进行表面探伤。

（4）集箱支座接触是否良好，吊耳或吊挂管与集箱焊缝是否有裂纹，必要时应进行表面探伤。

(5) 对集箱管座焊缝进行表面探伤抽验。

5. 过热器和再热器的检验重点

(1) 对高温出口段管子的外径和金相进行定点监测。

(2) 过热器、再热器管是否有磨损、腐蚀、氧化、变形、鼓包等缺陷。

(3) 过热器、再热器管排间距是否均匀，有无变形、移位。

(4) 过热器、再热器管穿墙和烟气走廊部分以及包墙管过热器有无磨损。

(5) 过热器、再热器管束的悬吊结构件、固定卡、管卡、阻流板、防磨板等是否有烧坏、脱落、变形、移位、磨损等情况。

(6) 吹灰器附近的管子是否有严重磨损，必要时应进行测厚。

(7) 抽查过热器、再热器管弯头是否有裂纹。

(8) 对异种钢接头进行宏观抽查，必要时进行无损探伤和割管检查。

(9) 对高温过热器及高温再热器进行割管检查，割管检查项目包括金相检验、力学性能试验。

6. 过热器、再热器集箱的检验重点

(1) 抽查表面有无严重氧化、腐蚀情况。

(2) 环焊缝是否有裂纹等缺陷，必要时应进行无损探伤。

(3) 吊耳、支座与集箱和管座角焊缝是否有裂纹、必要时应进行表面探伤。

(4) 与集箱连接的大直径管等焊缝是否有裂纹等缺陷，必要时应进行无损探伤。

(5) 集箱筒体是否能自由膨胀。

(6) 应对集箱外表面的孔桥部位主焊缝和角焊缝进行宏观抽检，对集箱外表面的主焊缝和角焊缝进行表面探伤检查，必要时应进行超声波探伤或射线探伤。

(7) 检查炉顶各集箱有无由于炉顶漏烟而产生集箱及板梁的永久变形。

(8) 对集箱做硬度和金相检查。

7. 减温器的检查重点

(1) 抽检筒体表面有无氧化、腐蚀，必要时应进行测厚、硬度检查。

(2) 筒体外表面环焊缝和角焊缝是否有裂纹等缺陷，应对筒体外表面的主焊缝和角焊缝进行表面探伤检查，必要时应进行无损探伤。

(3) 吊耳、支座与集箱和管座角焊缝是否有裂纹，必要时应进行表面探伤。

(4) 应用内窥镜检查内衬套及喷嘴，是否有裂纹；喷口是否有磨损；内壁是否有腐蚀、裂纹等缺陷。

(5) 筒体是否能自由膨胀。

8. 启动分离器检验重点

(1) 抽检外表面是否有腐蚀、裂纹、变形等缺陷，对筒体钢板厚度进行复核，必要时对管座角焊缝及对接焊缝进行表面探伤，对对接焊缝进行超声波探伤抽查。

(2) 抽检内表面是否有腐蚀、裂纹、积垢等。

(3) 检查固定装置是否完好。

9. 锅炉范围内管道的检验重点

(1) 导汽管、主蒸汽管、再热蒸汽管、给水管、旁路管、减温水管、疏水排气管等是否有腐蚀、裂纹等缺陷，抽查弯头厚度；应用无损探伤抽查焊缝质量，高温管道，还应对弯曲部位等进行硬度、蠕变裂纹和金相抽查。

（2）其他承压管道是否有腐蚀、裂纹、变形等缺陷，必要时应进行测厚和无损探伤。

（3）管道支吊装置是否完好牢固。

10. 炉顶密封结构

炉顶密封结构是否完好；炉墙保温有无开裂、凸鼓、漏烟现象；冷灰斗、后竖井炉墙密封是否完好，能否自由膨胀。

11. 膨胀指示装置和主要承重部件检验重点

（1）检查膨胀中心组件固定情况，膨胀指示的数量安装位置是否符合设计要求，所有膨胀指示装置是否指示正确；检验大板梁挠度，无明显变形。

（2）抽检大板梁焊缝，是否有氧化、腐蚀及裂纹等缺陷，必要时进行磁粉探伤。对铆接的板梁连接处的铆钉及铆钉孔周围是否有氧化、腐蚀及裂纹等缺陷。

（3）各承力柱及梁的表面是否有腐蚀，油漆是否完好。

（4）吊杆是否有松动、过热氧化、腐蚀、裂纹等情况。

12. 成型件和阀体

成型件和阀体（如：安全阀、排污阀等）的外部是否有裂纹、泄漏等缺陷。

外部检验工作内容：外部检验包括锅炉管理检查，锅炉本体检验，安全附件、自控调节及保护装置检验，辅机和附件检验，水质管理和水处理设备检验等方面；检验方法以宏观检验为主，并配合对一些安全装置、设备的功能确认，但不得因检验而出现不安全因素。

主要检查内容如下：

1. 管理方面的检查

（1）在岗司炉人员是否持证操作，其类别是否与所操作的设备相适应，人员数量是否满足设备运行需要；

（2）锅炉房管理制度是否符合要求，各种记录是否齐全真实；

（3）核查金属监督制度的执行情况；

（4）锅炉周围的安全通道是否畅通；

（5）锅炉必要的系统图是否齐全、符合实际并醒目挂放；

（6）各种照明是否满足操作要求并是否完好；

（7）防火、防雷、防风、防雨、防冻、防腐等设施是否完好。

2. 锅炉本体及锅炉范围内管道检验

（1）从窥视孔、门孔等观察受压部件可见部位是否有变形、泄漏、结焦、积灰，耐火砌筑或卫燃带是否有破损、脱落；

（2）管接头可见部位、阀门、法兰及人孔、手孔、头孔、检查孔、汽水取样孔周围是否有腐蚀、渗漏；

（3）锅炉各部件膨胀通畅、不受阻，膨胀指示器完好，其指示值在规定的范围之内，并有检查记录；

（4）炉顶、炉墙、保温是否密封良好，有无漏烟现象，是否有开裂、凸鼓、脱落等缺陷；

（5）承重结构和支、吊架等是否有过热、变形、裂纹、腐蚀、卡死；

（6）燃烧室及烟道、风道各门孔密封良好，无燃烧变形，耐火材料无脱落，膨胀节无变形、开裂；

（7）吹灰器运转正常、阀门严密、冷却良好；

（8）汽水管道阀门无泄漏，保温完好，支吊架承力正常，无变形损坏。

3. 安全附件、自控调节及保护装置检验

（1）安全阀。

1）安全阀的安装、数量、规格是否符合要求，是否正常投运；

2）检查安全阀自动排放试验记录，并检查其整定压力、回座压力、密封性等检验结果是否记入锅炉档案，检查安全阀加锁或铅封；

3）对于控制式安全阀，还应检查其控制源和控制回路等是否完好、可靠；

4）检验阀体和法兰是否有泄漏，排汽、疏水是否畅通，排汽管、放水管是否引到安全地点。

（2）压力测量装置。

1）压力表、压力开关及变送器的数量、安装、表盘直径、量程、精度等否符合要求；

2）压力表、压力开关及变送器是否在校验有效期内，有无铅封；

3）当介质温度大于70℃，脉冲管长度小于3m时，检查压力表、压力开关及变送器与集箱之间是否有存水弯管，存水弯管与压力表之间有无三通阀门。吹洗压力表、压力开关及变送器的连接管，检查其是否畅通；

4）同一部件内各压力表的读数是否一致、正确。

（3）温度测量装置：温度表、自动巡测仪表及温度传感器应按规定装设，运行正常并校验合格在有效期内。

（4）其他监测仪表按规定装设，运行良好。

（5）报警装置灵敏、可靠。

（6）自动调节及保护装置。

1）按规定投入，不得随意退出或停运，临时需要退出时，需有电厂总工程师批准记录；

2）电源必须可靠，并有备用电源；

3）在定期校验的有效期内；

4）保护定值符合设计要求。

4. 辅机和附件检验的主要内容

（1）排污装置：排污阀与排污管道是否有渗漏；检查排污管是否畅通，排污是否有振动；

（2）给水系统：给水设备、阀门是否能保证可行地向锅炉供水；

（3）吹灰器：检查吹灰器的运转是否正常、冷却是否良好，吹嘴及角度是否正常；

（4）燃烧系统：检查燃烧设备，燃料供应设备及管道，除渣机，鼓、引风机运转是否正常。

5. 对锅炉范围内的管道及支吊架应检查其是否有变形、泄漏、保温脱落等现象

6. 水质管理和水处理设备检验的主要内容

（1）水质化验员是否持证操作；

（2）汽水取样装置及取样点设置是否符合规定，化验记录和化验项目是否齐全，汽水品质是否符合国家标准；

（3）水处理设备是否满足制水量的需要；

（4）水处理设备运转或实施情况是否正常；

（5）查核化学监督制度的执行情况；

（6）必要时可现场取汽水样分析。

检验人员对检验中发现的缺陷和问题应进行分析，必要时可根据现场检验情况调整相应的检验项目。

现场检验工作完成后，检验人员应根据实际检验情况出具检验报告、做出下述检验结论：

（1）内部检验。

1）允许运行。

2）整改后运行：应注明须检修缺陷的性质、部位。

3）限制条件运行：检验员提出缩短检验周期的应注明原因，对于需降压运行的应附加强度校核计算书。

4）停止运行：应注明原因。

（2）外部检验。

1）允许运行。

2）监督运行：检验员应注明须解决的缺陷问题和期限。

3）停止运行：检验员应注明原因，并提出进行内部检验、进行检修或其他进一步的要求。

（3）安全要求。

1）检验前，按合同要求，全体检验人员接受锅炉使用单位负责对其进行的进厂后安全教育，按锅炉使用单位安全操作要求进行工作。

2）在检验工作中，安全负责人应负责检查现场安全工作，有权对危及安全的行为进行阻止或停止检验工作。

3）进入现场的所有检验人员，应按照规定穿工作服和戴安全帽。

4）在有要求时，检验人员应在办理工作票后，方可进入现场进行检验工作。

5）检验前，安全负责人应检查确认被检设备的准备状态；检验人员进入设备内部工作时，设备外部必须有人监护，并有可靠的联络措施。

6）检验人员在脚手架上工作时，应配备安全带；凡在高空（1.5m 以上）作业的检验人员，应将仪器设备和物品摆放稳妥，以防坠落伤人，不准从高空向下抛掷物品。

7）检验人员应严格遵守现场的规章制度；严禁在检验现场吸烟和携带烟火。

七、　四大管道及炉本体支吊架专项检查与整改方案

（一）项目概况

锅炉为 SG3091/27.56-M54X 型，是由上海锅炉有限公司引进 Alstom-Power 公司 Boiler Gmbhd 的技术生产的超超临界参数变压运行螺旋管圈直流炉。锅炉采用一次再热、单炉

膛单切圆燃烧、平衡通风、露天布置、故态排渣、全钢构架塔式布置。

基建后锅炉主要管道（尤其是四大管道）支吊架存在各种各样的问题：如管道阻尼器或恒力吊架卡死，管道热膨胀受阻，热位移无法实现；管道没有工作在原设计受力状态，造成吊架载荷转移，进而影响到管道的应力等等，一方面有管道设计的原因，另一方面，支吊架制造质量及安装也存在很严重的问题，直接影响了机组的投运及安全运行。

电厂汽水管道支吊架的作用是承受管道重力、承受偶然的冲击载荷和控制管道在工作状态下的位移和振动。新建机组由于可能存在一些安装缺陷、设计缺陷，导致支吊架无法正常工作，同时随着机组运行时间的累积，管系支吊架状态会出现变化，一旦支吊架部分或全部丧失其功能，管道承载和约束条件将发生变化，管道位移和应力分布将偏离设计状态，管道应力峰值增高，局部可能超过管材许用应力，加快高温管道高应力蠕变损伤，缩短管道应有的使用寿命。

管道支吊架检验调整项目是为了对管道支撑设计进行计算复核，对管道支吊架工作状态进行检查，发现问题，制定调整方案，保证机组的安全运行。

（二）组织机构及职责

1. 组织机构

（1）领导小组组长：设备部经理

领导小组副组长：生技部经理

领导小组成员：锅炉点检员

（2）工作小组组长：锅炉点检员

工作小组成员：锅炉点检员、施工单位人员

项目负责人：锅炉点检员

2. 职责

（1）领导小组职责：①审批项目的安全措施、技术措施；②协调指挥该项目的实施工作；③安排、协调、监督、检查安全措施和技术措施的有效落实情况；④组织项目的总结和评价。

（2）工作小组职责：①项目负责人职责：负责参与整个项目方案的制定，监督施工流程和工艺，落实项目的人力、工器具、材料和备件的准备，检查完成情况，及时向上级反映施工进度和完成情况，负责安全措施和技术措施的有效落实，负责和施工单位及其他相关专业进行沟通协调，以确保改造方案顺利实施。②施工单位人员职责：根据现场情况合理安排施工，负责按照制定的施工方案进行具体安装工作，服从公司相关部门、领导小组、项目负责人的工作安排，严格按工艺流程作业，发现问题及时反映并按方案整改，保证管控质量。

（三）四大管道及炉本体支吊架专项检查及整改范围

（1）范围：管道支吊架检验调整；对管道支撑设计进行计算复核；对管道支吊架进行热态冷态检查，发现问题，制定调整方案；现场指导协调安装施工；指导协调管道支吊架热态冷态调整。

（2）检查调整范围：主蒸汽管道系统、高低温再热蒸汽管道系统、高压给水管道系统、高低旁路管道系统、锅炉本体系统连接管道等重要管道的支吊架。检查项目应包括但不限于下列内容：

1）弹簧支吊架是否过度压缩、偏斜或失载；

2) 恒力弹簧支吊架转体位移指示是否越线；

3) 支吊架的水平位移是否异常；

4) 固定支吊架是否连接牢固；

5) 限位装置状态是否异常；

6) 减振器及阻尼器位移是否异常等。

（四）施工方案

（1）查阅上述范围管道及其支吊架的设计和竣工图纸资料，核对现场安装情况，确认是否存在漏装、错装或者未按设计要求安装的情况。

（2）按照 DL/T 616—2006《火力发电厂汽水管道与支吊架维修调整导则》的要求在机组运行状态下对管道支吊架进行宏观检查，发现刚性支吊架脱空失载、弹簧支吊架欠载和超载、恒力支吊架位移指示超限、固定支架松动、导向支架膨胀间隙不足限制管道位移、限位支架松动、偏装安装不当造成的吊杆严重倾斜或者支架严重偏移、阻尼器漏油或行程不足等功能缺陷并进行拍照记录。

（3）对机组的主蒸汽管道系统、高低温再热蒸汽管道系统、高压给水管道系统、高低旁路管道系统、锅炉本体系统连接管道等重要管道的支吊架进行管道静态应力分析计算，以实际检查获得的支吊架承载情况为管系计算边界条件进行应力状态评估，确定管道最大应力位置、判定应力是否超出规范要求、对需要加强金属监督的部位提出建议。

（4）对发现的支吊架功能缺陷进行安全性评估，按照"需要尽快处理、机组检修时安排处理、可以不处理"三种情况分别给出评估意见。

（5）根据检修的工期、费用、现场实际等条件编制管道振动解决方案，方案应切实可行，现场可操作性强，力求做到简便、有效。方案应包括需购买的备品、材料、需搭设的脚手架、需拆除的保温等。

（五）安全措施

（1）由项目安健环负责人组织全体工作人员认真学习《电力安全工作规程》《仪器设备安全操作规程》及其他有关安全规程，杜绝死亡事故，重伤事故，火灾、设备及交通事故；认真学习电厂相关规章制度。

（2）要求所有进入现场施工的工作人员每次进场当天禁止饮酒；除有焊接或火割任务的焊工以外其他人员禁止带任何形式的火种。

（3）要求所有进入现场施工的工作人员必须穿工作服、工作鞋，戴安全帽，高空作业者佩带安全带。作业平台离地板高度超过 1.5m 时，工作时必须牢固系好安全带。

（4）要求检验、调整等工作人员熟悉相关工具使用方法、使用前检查电源接线板状态是否正 常，杜绝电源短路事故。

（5）每位检验人员配备一个工具包，用于放置检查、测量用小型工具，工具用棉布带一端系好手电、卡尺等检验工具，一端系在手腕或腰带、安全带上；当发生同一位置不同标高层交叉作业时施工用脚手架应铺设安全网，防止工具高空坠落砸伤他人或设备。

（6）对于不便检查的支吊架严禁在不搭设脚手架的情况下徒手攀登做接近检查。

（7）脚手架搭设完毕按规定实施安全检验，检验合格挂上脚手架完工指示牌或合格证。未挂完工指示牌或合格证的脚手架禁止攀登。

（8）在检验测量中严禁工作人员踩在阀门电动/气动执行机构、电器仪表、仪表管路上发生损伤设备事故。

（9）进行砂轮打磨、气割、电焊等作业时必须办理动火证。组织维修调整施工人员学习泡沫灭火器使用方法。当在油箱或油管路附近从事焊接或火割施工时，配备专人准备好足够数量的灭火器监督施工现场，同时用防火布挡住飞溅的火星。杜绝火情的发生或蔓延。

（10）支吊架油漆施工中禁止将其随意放置，必须远离施工现场的火种。在下班撤离现场时禁止将剩余油漆遗留在现场，杜绝火灾的发生。

八、制粉系统 5D、5E 磨煤机轮换大修策划书

（一）磨煤机概况

制粉系统配备的磨煤机是上海重型机器厂生产的 HP1163/Dyn 中速磨煤动机，磨煤机主要包括驱动电动机、减速箱、石子煤排出装置、磨碗、磨辊、弹簧加载装置、旋转分离器等部位组成，每台锅炉配制 6 台磨煤机，磨煤机型式为冷一次风机正压直吹式，燃烧设计煤种时，B-MCR 工况下 5 台运行，1 台备用。磨煤机结构如图 3-2 所示。

磨煤机主要性能参数（设计值）见表 3-8。

表 3-8　　　　　　　　　　　　　磨煤机主要性能参数

序号	项　目	单位	设计参数	备注
1	磨煤机最大出力	t/h	111	
2	哈氏可磨系数		55	
3	磨煤机入口煤块粒度		≤30	
4	磨煤机工作温度	℃	68～75	
5	磨煤机煤粉细度（R90）	%	17	
6	磨煤机转速	r/min	27.7	
7	磨煤机最大阻力	kPa	5	
8	密封风流量	m³/min	110	
9	主减速机型号			VRP--125
10	减速机传动比		35.6	
11	传动方式			螺旋伞齿轮加行星齿轮二级立式传动
12	润滑油牌号			ISO-VG320
13	磨煤机电动机型号			YHP630-6
14	磨煤机额定转速	r/min	985	
15	额定电压	kV	6	

续表

序号	项　目	单位	设计参数	备注
16	润滑油站油泵型号			OWTS11
17	油泵流量	L/min	287	
18	出口油压	MPa	0.8	
19	旋转分离器转速调整范围	r/min	30～90	
20	分离器电动机类别			交流变频电机
21	分离器减速机润滑油牌号		ISO-VG220	

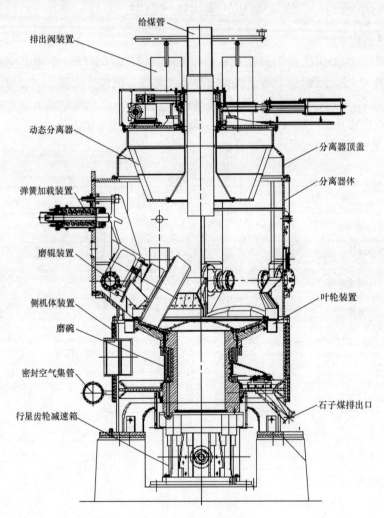

给煤管

排出阀装置

动态分离器

分离器顶盖

分离器体

弹簧加载装置

磨辊装置

叶轮装置

侧机体装置

磨碗

密封空气集管

石子煤排出口

行星齿轮减速箱

图 3-2　磨煤机结构原理

（二）磨煤机大修原因、目标和工期

1. 大修原因

磨煤机的主要部件磨损情况，根据点检人员统计和观察，已达到设计使用寿命周期，为消除制粉系统的缺陷、隐患，解决磨损及老化，恢复出力及为保证设备的长期安全、稳定、经济运行，同时为让制粉系统能满足负荷要求，策划进行轮换大修。

2. 大修目标和性能保证

（1）大修目标。

磨煤机大修目标和性能保证见表 3-9。

表 3-9 磨煤机大修目标和性能保证表

序号	内 容	单位	目 标	备注
一	安健环目标			
1	人身轻伤及以上事故	起	0	
2	人为责任设备损坏事故	起	0	
3	火灾事故	起	0	
4	环境污染事故	起	0	
二	检修指标			
5	检修工期		严格执行计划工期	
6	修后系统试运一次成功率	%	100	
7	启动		一次性启动成功，无检修质量原因引起的停机事件	
8	修后外表工艺		保温、油漆、标牌清晰美观，符合创优要求	
9	项目验收优良率	%	100	
10	修后主设备完好率	%	100	
11	修后安全运行时间	天	180	
12	自动装置投入率动作正确率	%	100	
13	综合渗漏率	‰	不大于 0.3	

（2）大修后性能保证。

1）保证出力（条件为设计煤种、入磨煤粒度不大于 30mm、煤粉水分为 6.7%、按磨损后期出力考虑）：90t/h。

2）磨煤机单位功耗（保证出力下）：10.1kWh/t 煤（已考虑电动机效率为 90%）。

3）分离器出口风量偏差 ±5%。

4）煤粉细度 $R_{90}=17\%$。

5）噪声 ≤85dB（A）

6）主要部件使用寿命①磨辊 ≥10000h；②磨碗衬板 ≥10000h。

3. 大修工期

具体每套制粉系统大修计划开始时间及结束时间由设备部锅炉专业根据现场实际情况确定。计划工期 15 天。

（三）磨煤机大修前准备工作

1. 执行的制度、标准准备

（1）HP1163 碗式中速磨煤机维修标准。

（2）HP1163 碗式中速磨煤机检修文件包。

（3）发电管理系统-检修子系统。

（4）电力安健环管理制度。

2. 主要备件、材料准备

磨煤机大修备件材料见表 3-10。

表 3-10　　　　　　　　　　　磨煤机大修备件材料表

序号	备品备件	性质	更换周期	本次大修需求量	库存量
1	磨辊套	易损件	15000h	3 件	有
2	磨碗衬板	易损件	15000h	2 套	有
3	石子煤刮板	易损件	10000h	2 件	有
4	偏流衬板	易损件	磨损超过 1/2 就更换		有
5	叶轮装置及节流环	易损件	10000h	1 套	有
6	磨辊轴承	大修时视情况更换	正常 50000h	2 件	有
7	骨架油封	易损件	磨辊解体必须更换	磨辊解体必须更换 18 件	有
8	O 形密封圈（磨辊用）	易损件	磨辊解体必须更换	磨辊解体更换 12 件/台	有
9	磨辊耐磨环	易损件	大修时视情况更换	磨辊解体更换 3 件/台	有
10	油站油泵	事故备件		检查	有
11	油泵机械密封		检查视情况更换	4 件	有
12	滤网	清洗	视情况更换	4 件	有
13	联轴器弹簧片	检查	视情况更换	1 套	有
14	耐磨套瓷片	检查			有
15	磨煤机减速箱	事故备件		检查	无
16	磨辊总成	事故备件		3 件	有

每次轮换大修前点检人员必须盘查库存，以保证大修需求。

3. 专用工具准备

磨煤机大修专用工具见表 3-11。

表 3-11　　　　　　　　　　　磨煤机大修专用工具表

序号	名称	规格型号	单位	数量	备注
1	磨辊翻出装置	专用	套	1	
2	磨碗起吊装置	专用	套	1	
3	辊套拆卸装置	专用	套	1	
4	弹簧预紧装置	专用	套	1	
5	油位量油杆	专用	套	1	

注　主要备件、材料工器具应在大修前 5 天内落实完成。

（四）磨煤机大修组织机构和人力资源计划

1. 大修组织机构及职责

（1）总指挥：设备部经理。

副总指挥：锅炉主管

负责大修总体指挥协调工作。

（2）项目负责人：锅炉点检员。

负责项目的具体策划实施，制定 A 级检修计划，施工现场的组织管理，备品备件的验收准备，制定 A 级检修施工方案，A 级检修的验收，进度的控制以及具体的现场指挥协调工作。

（3）现场施工人员。

外委单位施工负责人：承修单位

维护：日常维护

现场监督人员

锅炉专业：锅炉点检员、锅炉点检员、维护单位设备负责人

负责大修施工的具体进行，指导施工人员正确的按照施工工艺进行工作，保证施工质量良好，进度受控，现场安健环的管理，参与解决施工过程中出现的技术难题，保证大修安全有序进行。

（4）安全负责人：安健环主管。

安全小组成员：锅炉点检员、锅炉点检员、维护单位设备负责人、承修单位项目负责人

负责组织编制施工项目的安健环管理方案，审核项目风险评估（包括安全措施）。监督施工现场各项安全措施的制定与实施。监督检查检修现场防火、防触电、防机械打伤、防人身伤害等措施的执行。确保现场该项目作业符合安键环要求。

（5）质量验收组。

组长：锅炉点检员

成员：锅炉点检员、发电部锅炉专工、维护单位设备负责人、承修单位项目负责人

1）负责大修技术管理和指导工作，贯彻文件包在大修工作中的实施。

2）负责贯彻公司的检修质量方针，执行停机备修质量管理程序。

3）负责组织检修技术方案、技术措施、检修进度网络的编制、审核，并对执行情况进行监督。

4）负责组织停机备修项目的三级验收工作，负责对 W、H 点的签证质量把关。

5）负责检修过程中的技术资料管理和修后的技术总结和资料整理工作。

6）负责每日通报检修进度，重点掌握实际进度与计划之间的偏差，保证检修进度在可控范围内。

（6）试运组。

组长：各值长

成员：锅炉点检员、发电部锅炉专工、维护单位设备负责人、承修单位项目负责人

1）合理安排系统的停运顺序和时间，编制启动时各系统恢复启动计划。

2）组织开展试运、传动工作，确保检修和启动试运工作的有序开展。

3）组织检修后的试运及试验工作。

4）组织好启机前的有关试验和准备工作，保证准时启动。

5）对试运中发现的设备缺陷进行统计，参与检修项目评价工作。

（7）宣传组。

组长：锅炉点检员

成员：维护单位设备负责人、承修单位项目负责人

1）负责检修现场的宣传策划、准备和实施工作。

2）负责检修的宣传报道、稿件收集、检修信息收集传递和发布工作。

3）负责检修进度日报的编辑工作。

（8）配合专业：锅炉专业、热控专业、电气一次专业、电气二次专业、发电部。

2. 大修人力资源计划

（1）技工：6 人，要求实际经验较丰富，并有同类型磨煤机大修经验及日常检修维护经验的技术工人。

（2）力工：5 人，要求有实际经验，身体健康，在电厂工作过 3 年以上的工人。

（3）特殊工种 5 人：要求有实际经验，身体健康，熟练掌握本专业技能的专业技术人员，并有有效的资质证书。

（4）具体分工：磨煤机检修需要 11 人，其中：6 名技工，5 名力工；起重工：2 人；焊工：2 人。

（五）磨煤机大修项目及管理

1. 大修重点工作

磨煤机重点工作：①磨辊套检查、更换；②磨辊轴承检查、更换；③磨辊与耳轴连接螺栓检查更换；④磨碗衬板检查、更换；⑤叶轮风环检查、更换；⑥弹簧加载装置校验；⑦电动机联轴器找正；⑧旋转分离器轴承检查；⑨磨辊总成组装；⑩减速箱检查；⑪润滑油系统检查处理及润滑油更换；⑫各部件间隙调整。

2. 检修项目范围、界限及相关说明

制粉系统与热控专业分界：以冷、热风气动挡板，活塞杆固定连接销轴、电动头法兰为界。

制粉系统与电气专业分界：磨煤减速机电动机、润滑油泵联轴器为界；润滑油站电加热器箱体法兰为界。

3. 检修项目清单

（1）磨煤机大修标准项目见表 3-12。

表 3-12　　　　　　　　　　　　　磨煤机大修标准项目表

序号	专业	系统	检修项目
1	锅炉	制粉系统	磨煤机磨辊门板拆除检查
2	锅炉	制粉系统	原始数据测量记录
3	锅炉	制粉系统	磨辊翻出检查
4	锅炉	制粉系统	磨辊套检查更换
5	锅炉	制粉系统	磨碗衬板检查更换
6	锅炉	制粉系统	叶轮装置检查更换
7	锅炉	制粉系统	节流环更换
8	锅炉	制粉系统	磨辊轴承游隙检查，视检查情况确定是否解体检修
9	锅炉	制粉系统	磨碗毂气封环间隙检查调整
10	锅炉	制粉系统	磨碗检查
11	锅炉	制粉系统	磨碗毂检查

续表

序号	专业	系统	检 修 项 目
12	锅炉	制粉系统	侧机体护板检查检修
13	锅炉	制粉系统	耳轴衬套检查
14	锅炉	制粉系统	磨碗延伸环检查
15	锅炉	制粉系统	减速机输出轴气封盘根检查更换
16	锅炉	制粉系统	石子煤刮板耐磨板磨损检查，视情况进行更换
17	锅炉	制粉系统	偏流衬板检查检修，缝隙做防磨修补
18	锅炉	制粉系统	旋转分离器转子叶片磨损检查，修补
19	锅炉	制粉系统	旋转分离器驱动皮带磨损检查，皮带拉紧力检查调整
20	锅炉	制粉系统	旋转分离器轴承检查，润滑脂补充
21	锅炉	制粉系统	磨煤机内部衬板，焊塞修补
22	锅炉	制粉系统	落煤管磨损检查，视情况检修
23	锅炉	制粉系统	磨煤机出口插板门漏粉检修
24	锅炉	制粉系统	磨煤机出口煤粉管道联管器检查检修
25	锅炉	制粉系统	磨一次风入口导流板检查
26	锅炉	制粉系统	石子煤系统检修
27	锅炉	制粉系统	弹簧加载力调整
28	锅炉	制粉系统	磨辊跟磨碗间隙调整
29	锅炉	制粉系统	磨辊跟弹簧加载装置间隙调整
30	锅炉	制粉系统	润滑油站油泵检查，视情况进行检修
31	锅炉	制粉系统	润滑油冷却水系统检修
32	锅炉	制粉系统	润滑油冷油器检修、视情况进行水压试验
33	锅炉	制粉系统	油站滤网检查、清洗
34	锅炉	制粉系统	油站管道渗点处理
35	锅炉	制粉系统	油站油质化验，油质不合格时进行更换
36	锅炉	制粉系统	油站清洗
37	锅炉	制粉系统	减速箱检查及渗漏点处理
38	锅炉	制粉系统	磨煤机联轴器膜片检查处理
39	锅炉	制粉系统	磨煤机磨碗毂与减速箱紧固螺栓检查
40	锅炉	制粉系统	电动机联轴器找正
41	锅炉	制粉系统	磨辊总成组装备用

（2）非标准检查项目（技改、特殊工艺项目）：无。

（3）技术监督项目。磨煤机 A 级检修监督和试验见表 3-13。

表 3-13　　　　　　　　　　　　磨煤机 A 级检修监督和试验表

序号	专业	系统	检 修 项 目
1	锅炉	制粉系统	制粉系统安健环措施
2	锅炉	制粉系统	检修质量、进度及大修管理流程
3	锅炉	制粉系统	检修文件包使用执行检修质量验收单
4	锅炉	制粉系统	润滑油冷油器检修、水压试验
5	锅炉	制粉系统	磨煤机润滑油站压力、流量试验
6	锅炉	制粉系统	制粉系统整体试运

　　本次大修备件及材料费用：单台磨煤机 A 级检修备件及材料费用约 200000 元，检修工日约 400 个。

　　4. A 级检修后主要（试运）实验项目

　　（1）磨煤机润滑油站试运。

　　（2）制粉系统整体试运。

　　5. 检修管理和质量验收管理

　　（1）A 级检修原始数据记录、本体检修技术记录、检修文件包记录由工作负责人每天填写，A 级检修后各项记录由技术员整理并在 1 周内移交锅炉专业。

　　（2）在维修过程中发现大的缺陷时，检修负责人应及时逐级上报，迅速组织相关技术人员，分析处理对策，避免因此而影响设备检修工期。

　　（3）三级质量验收制度：点检长、点检员（监理）、检修单位（检修单位内部还需进行三级验收管理）。

　　（4）质量管理流程：A 级检修管理流程如图 3-3 所示。

　　（六）磨煤机 A 级检修安健环措施

　　（1）检修工作开始前，工作许可人和工作负责人应共同到现场检查安全措施确已正确执行，在工作票上签字，方可允许开始工作。

　　（2）办理完工作票后，工作负责人通知设备部点检人员，设备部点检人员接到通知后到达检修现场，对全体检修人员进行技术、安全交底同时进行签字，上述工作完成后，方可允许检修作业开始，严禁无票作业或工作票上的安全措施不落实即开始作业。

　　（3）工作负责人必须始终在检修现场指挥和监督工作，如需离开检修现场必须指定合格的临时负责人接替工作负责人的工作，同时做好安全技术交底，出现工作负责人变更时要走工作负责人变更手续，并在工作票上办理完手续后方可开工，严禁无票作业或变更手续未办理完即开始作业。

　　（4）使用电、火焊前要办理动火工作票，使用电、火焊时，要做好防止工作人员烫伤的措施，同时做好防火措施并有良好的隔离层保护，在磨煤机内部工作时要做好防止煤粉自燃、爆燃的措施，工作过程中要注意保护好其他专业设施。

　　（5）检修工作前，应将磨煤机内、外部煤粉清理干净，清磨煤机内部煤粉时，应做好煤粉污染环境的安全措施，及时处理地面上的煤粉，每天工作完成后要做到工完料尽场地清，做到文明施工。

（6）检修过程中严禁野蛮施工，以免损坏设备及备品备件、材料、工器具等。

（7）每天工作结束后，检修人员撤离工作现场前，应将磨煤机、给煤机的人孔门关闭好，挂上"未经许可，禁止入内"的警示牌，没有检修的磨煤机、给磨机人孔门应封闭好，防止非工作人员入内。

（8）工作人员着装应合适完整，穿好工作服，衣服袖口扣好，戴好安全帽、耳塞、手套等劳动保护用品。

（9）施工现场应做到"三齐""三不乱""三不落地""三不伤害"，尽量避免上、下交叉作业，如必须上、下交叉作业时要做好隔离措施。

（七）磨煤机 A 级检修总结

①总体概述。②修前策划。③A 级检修项目完成情况。④A 级检修费用情况统计分析。⑤检修阶段发现缺陷及处理方法。⑥重要缺陷分析及整改方案。⑦无渗漏治理情况。⑧主要指标完成情况。⑨经验教训。⑩遗留问题及对策。⑪结论。

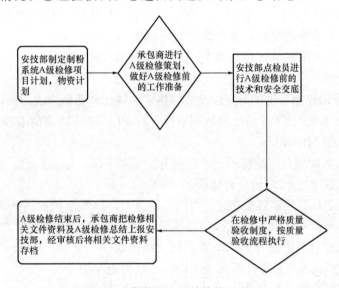

图 3-3　磨煤机 A 级检修管理流程

九、炉空气预热器 LCS 通信改造施工方案

（一）项目概况

本项目的开展将实现了空气预热器漏风控制监控的进一步优化，优化成功后，运行人员可以在 DCS 系统中实现 6 号炉 LCS 控制，便于生产人员对空气预热器漏风控制进行事故处理，保证了空气预热器漏风控制安全性、可靠性，可以更加精确地调整空气预热器的间隙，提高了空气预热器漏风控制的经济性，减轻了运行人员的劳动强度。

一旦优化方案成功后可以在本系统甚至在国内其他发电企业中进行推广，为机组的安全稳定生产做贡献，故在 DCS 系统中实现远方对空气预热器漏风控制的监控，实现空气预热器漏风就地控制柜的所有功能，以及新增电流大报警等功能。通过 PROFIBUS 通信协议将就地监视和控制信号送至 DCS。

（二）项目组织机构及职责

1. 组织机构

组长：热控专业主管

组员：热控专业班员、热控专业班员、施工负责、专职安全员、施工人员等 8 人

2. 职责：

热控专业主管：负责空气预热器 LCS 改造的全面工作总体协调。协调现场安装过程中出现的场地、工具、材料等问题。

热控专业班员：现场施工人员的总体协调工作，把握空气预热器 LCS 改造的质量、安全、进度，保证空气预热器 LCS 改造安装工作的顺利进行，负责质量验收工作。检查发现质量问题及时提出整改措施，对施工人员进行安全技术交底。

施工负责：负责空气预热器 LCS 改造现场的施工管理，在施工过程中严格按照施工方案执行，确保现场施工的质量、安全、进度。

专职安全员：负责空气预热器 LCS 改造的安全监察工作，监督空气预热器 LCS 改造安全措施的执行，保持现场施工文明整洁。检查发现空气预热器 LCS 改造过程中人员、工机具、作业程序等存在安全隐患时，及时提出整改措施。

施工人员：负责 6 号炉空气预热器 LCS 改造工作的具体实施。

（三）施工方案

（1）对 LCS 漏风控制系统的研究以及数据格式的转化和通信方式的设计。

（2）实现 LCS 系统与 DCS 系统的数据对接，在 PLC 加一块通信卡经 RS485 与 T3000 通信，通信协议采用 MODBUS。

（3）DCS 界面实现所有间隙指示、手动提升、手动下降、紧急提升、手/自动切换、报警显示和报警确认等就地 PLC 柜所有功能。

（4）新增监视空气预热器转子转速、电流，电流大，LCS 漏风控制系统紧急提升。

（5）次级开关动作时，LCS 漏风控制系统紧急提升，而后转温控模式；或者次级开关动作时，LCS 漏风控制系统提升 3mm，而后转温控模式。

（6）新增加载机构涡轮螺旋千斤顶上极限位、过力矩保护。

（7）新增传感器故障，提升 3mm，自动切换温度控制保护。

（8）新增加载机构工作行程、限位显示。

（9）通信光缆布线，从就地 PLC 主控柜至 DCS 通信柜。

（10）AB PLC 卡件安装，就地控制柜内部接线等相关工作。

（11）DCS 系统软件组态以及所有逻辑的编写。

（12）PLC 功能调试、DCS 功能调试、接口调试等所有调试工作。

（四）施工使用工器具清单

炉空气预热器 LCS 通信改造工具清单见表 3-14。

表 3-14　　　　　　　　　　　炉空气预热器 LCS 通信改造工具清单

序号	名称	型号	数量	备注
1	万用表	FLUK	2	
2	螺丝刀	SATA	3	

序号	名称	型号	数量	备注
3	电笔	SATA	1	
4	手提电脑	DALL	1	
5	剥线钳	SATA	1	
6	斜口钳	SATA	1	
7	电缆刀	SATA	1	

（五）工期进度图

炉空气预热器 LCS 通信改造计划见表 3-15。

表 3-15 炉空气预热器 LCS 通信改造计划

项目 工期	第1~3天	第4天	第5~20天	第21~28天	第29天
安健环培训及安全技术交底					
熟悉布置现场脚手架搭设					
5A/B空气预热器LCS现场改造					
5A/B空气预热器LCS调试					
脚手架拆除					
现场清理					

总工期控制在 30 天，安排在空气预热器检修前期进行。

（六）安全措施

（1）专职安全员未到施工现场监护，施工方不得进行施工操作。

（2）进入空气预热器进行施工前，必须办理密闭容器进入许可证。

（3）所有施工人员应经过身体健康检查，患有精神病、高血压、严重贫血、癫痫、心脏病，以及睡眠不足、身体疲劳、情绪不稳等人员不得安排施工任务；施工人员在进入施工现场前必须经过安全培训，经过三级安全教育，熟悉现场作业环境和本工种安全操作规程，特种作业人员必须严格按照"特种作业人员安全技术考核管理规则"，经过专门培训，考核合格，持证上岗。

（4）所有施工人员安全防护用品配备齐全（安全帽、安全带、手套、合格的服装、鞋子等），安全带应为肩背式双保险安全带，安装过程中所使用的工具必须符合国家规范要求，如电焊机的电源接头必须为防爆电源插头。

（5）在 LCS 改造材料进入施工现场前，施工点设立专门堆放点，堆放点下方放置橡胶垫防止滑动与损坏格栅板，堆放点四周用围栏隔离。

（6）电气设备和线路须绝缘良好，电线不得与金属物绑在一起。

（7）施工负责人与安全员确认是否所有隔离措施都已隔离完毕，包括风、烟、水、电四个方面。风主要是各大风机及脱硝稀释风机等，烟主要是空气预热器烟气进口挡板是否关闭严密，脱硝系统是否停运等，水主要是空气预热器冷却水、冲洗水、吹灰器复用水等阀门是否关闭，电主要是各有关设备的电机是否已拉闸，空气预热器本身主电机、副电机是否拉闸。

（8）在就地控制柜施工时，确认控制柜所有电源已断开，工作前验电。

（9）架子搭设：

1）施工点周围设置明显安全警示标志，无关人员不得进入施工区域，尤其是空气预热器内部的施工点。

2）脚手架材料上下空气预热器施工点采用人工绳索拉升，施工时必须专人监护，材料上下时采用双保险。

3）脚手架搭设符合规范。①严格按规程、规定的质量、规格选择材料。②必须按规定的间距尺寸搭设。空气预热器施工点处架板必须满铺，不得有空隙和探头板、下跳板，并经常清除板上杂物。③脚手架外侧和人员出入斜道两侧必须设 1.2m 高的栏杆或立挂安全网。④必须按规定设剪刀撑和支撑，必须与空气预热器设备连接牢固。⑤脚手架均布荷载。脚手架承重控制在 $200kg/m^2$ 以内，禁止在脚手架上存在超过其承重的材料工具等。⑥必须为施工人员搭设进出空气预热器和上下的阶梯走道。严禁施工人员从架子爬上爬下，造成事故。⑦架子搭设完毕后，必须经技术、甲方单位安全等部门共同检查验收，合格后可投入使用。使用中应经常检查，发现问题要及时处理。

（10）施工班组现场设专职安全员一人，每天开工前召开班前会进行安全教育，施工中进行现场安全检查监督。施工过程中在空气预热器人孔门外，必须安排一人进行监护。

（11）安全防护用品佩戴合格，施工过程中发现一次安全用品佩戴不合格，罚款 200 元/次，未佩戴安全帽 1000 元/次；施工过程中所有进入空气预热器内部的施工人员都必须挂设好安全带，安全员进行重点检查，安全带未挂设罚款 1000 元/次。

（12）工现场严禁抽烟等非施工用火，发现一次罚款 1000 元/次。

（13）施工负责人全程进行现场施工指导，同时协调施工进度，防止出现交叉施工的不安全现象。

（14）遇有临时停电或停工休息时，电气设备必须做好防护措施，切断电源。

（15）空气预热器内部使用 24V 及以下电压的行灯进行照明，不得使用 220V 及以上的碘钨灯等照明工具。

（16）施工过程中须临时拉设电源，须电工进行专业操作，严禁非电工拆、装用电设施；防设备、电缆漏电触电。

（17）文明施工：

1）现场 LCS 装置设备定点放置，保证安全、有序的存放。存放点布置安全围栏。

2）每天施工结束后清理现场，做到"工完、料净、场地清"。

（18）检修施工风险分析及控制措施。

炉空气预热器 LCS 通信改造检修风险分析及控制措施见表 3-16。

表 3-16　　　　炉空气预热器 LCS 通信改造检修风险分析及控制措施表

序号	工作程序或工艺	风险	采取的控制措施
1	工作准备，工单办理	安全措施不到位	安全措施全面，开工前检查落实后方可开工

续表

序号	工作程序或工艺	风险	采取的控制措施
2	脚手架搭设与拆除	高处坠落	搭设人员站在稳固的地点，佩戴安全带并正确使用
		高处落物及其伤人	上下运送物件要帮扎牢靠或稳妥传递，严禁高空抛掷物体，工作区域设置围栏并悬挂警示牌
3	高处作业	高处坠落	搭设必要的脚手架并经验收合格，工作人员佩戴安全带并正确使用
		高处落物及其伤人	上下运送物件要帮扎牢靠或稳妥传递，严禁高处抛掷物体，工作区域设置围栏并悬挂警示牌
4	LCS 卡件更换作业	卡件损坏	现场施工时，禁止卡件随地摆放，防止卡件损坏，要轻拿轻放
		人员触电	卡件拆装时要验电，防止触电和烧坏卡件
5	LCS 现场调试	人员触电	所使用的电动工器具要事先检验合格，电源线路要设置漏电保护器，照明要使用安全电压
		人员受伤	按照规定使用工器具并正确使用劳动保护用品；空气预热器 LCS 调试时，要有专人指挥，人员处于安全位置，并有专职安全员监护
		卡件烧毁	卡件送电前，一定要认真检查所有接线，防止卡件烧毁

（七）质量要求

W、H 质量控制计划见表 3-17。

表 3-17　　　　　　　　　　　W、H 质量控制计划

序号	验收点名称	验收类型	验收		
			一级	二级	三级
1	新增加电流大等功能	W	√	√	
2	LCS 通信 DCS 画面静态	W	√	√	
3	LCS 通信 DCS 画面动态	H	√	√	√

十、　底渣二级输送系统改造组织施工方案

（一）方案背景

倾斜二级刮板由于出力不足、运行速度快、磨损严重等问题，影响底渣输送系统的长期安全稳定运行，因此对底渣二级输送系统进行彻底改造，消除渣系统安全隐患。

（二）重大技改项目组织机构和职责

为保证技术改造达到预期效果，保证设备安全性、可靠性稳步提高，设备性能满足要

求，为顺利实施该项目，按照公司发电管理系统的 GHFD-13-01ND 技术更新改造项目管理制度成立项目组织机构。

项目组成员：

组长：生技部经理

项目负责人：

项目组成员：机务、电气一次、电气二次、热控、运行

项目组职责：

（1）制定项目的计划实施进度。

（2）编制招标文件，按公司招标管理规定及程序择优确定中标单位，物资采购按公司有关采购管理办法执行。

（3）编制安全、技术协议及合同条款谈判，按合同管理程序及规定执行。

（4）完成项目的施工图设计、设备材料订货、安全技术措施等准备工作后，办理开工手续，开始组织施工。

（5）组织项目施工，保证项目安全、健康、环保实施完成。

（6）对需要报废拆除的项目在开工前，应按有关规定办理完资产报废手续，需拆除的设备但不能明确其是否报废的项目做好报废方案。

（7）组织工程零星验收、分部验收及整体静态验收。

（8）组织工程整体试运行、竣工验收和后评价工作。

（三）改造基本方案

改造增容原二级输送系统，具体如下。

拆除原碎渣机，改造原捞渣机出口下方的电动事故挡板及事故排渣通道，增加 300mm×600mm 的排大渣格栅，提高二级刮板的水平段的标高；拆除原二级刮板，加固原二级刮板支撑钢架，改造原二级刮板底座及维修斜梯步道，更换大容量（额定出力为 60t/h，最大出力 80 t/h）的二级刮板，降低原渣仓顶的电动切换三通标高，使其倾斜段以小于或等于 35°的角度上 A 渣仓顶，同时将 B 渣仓整体向 A 渣仓侧平移。取消原渣仓顶的水平埋刮板，改造原渣仓顶的电动切换三通及落料管，使湿渣通过改造的电动切换三通可选择进入两座渣仓中的任一座。

（四）施工范围及工作量

（1）本次施工范围为：从捞渣机出口到 A/B 渣仓出口。

（2）主要工作量：B 渣仓向 A 渣仓靠近移位（外委工程施工标），原底渣二级输送设备的拆除及新设备的安装与调试（总承包商）。

（五）工器具准备（由各施工单位负责）

机底渣二级输送系统改造工器具统计见表 3-18。

（六）技术措施及注意事项

（1）渣仓的解体起吊或整体起吊前必须进行安全、技术交底，起吊时必须统一指挥。

（2）检查各起重机械、吊具、专用钢丝绳完好无损。

（3）施工单位的 B 渣仓移位方案已通过相关部门的联合会议审核。

（4）检查确认所有影响 B 渣仓起吊的设备零、部件已拆除。

（5）做好 A 渣仓被带起的防护措施，A 渣仓排空，A 渣仓及倾斜二级刮板已办票停电。

表 3-18   机底渣二级输送系统改造工器具统计

序号	工器具名称	数量
1	起吊设备	一批
2	吊索	4～8 根
3	常用安装工具	一批
4	电焊机	2～3 台

（6）底渣二级输送设备利用起重机械拆除及安装时，各方位设专人监视，发现异常情况及时停止作业，处理完毕后方可继续吊装作业。

（7）对原设备的拆除应尽可能地采取未破坏性的拆除方式，严禁野蛮施工。

（8）在安装和调试前，卖方应向买方及卖方安装人员进行设计意图和安装程序及安装要点的技术交底和解释。对重要工作项目应实行每个工序的检查指导和监督，实行工序签证制度，否则，不能进行下一道工序。

（9）各施工人员严格按图施工，服从现场监理及安健环部、设备部工程师的管理。

（七）安全、文明施工措施

（1）在生产现场必须按规定着装，戴好安全帽，吊装工作进行之前，所有参与人员必须经过安全、技术交底。

（2）吊装前检查起吊设备性能，确信刹车系统良好，检查吊装钢丝绳无损伤。

（3）起吊绑扎设备须由有经验的起重工进行，并由专人指挥吊装。

（4）作业人员严禁在吊移位置下方停留或通过，无关人员禁止进入吊装现场。

（5）对拆除的设备及新设备、材料必须现场分区越的整齐堆放，必要时做好防雨措施等，保持施工现场的文明卫生环境，严格按图按标准施工，严禁野蛮施工作业。

（6）在设备或构件起吊前，必须查清被吊件的质量及重心位置。

（7）在渣仓的仓体起吊前应做好防止仓体变形的措施，仓体起吊后必须用长麻绳拴住仓体，以控制仓体在空中摇晃。

十一、 水冷壁防磨防爆检查分析与处理方案

（一）项目概况

锅炉为 SG3091/27.56-M54X 型，是由上海锅炉有限公司引进 Alstom-Power 公司 Boiler Gmbhd 的技术生产的超超临界参数变压运行螺旋管圈直流炉，是继上海外高桥三厂两台塔式锅炉之后上海锅炉有限公司生产的同类型第三台锅炉，其采用一次再热、单炉膛单切圆燃烧、平衡通风、露天布置、故态排渣、全钢构架塔式布置。

锅炉水冷壁采用螺旋管圈和垂直段两段式水冷壁，在锅炉的 68.88m 处设有中间过渡集箱，下部为螺旋管水冷壁，上部为垂直段水冷壁，38m 以上为均采用国产 T23 材质水冷壁。由于对 T23 材料的特性没有完全掌握，锅炉厂根据住友公司及 V&M 给出的工艺：焊前不需要预热，焊后不需要热处理。造成在现场安装的过程中产生了焊接应力较大的缺陷，苏州热工院现场实际应力测试证实，现场安装的水冷壁角部应力较大，我们虽然进行了水冷壁张力板和填块开应力释放槽，仍不能从根本解决问题，该问题会在锅炉的以后的运行中逐渐暴露出来。

锅炉基建期 168h 后，均出现过水冷壁数次泄漏的情况，泄漏位置集中在 40～70m 锅炉

标高范围。缺陷主要发生在锅炉水冷壁现场施工焊口处、水冷壁张力板和填块焊接处、水冷壁密封焊处等位置，严重影响机组正常运行。

因此利用锅炉检修的机会对水冷壁存在的缺陷进行检验治理，降低水冷壁泄漏率，避免因水冷壁泄漏而引起机组非停。

（二）组织机构及职责

1. 组织机构

（1）领导小组组长：设备部经理

领导小组副组长：生技部经理

领导小组成员：锅炉点检员、生技部金属专工

（2）工作小组组长：锅炉点检员

工作小组成员：生技部金属专工、锅炉点检员、施工单位人员

项目负责人：锅炉点检员

2. 职责

（1）领导小组职责：①审批项目的安全措施、技术措施；②协调指挥该项目的实施工作；③安排、协调、监督、检查安全措施和技术措施的有效落实情况；④组织项目的总结和评价。

（2）工作小组职责：①项目负责人职责：负责参与整个项目方案的制定，监督施工流程和工艺，落实项目的人力、工器具、材料和备件的准备，检查完成情况，及时向上级反映施工进度和完成情况，负责安全措施和技术措施的有效落实，负责和施工单位及其他相关专业进行沟通协调，以确保改造方案顺利实施。②施工单位人员职责：根据现场情况合理安排施工，负责按照制定的施工方案进行具体安装工作，服从公司相关部门、领导小组、项目负责人的工作安排，严格按工艺流程作业，发现问题及时反映并按方案整改，保证管控质量。

（三）四大管道及炉本体支吊架专项检查及整改范围

（1）水冷壁防磨防爆检查分析与处理项目中需要射线检查焊口有：

1）中间集箱焊口标高 69m 处（出、入口）共有焊口 2316 只，可以检查的焊口约 2000 只。

2）1～4 号角水冷壁焊口（标高 38～68m）4692 只，可以检查的焊口约 4300 只。

可检查焊口总计约 6300 只。

（2）需要磁粉探伤检查位置：

1）中间集箱标高 69m 处（入口）。

2）1～4 号角水冷壁焊口两侧及弯头（标高 38～68m）。

3）喷燃器水冷套炉内上、下部让管焊缝两侧，过渡段张力板。

4）四角最下层喷燃器下部。

可检查焊缝长度约 5500m。

（3）需要渗透探伤检查位置：冷灰斗水封板与管子角焊缝检查，共计 876 只焊口。

（4）锅炉炉内焊口每个角抽查 30 只弯头，共计 120 只焊口进行硬度检查。炉外抽查 30 点硬度，与炉内硬度进行比对。对该次检修更换的管子的焊口进行硬度检验。

（5）五号炉水冷壁防磨防爆检查及检修，检查出的缺陷处理。

（四）施工方案

1. 宏观检查

（1）安装焊口的焊缝表面成形良好，焊缝表面无裂纹（无横向裂纹、无纵向裂纹等），无深度大于 0.5mm 的咬边，焊缝余高不大于 3mm 且焊缝余高差小于 2mm，外壁错口值不大于 1mm，焊缝表面宽度不大于 7mm，无其他焊接超标缺陷。

（2）鳍片/镶嵌块/管子之间焊缝表面无裂纹（重点是管子熔合线上不得有裂纹），无深度大于 0.5mm 的咬边。角焊缝焊脚宽度均匀，焊脚尺寸差小于 2mm。对接焊缝表面成形良好，焊缝余高不大于 3mm，焊缝表面宽度不大于 7mm，无其他超标焊接缺陷。

（3）在水冷壁所检查范围内，管子无明显变形，管子表面无明显烟气冲刷造成的壁厚减薄，无明显吹灰器吹损导致的壁厚减薄现象，无明显腐蚀造成的壁厚减薄现象。检查弯头处鳍片是否在管子的中间位置。

2. 无损检测

（1）射线检测。

1）透照方法：双壁垂直或椭圆透照一次成像，曝光量 15m/A min，管电压 18kV。

2）射线底片紧贴向火面侧焊缝，射源在炉外，有利于发现对接焊缝向火面侧裂纹（采用 X 射线、高梯度胶片）。

3）散射线的屏蔽：为尽可能减少散射线的影响，应采用暗盒背面加垫铅板的屏蔽措施。

4）焊缝无损探伤检验及结果的评定按 DL/T 821—2002《钢制承压管道对接焊接接头射线检验篇》Ⅱ级合格进行判定。

5）对 5 号锅炉 1、2 号角发生过水冷套焊口泄漏点附近重点区域进行抽查。

（2）磁粉检测。

1）磁粉检测时，须将对接焊缝及热影响区域打磨干净（包括鳍片焊缝处）。

2）磁粉检测采用交流电旋转磁场仪器（连续法、黑色水基磁悬液）。

3）磁轭的移动速度不能超过标准规定的 4m/min 的移动速度，通过标准试片磁痕显示来确定灵敏度。

4）磁极端面与工件表面的间隙不宜过大，观察磁痕在磁轭通过后尽快进行。

5）焊缝磁粉检验及结果的评定按 JB/T 4730.4—2005《承压设备无损检测》Ⅰ级合格进行判定。

6）研究采用新技术、新方法（包括磁记忆等）进行现场检测，为同类型的机组积累现场检测数据。

（3）硬度测试。

1）在选定的部位对焊接接头进行母材-焊缝-母材硬度测试。

2）焊接接头现场硬度测试按照 GB/T 17394《金属里氏硬度测试方法》进行。

3）焊接接头的焊缝布氏硬度值 T23≤300HBW、15CrMo≤270HBW，且焊缝与母材硬度差不大于 100HBW。

（4）壁厚测定。

1）在选定的部位对水冷壁管壁厚进行测定。

2）应根据实际情况，选择壁厚相对较薄处测试数据。

3）壁厚测试中，如发现异常情况应适当扩大检测范围，并做好检测记录。

（5）金相分析。

1）在选定部位进行现场金相观察和复膜取样，做好样品的编号。

2）对现场金相观察的组织特征应做好初步记录，对管子异常金相组织应及时向电厂或项目负责人报告。

3. 水压试验

检修工作结束后，水冷壁进行水压查漏。

（五）安全措施

（1）由项目安健环负责人组织全体工作人员认真学习《电力安全工作规程》《仪器设备安全操作规程》及其他有关安全规程，杜绝死亡事故、重伤事故、火灾、设备及交通事故，认真学习电厂相关规章制度。

（2）开工前各施工人员认真学习作业指导书及相应安全措施，并在技术及安全交底签证上签字。

（3）要求所有进入现场施工的工作人员必须穿工作服、工作鞋，戴安全帽，高处作业者佩戴安全带。作业平台离地板高度超过 1.5m 时，工作时必须牢固系好安全带。

（4）要求检验、调整等工作人员熟悉相关工具使用方法、使用前检查电源接线板状态是否正常，杜绝电源短路事故。炉膛内作业应有足够的照明并确保照明设备正常工作。

（5）每位检验人员配备一个工具包，用于放置检查、测量用小型工具，工具用棉布带一端系好手电、卡尺等检验工具，一端系在手腕或腰带、安全带上；当发生同一位置不同标高层交叉作业时施工用脚手架应铺设安全网，防止工具高空坠落砸伤他人或设备。

（6）对于不便检查的支吊架严禁在不搭设脚手架的情况下徒手攀登作接近检查。

（7）炉内检修平台需专人开停升降、不得擅自使用。

（8）现场动火必须严格执行动火审批手续，交叉作业或有可燃物区域应切实有效地做好隔离措施；现场必须配置足够的消防器材；工作中及时做好落手清工作，下班前应进行检查，确保无火灾隐患方可离开。

（9）进行砂轮打磨、气割、电焊等作业时必须办理动火证。组织维修调整施工人员学习泡沫灭火器使用方法。当在油箱或油管路附近从事焊接或火割施工时，配备专人准备好足够数量的灭火器监督施工现场，同时用防火布挡住飞溅的火星，杜绝火情的发生或蔓延。

十二、四大管道及炉本体支吊架专项检查与整改方案

（一）项目概况

锅炉为 SG3091/27.56－M54X 型，是由上海锅炉有限公司引进 Alstom－Power 公司 Boiler Gmbhd 的技术生产的超超临界参数变压运行螺旋管圈直流炉。锅炉采用一次再热、单炉膛单切圆燃烧、平衡通风、露天布置、固态排渣、全钢构架塔式布置。

基建后锅炉主要管道（尤其是四大管道）支吊架存在各种各样的问题：如管道阻尼器或恒力吊架卡死，管道热膨胀受阻，热位移无法实现；管道没有工作在原设计受力状态，造成吊架载荷转移，进而影响到管道的应力等。一方面有管道设计的原因；另一方面，支吊架制造质量及安装也存在很严重的问题，直接影响了机组的投运及安全运行。

电厂汽水管道支吊架的作用是承受管道重力、承受偶然的冲击载荷和控制管道在工作状态下的位移和振动。新建机组由于可能存在一些安装缺陷、设计缺陷，导致支吊架无法正常工作，同时随着机组运行时间的累积，管系支吊架状态会出现变化，一旦支吊架部分或全部丧失其功能，管道承载和约束条件将发生变化，管道位移和应力分布将偏离设计状态，管道应力峰值增高，局部可能超过管材许用应力，加快高温管道高应力蠕变损伤，缩短管道应有的使用寿命。

管道支吊架检验调整项目是为了对管道支撑设计进行计算复核，对管道支吊架工作状态进行检查，发现问题，制定调整方案，保证机组的安全运行。

（二）组织机构及职责

1. 组织机构

（1）领导小组组长：设备部经理

领导小组副组长：生技部经理

领导小组成员：锅炉点检员

（2）工作小组组长：锅炉点检员

工作小组成员：锅炉点检员、施工单位人员

项目负责人：锅炉点检员

2. 职责

（1）领导小组职责：①审批项目的安全措施、技术措施；②协调指挥该项目的实施工作；③安排、协调、监督、检查安全措施和技术措施的有效落实情况；④组织项目的总结和评价。

（2）工作小组职责：①项目负责人职责：负责参与整个项目方案的制定，监督施工流程和工艺，落实项目的人力、工器具、材料和备件的准备，检查完成情况，及时向上级反映施工进度和完成情况，负责安全措施和技术措施的有效落实，负责和施工单位及其他相关专业进行沟通协调，以确保改造方案顺利实施。②施工单位人员职责：根据现场情况合理安排施工，负责按照制定的施工方案进行具体安装工作，服从公司相关部门、领导小组、项目负责人的工作安排，严格按工艺流程作业，发现问题及时反映并按方案整改，保证管控质量。

（三）四大管道及炉本体支吊架专项检查及整改范围

（1）范围：炉管道支吊架检验调整；对管道支撑设计进行计算复核；对管道支吊架进行热态冷态检查，发现问题，制定调整方案；现场指导协调安装施工；指导协调管道支吊架热态冷态调整。

（2）检查调整范围：主蒸汽管道系统、高低温再热蒸汽管道系统、高压给水管道系统、高低旁路管道系统、锅炉本体系统连接管道等重要管道的支吊架。检查项目应包括但不限于下列内容：①弹簧支吊架是否过度压缩、偏斜或失载；②恒力弹簧支吊架转体位移指示是否越线；③支吊架的水平位移是否异常；④固定支吊架是否连接牢固；⑤限位装置状态是否异常；⑥减振器及阻尼器位移是否异常等。

（四）施工方案

（1）查阅上述范围管道及其支吊架的设计和竣工图纸资料，核对现场安装情况，确认是否存在漏装、错装或者未按设计要求安装的情况。

（2）按照 DL/T 616—2006《火力发电厂汽水管道与支吊架维修调整导则》的要求在机组运行状态下对管道支吊架进行宏观检查，发现刚性支吊架脱空失载、弹簧支吊架欠载和超载、恒力支吊架位移指示超限、固定支架松动、导向支架膨胀间隙不足限制管道位移、限位支架松动、偏装安装不当造成的吊杆严重倾斜或者支架严重偏移、阻尼器漏油或行程不足等功能缺陷并进行拍照记录。

（3）对机组的主蒸汽管道系统、高低温再热蒸汽管道系统、高压给水管道系统、高低压旁路管道系统、锅炉本体系统连接管道等重要管道的支吊架进行管道静态应力分析计算，以实际检查获得的支吊架承载情况为管系计算边界条件进行应力状态评估，确定管道最大应力位置、判定应力是否超出规范要求、对需要加强金属监督的部位提出建议。

（4）对发现的支吊架功能缺陷进行安全性评估，按照"需要尽快处理、机组检修时安排处理、可以不处理"三种情况分别给出评估意见。

（5）根据检修的工期、费用、现场实际等条件编制管道振动解决方案，方案应切实可行，现场可操作性强，力求做到简便、有效，方案应包括需购买的备品、材料、需搭设的脚手架、需拆除的保温等。

（五）安全措施

（1）由项目安健环负责人组织全体工作人员认真学习《电力安全工作规程》《仪器设备安全操作规程》及其他有关安全规程，杜绝死亡事故、重伤事故、火灾、设备及交通事故，认真学习电厂相关规章制度。

（2）要求所有进入现场施工的工作人员每次进场当天禁止饮酒，除有焊接或火割任务的焊工以外其他人员禁止带任何形式的火种。

（3）要求所有进入现场施工的工作人员必须穿工作服、工作鞋，戴安全帽，高空作业者佩戴安全带。作业平台离地板高度超过 1.5m 时，工作时必须牢固系好安全带。

（4）要求检验、调整等工作人员熟悉相关工具使用方法、使用前检查电源接线板状态是否正常，杜绝电源短路事故。

（5）每位检验人员配备一个工具包，用于放置检查、测量用小型工具，工具用棉布带一端系好手电、卡尺等检验工具，一端系在手腕或腰带、安全带上；当发生同一位置不同标高层交叉作业时施工用脚手架应铺设安全网，防止工具高空坠落砸伤他人或设备。

（6）对于不便检查的支吊架严禁在不搭设脚手架的情况下徒手攀登作接近检查。

（7）脚手架搭设完毕按规定实施安全检验，检验合格挂上脚手架完工指示牌或合格证。未挂完工指示牌或合格证的脚手架禁止攀登。

（8）在检验测量中严禁工作人员踩在阀门电动/气动执行机构、电器仪表、仪表管路上发生损伤设备事故。

（9）进行砂轮打磨、气割、电焊等作业时必须办理动火证，组织维修调整施工人员学习泡沫灭火器使用方法。当在油箱或油管路附近从事焊接或火割施工时，配备专人准备好足够数量的灭火器监督施工现场，同时用防火布挡住飞溅的火星。杜绝火情的发生或蔓延。

（10）支吊架油漆施工中禁止将其随意放置，必须远离施工现场的火种。在下班撤离现场时禁止将剩余油漆遗留在现场，杜绝火灾的发生。

十三、 机组停机方案

（一）总则

根据检修计划，机组进行首次检修。为缩短检修工期，决定采用滑参数停机。总体要求如下：

（1）通过滑停，将汽机高压转子金属温度降到 400℃ 左右，再通过自然冷却，当高压转子 300℃ 时投入高压缸快冷，当高压转子 200℃ 时投入中压缸快冷（注意通知设备部联系确认手动盘车人员）。

（2）为防止制粉系统着火爆炸，要求烧空各原煤仓。

（3）锅炉提高 pH 值，采用热炉放水方式进行保养。

（4）滑参数停机期间各部门应加强值班力量，做好配合工作。

（5）为节约用油，三台及以上磨煤机运行且等离子装置工作正常时，不允许投油枪，除非燃烧工况突然恶化；两台制粉系统运行时，为防止火检保护误动，必须确认各台制粉系统点火能量满足，必要时投入等离子模式。

（6）滑停过程中，应严格遵守"先降压后降温"的原则，控制降压速率小于 0.1MPa/min，降温速率小于 1.5℃/min，并注意汽轮机 margin 值（高压主汽门和调门的 Low margin 值下降较快）的变化，一旦低于 0K，应稳定锅炉参数，暂停参数下滑，同时要控制两侧偏差小于 17K。

（7）机组停运过程中，严禁主、再热蒸汽带水，主蒸汽减温后保持 10K 以上过热度，再热蒸汽减温后保持 20K 以上过热度。

（8）机组停运过程中，要严密监视汽轮机 TSI 各参数正常，出现异常及时处理。

（9）脱硫旁路挡板铅封开启申请工作由 ＊＊ 负责。

（10）各值应积极主动的把本值停用的 6kV 设备改至冷备。

（二）停机前试验的安排和注意事项

（1）安技部编制试验方案，并对当班运行人员进行试验前交底。

（2）在试验时，根据试验项目的要求，各部门做好人员到场管理，以便处理现场突发事件。

（3）执行减温水阀门特性试验时，应控制好减温器后的过热度，严禁大开大关减温水调门，注意减温水量变化可能对给水控制（焓值）造成扰动。

（4）ATT 试验时注意观察 1 号瓦轴振和 3 号瓦瓦振（具体见部门的定期工作要求）。

（5）再热器安全门排汽试验应前应保持工况稳定，切除协调控制，做高热井、除氧器水位，联系热工确认再热器安全和低压旁路的关系，避免低压旁路误动；在试验过程中应加强对再热汽系统壁温和蒸汽温度的监视，避免超温，做好再热蒸汽压力和低旁的监视。

（6）设备部应做好停机负荷测试工作的安排，杜绝因人为操作原因造成机组停运。

（7）对于高中压主汽门的关闭时间测定由设备部负责加装录波器，并在机组打闸时测量。

（8）汽轮机打闸后及时开启 1 号瓦顶轴油进油手动门。

（9）鉴于很多项目具有较大的跳机风险，为保证主机安全停运，在白班应安排运行人员给 5 号机组两个凝汽器真空破坏门送上电源。

（10）本次停机，由于试验项目较多，并且还存在跳机风险，为了确保各项工作的顺利完成和主机安全，各专业必须做好风险预控措施和试验交底，特别是各值要熟悉和掌握《防止大轴抱死技术措施》。停机前实验安排见表 3-19。

表 3-19　　　　　　　停机前试验的安排（以下日期按照实际停机日期顺延）

序号	时间	试验项目	专业	阶段
1	5 日中班～6 日白班	各减温水阀门特性试验	热控	滑停前
2	6 日白班	ATT 试验	汽轮机	
3	6 日白班	再热器安全门排汽试验	锅炉	
4	6 日白班	停机负荷测定	电气二次	
5	7 日夜班	高中压主汽门关闭试验	汽轮机	解列
6	7 日夜班	高加三通阀切换试验	汽轮机	停机后

（三）滑参数停机措施

（1）根据 A-F-E-D-C-B 顺序烧空煤仓，在滑停过程中要及时联系燃料监测和调整仓位。具体安排如下：5 日白班启动 A 磨煤机，烧空 5A 仓内。5A 仓不再上煤，5A 磨煤机只作为紧急备用。6 日白班开始降低 5F、5E 仓煤位，滑停开始后 5D 仓改上神混煤，确保滑停期间全烧神混，并控制其他煤仓煤位，尤其是 5B 煤位，确保最后烧空。

（2）6 日白班将以下设备和系统完成切换（或确认）：全厂辅汽切至 6 号机供，空压机闭式水切至 6 号机供给，仪用空压机 56C/56D、杂用空压机 56B 运行，仪用空压机 56A/56B、杂用空压机 56A 备用。

（3）6 日白班开始对锅炉进行一次全面吹灰，完成等离子试拉弧和油枪试点工作，确保锅炉稳燃装置可靠备用。

（4）滑停前，及时对锅炉启动循环泵进行暖泵。

（5）滑停前 4h，值长通知化学值班员准备停机。化学值班员停止凝结水、给水加氧。集控值班员将除氧器连续排汽门开度调整为 100%，并打开高压加热器向除氧器连续排气一、二次门以及低压加热器汽侧向凝汽器的排气门。同时加大精处理出口氨加入量（必要时启动给水加氨泵或采用原加联氨系统加氨），尽快提高给水 pH 值至 9.2～9.6。

（6）6 日中班顶晚高峰后，根据调度安排，值长下令滑停后，完成以下操作：

1）在负荷较高阶段，应逐步降低主、再热汽温。

2）烧空 F 仓，负荷减至 600MW 后，主、再热汽温控制为 550℃。

3）撤出 CCS，汽轮机转为 TF 方式，缓慢设置压力负偏置，使高压调门全开；撤出送风机自动，维持动叶开度在 40% 以上，注意负压和风量稳定。

（7）保持四台制粉系统运行，目标汽温 500℃，完成以下操作：

1）值长令灰硫值班缓慢开启旁路挡板，退用脱硫系统。

2）值长令集控值班员退出脱硝装置运行，脱硝系统退出运行的时候，要将炉前脱硝的管路进行隔离，并注意化学供氨正常。

3）将给水切至旁路调节门控制，提高减温水的压力。

4）在烧 E 仓的过程中，及时对 BCD 煤仓的煤位进行修正，尽量做到煤仓煤位正三角布置，各煤仓相差 1～2m 为宜，而给煤机为倒三角分配，确保上层磨比下层能早 0.5～1h

烧空。

5）烧空 E 仓后，锅炉总煤量保持在 190～200t/h（约 500MW 负荷），汽温滑到 500℃以下。

（8）保持三台制粉系统运行，目标汽温 430℃，完成以下操作：

1）汽温 500℃，稳定一定时间，使高、中缸得到充分冷却。

2）视燃烧情况，投入等离子稳燃。

3）煤量减至 170～180t/h，汽温逐步滑到 450℃，并维持一定的时间。

4）负荷 450MW 左右，将非 MFT 动作跳闸的那台汽泵汽源切至辅汽供给，待稳定一段时间后，将由四抽汽供汽的汽泵退出运行，旋转备用。

5）确认锅炉启动再循环系统、锅炉疏放水系统处于备用状态，可以投入运行。

6）煤量不得低于 160t/h（负荷约 400MW），锅炉保持干态运行，烧空 D 仓。

7）D 仓烧空前，可以投 2 支油枪助燃，并将空气预热器连续吹灰投入，通知灰硫专业停运三、四电场。

（9）保持两台制粉系统运行，目标汽温 400℃，完成以下操作：

1）D 仓烧空后，煤量减至 140～150t/h，汽温滑至 430℃并稳定一段时间。

2）锅炉由干态转为湿态运行，应注意给水流量调节方式的变化，省煤器入口给水流量控制在 1050～1100t/h（严禁给水流量过大，避免锅炉提早进入湿态），并避免在转换区域长时间停留（汽温容易波动，不易控制）。

3）锅炉湿态后，汽温控制主要依靠减温水，此时应注意各减温器后的蒸汽过热度，严禁蒸汽带水；若减温水调门开度过大无调节能力时，可采用降低最上层磨煤机煤量的办法降低负荷，继续降低汽温。

4）视情况投 B 层另两支油枪；投油枪时适当减煤，维持总燃料量稳定，防止汽温及负荷大幅波动。

5）分疏箱见水，且分疏箱液控阀有一定开度后，启动锅炉启动循环泵，维持走再循环，并随着燃料量的减少，锅炉疏水的增多，再逐步把泵并入，在并泵过程中应注意给水流量的稳定，逐步减少给水泵的上水量，并注意省煤器出口的给水温度变化，确保有 20K 以上的过冷度，必要减少锅炉疏水的回收，增大到扩容器的排放。

6）为保证汽轮机缸温和转子温度下降不反弹，主、再热汽温度降至 400℃后维持 1h（视煤仓煤位而定），检查各缸和转子内外温差小于 30℃。

（10）机组打闸前，煤量应低于 118t/h，B、C 煤仓应保持 5m 左右煤位。

（11）机组解列：

1）将汽机控制由初压控制切至限压控制，解除高、低压旁路压力设定值的外部设定，手动将两个旁路压力设定为当前的主、再热蒸汽压力。

2）通过 DEH 负荷控制（LOAD SETP）手动降低负荷，以 100MW/min 速率将负荷降至 50MW 后，手按硬手操"紧急停机"按钮，发电机逆功率动作。在此过程中，应监视好旁路动作情况，必要时解除自动，手动开启。

3）根据规程要求，检查汽轮机各项参数和设备，尤其是轴承振动、顶轴油泵、盘车的联启情况。

4）检查旁路系统，高压旁路处于 C 模式，高低压旁路阀后温度正常，减温水门工作正常，必要时手动干预。要注意低压旁路的减温水压力、热井水位等闭锁。

5）检查锅炉汽温、炉膛负压等重要参数正常。

6）根据省煤器出口温度，可以考虑投入 2 号高压加热器，注意高压加热器温升不超过 80℃。

7）改变主变压器冷却器的运行方式。

8）将发电机、磨煤机、一次风机、增压风机改至冷备状态，其他运行的系统如启动循环泵等停运后，及时将该系统辅机电源改至冷状态。

（12）锅炉停炉：

1）停炉前 2h，值长通知化学值班员退出精处理混床，凝结水走精处理旁路，提高精处理出口加氨量，调整给水 pH 值至 9.4～10.04。

2）调整煤量逐一烧空 C、B 煤仓（提示：在画面显示接近 0m 时，煤量约有 20t）。

3）待 B 仓烧空，B 磨煤机中剩煤走空后，程控停运油枪，由全燃料或全火焰丧失保护来触发锅炉 MFT，执行《锅炉 MFT 后检查卡》。

4）维持锅炉总风量 30%～40%，对炉膛吹扫 10min 后停运所有送引风机；关闭风烟系统挡板，锅炉闷炉，炉前燃油系统在送引风机停运前停运并隔离。

5）停炉过程中要严格控制给水的温度和给水溶氧（高压加热器、低压加热器、除氧器排气门根据化学要求适时开启），机组解列时要防止给水温度的大幅波动。

（13）锅炉停炉后的操作：

1）前置泵停运后，给水泵汽轮机盘车装置投入；盘车 24h 后停运，并尽快安排整个给水系统放水防腐（最好水温能高于 100℃，以便蒸发烘干）。在此过程中应注意给水泵密封水的运行方式，防止油中进水。

2）锅炉保养采用热炉放水、真空抽湿的方法，锅炉降压到 1.4MPa 时，开始热炉放水，放水时确认开启汽水系统各疏水、放水阀、空气阀，放尽余水。锅炉放水后，开启锅炉风烟系统各风门，锅炉进行自然通风冷却，同时进行受热面抽湿，抽湿 2h 后结束。

3）根据隔离组要求（一般机组停用后的下一个班），发电机置换氢气，排氢期间，汽机房停止一切动火，包括行车作业。

4）根据检修需要停用定冷水系统，进行放水、吹扫（根据厂家要求，发电机定冷水系一般保持连续运行，停运时间不超过一周）。

5）锅炉汽水系统完全消压后，考虑破坏真空系统。

6）低压缸排汽温度降至 50℃ 以下，停运循环水泵。联系设备部汽轮机专业安装水塔填料冲洗装置，并进行冲洗。

7）待除氧器、凝汽器水温降到 50℃ 以下，低压缸排汽温度降至 45℃ 以下，停运凝结水泵。安排对整个凝结水系统（包括低压加热器、凝汽器热井）进行放水防腐。

8）空气预热器入口烟气温度低于 100℃，允许停用空气预热器。

9）闭式水的冷却水可由相邻机通过联锁门保持注水，若循环水系统需要检修则可停运闭式水冷却水系统，通过补排降温。

10）为了加快受热面冷却速度，需要启动引风机进行通风时，应控制好水冷壁的温降速率，由于炉内积灰较多，因此电除尘及输灰系统也应投入，避免灰板结。

11）炉内清灰结束，底渣走空后，可停用底渣系统。

12）根据隔离需要，确认隔离点已完成隔离。

（14）停机过程的具体操作按照运行规程和滑参数停机典型操作票执行。

（四）脱硫措施

（1）5日白班开始，控制日粉仓进粉，保持在4～5m之间粉位，5号夜班后日粉仓不再进粉，6日粉仓清空。

（2）5日开始控制吸收塔保持在8.5m左右运行，可适当加大排浆量，在日粉仓有粉的情况下，尽量维持正常运行，日粉仓/石灰石浆液箱清空后，吸收塔pH值要求在4.5以上，效率不再要求。

（3）5日开始各值要将事故浆液箱逐步清空，除了可以正常进入废水系统外，还可以导入6号吸收塔系统，停炉前事故浆液箱液位尽可能保持低液位（3m及以下）。

（4）根据主机情况，主机负荷降至500MW后，根据值长要求，开始停运5号脱硫系统，开启增压风机烟道疏水阀。

（5）在5号脱硫系统退出后，5号吸收塔石膏浆液系统继续投用，暂不排往事故浆液箱，要注脱水系统的运行情况，确保各项参数、指标合格。当液位降低到1.7m后，停排出泵，通过吸收塔放空门进行排空，根据实际情况，必要时对逻辑进行强制，随后通知设备可进行吸收塔相关检修工作。

（6）调停期间务必加强排空系统、脱水系统的监盘和巡检力度，发现问题及时联系设备部、维护人员进行处理。

（7）脱硫系统停运过程中，相应设备和管道必须做好冲洗工作，在完成自动冲洗后，再手动冲洗5min左右。浆液循环泵停运后，冲洗过程中要注意地坑液位，等地坑液位允许的条件下，再进行下一台浆液循环泵的冲洗，冲洗过程中，要重点注意真空泵密封水流量，如果导致真空泵跳闸后，要第一时间到就地关掉滤饼冲洗水。

（8）在本次脱硫系统调停启停过程中，请各值核对一下相关设备的联锁保护及定值情况，把存在的问题统计到调试台账中。

（五）除灰措施

（1）按值长通知，在脱硫系统已退出的情况下，将锅炉各电场输灰回路切换到粗灰库运行，机组投油枪前，先撤出第三、四电场；随着机组负荷的下降，四支油枪投运时，停运电除尘器全部电场（可按当值值长指令进行操作）。周期振打改为连续振打。

注：在机组负荷低于300MW时必须将输灰系统切换至12号炉粗灰库运行，并由当值负责人通知北斗公司安排粗灰库装车出灰。

（2）停炉后各渣仓必须放空，澄清器中的泥尽量打往捞渣机处理，在捞渣机停运后，澄清器进行清空，渣水排放到沉煤池。

（3）停炉后适当调整输灰系统各电场仓泵落灰时间和输送周期，输灰系统保持连续运行，等灰斗内灰清空后，对输灰管路进行2h以上吹扫。

（4）空气预热器灰斗的出灰系统待冷炉期间保持运行，将灰全部送出。

（六）化学措施

（1）本次调停消缺锅炉直接采用提高pH值，热炉放水保养，停炉前2h，提高给水pH9.4～10.0，热炉放水（在锅炉允许温度下降速率范围内，尽量提高放水压力）。

（2）操作步骤。

1) 提前将氨计量箱中的液氨浓度配置到电导率为 $1200\sim1300\mu S/cm$，待用。

2) 停炉前 2h，启动凝结水、给水加氨泵，调整泵的出力行程，提高给水 pH 值至 9.4$\sim$10.0，pH 值每半小时测定记录一次。

3) 在调节浓度其间产生的废水，通过机组排水槽送往一期废水系统。

4) 提高加药量前退出高速混床，相关仪表撤出运行。

5) 2h 后锅炉热炉放水，余热烘干，无积水。

（3）对前置过滤器滤元进行反冲洗。

（4）停机前，可提前 4h 停止凝结水、给水加氧。提高 pH 值至 9.2$\sim$9.6，停炉前 2h 提高给水 pH9.4$\sim$10.0。

（5）停止加氧试验，将除氧器连续排汽门开度调整为 100%，并打开高压加热器向除氧器连续排气一、二次门以及低压加热器汽侧向凝汽器的排气门，注意主机真空变化。

十四、 机组启机方案

（一）启动总体要求

（1）严格执行《A 级检修机组检修联锁试验安排及启动调试计划》和机组启动框图，无故不得拖延，坚持计划的严肃性，完成工作后及时打勾确认。

（2）在设备启动前（包括试转），应对热工强制条件进行梳理，必须全保护投入。

（3）对工作票已终结的电动机应及时测量绝缘：绝缘合格投入电加热，避免电机受潮，不合格应通知设备部电气专业立即进行烘潮处理。

（4）所有系统检修工作结束后，必须严格检查安全措施恢复情况，以及烟道、吸收塔、封闭容器、炉膛等设备和系统的封闭情况。

（5）在系统恢复正常后，应及时投入备用联锁和闭环控制，并做好登记。

（6）在机组复役前，必须完成所有设备的试转和定期试验。

（7）机组启动后，检查备用冷却器、滤网、备用辅机的状态。

（8）机组启动后，对阀门标识、阀门上锁、阀门拉电等进行一次全面检查。

（9）电气系统恢复正常后，应对双路供电的设备进行切换试验，确认正常，并对负荷的分配进行完善，避免某段母线负载过重。

（10）严格执行操作票和规程，执行过程中存在的问题及时汇报专工，并做好记录。

（11）机组复役后，启动调试隔离组对（5）～（10）的情况进行汇总。

（12）各设备和系统的油系统具备条件后，尽早恢复运行，给水泵汽轮机、主机润滑油、主机 EH 油应同时投入油净化装置。在给水系统注水、轴封投用、给水泵密封水恢复、汽泵冲转等操作后应及时化验润滑油的微水含量。

（13）提前和一期沟通，确认除盐水、氢储备充足，二期除盐水箱始终保持高位。

（14）循环水、凝结水、给水、闭式水、锅炉水冷壁、高压加热水侧等系统恢复时应先注水放空，并注意放空门开度，避免排出气水量过大。

（15）蒸汽管道通汽前应注意暖管，并开启疏水门，防止发生水击、管道振动。

（16）机组长及时通知化学对闭式水、凝结水、给水、循环水进行加药和水样监视。

（17）汽水品质控制应以在线仪表为准。在仪表投用前，加强取样管路的冲洗和排污，并在系统冲洗合格后即投入运行。

（18）公用系统恢复前，应汇报值长，并通知6号机组。

（19）机炉侧阀控柜在本次检修期间对柜内的每一排负荷都加装漏电保护装置开关，在恢复阀门送电时，应先将每排的漏电保护装置开关合闸。

（20）点火前一天，通知炉底负责人，安排一名石子煤民工负责送样工作。

（21）锅炉MFT、ETS、机组大联锁尽量在水压试验前完成，避免联锁过多设备引起汽轮机进水、GCB失灵等事故发生。

（22）系统恢复过程中，应加强对测点准确性的评估和分析。

（二）辅助系统恢复注意事项

1．投运凝补水系统

（1）确认500m³水箱水封投用正常。

（2）投用500m³水箱后注意化验水质。确认水质合格后，方可向凝结水、定冷水、闭冷水等用户供水。

（3）机组凝补水系统恢复正常后，隔离5/6号机组凝补水联络阀。

2．投用闭冷水系统

（1）闭式水系统恢复前应冲洗闭式水管道至水质合格。

（2）闭式水系统启动前打通足够的通路，防止闭冷泵憋压和管道超压。

（3）恢复闭冷水系统运行后，做好各个用户投用情况记录（空压机供水门不恢复），投用后及时检查，防止跑冒。

（4）注意控制闭式水温度。

3．投运压缩空气系统

开启压缩空气至机炉侧供汽总门时，应操作缓慢，注意对空管路的充压，防止仪用气压力突降。操作之前可以开启备用空压机。

4．恢复循环水系统

（1）冷却塔注水前一天通知灰硫化值班，检查海水净水站具备通水条件，并确认塔盆、循环水管道所有工作结束，人员撤出。

（2）系统注水投运前，应开关两台循环水泵出口蝶阀，确认动作、反馈正常。

（3）注水过程中应注意观察回水管道的膨胀节、竖井收缩缝等处的漏水情况，发现问题及时汇报。

（4）两个冷却塔前池水位相近后，联系设备部拉起5、6号机联络闸板和5A、5B循环水泵入口闸板，并在循泵启动前现场检查确认闸板状态。

（5）经由值长同意后，开启5、6号机循环水启动调试水泵联络门，给循环水系统注水。注水时应控制流量，做好6号前池水位的监视，确保6号机循环水工作正常。

（6）凝汽器水侧排气放空期间，现场应由专人负责，避免水量过大淹没凝坑。

（7）凝汽器入口压力大于160kPa，注水结束，可启动循环水泵。

（8）循环水泵启动前确认闭式水至循环水减压阀动作正常，闭式水减压阀后压力低于0.5MPa，流量正常。

5．投运辅汽系统

（1）辅汽系统尽量在凝结水系统恢复运行后再投用。

（2）投运前应将涉及辅汽的磨煤机、空气预热器、燃油、主机、凝汽器、给水泵汽轮机、暖通、除氧器等工作票押回，确认上述区域人员停止工作。

（3）确认关闭所有其他辅汽用户，开启供除氧器的电动总门和手动门。

1）用户清单：磨煤机灭火蒸汽、锅炉房用汽、除氧器辅助汽源、主机轴封汽源、暖通用汽、给水泵汽轮机辅助汽源。

2）辅汽汽源：冷再供辅汽、四抽供辅汽。

（4）关闭各至疏水集管的疏水器前手动门，将辅汽疏水切至汽机房疏放水立管，开度不能太大，注意汽机房冒汽。确认复用水可以投入。

（5）微开联络电动门，对辅汽联箱进行暖管，防止水击。

（6）待辅汽母管温度上升稳定后，再逐渐开大联锁电动门，直至母管充压。

（7）就地检查跑、冒、滴、漏情况，以及各隔离阀门后的阀杆温度、高压疏水扩容器辅汽疏水集管的温度，确认隔离严密后方可发回工作票。

6. 恢复主机润滑油系统

（1）系统恢复前，主油箱油位应保持至 1830～1850mm（主机润滑油和密封油系统充油，油位会下降 280mm 和 200mm），化验油质合格（颗粒度小于 8 级）。

（2）启动主油泵前，应确认主机密封油系统工作结束，确认密封油氢侧油箱浮球阀后手动门或旁路门开启，防止发电机进油。若密封油系统不恢复，应关闭真空油箱进口手动阀，防止真空油箱进口浮球阀不严密，导致抽油烟管道满油。

（3）启动润滑油泵和主机排烟风机，先冲洗轴承座，再进瓦冲洗。

（4）系统恢复运行，对润滑油冷却器和出口滤网进行在线切换，并确认冷却器和滤网切换阀严密，能有效隔离。

（5）进行油循环时，如果油温低于 35℃，启动油箱电加热。

（6）润滑油和密封油系统都恢复运行后，检查主油箱油位 1470～1500mm。若低于该范围，应联系检修及时加油。

7. 投运密封油系统

（1）确认密封油消泡箱液位开关和发电机漏液检测开关实校完毕。

（2）确认主机润滑油系统正常。

（3）启动密封油泵后，包括气密性试验、气体置换等工作时应全过程检查发电机各检漏计状态。

8. 投运 EH 油系统

（1）在机组启动，应对 EH 油箱油位进行实校，并确认动作正常。

（2）条件符合即投入 EH 油真空滤油机进行滤油，化验 EH 油质合格，颗粒度 6 级，EH 油油温大于 15℃，方可启动 EH 油泵。

9. 发电机充氢

（1）充氢前应先完成发电机气密性试验，并确认合格。

（2）确认发电机密封油系统运行正常，发电机出线套管排氢风扇运行。

（3）检修期间供氢母管已加堵板，在发电机进行气体置换时应连同供氢母管一同进行。

（4）对于发电机内气体纯度的测定，需要多次测定确认，防止测量误差。

（5）加强对氢干机、发电机绝缘过热装置、各检漏计等死角进行气体置换。

（6）机组并网带负荷后，及时检查氢冷器以及闭式水调门的工作情况，出现冷却效果不佳，应对冷却水系统进行排空放气。

10. 投运定子水系统

（1）投入定冷水闭式水侧，控制水温高于氢温 3～5℃。

（2）加强监视定冷水电导率和 pH 值，确认补给水管路的离子交换器投入。

（3）并网前，加强定冷水管道顶部和定冷水冷却器闭式水管道顶部排气。

11. 投运主机盘车

投入盘车后，及时检查汽机动、静部件是否碰摩。

12. 恢复凝结水系统

（1）机组大小修后，应对凝汽器汽侧进行灌水查漏。查漏期间，严禁循环水系统注水或运行。

（2）启动凝泵前应确认各凝结水杂用水用户状态，防止跑冒。

（3）凝结水系统冲洗应分段进行，先向热井补水至就地水位计见水后，开启底部放水门进行排放（注意凝汽器坑的水位）；排放结束后再上水至正常热井水位，启动凝结水泵，开启低压加热器出口开车放水阀，连同 5～8 号低压加热器水侧、低压加热器旁路一同冲洗。冲洗期间密切关注凝泵入口滤网差压变化，及时联系检修清洗滤网。

（4）联系化学取样，目测水样干净，浊度合格，满足精处理前置过滤器投运条件后，投入前置过滤器运行，继续排放；联系化学取样，凝泵出口 $Fe<500\mu g/L$，投入精处理运行；水质合格，向除氧器上水，对低压加热器和除氧器进行冲洗。

（5）系统恢复正常后，凝泵密封水切至自供。

13. 给水系统恢复

（1）除氧器冲洗可根据检修进度，选用凝结水和凝补水，但须确认水质合格。

（2）除氧器上水前，应确认前置泵入口电动门关闭严密，冲洗时开启除氧器至大气式扩容器凝结水箱放水电动门进行排放。

（3）给水泵注水前应关闭汽泵卸荷水手动门，开启汽泵再循环门，注水时微开前置泵入口电动门。

（4）注水结束后启动前置泵，开启运行侧卸荷水手动门，给水走再循环。

（5）汽泵密封水投入后，密封水回水至地沟和至凝汽器手动门均开启。

（6）给水系统注水后，建议走高压加热器水侧，并注意检查就地的疏水水位计，检查加热器是否存在泄漏。

（7）前置泵运行后，可根据要求进行汽泵盘车，严禁无水盘车。

14. 锅炉水循环系统的恢复

（1）锅炉分疏箱液控阀动力，热控柜电源均送上，检查油质、油位正常。

（2）对锅炉启动循环泵及电动机注水、放气、清洗。

1）冲洗注水管道，直至水质合格。

2）启动循环泵电机腔室注水时，应控制注水流量在 $2～3L/min$，不得大于 $5L/min$，注水温度不大于 30℃。

3）对启动循环泵电机冷却器进行注水排空。

15. 锅炉上水、静态查漏

（1）投运辅汽系统加热除氧器，控制除氧器温度不大于 70℃，通知化学人员，提高给水 pH 值，不加联氨。

（2）由前置泵给锅炉上水，注意给水泵密封水泄漏情况，防止给水泵汽轮机油中进水。

（3）适当控制锅炉上水流量，确保管壁温升小于 5℃/min。

（4）锅炉上水查漏结束，启动循环泵搅拌后，锅炉放水。

16. 投轴封、拉真空

（1）将低压加热器汽侧与真空系统一起检查。

（2）投轴封前，确认汽轮机在盘车状态，轴加水侧投运，汽轮机本体所有疏水门开启，再热器排空门关闭。

（3）检修后拉真空前，必须要求安技部汽轮机专业对轴封处清理干净各种垃圾，避免被抽到油系统。

（4）启动初期辅汽温度高，应根据转子温度的变化，调节轴封供汽温度在正常范围内，机组正常后及时停用轴封减温水。

（5）投用轴封后，就地检查给水泵汽轮机轴封供汽情况。同时对轴加风机，轴加负压、给水泵汽轮机轴封供、回汽压力等参数进行检查，并与历史记录进行核对。

（6）轴加疏水走旁路运行。

（7）凝汽器抽真空前，开启各低压加热器的危疏门，与凝汽器一起抽真空。抽真空系统本次检修经过改动。

17. 投用一台汽动给水泵

（1）除氧器加热温度超过 60℃，必须投入汽泵密封水，如果汽泵密封水回水至凝汽器，其减温水须投运正常。

（2）给水泵汽轮机冲转后，注意将 MFT 跳给水泵汽轮机块选至备用给水泵汽轮机。

（3）给水泵汽轮机低转速时注意给水泵汽轮机排汽温度变化，及时投入排汽减温水。

（4）加药手动门和取样手动门及时开启（前置泵未运行侧的加药和取样手动门应关闭，启动前置泵后再开启）。

（5）投运汽泵后，检查给水泵汽轮机润滑油回油观察窗水汽变化情况，如有变化及时调整轴封汽或密封水。

18. 发电机改冷备

（三）锅炉点火前操作

1. 底渣系统

锅炉点火初期，捞渣机应保持低转速，并将高效浓缩机与捞渣机隔离，避免出现稀渣。

2. 风烟系统

（1）因为塔式炉停炉后，积灰较多，每次启动引风机后，容易引起电除尘和输灰系统堵灰，因此启动引风机之前确认电除尘和输灰系统运行正常，及早联系外围人员。

（2）在并网前保持单组送引风机运行。

（3）启动送引风机后，及时启动脱硝稀释风机，避免炉灰堵塞 SCR 喷氨孔。

3. 锅炉点火系统恢复

（1）燃油系统投入时，确认放油门、放空门以及蒸汽吹扫阀关闭，各油角阀前手动门关闭，防止漏油。恢复时可联系维护人员协助。

（2）投运吹扫蒸汽时，暖管疏水要充分。

（3）控制吹扫蒸汽压力在 0.5MPa 以上，以免无法正常投运油枪。

（4）恢复等离子点火装置，包括电源、载体风机、冷却水泵和暖风器。

4. 锅炉点火前

值长根据配煤方案通知燃料上煤，此时 D 仓也上神混煤，待机组运行正常后，再改上石炭煤，并适当将 A 仓煤位控制低一些。

5. 锅炉上水

（1）根据锅炉水冷壁温度，确定上水温度：壁温小于 20℃，除氧器加热至 70℃ 左右；壁温高于 20℃，给水加热到 110℃ 左右。

（2）此后逐渐提高给水温度至 170℃ 及以上，控制管壁温升速度小于 5K/min。在此过程，应根据除氧器加热效果和辅汽供应情况，决定是否开启辅汽至除氧器旁路门（该门在并网后及时关闭）。

（3）锅炉上水期间择机进行高压加热器进出水联成阀切换试验。

（4）锅炉上水初期，注意流量控制，通知安技部加强锅炉本体检查，避免热水汽化，引起管道振动。及时将压力达到 0.2MPa 区域的放空门关闭，而不要等第三级过热器出口压力达到 0.2MPa 后再关闭所有放空门。

6. 锅炉热态清洗

（1）水冷壁出口温度达到 150℃，锅炉热态冲洗开始，并保证水冷壁出口的水温为 150～170℃，尽量提高给水流量冲洗 2～3h，取样分析合格方可停止冲洗。

（2）在热态冲洗期间，检查启动循环泵处于备用状态。注意注水对泵壳温差的影响，必要时可以暂停注水。

（3）热态冲洗结束，及时降低除氧器温度，确保省煤器出口的炉水温度至少有 20K 以上的过冷度，锅炉再点火。

（四）锅炉点火，大流量冲洗

（1）在锅炉点火前必须与热工人员确认，投入四管泄漏检测、火焰电视及其冷却风机等锅炉重要附属设备投入正常。

（2）点火初期允许投 B 层 4 支油枪，待 C 制粉系统启动后，总煤量达到 120t/h 以上，根据燃烧情况，停用油枪（锅炉燃烧明显恶化除外）。点油枪时，风箱差压保持在 0.7kPa 以上，油二次风开大，以便油枪充分燃烧，避免冒黑烟。

（3）磨煤机启动时要注意动态分离器区域是否会漏粉，注意二次风门的调整，适当减少燃料风，避免形成风包煤，以便煤粉尽早点火，利于燃烧。

（4）点火初期应加强炉膛负压，就地看火监视，注意烟气颜色，出现异常及时调整。在满足升温升压速率的前提下，尽量提高燃料量。

（5）点火后，锅炉水质出现恶化时（一般表现为氢电导超标），要加大锅炉疏水的排放，并维持燃料量稳定，直到水质合格后为止。

（6）按规程要求控制升温、升压速率。在蒸汽流量较低时要控制减温水的投用，必须确保减温器后有 20K 以上的过热度。

（7）为保证除氧效果，需要将除氧器温度加至 120℃ 以上。随着上水量的增加，应注意辅汽母管温度的变化，以及对轴封供汽温度的影响。

（8）随着再热器起压，投入 2 号高压加热器运行，控制温升不超过 80K，保持省煤器出口给水有 20K 以上的过冷度。

（9）随着煤量的增加，在大于 111t/h 时，注意磨煤机的点火能量，可撤出"等离子模式"块，避免出现断弧跳磨。

（10）逐步启动 B、C、D 制粉系统运行，煤量维持在 180t/h 以上，开始大流量冲洗，冲洗时减温水可以不投。

（11）锅炉点火，升温升压时应注意旁路控制模式的变化，并注意高、低压旁路阀后温度。

（12）大流量冲洗分为两个阶段：一是稳压冲洗，时间约 30min；二是变压力冲洗，通过手动设定高压旁路控制压力设定值，在 9～11MPa 之间扰动 5 次。

（13）锅炉大流量冲洗，严密监视凝泵滤网压差控制小于 12kPa，滤网压差报警后，及时切换备用泵；当有一台凝泵检修，另外两台凝泵滤网压差逐渐变大，应及时减少锅炉负荷，防止凝结水中断。

（五）汽轮机冲转

（1）提前进行汽轮机冲转前检查，检查关联疏水门的状态正确。

（2）大流量冲洗结束后，停运 D 制粉系统，将煤量控制在 120t/h 左右，逐渐将锅炉主、再热汽温降至 390℃左右。当机前主蒸汽温度开始下降，且与炉侧的汽温偏差小于 50K 时，可以进行汽轮机冲转。

（3）汽轮机程控走步，主机跳闸信号复置后，5、6 级抽汽电动门会全开，实现低压加热器滑投。此时应注意检查低压加热器的危级疏水门全开。

（4）汽轮机冲转过程中监视好 TSI 参数，尤其是各瓦振动、轴向位移等，汽轮机冲转至 360r/min 做打闸试验。360r/min 暖机时，由于调门内漏，转速可能无法稳定在 360r/min，会升至临界转速 390r/min 以上，使汽轮机启动失败，需要打闸后重新走步。

（5）锅炉冲洗期间可将发电机改热备。

（6）并网前启动另一侧风机。锅炉低负荷运行时，至投引风机自动，待机组负荷升至 450MW 之上，方可投入送风机、一次风机动叶自动。

（六）发电机并网、加负荷

（1）负荷升至 150MW 后，投运高压加热器。注意强制高压加热器水位保护。

（2）加负荷时要注意根据汽轮机 margin 值的变化趋势来控制温度的上升速度。

（3）负荷加至 300MW 后直接用四抽冲第二台小机（注意 MFT 后跳给水泵汽轮机选择块切换）。机组负荷到 500MW，四抽与辅汽温差小于 60K 时，可以直接通过开、关辅汽至给水泵汽轮机气动门进行汽源切换，切换时加强给水泵汽轮机振动监视。

（4）四抽压力与除氧器压力一致时，将除氧器加热切至四抽。

（5）给水调节阀开度为 70% 时直接打开给水主路电动门，切换时给水调门前后差压在 0.5MPa 以下时给水流量扰动较小。

（6）在机组启动结束，全面恢复正常运行后，当班值安排对系统运行参数和系统运行状态进行全面的检查，执行运行方式检查卡并和运行机组进行对比分析，执行阀门内漏检查卡。

（7）机组稳定后，根据化学加氧要求关闭高压加热器、低压加热器、除氧器的连续排汽门。

（8）凝汽器检漏装置、胶球清洗装置投运正常。

（9）其余按照检修与运行相邻机组运行方式规定、操作票和规程执行。

附件

（1）阀门传动清单；

（2）联锁试验清单。

联锁试验阀门传动清单见表 3-20。

表 3-20　　　　　　　　　　　联锁试验阀门传动清单

KKS 码	名　　称	KKS 码	名　　称
50LAA10AA603	除氧器运行排气可调电动门 A	50LAA10AA605	除氧器运行排气可调电动门 B
50LAA20AA001	除氧器放水电动门	50LAA20AA002	除氧器溢放水至锅炉集箱电动门
50LAA20AA 级	除氧器溢放水至凝汽器疏水扩容器气动调节阀	50LAB10AA001	汽泵前置泵 A 进口电动门
50LAB12AA001	汽动给水泵 A 出口电动门	50LAB13AA 级	汽动给水泵 A 最小流量再循环调节阀
50LAB20AA001	汽泵前置泵 B 进口电动门	50LAB22AA001	汽动给水泵 B 出口电动门
50LAB23AA 级	汽动给水泵 B 最小流量再循环调节阀	50LAB30AA001	3 号高压加热器 A 前放水阀全
50LAB34AA001	高压加热器 A 列进出口液动三通阀放水阀	50LAB40AA001	4 号高压加热器 A 前放水阀全
50LAB44AA701	高压加热器 B 列进出口液动三通阀放水阀	50LAC10AA 级	汽动给水泵 A 驱动端密封水回水温度调节阀
50LAC10AA102	汽动给水泵 A 非驱动端密封水回水温度调节阀	50LAC20AA 级	汽动给水泵 B 驱动端密封水回水温度调节阀
50LAC20AA102	汽动给水泵 B 非驱动端密封水回水温度调节阀	50LAE31AA 级	高压旁路减温水液动调节阀 A
50LAE31AA102	高压旁路减温水液动调节阀 B	50LAE32AA 级	高压旁路减温水液动调节阀 C
50LAE32AA102	高压旁路减温水液动调节阀 D	50LAF10AA001	汽动给水泵 A 中间抽头电动门
50LAF10AA002	汽动给水泵 B 中间抽头电动门	50LAH11AA 级	汽动给水泵 A 暖泵气动调节阀
50LAH12AA 级	汽动给水泵 B 暖泵气动调节阀	50LAH20AA102	汽泵前置泵 B 前暖泵气动调节阀
50LAW33AA 级	给水泵密封水回水冷却水（减温）电动调节阀	50LBA10AA001	汽轮机 1 号高压主汽阀前气动疏水阀
50LBA10AA404	汽轮机 1 号高压主汽阀前主蒸汽管预暖阀	50LBA20AA001	汽轮机 2 号高压主汽阀前气动疏水阀
50LBA20AA404	汽轮机 2 号高压主汽阀前主蒸汽管预暖阀	50LBB10AA001	1 号中压联合汽阀前气动疏水阀
50LBB11AA001	低压旁路阀 A 前疏水罐疏水阀	50LBB20AA001	2 号中压联合汽阀前气动疏水阀

KKS 码	名　　称	KKS 码	名　　称
50LBB21AA001	低压旁路阀 B 前疏水罐疏水阀	50LBC10AA001	汽轮机高压缸排汽逆止阀（B 侧）
50LBC10AA002	汽轮机高压缸排汽止回阀（A 侧）前疏水阀	50LBC10AA404	汽轮机高压缸排汽逆止阀（B 侧）前疏水阀
50LBC10AA406	高压缸排汽母管疏水阀	50LBC20AA001	汽轮机高压缸排汽逆止阀（B 侧）
50LBC41AA051	高压缸排汽通风阀	50LBF10AA001	高压旁路阀 A
50LBF11AA001	高压旁路阀 B	50LBF20AA001	高压旁路阀 C
50LBF21AA001	高压旁路阀 D	50LBG40AA001	辅助蒸汽联箱至除氧器电动门
50LBG40AA003	除氧器压力调节门后电动门	50LBG40AA004	除氧器压力调节旁路电动门
50LBG40AA 级	除氧器压力调节门	50LBG60AA001	再热冷段至辅助蒸汽联箱气动阀
50LBG60AA 级	辅助蒸汽压力调节阀	50LBG60AA001	再热冷段至辅助蒸汽联箱气动阀前疏水阀
50LBG70AA 级	轴封供汽减压阀	50LBG80AA001	四段抽汽至辅助蒸汽联箱电动门
50LBG90AA001	给水泵汽轮机调试及启动用汽母管电动门	50LBG90AA002	给水泵汽轮机 A 调试及启动用汽气动阀
50LBG90AA004	给水泵汽轮机 B 调试及启动用汽气动阀	50LBG90AA401	给水泵汽轮机 A 调试及启动用汽疏水罐疏水阀
50LBG90AA000	给水泵汽轮机 B 调试及启动用汽疏水罐疏水阀	50LBQ10AA001	一段抽汽母管止回阀
50LBQ10AA002	一段抽汽止回阀 A	50LBQ10AA003	一段抽汽可调电动门 A
50LBQ10AA004	一段抽汽止回阀 B	50LBQ10AA005	一段抽汽可调电动门 B
50LBQ10AA000	一段抽汽母管逆止阀前疏水阀	50LBQ10AA404	一段抽汽母管逆止阀后疏水阀
50LBQ10AA406	一段抽汽电动门 A 后疏水阀	50LBQ10AA408	一段抽汽电动门 B 后疏水阀
50LBQ20AA001	二段抽汽母管止回阀	50LBQ20AA002	二段抽汽止回阀 A
50LBQ20AA003	二段抽汽可调电动门 A	50LBQ20AA004	二段抽汽止回阀 B
50LBQ20AA005	二段抽汽可调电动门 B	50LBQ20AA000	二段抽汽母管止回阀前疏水阀
50LBQ20AA404	二段抽汽母管止回阀后疏水阀	50LBQ20AA406	二段抽汽电动门 A 后疏水阀
50LBQ20AA408	二段抽汽电动门 B 后疏水阀	50LBQ30AA001	三段抽汽母管止回阀
50LBQ30AA002	三段抽汽止回阀 A	50LBQ30AA003	三段抽汽可调电动门 A
50LBQ30AA004	三段抽汽止回阀 B	50LBQ30AA005	三段抽汽可调电动门 B
50LBQ30AA000	三段抽汽母管止回阀前疏水阀	50LBQ30AA404	三段抽汽母管止回阀后疏水阀
50LBQ30AA406	三段抽汽电动门 A 后疏水阀	50LBQ30AA408	三段抽汽电动门 B 后疏水阀
50LBR10AA001	给水泵汽轮机 A 低压进汽电动门	50LBR10AA002	给水泵汽轮机 A 低压进汽止回阀
50LBR10AA003	给水泵汽轮机 B 低压进汽电动门	50LBR10AA004	给水泵汽轮机 B 低压进汽止回阀
50LBR10AA401	给水泵汽轮机 A 低压进汽电动门前疏水阀	50LBR10AA000	给水泵汽轮机 A 低压进汽止回阀后疏水阀
50LBR10AA403	给水泵汽轮机 B 低压进汽电动门前疏水阀	50LBR10AA404	给水泵汽轮机 B 低压进汽止回阀后疏水阀

KKS 码	名　　称	KKS 码	名　　称
50LBR20AA001	给水泵汽轮机 A 排汽电动门	50LBR30AA001	给水泵汽轮机 B 排汽电动门
50LBR60AA002	给水泵汽机 A 高压进汽电动门	50LBR60AA003	给水泵汽轮机 B 高压进汽电动门
50LBR60AA000	给水泵汽机 A 高压进汽门前疏水阀	50LBR60AA404	给水泵汽轮机 B 高压进汽门前疏水阀
50LBS10AA001	四段抽汽止回阀 A	50LBS10AA002	四段抽汽止回阀 B
50LBS10AA003	四段抽汽电动门	50LBS10AA005	四段抽汽至除氧器可调电动门
50LBS10AA401	四段抽汽止回阀 A 前疏水阀	50LBS10AA000	四段抽汽止回阀 A 疏水阀
50LBS10AA403	四段抽汽止回阀 B 疏水阀	50LBS10AA404	四段抽汽电动门后疏水阀
50LBS20AA002	五段抽汽逆止阀	50LBS20AA003	五段抽汽可调电动门
50LBS20AA401	五段抽汽逆止阀前疏水阀	50LBS20AA000	五段抽汽电动门前疏水阀
50LBS20AA403	五段抽汽电动门后疏水阀	50LBS30AA001	六段抽汽逆止阀 A
50LBS30AA002	六段抽汽逆止阀 B	50LBS30AA003	六段抽汽可调电动门
50LBS30AA401	六段抽汽逆止阀 A、B 后疏水阀	50LBS30AA000	六段抽汽逆止阀 B 前疏水阀
50LBS30AA403	六段抽汽逆止阀 A 前疏水阀	50LBS30AA404	六段抽汽逆止阀 A 前疏水阀
50LBS30AA404	六段抽汽电动门后疏水阀	50LCA00AA001	凝结水泵 A 进口电动门
50LCA00AA002	凝结水泵 B 进口电动门	50LCA00AA003	凝结水泵 C 进口电动门
50LCA10AA002	凝结水泵 A 出口可调电动门	50LCA10AA004	凝结水泵 B 出口可调电动门
50LCA10AA006	凝结水泵 C 出口可调电动门	50LCA11AA001	轴封冷却器进水电动门
50LCA11AA002	轴封冷却器旁路电动门	50LCA11AA003	轴封冷却器旁路可调电动门
50LCA11AA004	轴封冷却器出水电动门	50LCA11AA005	除氧器水位气动调节门前电动门
50LCA11AA006	除氧器水位气动调节门后电动门	50LCA11AA007	低加疏水冷却器进口电动门
50LCA11AA008	除氧器水位气动调节门旁路可调电动门	50LCA11AA009	低压加热器旁路电动门
50LCA11AA 级	除氧器水位气动调节阀	50LCA12AA 级	凝结水泵再循环最小流量气动调节阀
50LCA13AA 级	凝结水返回凝结水贮存水箱气动调节阀	50LCA40AA001	低压加热器出口电动门
50LCA40AA002	低压加热器进口电动门	50LCA40AA003	低压加热器旁路电动门
50LCA50AA001	低压加热器出口电动门	50LCA50AA002	低压加热器进口电动门
50LCA50AA003	低压加热器旁路电动门	50LCA60AA001	低压加热器出口电动门
50LCA61AA002	低压加热器出口放水可调电动门	50LCA62AA002	凝结水补充水泵至除氧器凝结水管道补水可调电动门
50LCD10AA 级	除盐水母管至凝结水贮存水箱电动调节门	50LCE11AA003	给水泵汽轮机 A 排汽减温水电动门
50LCE11AA004	给水泵汽轮机 B 排汽减温水电动门	50LCE16AA 级	凝汽器 A 扩容器喷水气动调节阀
50LCE17AA 级	凝汽器 B 扩容器喷水气动调节阀	50LCE18AA 级	闭式循环冷却水膨胀水箱事故补水电动调节门

续表

KKS 码	名　　称	KKS 码	名　　称
50LCE19AA 级	本体疏水扩容器喷水气动调节阀	50LCE20AA 级	汽轮机轴封供汽减温器喷水电动调节门
50LCE22AA 级	凝汽器 A 水幕保护气动调节阀	50LCE23AA 级	凝汽器 B 水幕保护气动调节阀
50LCH11AA 级	高压加热器 A 疏水气动调节阀	50LCH12AA 级	高压加热器 B 疏水气动调节阀
50LCH21AA 级	高压加热器 A 事故疏水气动调节阀	50LCH22AA 级	高压加热器 B 事故疏水气动调节阀
50LCH31AA 级	高压加热器 A 疏水气动调节阀	50LCH32AA 级	高压加热器 B 疏水气动调节阀
50LCH41AA 级	高压加热器 A 事故疏水气动调节阀	50LCH42AA 级	高压加热器 B 事故疏水气动调节阀
50LCH51AA 级	高压加热器 A 疏水气动调节阀	50LCH52AA 级	高压加热器 B 疏水气动调节阀
50LCH61AA 级	高压加热器 A 事故疏水气动调节阀	50LCH62AA 级	高压加热器 B 事故疏水气动调节阀
50LCJ10AA 级	低压加热器疏水气动调节阀	50LCJ11AA 级	低压加热器事故疏水气动调节阀
50LCJ21AA002	低压加热器疏水泵 A 出口可调电动门	50LCJ21AA004	低压加热器疏水泵 B 出口可调电动门
50LCJ21AA 级	低压加热器疏水气动调节阀	50LCJ21AA102	低压加热器疏水泵最小流量再循环气动调节阀
50LCJ22AA 级	低压加热器事故疏水气动调节阀	50LCL36AA 级	启动疏水泵出口管道电动调节阀
50LCM91AA001	汽机房疏放水母管冷却水电动门	50LCP10AA006	凝结水补充水泵 A 出口电动门
50LCP10AA008	凝结水补充水泵 B 出口电动门	50LCP10AA011	凝汽器水位气动调节门旁路可调电动门
50LCP10AA 级	凝汽器水位气动调节阀	50LCP11AA003	闭式循环冷却水膨胀水箱补水电动门
50LCP12AA 级	凝结水至定子冷却水补水调节门	50MAC01AA051	低压缸喷水气动调节阀
50MAJ11AA001	凝汽器 A 真空破坏门	50MAJ12AA001	凝汽器 B 真空破坏门
50MAJ31AA003	真空泵 A 抽气总阀	50MAJ32AA003	真空泵 B 抽气总阀
50MAJ33AA003	真空泵 C 抽气总阀	50MAL11AA051	高压调门前疏水阀
50MAL12AA051	高压调门前疏水阀	50MAL14AA051	高压缸 1 号疏水阀
50MAL19AA051	汽轮机补汽阀前疏水阀	50MAL20AA051	汽轮机补汽阀后疏水阀
50MAL22AA051	高压缸疏水阀	50MAL23AA051	再热主汽门前疏水阀
50MAL24AA051	再热主汽门前疏水阀	50MAL25AA051	轴封漏汽管道疏水阀
50MAL26AA051	再热调门前疏水阀	50MAL27AA051	再热调门前疏水阀
50MAL31AA051	再热调门后疏水阀	50MAL51AA051	中压缸疏水阀
50MAL81AA051	汽封蒸气管道疏水阀 A	50MAL81AA052	汽封蒸气管道疏水阀 B
50MAL81AA053	汽封蒸气管道疏水阀 C	50MAN11AA 级	低压旁路阀 A
50MAN21AA 级	低压旁路阀 B	50MAW10AA151	轴封供汽气动调节阀
50MAW10AA152	轴封供汽旁路气动调节阀	50MAW13AA004	给水泵汽轮机 A 封汽溢流调节阀
50MAW13AA401	给水泵汽轮机 A 封汽回收调节阀	50MAW13AA405	给水泵汽轮机 A 高压速关阀电动疏水门

KKS 码	名　称	KKS 码	名　称
50MAW23AA004	给水泵汽轮机 B 封汽溢流调节阀	50MAW23AA401	给水泵汽轮机 B 封汽回收调节阀
50MAW23AA405	给水泵汽轮机 B 高压速关阀电动疏水门	50MAW50AA151	轴封溢流站气动调节阀
50MAW50AA152	轴封溢流站旁路气动调节阀	50MAW80AA251	汽轮机汽封漏汽至轴封冷却器电动门
50MAW80AA257	汽轮机汽封漏汽事故放汽电动门	50MAW80AA261	轴封排汽风机 A 进口电动门
50MAW80AA262	轴封排汽风机 B 进口电动门	50MAW90AA004	给水泵汽轮机漏汽至轴封冷却器电动门
50MAW90AA005	给水泵汽轮机漏汽事故放汽电动门	50MAW90AA 级	给水泵汽轮机汽封供汽气动调节阀
50PAB10AA001	凝汽器循环水进口电动门 A	50PAB11AA001	凝汽器循环水进口电动门 B
50PAB20AA001	凝汽器循环水出口可调电动门 A	50PAB21AA001	凝汽器循环水出口可调电动门 B
50PAB30AA601	凝汽器 A 水室放气电动门 A	50PAB31AA601	凝汽器 A 水室放气电动门 B
50PAB32AA601	凝汽器 A 水室放气电动门 C	50PAB33AA601	凝汽器 A 水室放气电动门 D
50PAB40AA601	凝汽器 B 水室放气电动门 A	50PAB41AA601	凝汽器 B 水室放气电动门 B
50PAB42AA601	凝汽器 B 水室放气电动门 C	50PAB43AA601	凝汽器 B 水室放气电动门 D
50PAB50AA401	凝汽器 A 水室放水电动门 A	50PAB50AA000	凝汽器 A 水室放水电动门 B
50PAB50AA403	凝汽器 A 水室放水电动门 C	50PAB50AA404	凝汽器 A 水室放水电动门 D
50PAB60AA401	凝汽器 B 水室放水电动门 A	50PAB60AA000	凝汽器 B 水室放水电动门 B
50PAB60AA403	凝汽器 B 水室放水电动门 C	50PAB60AA404	凝汽器 B 水室放水电动门 D
50PAH10AT001	装球室 A 电动推杆	50PAH11AT001	收球网 A 电动推杆
50PAH20AT001	装球室 B 电动推杆	50PAH21AT001	收球网 B 电动推杆
50PCB10AA001	闭式循环冷却水热交换器冷却水管路电动滤水器进口电动门	50PCB10AA002	闭式循环冷却水热交换器冷却水管路电动滤水器旁路电动门
50PCB10AT001	闭式循环冷却水热交换器冷却水管路电动滤水器	50PCB20AA001	闭式循环冷却水热交换器冷却水管路电动滤水器排污电动门
50PCB30AA001	闭式循环冷却水热交换器冷却水管路电动滤水器出口电动门	50PCB30AA002	闭式循环冷却水热交换器 A 冷却水进口电动门
50PCB30AA003	闭式循环冷却水热交换器 B 冷却水进口电动门	50PCB40AA001	闭式循环冷却水热交换器 A 冷却水出水可调电动门
50PCB40AA002	闭式循环冷却水热交换器 B 冷却水出水可调电动门	50PCB50AA001	真空泵冷却水管路电动滤水器进口电动门
50PCB50AA002	真空泵冷却水管路电动滤水器旁路电动门	50PCB50AT001	真空泵冷却水管路电动滤水器
50PCB51AA001	真空泵冷却水管路电动滤水器排污电动门	50PCB60AA001	真空泵冷却水管路电动滤水器出口电动门

续表

KKS 码	名　　称	KKS 码	名　　称
50PGA10AA001	闭式循环冷却水泵 A 出口可调电动门	50PGA10AA002	闭式循环冷却水泵 B 出口可调电动门
50PGA10AA003	闭式循环冷却水热交换器 A 进口电动门	50PGA10AA004	闭式循环冷却水热交换器 B 进口电动门
50PGA20AA001	闭式循环冷却水热交换器 A 出口可调电动门	50PGA20AA002	闭式循环冷却水热交换器 B 出口可调电动门
50PGA30AA004	停机事故冷却水泵出口电动门	50PGA40AA001	闭式循环冷却水泵 A 进口电动门
50PGA40AA002	闭式循环冷却水泵 B 进口电动门	50PGA41AA003	给水泵汽轮机润滑油冷却器冷却水回水可调电动门
50PGA43AA001	发电机氢冷却器冷却水回水可调电动门	50PGA43AA 级	发电机氢冷却器冷却水回水电动调节阀
50PGA44AA001	发电机定子水冷却器冷却水回水可调电动门	50PGA44AA009	发电机定子水冷却器冷却水回水可调电动门
50PGA44AA012	励磁机冷却水回水可调电动门	50PGA44AA014	发电机密封油冷却器等冷却水回水可调电动门
50PGA44AA 级	发电机定子水冷却器冷却水回水电动调节阀	50PGA44AA102	发电机密封油冷却器冷却水回水电动调节阀
50PGA44AA103	励磁机冷却水水温调节门	50PGA44AA 级	定冷水水温调节门
50PGA49AA001	主机润滑油冷却器冷却水回水可调电动门	50HAC10AA401	省煤器至大气扩容器电动门 1
50HAC10AA＊0＊	省煤器至大气扩容器电动门 2	50HAD01AA401	水冷壁下集箱至排水槽电动门 1
50HAD01AA＊0＊	水冷壁下集箱至排水槽电动门 2	50HAD01AA411	水冷壁至凝结水箱电动门 1
50HAD01AA412	水冷壁至凝结水箱电动门 2	50HAD01AA413	水冷壁至凝结水箱电动门 3
50HAD01AA414	水冷壁至凝结水箱电动门 4	50HAG10AA001	炉启动循环泵进口电动门
50HAG11AA001	循环泵补水电动门	50HAG11AA 级	循环泵补水调节门
50HAG12AA011	启动疏水至大气扩容器液动截止门 B 全关	50HAG12AA021	启动疏水至大气扩容器液动截止门 A 开指令
50HAG12AA111	启动疏水至大气扩容器液动调节门 B	50HAG12AA121	启动疏水至大气扩容器液动调节门 A
50HAG23AA001	热备用至大气式扩容器电动一次门	50HAG23AA 级	热备用疏水至大气扩容器热备用调节门
50HAG30AA001	启动循环泵出口电动门	50HAG30AA 级	循环水调节门
50HAH10AA411	一级过热器出口集箱 A 疏水电动一次门	50HAH10AA412	一级过热器出口集箱 B 疏水电动一次门

续表

KKS码	名　称	KKS码	名　称
50HAH20AA401	二级过热器出口集箱A疏水电动一次门	50HAH20AA000	二级过热器出口集箱B疏水电动一次门
50HAH30AA401	三级过热器进口集箱A疏水电动一次门	50HAH30AA000	三级过热器进口集箱B疏水电动一次门
50HAJ10AA001	本体吹灰蒸汽电动截止门	50HAJ10AA级	锅炉吹灰蒸汽压力调节阀
50HAJ20AA001	一级再热器至空气预热器吹灰蒸汽电动门	50HAJ20AA级	空气预热器吹灰蒸汽压力调节阀
50HAN10AA001	过热器疏水箱至大气扩容器排水管1电动一次门	50HAN10AA011	过热器疏水箱至大气扩容器排水管1旁路电动一次门
50HAN10AA021	过热器疏水站至大气扩容器电动门A	50HAN10AA022	过热器疏水站至大气扩容器电动门B
50HAN10AA级	过热器疏水站至大气扩容器调节门	50HAN20AA001	再热器疏水集箱至大气扩容器排水管1电动一次门
50HAN20AA010	再热器疏水集箱至大气扩容器排水管1旁路电动一次门	50HAN20AA021	再热器疏水站至大气扩容器电动门A
50HAN20AA022	再热器疏水站至大气扩容器电动门B	50HAN20AA级	再热器疏水站至大气扩容器调节门
50HCB01AA001	左侧墙半、长式吹灰器疏水电动门	50HCB02AA001	右侧墙半、长式吹灰器疏水电动门
50HCB03AA001	左墙、前墙炉膛吹灰器疏水电动门	50HCB04AA001	右墙、后墙炉膛吹灰器疏水电动门
50HCB05AA001	空气预热器吹灰器疏水电动门	50HCB06AA002	辅汽至空气预热器吹灰电动门
50HCC01AA001	水力吹灰升压泵出口电动门	50HCC02AA级	水力吹灰回水调节阀
50HFB10AA001	A给煤机进口电动闸门	50HFB10AA002	A给煤机出口电动闸门
50HFB20AA001	B给煤机进口电动煤闸门	50HFB20AA002	B给煤机出口电动煤闸门
50HFB30AA001	C给煤机进口电动煤闸门	50HFB30AA002	C给煤机出口电动煤闸门
50HFB40AA001	D给煤机进口电动煤闸门	50HFB40AA002	D给煤机出口电动煤闸门
50HFB50AA001	E给煤机进口电动煤闸门	50HFB50AA002	E给煤机出口电动煤闸门
50HFB60AA001	F给煤机进口电动煤闸门	50HFB60AA002	F给煤机出口电动煤闸门
50HFC10AA001	A磨煤机石子煤斗上隔离门	50HFC10AA002	A磨煤机石子煤斗下隔离门
50HFC20AA001	B磨煤机石子煤斗上隔离门	50HFC20AA002	B磨煤机石子煤斗下隔离门
50HFC30AA001	C磨煤机石子煤斗上隔离门	50HFC30AA002	C磨煤机石子煤斗下隔离门
50HFC40AA001	D磨煤机石子煤斗上隔离门	50HFC40AA002	D磨煤机石子煤斗下隔离门
50HFC50AA001	E磨煤机石子煤斗上隔离门	50HFC50AA002	E磨煤机石子煤斗下隔离门

KKS 码	名　称	KKS 码	名　称
50HFC60AA001	F 磨煤机石子煤斗上隔离门	50HFC60AA002	F 磨煤机石子煤斗下隔离门
50HFE10AA001	A 一次风机出口电动挡板	50HFE10AA002	A 空气预热器出口热一次风电动挡板
50HFE10AN001Z	一次风机 A 动叶执行器	50HFE11AA001	A 一次风机出口冷一次风电动挡板
50HFE20AA001	B 一次风机出口电动挡板	50HFE20AA002	B 空气预热器出口热一次风电动挡板
50HFE20AN001Z	一次风机 B 动叶执行器	50HFE21AA001	B 一次风机出口冷一次风电动挡板
50HFE30AA001	一次风联络管道电动挡板	50HFE41AA001	A 磨煤机进口热风气动闸板
50HFE41AA002	A 磨煤机进口冷风气动闸板	50HFE41AA003	A 磨煤机进口混合风气动挡板
50HFE41AA 级	A 磨煤机 A 入口热风调节门	50HFE41AA102	A 磨煤机 A 入口冷风调节门
50HFE42AA001	B 磨煤机进口热风气动闸板	50HFE42AA002	B 磨煤机进口冷风气动闸板
50HFE42AA003	B 磨煤机进口混合风气动挡板	50HFE42AA004	B 磨煤机进口暖风器气动闸板
50HFE42AA 级	B 磨煤机 B 入口热风调节门	50HFE42AA102	B 磨煤机 B 入口冷风调节门
50HFE42AA104	B 磨煤机 B 等离子点火用热风调节门	50HFE43AA001	C 磨煤机进口热风气动闸板
50HFE43AA002	C 磨煤机进口冷风气动闸板	50HFE43AA003	C 磨煤机进口混合风气动挡板
50HFE43AA 级	C 磨煤机 C 入口热风调节门	50HFE43AA102	C 磨煤机 C 入口冷风调节门
50HFE44AA001	D 磨煤机进口热风气动闸板	50HFE44AA002	D 磨煤机进口冷风气动闸板
50HFE44AA003	D 磨煤机进口混合风气动挡板	50HFE44AA 级	D 磨煤机 D 入口热风调节门
50HFE44AA102	D 磨煤机 D 入口冷风调节门	50HFE45AA001	E 磨煤机进口热风气动闸板
50HFE45AA002	E 磨煤机进口冷风气动闸板	50HFE45AA003	E 磨煤机进口混合风气动挡板
50HFE45AA 级	E 磨煤机 E 入口热风调节门	50HFE45AA102	E 磨煤机 E 入口冷风调节门
50HFE46AA001	F 磨煤机进口热风气动闸板	50HFE46AA002	F 磨煤机进口冷风气动闸板
50HFE46AA003	F 磨煤机进口混合风气动挡板	50HFE46AA 级	F 磨煤机 F 入口热风调节门
50HFE46AA102	F 磨煤机 F 入口冷风调节门	50HFW10AA 级	密封风机 A 风调节门
50HFW11AA001	密封风机 A 滤网风门	50HFW20AA 级	密封风机 B 风调节门
50HFW21AA001	密封风机 B 滤网风门	50HFW31AA001	A 磨煤机密封风电动门
50HFW32AA001	B 磨煤机密封风电动门	50HFW33AA001	C 磨煤机密封风电动门
50HFW34AA001	D 磨煤机密封风电动门	50HFW35AA001	E 磨煤机密封风电动门
50HFW36AA001	F 磨煤机密封风电动门	50HFW41AA001	A 给煤机密封风电动门
50HFW42AA001	B 给煤机密封风电动门	50HFW43AA001	C 给煤机密封风电动门

续表

KKS 码	名　　称	KKS 码	名　　称
50HFW44AA001	D 给煤机密封风电动门	50HFW45AA001	E 给煤机密封风电动门
50HFW46AA001	F 给煤机密封风电动门	50HHA11AS001	A、B 层摆动火嘴执行器
50HHA12AS001	A、B 层摆动火嘴执行器	50HHA13AS001	A、B 层摆动火嘴执行器
50HHA14AS001	A、B 层摆动火嘴执行器	50HHA31AS001	C、D 层摆动火嘴执行器
50HHA32AS001	C、D 层摆动火嘴执行器	50HHA33AS001	C、D 层摆动火嘴执行器
50HHA34AS001	C、D 层摆动火嘴执行器	50HHA51AS001	E、F 层摆动火嘴执行器
50HHA52AS001	E、F 层摆动火嘴执行器	50HHA53AS001	E、F 层摆动火嘴执行器
50HHA54AS001	E、F 层摆动火嘴执行器	50HHA71AS001	SOFA 摆动火嘴执行器
50HHA72AS001	SOFA 摆动火嘴执行器	50HHA73AS001	SOFA 摆动火嘴执行器
50HHA74AS001	SOFA 摆动火嘴执行器	50HHE11AA001	A 磨煤机出口 1 号角气动门
50HHE12AA001	A 磨煤机出口 2 号角气动门	50HHE13AA001	A 磨煤机出口 3 号角气动门
50HHE14AA001	A 磨煤机出口 4 号角气动门	50HHE21AA001	B 磨煤机出口 1 号角气动门
50HHE22AA001	B 磨煤机出口 2 号角气动门	50HHE23AA001	B 磨煤机出口 3 号角气动门
50HHE24AA001	B 磨煤机出口 4 号角气动门	50HHE31AA001	C 磨煤机出口 1 号角气动门
50HHE32AA001	C 磨煤机出口 2 号角气动门	50HHE33AA001	C 磨煤机出口 3 号角气动门
50HHE34AA001	C 磨煤机出口 4 号角气动门	50HHE41AA001	D 磨煤机出口 1 号角气动门
50HHE42AA001	D 磨煤机出口 2 号角气动门	50HHE43AA001	D 磨煤机出口 3 号角气动门
50HHE44AA001	D 磨煤机出口 4 号角气动门	50HHE51AA001	E 磨煤机出口 1 号角气动门
50HHE52AA001	E 磨煤机出口 2 号角气动门	50HHE53AA001	E 磨煤机出口 3 号角气动门
50HHE54AA001	E 磨煤机出口 4 号角气动门	50HHE61AA001	F 磨煤机出口 1 号角气动门
50HHE62AA001	F 磨煤机出口 2 号角气动门	50HHE63AA001	F 磨煤机出口 3 号角气动门
50HHE64AA001	F 磨煤机出口 4 号角气动门	50HHL11AA 级	A 层辅助二次风执行器
50HHL11AA102	煤粉 A 层风箱燃烧器二次风执行器	50HHL11AA103	A 层油燃烧器二次风执行器
50HHL11AA104	A 层辅助二次风执行器	50HHL12AA 级	A 层辅助二次风执行器
50HHL12AA102	煤粉 A 层风箱燃烧器二次风执行器	50HHL12AA103	A 层油燃烧器二次风执行器
50HHL12AA104	A 层辅助二次风执行器	50HHL13AA 级	A 层辅助二次风执行器
50HHL13AA102	煤粉 A 层风箱燃烧器二次风执行器	50HHL13AA103	A 层油燃烧器二次风执行器
50HHL13AA104	A 层辅助二次风执行器	50HHL14AA 级	A 层辅助二次风执行器
50HHL14AA102	煤粉 A 层风箱燃烧器二次风执行器	50HHL14AA103	A 层油燃烧器二次风执行器
50HHL14AA104	A 层辅助二次风执行器	50HHL21AA 级	B 层辅助二次风执行器
50HHL21AA102	煤粉 B 层风箱燃烧器二次风执行器	50HHL21AA103	B 层油燃烧器二次风执行器
50HHL21AA104	B 层辅助二次风执行器	50HHL22AA 级	B 层辅助二次风执行器
50HHL22AA102	煤粉 B 层风箱燃烧器二次风执行器	50HHL22AA103	B 层油燃烧器二次风执行器
50HHL22AA104	B 层辅助二次风执行器	50HHL23AA 级	B 层辅助二次风执行器
50HHL23AA102	煤粉 B 层风箱燃烧器二次风执行器	50HHL23AA103	B 层油燃烧器二次风执行器
50HHL23AA104	B 层辅助二次风执行器	50HHL24AA 级	B 层辅助二次风执行器

续表

KKS 码	名　称	KKS 码	名　称
50HHL24AA102	煤粉 B 层风箱燃烧器二次风执行器	50HHL24AA103	B 层油燃烧器二次风执行器
50HHL24AA104	B 层辅助二次风执行器	50HHL31AA 级	C 层辅助二次风执行器
50HHL31AA102	煤粉 C 层风箱燃烧器二次风执行器	50HHL31AA103	C 层油燃烧器二次风执行器
50HHL31AA104	C 层辅助二次风执行器	50HHL32AA 级	C 层辅助二次风执行器
50HHL32AA102	煤粉 C 层风箱燃烧器二次风执行器	50HHL32AA103	C 层油燃烧器二次风执行器
50HHL32AA104	C 层辅助二次风执行器	50HHL33AA 级	C 层辅助二次风执行器
50HHL33AA102	煤粉 C 层风箱燃烧器二次风执行器	50HHL33AA103	C 层油燃烧器二次风执行器
50HHL33AA104	C 层辅助二次风执行器	50HHL34AA 级	C 层辅助二次风执行器
50HHL34AA102	煤粉 C 层风箱燃烧器二次风执行器	50HHL34AA103	C 层油燃烧器二次风执行器
50HHL34AA104	C 层辅助二次风执行器	50HHL41AA 级	D 层辅助二次风执行器
50HHL41AA102	煤粉 D 层风箱燃烧器二次风执行器	50HHL41AA103	D 层油燃烧器二次风执行器
50HHL41AA104	D 层辅助二次风执行器	50HHL42AA 级	D 层辅助二次风执行器
50HHL42AA102	煤粉 D 层风箱燃烧器二次风执行器	50HHL42AA103	D 层油燃烧器二次风执行器
50HHL42AA104	D 层辅助二次风执行器	50HHL43AA 级	D 层辅助二次风执行器
50HHL43AA102	煤粉 D 层风箱燃烧器二次风执行器	50HHL43AA103	D 层油燃烧器二次风执行器
50HHL43AA104	D 层辅助二次风执行器	50HHL44AA 级	D 层辅助二次风执行器
50HHL44AA102	煤粉 D 层风箱燃烧器二次风执行器	50HHL44AA103	D 层油燃烧器二次风执行器
50HHL44AA104	D 层辅助二次风执行器	50HHL51AA 级	E 层辅助二次风执行器
50HHL51AA102	煤粉 E 层风箱燃烧器二次风执行器	50HHL51AA103	E 层油燃烧器二次风执行器
50HHL51AA104	E 层辅助二次风执行器	50HHL52AA 级	E 层辅助二次风执行器
50HHL52AA102	煤粉 E 层风箱燃烧器二次风执行器	50HHL52AA103	E 层油燃烧器二次风执行器
50HHL52AA104	E 层辅助二次风执行器	50HHL53AA 级	E 层辅助二次风执行器
50HHL53AA102	煤粉 E 层风箱燃烧器二次风执行器	50HHL53AA103	E 层油燃烧器二次风执行器
50HHL53AA104	E 层辅助二次风执行器	50HHL54AA 级	E 层辅助二次风执行器
50HHL54AA102	煤粉 E 层风箱燃烧器二次风执行器	50HHL54AA103	E 层油燃烧器二次风执行器
50HHL54AA104	E 层辅助二次风执行器	50HHL61AA 级	F 层辅助二次风执行器
50HHL61AA102	煤粉 F 层风箱燃烧器二次风执行器	50HHL61AA103	F 层油燃烧器二次风执行器
50HHL61AA104	F 层辅助二次风执行器	50HHL61AA105	CCOFA 风执行器
50HHL61AA106	CCOFA 风执行器	50HHL62AA 级	F 层辅助二次风执行器
50HHL62AA102	煤粉 F 层风箱燃烧器二次风执行器	50HHL62AA103	F 层油燃烧器二次风执行器
50HHL62AA104	F 层辅助二次风执行器	50HHL62AA105	CCOFA 风执行器
50HHL62AA106	CCOFA 风执行器	50HHL63AA 级	F 层辅助二次风执行器
50HHL63AA102	煤粉 F 层风箱燃烧器二次风执行器	50HHL63AA103	F 层油燃烧器二次风执行器
50HHL63AA104	F 层辅助二次风执行器	50HHL63AA105	CCOFA 风执行器
50HHL63AA106	CCOFA 风执行器	50HHL64AA 级	F 层辅助二次风执行器
50HHL64AA102	煤粉 F 层风箱燃烧器二次风执行器	50HHL64AA103	F 层油燃烧器二次风执行器

KKS 码	名　称	KKS 码	名　称
50HHL64AA104	F 层辅助二次风执行器	50HHL64AA105	CCOFA 风执行器
50HHL64AA106	CCOFA 风执行器	50HHL71AA 级	SOFA 风执行器
50HHL71AA102	SOFA 风执行器	50HHL71AA103	SOFA 风执行器
50HHL71AA104	SOFA 风执行器	50HHL71AA105	SOFA 风执行器
50HHL71AA106	SOFA 风执行器	50HHL72AA 级	SOFA 风执行器
50HHL72AA102	SOFA 风执行器	50HHL72AA103	SOFA 风执行器
50HHL72AA104	SOFA 风执行器	50HHL72AA105	SOFA 风执行器
50HHL72AA106	SOFA 风执行器	50HHL73AA 级	SOFA 风执行器
50HHL73AA102	SOFA 风执行器	50HHL73AA103	SOFA 风执行器
50HHL73AA104	SOFA 风执行器	50HHL73AA105	SOFA 风执行器
50HHL73AA106	SOFA 风执行器	50HHL74AA 级	SOFA 风执行器
50HHL74AA102	SOFA 风执行器	50HHL74AA103	SOFA 风执行器
50HHL74AA104	SOFA 风执行器	50HHL74AA105	SOFA 风执行器
50HHL74AA106	SOFA 风执行器	50HJA11AA001	A 层 1 号角油枪进油气动快关阀
50HJA12AA001	A 层 2 号角油枪进油气动快关阀	50HJA13AA001	A 层 3 号角油枪进油气动快关阀
50HJA14AA001	A 层 4 号角油枪进油气动快关阀	50HJA21AA001	B 层 1 号角油枪进油气动快关阀
50HJA22AA001	B 层 2 号角油枪进油气动快关阀	50HJA23AA001	B 层 3 号角油枪进油气动快关阀
50HJA24AA001	B 层 4 号角油枪进油气动快关阀	50HJA31AA001	C 层 1 号角油枪进油气动快关阀
50HJA32AA001	C 层 2 号角油枪进油气动快关阀	50HJA33AA001	C 层 3 号角油枪进油气动快关阀
50HJA34AA001	C 层 4 号角油枪进油气动快关阀	50HJA41AA001	D 层 1 号角油枪进油气动快关阀
50HJA42AA001	D 层 2 号角油枪进油气动快关阀	50HJA43AA001	D 层 3 号角油枪进油气动快关阀
50HJA44AA001	D 层 4 号角油枪进油气动快关阀	50HJA51AA001	E 层 1 号角油枪进油气动快关阀
50HJA52AA001	E 层 2 号角油枪进油气动快关阀	50HJA53AA001	E 层 3 号角油枪进油气动快关阀
50HJA54AA001	E 层 4 号角油枪进油气动快关阀	50HJA61AA001	F 层 1 号角油枪进油气动快关阀
50HJA62AA001	F 层 2 号角油枪进油气动快关阀	50HJA63AA001	F 层 3 号角油枪进油气动快关阀
50HJA64AA001	F 层 4 号角油枪进油气动快关阀	50HJF01AA001	前进油快关阀
50HJF01AA020	燃油蓄能器关断阀开指令	50HJF01AA 级	锅炉燃油进油调节阀
50HJF02AA001	回油管道快关阀	50HJS11AA001	A 层 1 号角油枪吹扫用蒸汽气动快关阀
50HJS12AA001	A 层 2 号角油枪吹扫用蒸汽气动快关阀	50HJS13AA001	A 层 3 号角油枪吹扫用蒸汽气动快关阀
50HJS14AA001	A 层 4 号角油枪吹扫用蒸汽气动快关阀	50HJS21AA001	B 层 1 号角油枪吹扫用蒸汽气动快关阀
50HJS22AA001	B 层 2 号角油枪吹扫用蒸汽气动快关阀	50HJS23AA001	B 层 3 号角油枪吹扫用蒸汽气动快关阀

KKS 码	名　称	KKS 码	名　称
50HJS24AA001	B 层 4 号角油枪吹扫用蒸汽气动快关阀	50HJS31AA001	C 层 1 号角油枪吹扫用蒸汽气动快关阀
50HJS32AA001	C 层 2 号角油枪吹扫用蒸汽气动快关阀	50HJS33AA001	C 层 3 号角油枪吹扫用蒸汽气动快关阀
50HJS34AA001	C 层 4 号角油枪吹扫用蒸汽气动快关阀	50HJS41AA001	D 层 1 号角油枪吹扫用蒸汽气动快关阀
50HJS42AA001	D 层 2 号角油枪吹扫用蒸汽气动快关阀	50HJS43AA001	D 层 3 号角油枪吹扫用蒸汽气动快关阀
50HJS44AA001	D 层 4 号角油枪吹扫用蒸汽气动快关阀	50HJS51AA001	E 层 1 号角油枪吹扫用蒸汽气动快关阀
50HJS52AA001	E 层 2 号角油枪吹扫用蒸汽气动快关阀	50HJS53AA001	E 层 3 号角油枪吹扫用蒸汽气动快关阀
50HJS54AA001	E 层 4 号角油枪吹扫用蒸汽气动快关阀	50HJS61AA001	F 层 1 号角油枪吹扫用蒸汽气动快关阀
50HJS62AA001	F 层 2 号角油枪吹扫用蒸汽气动快关阀	50HJS63AA001	F 层 3 号角油枪吹扫用蒸汽气动快关阀
50HJS64AA001	F 层 4 号角油枪吹扫用蒸汽气动快关阀	50HLA10AA001	送风机出口电动挡板
50HLA10AA002	A 空气预热器出口热二次风电动挡板	50HLA20AA001	送风机出口电动挡板
50HLA20AA002	B 空气预热器出口热二次风电动挡板	50HLA30AA001	二次风联络管道电动挡板
50HLA10AA 级	送风机 A 热风再循环门	50HLA20AA 级	送风机 B 热风再循环门
50HLB10AN001Z	送风机 A 动叶执行器	50HLB20AN001Z	送风机 B 动叶执行器
50HNA10AA001	A 空气预热器进口烟气电动挡板	50HNA10AA002	A 引风机进口电动挡板
50HNA10AA003	A 引风机出口电动挡板	50HNA11AA001	电除尘出口烟道联络管道电动挡板
50HNA20AA001	B 空气预热器进口烟气电动挡板	50HNA20AA002	B 引风机进口电动挡板
50HNA20AA003	B 引风机出口电动挡板	50HNC10AN001Z	引风机 A 静叶执行器
50HNC20AN001Z	引风机 B 静叶执行器	50LAB50AA001	给水电动门
50LAB51AA001	给水旁路电动调节门前电动门	50LAB51AA010	给水旁路电动调节门后电动门
50LAB51AA 级	给水旁路调节门	50LAB51AA002	给水旁路调阀后电动门
50LAE11AA001	A 侧 2 号一级减温水进口电动门	50LAE11AA 级	左侧一级过热器减温水调节门

续表

KKS码	名　称	KKS码	名　称
50LAE11AA002	左侧一级过热器减温水调门后电动门	50LAE12AA001	B侧2号一级减温水进口电动门
50LAE12AA级	右侧一级过热器减温水调节门	50LAE12AA002	右侧一级过热器减温水调门后电动门
50LAE13AA001	A侧1号一级减温水进口电动门	50LAE13AA级	左侧一级过热器减温水调节门
50LAE13AA002	左侧一级过热器减温水调门后电动门	50LAE14AA001	B侧1号一级减温水进口电动门
50LAE14AA级	右侧一级过热器减温水调节门	50LAE14AA002	右侧一级过热器减温水调门后电动门
50LAE20AA001	一二级减温水电动总门	50LAE21AA001	A侧1号二级减温水进口电动门
50LAE21AA级	左侧二级过热器减温水调节门	50LAE21AA002	左侧二级过热器减温水调门后电动门
50LAE22AA001	B侧1号二级减温水进口电动门	50LAE22AA级	右侧二级过热器减温水调节门
50LAE22AA002	右侧二级过热器减温水调门后电动门开指令	50LAE23AA001	A侧2号二级减温水进口电动门
50LAE23AA级	左侧二级过热器减温水调节门	50LAE23AA002	左侧二级过热器减温水调门后电动门
50LAE24AA001	B侧2号二级减温水进口电动门	50LAE24AA级	右侧二级过热器减温水调节门
50LAE24AA002	右侧二级过热器减温水调门后电动门	50LAF00AA001	再热器减温水电动总门
50LAF01AA001	A侧再热器事故减温水管道电动一次门	50LAF01AA级	左侧再热器事故减温水调节门
50LAF02AA001	B侧再热器事故减温水管道电动一次门	50LAF02AA级	右侧再热器事故减温水调节门
50LAF11AA001	A侧1号再热器事故减温水电动一次门	50LAF11AA级	左侧再热器减温水调节门
50LAF12AA001	B侧1号再热器微量减温水电动一次门	50LAF12AA级	右侧再热器减温水调节门
50LAF13AA001	A侧2号再热器事故减温水电动一次门	50LAF13AA级	左侧再热器减温水调节门
50LAF14AA001	B侧2号再热器微量减温水电动一次门	50LAF14AA级	右侧再热器减温水调节门
50LBG20AA002	A磨煤机消防蒸汽气动门	50LBG20AA003	B磨煤机消防蒸汽气动门
50LBG20AA004	C磨煤机消防蒸汽气动门	50LBG20AA005	D磨煤机消防蒸汽气动门

KKS 码	名　称	KKS 码	名　称
50LBG20AA006	E 磨煤机消防蒸汽气动门	50LBG20AA007	F 磨煤机消防蒸汽气动门
50LBG20AA 级	磨煤机消防用汽气动减压阀	50LBG30AA 级	锅炉房燃油管道吹扫用汽气动减压阀
50LBG31AA 级	厂区燃油管道吹扫用汽减压阀	50LCE14AA 级	磨煤机消防用汽管道减温水气动调节阀
50LCE15AA 级	炉前油系统吹扫蒸汽管道减温水电动调节阀	50LCE30AA 级	低压旁路 A 减温水液动调节阀
50LCE30AA102	低压旁路 B 减温水液动调节阀	50LCE30AA001	低压旁路 A 减温水液动阀
50LCE30AA003	低压旁路 B 减温水液动阀	50LCL31AA011	A 启动疏水泵出口电动门
50LCL32AA011	B 启动疏水泵出口电动门	50LCL35AA001	锅炉疏水至冷却塔电动门
50LCL36AA001	锅炉疏水至凝汽器疏水扩容器门开	50LCL41AA001	复用水至空气预热器冲洗电动总门
50LCL42AA001	复用水至炉膛水力吹灰电动总门	50LCL43AA001	复用水至锅炉房疏水母管电动门
50LBG21AA001	辅助蒸汽至等离子点火用汽电动门	50HBK10CXA01	左侧烟温探针
50HHW20AA005	等离子载体风自仪用气来气电动门	50HHW20AA114	1 号角下层等离子吹扫风进口电动一次门
50HHW20AA118	1 号角上层等离子吹扫风进口电动一次门	50HHW20AA123	2 号角下层等离子吹扫风进口电动一次门
50HHW20AA128	2 号角上层等离子吹扫风进口电动一次门	50HHW20AA134	3 号角下层等离子吹扫风进口电动一次门
50HHW20AA138	3 号角上层等离子吹扫风进口电动一次门	50HHW20AA144	4 号角下层等离子吹扫风进口电动一次门
50HHW20AA148	4 号角上层等离子吹扫风进口电动一次门	50HHW50AA001	等离子热风电动门
50HTA21AA001	A 增压风机入口原烟气挡板门	50HTA22AA001	B 增压风机入口原烟气挡板门
50HTA31AA001	A 增压风机出口原烟气挡板门	50HTA32AA001	B 增压风机出口原烟气挡板门
50HTA50AA001	脱硫出口烟气挡板门	50HTA60AA001A	旁路烟气挡板门 A
50HTA60AA001B	旁路烟气挡板门 B	50HTD13AA501	吸收塔通风门
50HTG11AA192	A 氧化风机卸载门 1	50HTG11AA193	A 氧化风机卸载门 2
50HTG12AA192	B 氧化风机卸载门 1	50HTG12AA193	B 氧化风机卸载门 2
50HTG13AA192	C 氧化风机卸载门 1	50HTG13AA193	C 氧化风机卸载门 2
50HTK11AA001	A 石灰石浆液泵入口电动门	50HTK12AA001	B 石灰石浆液泵入口电动门
50HTK20AA001	A 石灰石浆液泵出口电动门	50HTK20AA002	B 石灰石浆液泵出口电动门
50HTK20AA003	石灰石浆液返回管电动门	50HTK20AA401	A 石灰石浆液泵冲洗电动门

KKS 码	名 称	KKS 码	名 称
50HTK20AA000	B 石灰石浆液泵冲洗电动门	50HTK20AA403	石灰石浆液母管冲洗电动门
50HTK20AA404	石灰石浆液母管排污电动门	50HTL11AA001	A 石膏浆液排出泵入口电动门
50HTL12AA001	B 石膏浆液排出泵入口电动门	50HTL21AA001	A 石膏浆液排出泵出口电动门
50HTL21AA002	B 石膏浆液排出泵出口电动门	50HTL21AA003	石膏浆液排出泵回流电动门
50HTL21AA401	A 石膏排出泵冲洗水电动门	50HTL21AA000	B 石膏排出泵冲洗水电动门
50HTL21AA404	石膏浆液排出泵母管冲洗电动门	50HTL22AA001	石膏浆液排出泵出口母管电动门
50HTL22AA406	石膏浆液排出泵至石膏旋流器母管排污电动门	50HTL23AA001	石膏浆液排出泵至事故浆液箱电动门
50HTL24AA001	石膏浆液排出泵 pH 计 1 前电动门	50HTL24AA002	石膏浆液排出泵 pH 计 1 后电动门
50HTL24AA003	石膏浆液排出泵 pH 计 2 前电动门	50HTL24AA004	石膏浆液排出泵 pH 计 2 后电动门
50HTL24AA401	石膏浆液排出泵 pH 计 1 冲洗电动门	50HTL24AA000	石膏浆液排出泵 pH 计 2 冲洗电动门
50HTL24AA403	石膏浆液排出泵 pH 计 1 管道排污电动门	50HTL24AA404	石膏浆液排出泵 pH 计 2 管道排污电动门
50HTQ31AA001	工艺水至吸收塔系统电动门	50HTQ70AA001	吸收塔除雾器冲洗水回流电动门
50HTQ71AA002	除雾器 A1 冲洗电动门	50HTQ71AA003	除雾器 A2 冲洗电动门
50HTQ71AA004	除雾器 A3 冲洗电动门	50HTQ71AA005	除雾器 A4 冲洗电动门
50HTQ71AA006	除雾器 A5 冲洗电动门	50HTQ71AA007	除雾器 A6 冲洗电动门
50HTQ71AA008	除雾器 A7 冲洗电动门	50HTQ71AA009	除雾器 A8 冲洗电动门
50HTQ71AA010	除雾器 A9 冲洗电动门	50HTQ71AA011	除雾器 A10 冲洗电动门
50HTQ71AA012	除雾器 A11 冲洗电动门	50HTQ71AA013	除雾器 A12 冲洗电动门
50HTQ72AA002	除雾器 B1 冲洗电动门	50HTQ72AA003	除雾器 B2 冲洗电动门
50HTQ72AA004	除雾器 B3 冲洗电动门	50HTQ72AA005	除雾器 B4 冲洗电动门
50HTQ72AA006	除雾器 B5 冲洗电动门	50HTQ72AA007	除雾器 B6 冲洗电动门
50HTQ72AA008	除雾器 B7 冲洗电动门	50HTQ72AA009	除雾器 B8 冲洗电动门
50HTQ72AA010	除雾器 B9 冲洗电动门	50HTQ72AA011	除雾器 B10 冲洗电动门
50HTQ72AA012	除雾器 B11 冲洗电动门	50HTQ72AA013	除雾器 B12 冲洗电动门
50HTQ73AA002	除雾器 C1 冲洗电动门	50HTQ73AA003	除雾器 C2 冲洗电动门

KKS 码	名　　称	KKS 码	名　　称
50HTQ73AA004	除雾器 C3 冲洗电动门	50HTQ73AA005	除雾器 C4 冲洗电动门
50HTQ73AA006	除雾器 C5 冲洗电动门	50HTQ73AA007	除雾器 C6 冲洗电动门
50HTQ73AA008	除雾器 C7 冲洗电动门	50HTQ73AA009	除雾器 C8 冲洗电动门
50HTQ73AA010	除雾器 C9 冲洗电动门	50HTQ73AA011	除雾器 C10 冲洗电动门
50HTQ73AA012	除雾器 C11 冲洗电动门	50HTQ73AA013	除雾器 C12 冲洗电动门
50HTQ80AA001	吸收塔事故喷淋水箱补水气动门	50HTQ82AA401	吸收塔事故喷淋水箱出口气动门
50HTT10AA001	A 吸收塔排水坑泵出口电动门	50HTT10AA002	B 吸收塔排水坑泵出口电动门
50HTT10AA003	吸收塔排水坑泵至事故浆液箱电动门	50HTT10AA004	吸收塔排水坑泵至吸收塔电动门
50HTT10AA401	吸收塔排水坑泵冲洗水电动门	50HTT11AA001	工艺水至吸收塔排水坑电动门
50HTQ80AA001	吸收塔事故喷淋水箱补水气动门	50HTQ82AA401	吸收塔事故喷淋水箱出口气动门
50HCC11AA001	炉左墙下部水力吹灰器供水气动阀	50HCC12AA001	炉左墙上部水力吹灰器供水气动阀
50HCC21AA001	炉前墙下部水力吹灰器供水气动阀	50HCC22AA001	炉前墙上部水力吹灰器供水气动阀
50HCC31AA001	炉右墙下部水力吹灰器供水气动阀	50HCC33AA001	炉右墙上部水力吹灰器供水气动阀
50HCC41AA001	炉后墙下部水力吹灰器供水气动阀	50HCC42AA001	炉后墙上部水力吹灰器供水气动阀
50HDA10AA003	A 底渣系统排水泵出口电动门	50HDA10AA004	B 底渣系统排水泵出口电动门
50HDA10AA032	底渣系统补水电动门	50HCC11AA001	左墙下部水力吹灰器供水气动阀
50HCC12AA001	左墙上部水力吹灰器供水气动阀	50HCC21AA001	前墙下部水力吹灰器供水气动阀
50HCC22AA001	前墙上部水力吹灰器供水气动阀	50HCC31AA001	右墙下部水力吹灰器供水气动阀
50HCC33AA001	右墙上部水力吹灰器供水气动阀	50HCC41AA001	后墙下部水力吹灰器供水气动阀
50HCC42AA001	后墙上部水力吹灰器供水气动阀	50ETG10AA001	省煤器输灰器输送进气气动门
50ETG10AA002	省煤器输灰器流化空气气动门	50ETG10AA049	A 灰斗气化风机出口电动门
50ETG10AA049	A 灰斗气化风机出口电动门	50ETG10AA050	B 灰斗气化风机出口电动门
50ETG10AA050	B 灰斗气化风机出口电动门	50GMH31AA001	A 空气预热器烟气侧排水管电动门
50GMH32AA001	A 空气预热器烟气侧排水旁路管电动门	50GMH33AA001	B 空气预热器烟气侧排水管电动门
50GMH34AA001	B 空气预热器烟气侧排水旁路管电动门	51HSK10AA102	氨气流量截止阀 A
51HSK10AA 级	氨气流量调节阀 A	52HSK10AA102	氨气流量截止阀 B
50HSG10AA 级	氨气稀释风机 A 出口电动门	52HSK10AA 级	氨气流量调节阀 B
50HSG10AA102	氨气稀释风机 B 出口电动门		

联锁试验清单见表 3-21。

表 3-21　　　　　　　　**联锁试验清单（以下日期以实际停机日期顺延）**

序号	试验名称	计划时间
一	锅炉试验项目	
1	FSSS	
1.1	炉膛吹扫逻辑	5.25
1.2	MFT 保护实验	5.25
1.3	OFT 试验	5.25
1.4	燃油泄漏试验	启动时实做
2	风烟系统	
2.1	空气预热器电动机联锁试验	5.21
2.2	送风机联锁、保护试验（包括油系统）	5.21
2.3	引风机联锁、保护试验（包括油系统、冷却风系统）	5.22
2.4	一次风机联锁、保护试验（包括油系统）	5.22
2.5	密封风机联锁试验	5.15
2.6	火检冷却风机联锁试验	5.21
3	制粉系统	
3.1	磨煤机联锁、保护试验	5.24
3.2	给煤机联锁、保护试验	5.24
3.3	等离子点火系统设备联锁试验	5.24
4	锅炉启动循环泵	
4.1	启动循环泵联锁试验	5.20
4.2	锅炉启动循环系统阀门联锁试验	5.20
5	燃油系统	
5.1	燃油快关阀、回油阀联锁试验	5.24
5.2	油枪、点火枪联锁试验	5.24
6	炉膛烟温探针联锁试验	5.20
7	减温水系统阀门联锁试验	5.20
8	锅炉再热器安全门系统联锁试验	5.20
9	炉膛火焰电视系统设备试验	5.20
10	锅炉启动系统	5.19
10.1	锅炉启动疏水泵试验	5.19
10.2	锅炉启动疏水系统液动设备联锁试验	5.19
11	脱硝系统阀门联锁试验	5.23
12	锅炉底渣系统联锁试验	5.23
二	汽轮机联锁试验项目	
1	主机联锁试验	5.25
1.1	ETS 系统保护试验	5.25

序号	试验名称	计划时间
1.2	主机 ATT 试验	启动过程实做
2	循环冷却水系统	
2.1	循泵联锁试验	5.19
2.2	闭冷泵联锁试验	5.19
2.3	闭冷水系统阀门联锁试验	5.19
3	真空系统	
3.1	真空泵联锁试验	5.25
3.2	真空破坏阀联锁试验	5.25
4	主机润滑油系统	系统投运实做
4.1	主油泵联锁试验	
4.2	危急油泵联锁试验	
4.3	主油箱排油烟风机及加热器联锁试验	
4.4	顶轴油泵联锁试验	
4.5	盘车电磁阀联锁试验	
5	EH 油系统联锁试验	5.18
6	凝结水系统	
6.1	凝补泵保护、联锁试验	5.18
6.2	凝泵保护、联锁试验	5.18
6.3	凝结水系统阀门联锁试验（减温、喷水系统阀门）	5.18
7	给水系统	
7.1	汽泵前置泵、汽泵主泵及汽泵汽轮机联锁、保护试验	5.19
7.2	给水泵汽轮机联锁试验（包括油系统）联锁试验	5.19
8	加热器系统	
8.1	高、低压加热器联锁试验（包括汽侧、水侧）	5.21
8.2	除氧器联锁试验（包括汽侧、水侧）	5.18
9	轴封系统	
9.1	轴加风机联锁试验	5.18
9.2	轴封系统阀门联锁试验	5.18
10	辅汽系统阀门联锁试验	
11	发电机辅助系统	系统投运实做
11.1	定子冷却水系统联锁试验	
11.2	密封油系统联锁试验	
12	高低旁路系统联锁试验	5.23
13	机电炉大联锁试验	5.23
三	脱硫系统联锁试验项目	
1	旁路挡板联锁试验	5.20
2	增压风机保护联锁试验（包括油系统）	5.20
3	吸收塔浆液排出泵保护联锁试验	5.20
4	吸收塔石灰石浆液泵保护联锁试验	5.20
5	氧化风机保护联锁试验	5.20

十五、 电气二次启机试验方案

（一）目的

我厂二期工程（2×1000MW）机组 A 级检修过程中对发电机、励磁调节器等一、二次设备进行了检修。在完成相关分部试运行工作后，为了检查发电机保护、控制、测量、信号和励磁调节器、同期装置等回路及功能的正确性，考核启动范围内一次设备的绝缘耐受能力，进一步掌握发电机及励磁系统等有关设备的技术参数，需进行发电机起机试验，特编制此方案。

（二）系统概述

1. 系统概况

（1）电气主接线。

二期工程安装 2×1000MW 汽轮发电机组，2 台机组均采用发电机-变压器组接线，发电机出口装设断路器，经主变压器接入二期 500kV 升压站。

二期工程 500kV 升压站采用 GIS，主接线为 3/2 接线方式，共 6 个间隔，2 个完整串，2 回 500kV 出线，接入嵊州苍岩变压器；2 回 500kV 进线，分别为 5、6 号发电机-变压器组进线。

（2）高压厂用电接线。

高压厂用电为 6kV 电压等级，每台机组设 56/28-28MVA 分裂高压厂用变压器两台，高压厂用电系统均采用中性点经低电阻接地方式，低压厂用电采用 380/220V，中性点直接接地。

每台机组共有 4 段 6kV 段工作母线，进线电源有两路，工作电源为高压厂用变压器电源，备用电源从一期高压备用变压器引接，工、备电源装设快速切换装置。

2. 设备概况

（1）发电机：

型号：THDF125/67（上海电气集团股份有限公司）

额定容量（铭牌）：1000MW；

额定电压：27kV；

额定电流：23 778A；

冷却方式：水氢氢；

定子绕组绝缘：F 级

转子绕组绝缘：F 级

频率：50Hz；

接法：YY

励磁方式：无刷励磁

（2）主变压器：

变压器冷却方式：强迫油循环，强迫风冷，屋外式，三台单相，双绕组升压变压器（保定天威保变电气股份有限公司）；

相数：三个单相；

容量：3×380MVA；

型号：DFP-380MVA/500kV；

额定电压：$535/\sqrt{3}\pm2\times2.5\%/27/\sqrt{3}$kV；

频率：50Hz；

调压方式为无载调压。

接线组别：110，组成三相后为 Ynd11

短路阻抗：$U_d=20\%$

（3）高压厂用变压器

型式：户外，低压分裂，有载调压，油浸风冷、低损耗铜芯变压器；

型号 SFF9-56000/27（上海阿海珐变压器有限公司）；

额定容量：56/28-28MVA；

额定电压：$27\pm8\times1.25\%/6.3\sim6.3$kV；

短路阻抗（半穿越）：Ud1-2'＝24.5%（半穿越）

联结组：Dyn1yn1

（4）交流励磁机：

型号：ELR70/90-30/6-20N；

制造厂：STGC；

额定功率：5088kVA；

额定电压：480V；

额定电流：6120A；

励磁电压：60V；

励磁电流：114A。

（5）副励磁机：

型号：ELP50/42-30/16；

制造厂：STGC；

额定功率：65kVA；

额定电压：220V；

额定电流：195A；

冷却方式：空气冷却。

（6）保护装置：

发变组保护装置采用进口 GE 公司 UR 系列继电保护装置 G60、T60、T35，其中发电机保护为两套 G60 装置，主变压器保护为两套 T60＋T35 装置，高压厂用变压器保护为两套 T35 装置；同时，机组还配备北京四方 CSS-100BE 微机型零功率切机保护装置。

（7）自动装置：

数字式励磁电压调节装置	ABB	UNITROL5000
厂用电源快速切换装置	国电南自	WBKQ-01B
自动准同期装置	深圳智能	SID-2CM
故障录波器	国电南自	WFBL-1

（三）启动试验范围

（1）发电机及附属设备。

（2）发电机出口断路器及附属设备。

（3）发电机励磁系统及附属设备。

（4）主变压器、高压厂用变压器及附属设备。

（四）启动试验项目

（1）汽轮机升速过程中的试验。

（2）发电机带主变压器零起升压试验（检同期）。

（3）发电机空载试验。

（4）发电机空载励磁调节系统的试验。

（5）并网前发电机同期装置的检查试验（假同期）。

（6）发电机带负荷后相量校核、差流测试。

（7）发电机带负荷后励磁调节器的试验。

（8）AVC试验项目。

（五）启动前应具备的条件

1. 现场环境

（1）启动范围内工作场地通道畅通（包括道路）。

（2）启动范围内照明、通风、消防、通信系统能满足启动要求，并经安健环检查监督。

（3）启动范围内的电缆孔必须封堵完毕。

（4）启动范围内脚手架已经全部拆除，并清理出场。

（5）沟道、孔洞盖板齐全、平整，验收合格。

（6）启动范围内各种运行标示牌已准备就绪，一次设备挂有明显安全标识牌。

2. 现场设备

（1）启动范围内的电气一次、二次设备已检修回装完毕，检修记录齐全，并经规定的验收程序验收合格。

（2）启动范围内电气设备试验、试运程序已完成，试验记录齐全，并经公司检修验收组冷态验收合格。

（3）启动范围内的一次、二次设备接地良好，符合规范，并验收合格。

（4）启动范围内继电保护装置、自动装置及系统的试验已按程序完成，且按定值单整定完毕。

（5）启动范围内设备的控制系统的试验已按程序完成，TA二次无开路、TV二次无短路。

（6）启动范围内测量仪表、信号系统的试验已按程序完成。

（7）柴油发电机调试完毕，自投切换试验合格。

（8）UPS、直流系统已投运。

（9）发变组保护、快切装置带开关传动验收合格。

（10）机、电、炉大联锁及紧急停机按钮试验验收合格。

3. 向电网主管部门申请启动并得到许可

4. 本措施须经检修领导组批准后执行

（六）试验前准备工作

（1）准备启动所需的仪器、仪表、图纸、资料。

（2）在励磁调节器试验台加装临时有线电话。

（3）在励磁调节器试验台加装灭磁开关急停按钮，传动正确。

（4）将启动范围内测量仪表及信号系统投入运行。

（5）投入启动范围内电压互感器高压、低压熔丝，并且有足够的备品。

（6）投入启动范围内设备的直流熔丝（空开），并且有足够的备品。

（7）核对继电保护定值，各自动装置定值；备份发变组保护定值，用于试验恢复时核对比较用。

（8）做好启动范围内设备与外界的安全隔离工作，并且有明显标志，以保证人身安全。

（9）在励磁 AB 相电压回路中并接一只 FLUKE289 万用表测电压，便于试验人员监视。

（10）在出口断路器控制柜临时解除发电机出口断路器合闸辅接点送至 DEH（5％负荷）的接线，待并网前恢复。临时解除发电机出口断路器合闸辅接点送至 AVR 的接线，待并网前恢复，并由热控人员做好必要的安全保证措施。

（11）在发变组保护临时解除电气汽轮机横向联锁（退出关闭主汽门压板），待并网前恢复。

（12）确认试验范围内主设备的绝缘合格，并记录当时环境温度。

（13）再次检查确认出口断路器 TV 与主变压器高压侧 TV 相位关系正确（出口断路器 TV A 相电压超前主变高压侧 TV A 相电压 30°）。

（14）检查发电机出口三组 TV、发电机出口避雷器应投入，发电机中性点接地刀闸在合位、接地变压器应连接可靠。

（15）在发电机冲转至 3000r/min 稳定后，将厂用电切至停机电源；将主变压器转冷备用，发电机带主变压器零起升压完成后，在发电机空载试验的同时，将主变压器投入运行，将 6kV 厂用电转至高压厂用变压器带。

（七）试验内容

1. 汽轮机升速过程中的试验

（1）汽轮机升速过程中测量永磁机（PMG）的输出电压及相序；

（2）确认 PMG 输出开关在分开状态；

（3）确认磁场开关 Q02 在分开状态；

（4）在汽轮机不同转速下测量 PMG 输出电压和相序记录于表 3-22。

表 3-22　　　　　　　　PMG 输出电压和相序记录表

转速	PMG 输出电压			
(r/min)	U_{ab}	U_{bc}	U_{ca}	相序
600				
3000				

2. 主变压器零起升压试验（检同期）

（1）将发电机过电压保护定值改为 1.06 倍，过激磁保护定值改为 1.06 倍，时间改为 0s 跳闸。定子接地保护动作时间改为 0s。

（2）拆除同期屏上至 DEH 增减速回路接线（X：27，X：28，X：29，X：30）。

（3）确认 50436 隔离开关、504367 接地隔离开关、5043617 接地隔离开关在分闸状态，并将其改为非自动。

（4）确认发电机 20056 闸刀、2005 开关在合位，200517、200527 接地隔离开关在分位。

检查励磁调节器在手动通道，手动方式输出降到最低位置，合上励磁电源切换开关 Q70，合上发电机磁场开关 Q02。

（5）为防止 TV 二次侧有短路现象，先利用发电机残压检查电压回路，如果此时电压很小，二次回路中无法测量检查，可以适当略升电压，但以表计能测量为宜。检查正确后，逐步按发电机电压为 1/4、1/2、3/4 和 $1.0U_n$ 四个阶段缓慢升压。在每个阶段停留一段时间，以便检查各组 TV 的二次电压是否正常。最后升压至额定值 27 000V，（二次侧电压为 100V）检查继电保护装置及回路，同时监视继电保护装置、AVR 及 CRT 画面的读数并记录。

（6）发电机升压过程中用钳形电流表测量汽励两端汇水管接地电流，当电流超过 100A 时暂停试验；同时，应密切注意停机电源情况，如有异常停止试验。

（7）在发电机电压为额定值时，校正采样显示值及相序确认。测量同期装置上主变压器低压侧 TV 与发电机 TV 的电压幅值、相序并核相。

（8）在同期屏上先短接同期电压投入接点（X：11，X：15），再短接同期装置投入接点（X：11，X：14），观察并记录同期装置上 Δf 数值应为零、ΔU 数值基本为零、S 表指示应指向 12 点位置。观察同步检查继电器应不动作，测量输出常闭接点应导通。

（9）检查正常后拆除同期装置投入接点（X：11，X：14）、（X：11，X：15）短接线，恢复同期屏上至 DEH 增减速回路接线（X：27，X：28；X：29，X：30）。

（10）试验完毕，将发电机电压降至零，分开磁场开关。断开磁场开关的控制电源开关，励磁电源切换开关 Q70 切至"OFF"。

（11）将发电机出口开关及隔离开关断开。

（12）由运行人员将主变压器投入正常运行，并且切换厂用电至主变压器。此时主变压器、厂变压器保护压板全部正常投入。发电机空载试验继续进行。

3. 发电机空载试验

（1）发电机出口断路器冷备用状态。将发电机过电压定值改为 125V，0s，发电机过激磁保护定值改为 1.25，0s。定子接地保护改为 0s 跳闸。

（2）检查励磁调节器在手动通道，手动方式输出降到最低位置，合上励磁电源切换开关 Q70，合上发电机磁场开关 Q02。

（3）缓慢将发电机电压升至额定值 27kV（二次电压为 100V）并保持不变，测量机端 TV 就地端子箱电压相位及幅值。

（4）在发电机保护 A、B 屏测量发电机机端 TV 电压幅值及相位，同时测量机端及中性点基波零序电压。

（5）在发电机保护 A、B 屏对机端 TV1、TV2 及中性点变压器三次谐波电压进行录波并分析三次谐波及负序电压情况，同时记录发电机保护装置 G60 内部显示的三次谐波电压值，上述录波及显示检查工作应在机组各种负荷状态下分别进行。

（6）在发电机励磁调节器屏测量发电机机端 TV 二次电压幅值及相位。

（7）在发电机变送器屏、电度表屏、AGC 屏测量发电机机端 TV 电压幅值及相位。

（8）在故障录波器屏测量发电机各电压幅值及相位。

（9）测量盘柜外部接线的电流，为了便于测量及数据核对，统一将钳形表极性侧（有红点）指向端子排外；待测量放于钳表 1 位置，参考量放于钳表 2 位置；测电压与电流角度时，将电压量放于钳表 1 位置电流量放于钳表 2 位置（测电压超前电流角度）。

（10）检查发变组保护、故障录波器、AVR、PMU 等装置及 DCS 远方电压显示正常，检查完毕后将发电机电压减至零。

（11）由零开始缓慢升发电机电压至空载额定电压的 120%（注意励磁电流不得超过额定电流），即 32.4kV，录取发电机开路特性上升曲线，再缓慢减小发电机电压至零，在此过程中录取发电机开路特性下降曲线，记录于表 3-23。

表 3-23　　　　　　　　　　　　　　发电机特性下降曲线

发电机定子电压						AVR 输出电压/电流实际录取值	
一次电压试验参考值(V)		下降曲线实际录取值(V)		上升曲线实际录取值(V)			
下降	上升	一次	二次	一次	二次	下降	上升
32 400							
29 700	0						
27 000	3000						
24 000	6000						
21 000	9000						
18 000	12 000						
15 000	15 000						
12 000	18 000						
9000	21 000						
5000	24 000						
0	27 000						

（12）发电机轴电压测量。发电机在空载及满负荷状态下分别测量发电机的轴电压，记录于表 3-24。

表 3-24　　　　　　　　　　　　　　发电机轴电压测量登记表

发电机工况		轴电压 U（V）
发电机空载	有功 $P=0$	
	无功 $Q=0$	
发电机满负荷	有功 $P=1000$MW	
	Q	

试验完成后，确认发电机电压已减至零，将灭磁开关 Q02 断开。

4. 励磁调节器空载试验

将发电机过电压定值改为 115V，0s，发电机过激磁保护定值改为 1.15，0s。

（1）手动 90% 额定电压升压试验。在 LCP 屏上选择通道、控制方式为〔MAN〕，确认手动通道的设定值为 30%，发灭磁开关 Q02 合闸命令，同时记录 U_g、I_f、U_f、AVR 输出波形，检查励磁机励磁电流的超调量、上升时间、调节时间、振荡次数等是否均满足运行要求。

（2）手动调节范围及给定值上限作用检查。在手动通道下进行发电机空载试验，手动调节给定增加励磁，记录发电机机端电压、励磁电流和给定等数据。调节发电机电压到给定上限值后再增加励磁，发电机电压应该不会再上升。修改给定值上限参数为 32%，手动调节励磁，当励磁机励磁电流接近设定值再手动增加励磁电流，励磁电流应该不能再上升，并发信号到 DCS，由此确认手动通道给定值上限功能正常。

（3）手动方式下 V/Hz 限制试验。

1）CH1 通道 V/Hz 限制试验。选择 CH1 手动方式运行，在发电机电压空载额定值附近，记录 V/Hz 限制整定值后，将 V/Hz 限制整定值临时修改为 102%，延时 5s。

进行 +5% 阶跃试验，录取发电机电压 U_g、发电机转子电压 U_f、励磁机励磁电流 I_f、励磁调节器控制电压 U_c、V/Hz 限制动作信号。

2）CH2 通道 V/Hz 限制试验。试验方法同 CH1 通道 V/Hz 试验，记录发电机电压 U_g、发电机频率 f、励磁机励磁电流 I_f、V/Hz 限制动作信号。

（4）发电机空载灭磁试验。当发电机电压为空载额定（27kV）时，分别就地直接跳灭磁开关和逆变灭磁，同时记录发电机转子电压、转子电流和发电机电压。

（5）发电机空载置位起励试验（自动建立额定电压试验）。

在 LCP 屏上选择通道、控制方式为〔AUTO〕，确认自动通道的设定值为 100%，发灭磁开关 Q02 合闸命令，同时记录 U_g、I_f、U_f、AVR 输出波形。分析波形，发电机电压的超调量、上升时间、调节时间、振荡次数等是否均满足标准要求。

（6）自动方式下 V/Hz 限制试验。

1）CH1 通道 V/Hz 限制试验。在发电机电压空载额定值附近，记录 V/Hz 限制整定值后，将 V/Hz 限制整定值临时修改为 102%。进行 +5% 阶跃试验，录取发电机电压 U_g、发电机转子电压 U_f、励磁机励磁电流 I_f、励磁调节器控制电压 U_c、V/Hz 限制动作信号。

2）CH2 通道 V/Hz 限制试验。

（7）自动方式下 OEL 限制试验。

1）CH1 通道 OEL 限制试验。在发电机电压接近额定值 100% 附近，记录 OEL 限制整定值后，将 OEL 限制整定值临时修改为 38.5% 延时 1.0s。

进行 +5% 阶跃试验，录取发电机电压 U_g、发电机转子电压 U_f、励磁机励磁电流 I_f、励磁调节器控制电压 U_c、OEL 限制动作信号。

2）CH2 通道 OEL 限制试验。将 AVR 从 CH1 通道切换至 CH2 通道，如 CH1 通道 V/Hz 试验方法所述进行试验，试验完毕后将各值改回至原设定值。

（8）转子接地装置试验。解开转子接地装置跳闸出口回路，然后接 2.0kΩ 模拟电阻时观察转子接地装置是否报警，记录延时时间；复归信号后，再接 500Ω 模拟电阻观察转子接地装置是否动作跳闸，记录延时时间。

（9）调节器工作电源切换试验。调节器有两路直流工作电源，切除任何一路电源，调节器工作均正常。录取切换过程中的电压电流波形，观察励磁电压、电流和机端电压是否出现波动。

（10）通道切换试验。当发电机电压为额定值时，先检查跟踪情况，再进行通道切换试验，同时记录转子电流、转子电压、发电机电压检查每次切换发电机电压是否平稳。

切换项目：

CH1- AUTO→CH2- AUTO

CH2- AUTO→CH1- AUTO

CH1- AUTO→ CH1- MAN

CH1-MAN→CH1-AUTO

CH2- AUTO→CH2- MAN

CH2- MAN→CH2- AUTO

CH1-MA→ CH1-EGC

（11）TV 断线试验。模拟 CH2 运行通道 TV 断相，励磁调节器自动切换到通道 CH1 运行，并发信号到 DCS；模拟 CH1 运行通道 TV 断相，励磁调节器自动切换到通道 CH2 运行，并发信号到 DCS。

（12）试验结束后，将发电机电压减至零。跳开灭磁开关 Q02。

5. 发电机假同期试验

在做此项试验时，发电机同期回路正确性必须已经检查正确。

（1）检查发电机出口隔离开关在分位，断开隔离开关、接地隔离开关控制电源及其交流油泵电源。送上发电机出口断路器控制电源。检查发电机出口断路器柜至 DEH 柜发电机出口断路器合闸信号应解除（拆除 X12：25-26，短接 X12：27-28）。检查发电机出口断路器柜至 AVR 柜发电机出口断路器合闸信号应解除（拆除 X12：5-6）。

（2）解除隔离开关 20056 的分位信号（拆除 X32：1-2），模拟 20056 合位信号（短接X32：3-4）；在 GCB 远方同期合闸回路中模拟 20056 合位信号（短接 X33：13-14）；

（3）解除同期柜 GCB 合闸回路中合闸接点（拆除 X：18-19）。将下列信号接入录波器：同期装置的导前合闸脉冲、发电机电压、系统电压，2005 开关辅助接点。

（4）合上灭磁开关，用励磁调节器（自动方式）将发电机电压升至与系统电压相近，并满足压差条件。

（5）DCS 投入同期电压、投入同期装置，手动调节发电机转速，使发电机频率与系统频率接近，但要有一定的滑差，观测同期装置 Δf、ΔU、同步表的变化情况。

（6）当同步表的指针指向接近 12 点时，同期装置应发出合闸脉冲，同步检查继电器应动作，测量输出接点应导通，同时检查合闸脉冲角度。

（7）恢复 GCB 合闸回路中合闸接点。

（8）在 DCS 向 DEH 发出请求 ASS 调速，在收到 DEH 允许发电机 ASS 调速信号后，投入同期装置。当同期合闸条件满足时，发出合闸脉冲合上发电机出口断路器。试验时同时进行录波，确认同期装置合闸脉冲导前时间与开关合闸时间相符。

（9）在 DCS 上进行自动并网的顺控试验。

（10）断开发电机出口断路器，将发电机电压降至最低、断开发电机灭磁开关。

（11）以上试验结果正确后，恢复强置发电机出口断路器隔离开关 20056 合位信号、恢复电气与汽轮机横向联锁、恢复发电机侧隔离开关控制电源及交流油泵电源。恢复发电机出口断路器柜至 DEH 柜、AVR 柜发电机出口断路器合闸信号。

6. 发电机带负荷后相量校核、差流测试

（1）恢复此前修改的过电压、过激磁、定子接地保护定值，正常投入发电机所有保护，机组并网，机组带 100MW 负荷。

（2）检查发变组保护屏电流、电压幅值及相位。检查各差动保护差流、制动电流是否正常；检查各通道负序电流、零序电流、负序电压、零序电压显示值是否正常；检查发电机逆功率、负序功率方向、失磁、失步保护等相量关系。

（3）检查机励磁调节柜电流、电压幅值及相位，励磁电流、电压显示是否准确。

（4）检查零功率切机屏电流、电压幅值及相位、功率显示值。

（5）测量机组变送器屏、电度表屏以及主变压器关口表屏各电压、电流相位与幅值。

（6）观察 DCS、NCS、ECS、PMU 显示电流、电压及功率等是否正确。

（7）录波并检查故障录波器屏各电压、电流量是否正确。

（8）与停机前测量数据进行比较，检查是否有不一致之处。

7. 发电机并网后励磁调节器的试验

（1）试验条件：机组已并网并带 10% 负荷稳定运行。

（2）试验步骤：

1）确认励磁系统在自动方式运行，在 DCS 远方操作将励磁由自动方式切至手动方式。

2）确认机组运行状态正常后，在 DCS 远方操作将励磁由手动方式切至自动方式。

3）就地将励磁系统由远方切至就地，确认设备运行正常后，将励磁系统由通道 1 切至通道 2。

确认机组运行状态正常后，就地将励磁系统由通道 2 切至通道 1，将励磁系统由就地切至远方。

8. AVC 试验

机组及相关设备正常运行，试验机组有功负荷要求保持在 60%～90% 额定功率范围内的某一固定水平上（由调度根据需求定）。

（八）组织分工

（1）发电部负责电气整套启动的操作和运行状态调整。

（2）设备部负责电气整套启动试验项目的实施，其中电气一次专业负责发电机空载特性试验、轴电压测量、发电机灭磁时间常数测试等项目，电气二次专业负责励磁系统试验、发电机 TV、TA 二次回路检查、二次相序确认、假同期试验、并网后向量检查和校核。热控专业负责试验过程中信号强制和 DEH 特性调整。人员安排如下：

指挥组组长：发电部经理

成　　员：当值值长

试验组组长：生技部电气主管

副　组　长：电气二次主管

成　　员：电气二次班员、电气一次及热控相关人员

质 量 验 收：监理、电气二次专工、运行电气主管

（九）危险点预控

电气二次试验风险分析和控制见表 3-25。电气二次保护投退清单见表 3-26～表 3-32。

表 3-25　　　　　　　　　　电气二次试验风险分析和控制表

风险因素	控 制 措 施
人身触电及伤害	所有受电区域应加挂"止步、高压危险"告示牌，加装安全隔离措施，并有专人巡视以免走错间隔
	开关带电操作时，应用远方操作，不得在就地操作
	严禁在对现场与图纸不熟悉的情况下进行工作
	查验电有专人监护，采用合格、适用的器具
设备损坏及误动	受电设备受电前检查绝缘合格
	禁止在继保室保护屏、DCS 控制柜周围使用对讲机
	保护投运时保证保护定值、二次回路正确无误
	二次电压电流量检查时仪器设置正确、不得端子错位、严禁拉拔端子接线，有专人监护
	专人监护受电设备，有异常立刻停止试验
	严禁在对现场与图纸不熟悉的情况下进行工作
影响运行安全	试验必须服从统一指挥，试验人员不得随意改变作业程序，如须更改，应与指挥人员联系，获得同意后由指挥人员发令才能操作
	临时闭锁措施应有记录并在工作完成后及时恢复
	配备必要通信工具，各点监护人员应保持联络通畅

表 3-26　　　　　　　　电气二次保护投退清单（发电机保护 A 屏）

保 护 功 能	连接片	发变组零起升压	发电机空载（主变压器投入运行）	发电机并网
发电机差动保护	—	投入	投入	投入
发电机对称过负荷信号	—	投入	投入	投入
发电机反时限对称过负荷保护	—	投入	投入	投入
发电机不对称过流信号	—	投入	投入	投入
发电机不对称反时限过电流	—	投入	投入	投入
定子过压保护	—	投入	投入	投入
		1.06p. u.，0.0s	1.25p. u.，0.0s	正常投入
90%定子接地保护	—	时间改为 0s	时间改为 0s	正常投入
100%定子接地保护（3ω 比较原理定子接地保护）	X23A	投入	投入	投入
逆功率及程跳逆功率保护	—	投入	投入	投入
发电机误上电	X21A	投入	投入	投入
发电机匝间保护	—	投入	投入	投入
发电机复压过流	—	投入	投入	投入
	—	投入	投入	投入

续表

保 护 功 能	连接片	发变组零起升压	发电机空载（主变压器投入运行）	发电机并网
发电机失磁保护	—	投入	投入	投入
发电机失步保护	—	投入	投入	投入
发电机断路器失灵保护	X19A	退出	退出	投入
发电机过激磁发信	—	投入	投入	投入
发电机过激磁跳闸	—	投入	投入	投入
	—	1.06p.u.，0.0s	1.25p.u.，0s	正式定值
发电机过频率保护	—	投入	投入	投入
发电机欠频率保护	—	投入	投入	投入
频率异常积累保护	—	投入	投入	投入
发电机断水保护	X22A	投入	投入	投入
跳发电机出口断路器线圈Ⅰ	X1A	投入	退出	投入
跳发电机出口断路器线圈Ⅱ	X2A	投入	退出	投入
跳磁场断路器线圈Ⅰ	X3A	投入	投入	投入
跳磁场断路器线圈Ⅱ	X4A	投入	投入	投入
关汽轮机主汽门	X5A	退出	退出	投入
跳 500kV 5043 开关线圈Ⅰ	X6A	退出	退出	投入
跳 500kV 5043 开关线圈Ⅱ	X7A	退出	退出	投入
跳 500kV 5042 开关线圈Ⅰ	X8A	退出	退出	投入
跳 500kV 5042 开关线圈Ⅱ	X9A	退出	退出	投入
跳 6kV A1 段工作电源进线	X10A	退出	退出	投入
跳 6kV A2 段工作电源进线	X11A	退出	退出	投入
跳 6kV B1 段工作电源进线	X12A	退出	退出	投入
跳 6kV B2 段工作电源进线	X13A	退出	退出	投入
启动 6kV A1 段快切	X14A	退出	退出	投入
启动 6kV A2 段快切	X15A	退出	退出	投入
启动 6kV B1 段快切	X16A	退出	退出	投入
启动 6kV B2 段快切	X17A	退出	退出	投入
切厂用负荷 A1 母线	X18A1	退出	退出	投入
切厂用负荷 A2 母线	X18A2	退出	退出	投入
切厂用负荷 B1 母线	X18A3	退出	退出	投入
切厂用负荷 B2 母线	X18A4	退出	退出	投入
停机保护出口投入	X24A	投入	投入	投入
解列灭磁保护出口投入	X25A	投入	投入	投入
程序跳闸保护出口投入	X26A	投入	投入	投入
全停（不启动失灵）保护出口投入	X27A	投入	投入	投入

表 3-27 电气二次保护投退清单（发电机保护 B 屏）

保 护 功 能	连接片	发变组零起升压	发电机空载（主变压器投入运行）	发电机并网
发电机差动保护	—	投入	投入	投入
发电机对称过负荷信号	—	投入	投入	投入
发电机反时限对称过负荷保护	—	投入	投入	投入
发电机不对称过流信号	—	投入	投入	投入
发电机不对称反时限过电流	—	投入	投入	投入
定子过压保护	—	投入	投入	投入
		1.06p.u.，0.0s	1.25p.u.，0.0s	正常定值
90％定子接地保护	—	时间改为 0s	时间改为 0s	投入
100％定子接地保护（3ω 比较原理定子接地保护）	X23A	投入	投入	投入
逆功率及程跳逆功率保护	—	投入	投入	投入
发电机误上电	X21A	投入	投入	投入
发电机匝间保护	—	投入	投入	投入
发电机复压过流	—	投入	投入	投入
	—	投入	投入	投入
发电机失磁保护	—	投入	投入	投入
发电机失步保护	—	投入	投入	投入
发电机断路器失灵保护	X19A	退出	退出	投入
发电机过激磁发信	—	投入	投入	投入
发电机过激磁跳闸	—	投入	投入	投入
	—	1.06p.u.，0s	1.25p.u.，0s	正式定值
发电机过频率保护	—	投入	投入	投入
发电机欠频率保护	—	投入	投入	投入
频率异常积累保护	—	投入	投入	投入
发电机断水保护	X22A	投入	投入	投入
跳发电机出口断路器线圈 I	X1A	投入	退出	投入
跳发电机出口断路器线圈 II	X2A	投入	退出	投入
跳磁场断路器线圈 I	X3A	投入	投入	投入
跳磁场断路器线圈 II	X4A	投入	投入	投入
关汽轮机主汽门	X5A	退出	退出	投入
跳 500kV 5043 开关线圈 I	X6A	退出	退出	投入
跳 500kV 5043 开关线圈 II	X7A	退出	退出	投入
跳 500kV 5042 开关线圈 I	X8A	退出	退出	投入
跳 500kV 5042 开关线圈 II	X9A	退出	退出	投入
跳 6kV A1 段工作电源进线	X10A	退出	退出	投入

续表

保护功能	连接片	发变组零起升压	发电机空载（主变压器投入运行）	发电机并网
跳 6kV A2 段工作电源进线	X11A	退出	退出	投入
跳 6kV B1 段工作电源进线	X12A	退出	退出	投入
跳 6kV B2 段工作电源进线	X13A	退出	退出	投入
启动 6kV A1 段快切	X14A	退出	退出	投入
启动 6kV A2 段快切	X15A	退出	退出	投入
启动 6kV B1 段快切	X16A	退出	退出	投入
启动 6kV B2 段快切	X17A	退出	退出	投入
切厂用负荷 A1 母线	X18A1	退出	退出	投入
切厂用负荷 A2 母线	X18A2	退出	退出	投入
切厂用负荷 B1 母线	X18A3	退出	退出	投入
切厂用负荷 B2 母线	X18A4	退出	退出	投入
停机保护出口投入	X24A	投入	投入	投入
解列灭磁保护出口投入	X25A	投入	投入	投入
程序跳闸保护出口投入	X26A	投入	投入	投入
全停（不启动失灵）保护出口投入	X27A	投入	投入	投入

表 3-28　　　　　　　　　电气二次保护投退清单（发电机保护 C 屏）

保护功能	压板	发电动变压器组零起升压	发电机空载（主变压器投入运行）	发电机并网
主变压器分相差动保护	—	投入	投入	投入
零序过流保护	—	投入	投入	投入
定时限过激磁 I	—	投入	投入	投入
定时限过激磁 II	—	投入	投入	投入
反时限过激磁	—	投入	投入	投入
主变压器差动保护	—	投入	投入	投入
发变组低压过流保护	—	投入	投入	投入
主变压器低压过流保护	—	投入	投入	投入
低压侧接地保护	—	投入	投入	投入
A 厂用变压器速断保护	—	投入	投入	投入
B 厂用变压器速断保护	—	投入	投入	投入
主变压器通风保护	—	投入	投入	投入
跳发电机出口断路器线圈 I	X1C	投入	退出	投入
跳发电机出口断路器线圈 II	X2C	投入	退出	投入
跳磁场断路器线圈 I	X3C	投入	退出	投入

保 护 功 能	压板	发电动变压器组 零起升压	发电机空载 （主变压器投入运行）	发电机并网
跳磁场断路器线圈 II	X4C	投入	退出	投入
关汽轮机主汽门	X5C	退出	退出	投入
跳 500kV 5043 开关线圈 I	X6C	退出	投入	投入
跳 500kV 5043 开关线圈 II	X7C	退出	投入	投入
跳 500kV 5042 开关线圈 I	X8C	退出	投入	投入
跳 500kV 5042 开关线圈 II	X9C	退出	投入	投入
跳 6kV A1 段工作电源进线	X10C	退出	投入	投入
跳 6kV A2 段工作电源进线	X11C	退出	投入	投入
跳 6kV B1 段工作电源进线	X12C	退出	投入	投入
跳 6kV B2 段工作电源进线	X13C	退出	投入	投入
启动 6kV A1 段快切	X14C	退出	投入	投入
启动 6kV A2 段快切	X15C	退出	投入	投入
启动 6kV B1 段快切	X16C	退出	投入	投入
启动 6kV B2 段快切	X17C	退出	投入	投入
切厂用负荷 A1 母线	X18C1	退出	投入	投入
切厂用负荷 A2 母线	X18C2	退出	投入	投入
切厂用负荷 B1 母线	X18C3	退出	投入	投入
切厂用负荷 B2 母线	X18C4	退出	投入	投入
启动 500kV 5042 开关失灵保护	X19C	退出	投入	投入
启动 500kV 5043 开关失灵保护	X21C	退出	投入	投入
T60 全停保护出口投入	X23C	投入	投入	投入
T35 全停保护出口投入	X24C	投入	投入	投入

表 3-29 　　　　　　　　　　电气二次保护投退清单（发电机保护 D 屏）

保 护 功 能	压板	发电机组 零起升压	发电机空载 （主变压器投入运行）	发电机并网
主变压器分相差动保护	—	投入	投入	投入
零序过流保护	—	投入	投入	投入
定时限过激磁 I	—	投入	投入	投入
定时限过激磁 II	—	投入	投入	投入
反时限过激磁	—	投入	投入	投入
主变压器差动保护	—	投入	投入	投入
发变组低压过流保护	—	投入	投入	投入

保 护 功 能	压板	发电机组 零起升压	发电机空载 （主变压器投入运行）	发电机并网
主变压器低压过流保护	—	投入	投入	投入
低压侧接地保护	—	投入	投入	投入
A 厂用变压器速断保护	—	投入	投入	投入
B 厂用变压器速断保护	—	投入	投入	投入
主变压器通风保护	—	投入	投入	投入
跳发电机出口断路器线圈 I	X1D	投入	退出	投入
跳发电机出口断路器线圈 II	X2D	投入	退出	投入
跳磁场断路器线圈 I	X3D	投入	退出	投入
跳磁场断路器线圈 II	X4D	投入	退出	投入
关汽轮机主汽门	X5D	退出	退出	投入
跳 500kV 5043 开关线圈 I	X6D	退出	投入	投入
跳 500kV 5043 开关线圈 II	X7D	退出	投入	投入
跳 500kV 5042 开关线圈 I	X8D	退出	投入	投入
跳 500kV 5042 开关线圈 II	X9D	退出	投入	投入
跳 6kV A1 段工作电源进线	X10D	退出	投入	投入
跳 6kV A2 段工作电源进线	X11D	退出	投入	投入
跳 6kV B1 段工作电源进线	X12D	退出	投入	投入
跳 6kV B2 段工作电源进线	X13D	退出	投入	投入
启动 6kV A1 段快切	X14D	退出	投入	投入
启动 6kV A2 段快切	X15D	退出	投入	投入
启动 6kV B1 段快切	X16D	退出	投入	投入
启动 6kV B2 段快切	X17D	退出	投入	投入
切厂用负荷 A1 母线	X18D1	退出	投入	投入
切厂用负荷 A2 母线	X18D2	退出	投入	投入
切厂用负荷 B1 母线	X18D3	退出	投入	投入
切厂用负荷 B2 母线	X18D4	退出	投入	投入
启动 500kV 5042 开关失灵保护	X19D	退出	投入	投入
启动 500kV 5043 开关失灵保护	X21D	退出	投入	投入
T60 全停保护出口投入	X23D	投入	投入	投入
T35 全停保护出口投入	X24D	投入	投入	投入

表 3-30　　　　　　　　　　　电气二次保护投退清单（发电机保护 E 屏）

保 护 功 能	压板	发电机变压器组零起升压	发电机空载（主变压器投入运行）	发电机并网
A 高压厂用变压器差动保护	—	投入	投入	投入
A 高压侧低压过流保护	—	投入	投入	投入
A 厂用变压器 BBA 过流保护	—	投入	投入	投入
A 厂用变压器 BBB 过流保护	—	投入	投入	投入
A 厂用变压器 BBA 零序过流保护	—	投入	投入	投入
A 厂用变压器 BBB 零序过流保护	—	投入	投入	投入
A 厂用变压器启动风扇	—	投入	投入	投入
B 高压厂用变压器差动保护	—	投入	投入	投入
B 高压侧低压过流保护	—	投入	投入	投入
B 厂用变压器 BBC 过流保护	—	投入	投入	投入
B 厂用变压器 BBD 过流保护	—	投入	投入	投入
B 厂用变压器 BBC 零序过流保护	—	投入	投入	投入
B 厂用变压器 BBD 零序过流保护	—	投入	投入	投入
B 厂用变压器启动风扇	—	投入	投入	投入
跳发电机出口断路器线圈 Ⅰ	X1E	投入	退出	投入
跳发电机出口断路器线圈 Ⅱ	X2E	投入	退出	投入
跳磁场断路器线圈 Ⅰ	X3E	投入	退出	投入
跳磁场断路器线圈 Ⅱ	X4E	投入	退出	投入
关汽轮机主汽门	X5E	退出	退出	投入
跳 500kV 5043 开关线圈 Ⅰ	X6E	退出	投入	投入
跳 500kV 5043 开关线圈 Ⅱ	X7E	退出	投入	投入
跳 500kV 5042 开关线圈 Ⅰ	X8E	退出	投入	投入
跳 500kV 5042 开关线圈 Ⅱ	X9E	退出	投入	投入
跳 6kV A1 段工作电源进线	X10E	退出	投入	投入
跳 6kV A2 段工作电源进线	X11E	退出	投入	投入
跳 6kV B1 段工作电源进线	X12E	退出	投入	投入
跳 6kV B2 段工作电源进线	X13E	退出	投入	投入
启动 6kV A1 段快切	X14E	退出	投入	投入
启动 6kV A2 段快切	X15E	退出	投入	投入
启动 6kV B1 段快切	X16E	退出	投入	投入
启动 6kV B2 段快切	X17E	退出	投入	投入
切厂用负荷 A1 母线	X18E1	退出	投入	投入
切厂用负荷 A2 母线	X18E2	退出	投入	投入
切厂用负荷 B1 母线	X18E3	退出	投入	投入

续表

保　护　功　能	压板	发电机变压器组零起升压	发电机空载（主变压器投入运行）	发电机并网
切厂用负荷 B2 母线	X18E4	退出	投入	投入
启动 500kV 5042 开关失灵保护	X19E	退出	投入	投入
启动 500kV 5043 开关失灵保护	X21E	退出	投入	投入
闭锁 A1 段快切	X23E	投入	投入	投入
闭锁 A2 段快切	X24E	投入	投入	投入
闭锁 B1 段快切	X25E	投入	投入	投入
闭锁 B2 段快切	X26E	投入	投入	投入
高压厂用变压器 A T35I 全停保护出口投入	X27E	投入	投入	投入
跳 6kV A1 段工作电源进线	X28E	投入	投入	投入
跳 6kV A2 段工作电源进线	X29E	投入	投入	投入
跳 6kV B1 段工作电源进线	X30E	投入	投入	投入
跳 6kV B2 段工作电源进线	X31E	投入	投入	投入
高压厂用变压器 B T35I 全停保护出口投入	X32E	投入	投入	投入

表 3-31　　　　　　　　电气二次保护投退清单（发电机保护 F 屏）

保　护　功　能	压板	发电机变压器组零起升压	发电机空载（主变投入运行）	发电机并网
A 高压厂用变压器差动保护	—	投入	投入	投入
A 高压侧低压过流保护	—	投入	投入	投入
A 厂用变压器 BBA 过流保护	—	投入	投入	投入
A 厂用变压器 BBB 过流保护	—	投入	投入	投入
A 厂用变压器 BBA 零序过流保护	—	投入	投入	投入
A 厂用变压器 BBB 零序过流保护	—	投入	投入	投入
A 厂用变压器启动风扇	—	投入	投入	投入
B 高压厂用变压器差动保护	—	投入	投入	投入
B 高压侧低压过流保护	—	投入	投入	投入
B 厂用变压器 BBC 过流保护	—	投入	投入	投入
B 厂用变压器 BBD 过流保护	—	投入	投入	投入
B 厂用变压器 BBC 零序过流保护	—	投入	投入	投入
B 厂用变压器 BBD 零序过流保护	—	投入	投入	投入
B 厂用变压器启动风扇	—	投入	投入	投入
跳发电机出口断路器线圈 I	X1F	投入	退出	投入

续表

保 护 功 能	压板	发电机变压器组零起升压	发电机空载（主变投入运行）	发电机并网
跳发电机出口断路器线圈Ⅱ	X2F	投入	退出	投入
跳磁场断路器线圈Ⅰ	X3F	投入	退出	投入
跳磁场断路器线圈Ⅱ	X4F	投入	退出	投入
关汽轮机主汽门	X5F	退出	退出	投入
跳 500kV 5043 开关线圈Ⅰ	X6F	退出	投入	投入
跳 500kV 5043 开关线圈Ⅱ	X7F	退出	投入	投入
跳 500kV 5042 开关线圈Ⅰ	X8F	退出	投入	投入
跳 500kV 5042 开关线圈Ⅱ	X9F	退出	投入	投入
跳 6kV A1 段工作电源进线	X10F	退出	投入	投入
跳 6kV A2 段工作电源进线	X11F	退出	投入	投入
跳 6kV B1 段工作电源进线	X12F	退出	投入	投入
跳 6kV B2 段工作电源进线	X13F	退出	投入	投入
启动 6kV A1 段快切	X14F	退出	投入	投入
启动 6kV A2 段快切	X15F	退出	投入	投入
启动 6kV B1 段快切	X16F	退出	投入	投入
启动 6kV B2 段快切	X17F	退出	投入	投入
切厂用负荷 A1 母线	X18F1	退出	投入	投入
切厂用负荷 A2 母线	X18F2	退出	投入	投入
切厂用负荷 B1 母线	X18F3	退出	投入	投入
切厂用负荷 B2 母线	X18F4	退出	投入	投入
启动 500kV 5042 开关失灵保护	X19F	退出	投入	投入
启动 500kV 5043 开关失灵保护	X21F	退出	投入	投入
闭锁 A1 段快切	X23F	投入	投入	投入
闭锁 A2 段快切	X24F	投入	投入	投入
闭锁 B1 段快切	X25F	投入	投入	投入
闭锁 B2 段快切	X26F	投入	投入	投入
高压厂用变压器 A T35I 全停保护出口投入	X27F	投入	投入	投入
跳 6kV A1 段工作电源进线	X28F	投入	投入	投入
跳 6kV A2 段工作电源进线	X29F	投入	投入	投入
跳 6kV B1 段工作电源进线	X30F	投入	投入	投入
跳 6kV B2 段工作电源进线	X31F	投入	投入	投入
高压厂用变压器 B T35I 全停保护出口投入	X32F	投入	投入	投入

表 3-32 电气二次保护投退清单（发电机保护 G 屏）

保 护 功 能	压板	发电机变压器组零起升压	发电机空载（主变压器投入运行）	发电机并网
主变压器本体 A 相重瓦斯跳闸	X19G	投入	投入	投入
主变压器本体 B 相重瓦斯跳闸	X20G	投入	投入	投入
主变压器本体 C 相重瓦斯跳闸	X21G	投入	投入	投入
主变压器本体轻瓦斯	—	发信	发信	发信
主变压器压力突变跳闸	X25G	退出	退出	退出
主变压器压力释放跳闸	X26G	退出	退出	退出
主变压器绕组温度高跳闸	X22G	退出	退出	退出
主变压器油温高跳闸	X23G	退出	退出	退出
主变压器油位异常	—	发信	发信	发信
主变压器冷却风扇全停跳闸	X24G	投入	投入	投入
A 高压厂用变压器本体重瓦斯跳闸	X27G	投入	投入	投入
A 高压厂用有载重瓦斯跳闸	X28G	投入	投入	投入
A 高压厂用本体轻瓦斯	—	发信	发信	发信
A 高压厂用有载轻瓦斯	—	发信	发信	发信
A 高压厂用压力突变跳闸	X32G	退出	退出	退出
A 高压厂用压力释放跳闸	X29G	退出	退出	退出
A 高压厂用绕组温度高跳闸	X30G	退出	退出	退出
A 高压厂用油温 No.1 高跳闸	—	发信	发信	发信
A 高压厂用油温 No.2 高跳闸	X31G	退出	退出	退出
A 高压厂用油位异常	—	发信	发信	发信
A 高压厂用冷却风扇全停跳闸	X33G	退出	退出	退出
B 高压厂用变压器本体重瓦斯跳闸	X34G	投入	投入	投入
B 高压厂用有载重瓦斯跳闸	X35G	投入	投入	投入
B 高压厂用本体轻瓦斯	—	发信	发信	发信
B 高压厂用有载轻瓦斯	—	发信	发信	发信
B 高压厂用压力突变跳闸	X39G	退出	退出	退出
B 高压厂用压力释放跳闸	X36G	退出	退出	退出
B 高压厂用绕组温度高跳闸	X37G	退出	退出	退出
B 高压厂用油温 No.1 高	—	发信	发信	发信

保 护 功 能	压板	发电机变压器组 零起升压	发电机空载 （主变压器投入运行）	发电机并网
B 高压厂用油温 No. 2 高跳闸	X38G	退出	退出	退出
B 高压厂用油位异常	—	发信	发信	发信
B 高压厂用冷却风扇全停跳闸	X40G	退出	退出	退出
跳发电机出口断路器线圈 Ⅰ	X1G	投入	退出	投入
跳发电机出口断路器线圈 Ⅱ	X2G	投入	退出	投入
跳磁场断路器线圈 Ⅰ	X3G	投入	退出	投入
跳磁场断路器线圈 Ⅱ	X4G	投入	退出	投入
关汽轮机主汽门	X5G	退出	退出	投入
跳 500kV 5043 开关线圈 Ⅰ	X6G	退出	投入	投入
跳 500kV 5043 开关线圈 Ⅱ	X7G	退出	投入	投入
跳 500kV 5042 开关线圈 Ⅰ	X8G	退出	投入	投入
跳 500kV 5042 开关线圈 Ⅱ	X9G	退出	投入	投入
跳 6kV A1 段工作电源进线	X10G	退出	投入	投入
跳 6kV A2 段工作电源进线	X11G	退出	投入	投入
跳 6kV B1 段工作电源进线	X12G	退出	投入	投入
跳 6kV B2 段工作电源进线	X13G	退出	投入	投入
启动 6kV A1 段快切	X14G	退出	投入	投入
启动 6kV A2 段快切	X15G	退出	投入	投入
启动 6kV B1 段快切	X16G	退出	投入	投入
启动 6kV B2 段快切	X17G	退出	投入	投入
切厂用负荷 A1 母线	X18G1	退出	投入	投入
切厂用负荷 A2 母线	X18G2	退出	投入	投入
切厂用负荷 B1 母线	X18G3	退出	投入	投入
切厂用负荷 B2 母线	X18G4	退出	投入	投入
500kV 断路器失灵保护动作跳闸投入	X41G	退出	投入	投入
全停（不启动失灵）保护总出口投入	X42G	退出	投入	投入
备用	X43G	退出	退出	退出
备用	X44G	退出	退出	退出
备用	X45G	退出	退出	退出

十六、 机组 6kV 厂用电工作、 备用电源切换试验方案

（一）试验目的

我厂二期工程（2×1000MW）机组 A 级检修过程中对各段厂用电切换装置进行了全面检验，并对快切装置相关二次回路进行了全面检查，为验证厂用 6kV 各段工作、备用电源切换装置在手动及故障切换时合跳闸回路、DCS 信号回路及控制回路的正确性，需在检修完毕后进行带开关传动试验，并在主变压器送电后进行母线带电切换试验。

（二）试验组织措施

指挥组组长：当值值长

成　　　员：当值值班员

试验组组长：电气二次主管

成　　　员：电气二次班员

质 量 验 收：监理、电气二次专工，运行电气主管

（三）安全措施

工作前的风险预控：

（1）准备好本次切换试验所用的图纸和专用工具；

（2）向运行人员交待本次传动试验的范围及注意事项，做好技术交底；

（3）快切屏工作和试验部分用明显标识隔离开；

（4）和运行人员一起检查系统状态与试验方案一致。

工作中的安全措施：

（1）二次人员在拆接线时要认真核对图纸，做好标记，确保回路正确；

（2）认真核对设备标识，确保间隔正确；

（3）加入试验电压前应断开母线 TV 和备用电源 TV 二次断开，防止 TV 反充电；

（4）拆接线时要穿绝缘鞋，戴手套，防止触电；

（5）切换过程中出现异常报警信号等，应对运行人员进行说明，操作过程中听从指挥，遇到异常冷静处理；

（6）试验中的开关操作、连接片投退、信号复归由运行人员进行。

（四）传动试验步骤及内容

传动试验步骤及内容顺序见表 3-33。

表 3-33　　　　　　　　　　传动试验步骤及内容顺序表

序号	工作（含检查、准备）内容	责任人
1	**传动前系统状态（以 A1 段为例）** （1）6kV A1 段母线停电； （2）事故停机段带电； （3）6kV A1 段工作、备用电源进线开关在试验位置； （4）运行将 A1 段快切装置投入，检查其余各段快切装置退出； （5）分别在 6kV A1 段工作、备用电源进线开关柜短接 X1：2 和 X1：4（保护动作及 TV 无压闭锁）	电气二次班员 电气二次班员 电气二次班员 运行人员

序号	工作（含检查、准备）内容	责任人
2	**手动并联切换试验（以 A1 段为例）** （1）用试验仪在 A1 段快切装置模拟加入 6kV 母线与工作、备用电源的电压； （2）检查该快切装置上 6kV 母线与工作、备用电源的电压差，相角差及频差合格； （3）合上 6kV A1 段工作电源进线开关，拉开 6kV A1 段备用电源进线开关； （4）用 DCS 操作，将 6kV A1 段母线由工作电源供电切换至备用电源供电； （5）用 DCS 操作，将 6kV A1 段母线由备用电源供电切换至工作电源供电； （6）检查 6kV A1 段工作电源进线及备用电源进线开关状态正确，检查 DCS 反馈信号及快切装置信号正确	电气二次班员 电气二次班员 电气二次班员 运行人员
3	**保护启动快切传动试验（以 A1 段为例）** （1）用试验仪在 A1 段快切装置模拟加入 6kV 母线与备用电源的电压； （2）检查该快切装置上 6kV 母线与备用电源的电压差，相角差及频差合格； （3）合上 6kV 工作电源进线开关及断开 6kV 备用电源进线开关； （4）模拟发变组保护动作，启动快切装置； （5）检查 6kV A1 段工作电源进线及备用电源进线开关切换正确，检查 DCS 反馈信号及快切装置信号正确	电气二次班员 电气二次班员 电气二次班员 运行人员
4	**信号回路传动试验** （1）母线低电压信号传动试验： 用试验仪模拟加入 6kV A1 段母线与备用电源的电压； 降低 6kV 母线电压，使装置报警； 检查 DCS 反馈信号及装置报警信号。 （2）备用电源进线低电压信号传动试验： 用试验仪模拟加入 6kV A1 段母线与备用电源的电发压； 降低 6kV 备用电源进线电压，使装置报警； 检查 DCS 反馈信号及装置报警信号； （3）开关位置异常信号传动试验： 同时合上或断开 6kV A1 段工作、备用电源进线开关； 检查 DCS 反馈信号及装置报警信号； （4）检查快切装置至 DCS 的"装置失电"等其他信号。 （5）高压厂用变压器分支保护动作闭锁快切信号检查	电气二次班员 电气二次班员 电气二次班员 运行人员
5	（1）拆除试验接线，拆除 X1：2 和 X1：4 上的试验短接线； （2）将 A1 段快切装置及 6kV A1 段工作、备用进线开关恢复到试验前检修状态	电气二次班员 电气二次班员 电气二次班员 运行人员
6	按上述（1）～（5）条，在 6kV A2、B1、B2 段母线停电时，将 6kV A2、B1、B2 段进行同样的切换试验	电气二次班员 电气二次班员 电气二次班员 运行人员

（五）母线带电切换试验步骤及内容

母线带电切换试验步骤及内容顺序见表 3-34。

表 3-34 母线带电切换试验步骤及内容顺序

序号	工作（含检查、准备）内容	责任人
1	**传动前系统状态（以 A1 段为例）** （1）6kV A1 段母线带电，6kV A1 段备用电源进线开关合闸位置； （2）事故停机段带电； （3）主变压器、厂变压器已送电； （4）6kV A1 段工作在工作位置； （5）运行将 A1 段快切装置投入	电气二次班员 电气二次班员 电气二次班员 运行人员
2	**手动并联切换试验（以 A1 段为例）** （1）检查 6kV A1 段快切装置母线与工作、备用电源的电压差，相角差及频差合格； （2）用 DCS 操作，将 6kV A1 段母线由备用电源供电切换至工作电源供电； （3）用 DCS 操作，将 6kV A1 段母线由工作电源供电切换至备用电源供电； （4）用 DCS 操作，将 6kV A1 段母线由备用电源供电切换至工作电源供电； （5）检查 6kV A1 段工作电源进线及备用电源进线开关状态正确，检查 DCS 反馈信号及快切装置信号正确	电气二次班员 电气二次班员 电气二次班员 运行人员
3	**保护启动快切传动试验（以 A1 段为例，有条件的话进行）** （1）检查 6kV A1 段快切装置母线与备用电源的电压差，相角差及频差合格； （2）检查 6kV 工作电源进线开关在合闸位置； （3）模拟主变压器保护动作，启动快切装置，并录波； （4）检查 6kV A1 段工作电源进线及备用电源进线开关切换正确，检查 DCS 反馈信号及快切装置信号正确	电气二次班员 电气二次班员 电气二次班员 运行人员
4	6kV A1 段由工作电源进线开关正常供电	当值运行人员
5	按 1～5 条，6kV A2、B1、B2 段进行同样的切换试验	电气二次班员 电气二次班员 电气二次班员 运行人员

十七、 柴油发电机试验方案

1. 试验目的

在柴油发电机组的机务、电气设备检修完毕后，为考验柴油发电机组一、二次系统是否正常，整机性能及与保安段相关的联锁是否正常，实现 5 号机组柴油发电机组正常投入的控制目标，为保安段提供安全可靠的备用电源，特编制此试验方案。

2. 组织措施

试运组组长：当值机组长（值长）

成　　员：当值值班员

试验组组长：电气二次主管

　　成　　　　员：电气二次班员

　　质 量 验 收：运行电气主管

　　3. 危险源分析、安全措施及风险预控

　　(1) 危险源分析。

　　1) 人身伤害的可能性，应对柴油发电机设备本身、试验区域以及试验范围有全面系统的了解，做好安全技术交底工作，柴油发电机启动时噪声大，参与试验人员应戴耳塞。

　　2) 设备损坏的可能性，应了解柴油发电机性能及技术特点，熟悉保护装置原理及回路，注意设备的正确使用方法，注意核对一、二次设备的相序，防止柴油发电机与系统发生非同期并列。

　　3) 误操作的可能性，柴油发电机开始试验时，涉及保安段的试验应采取相应措施防止保安段非正常失电情况的发生。

　　4) 柴油发电机检修后第一次启动前，应仔细检查其机务状态是否满足启动要求。

　　(2) 试验前的安全措施。

　　1) 准备好试验及测试用图纸和仪器仪表。

　　2) 准备好试验中的通信设备，如对讲机和移动电话，防止试验中通信不畅。

　　3) 作好事故预想，试验中发生异常，应立即停止试验。

　　4) 按照方案要求将系统状态摆放到相应位置。

　　(3) 工作中的安全措施。

　　1) 分别在组柴油发电机 PLC 控制柜及保安 PC 段柴油发电机出口开关、各馈线开关柜上挂"在此工作"牌。

　　2) 在试验过程中出现异常信号时，要对柴油发电机系统进行仔细检查，确认异常原因并处理后才能进行试验。

　　3) 试验过程中工作人员要远离开关及柴油发电机，防止开关电弧伤人。

　　4) 在锅炉保安 MCC B 段试验过程中由于保安 MCC 段会短时失电，建议在该段试验开始前短时停掉锅炉房电梯电源，将其置于 0m 位置。

　　(4) 风险预控措施。

　　柴油发电机试验风险以及控制措施见表 3-35。

表 3-35　　　　　　　　　　　　柴油发电机试验风险以及控制措施

序号	步骤	可能出现的风险	预 控 措 施
1	试验前的准备	图纸与现场不符，工具仪器不适用	仔细核对图纸，准备适合的工器具
2	工作前安全交底	工作人员对作业项目的危险点不清楚	认真做好交底，有针对性讲解危险源及预防措施
3	开关操作	走错间隔误操作	试验人员必须注意力集中，做好监护，两人核对确认工作间隔正确，与运行设备要有明显的隔离
4	试验过程	非同期并列	试验时应特别注意核对三相电源相序，检查柴油发电机同期回路，严格防止柴油发电机与系统非同期并列
5	逻辑试验	记录不全	认真做好记录，检查试验记录与逻辑相符
6	试验完成	工作现场不清洁	认真清理现场，做到工完场地清

4. 技术措施（试验项目）

（1）集控室紧急启动按钮启动柴油机。

（2）汽轮机保安 MCC A 、B 段，锅炉保安 MCC A、B 段、脱硫保安 MCC 段母线失压启动柴油机。

5. 汽轮机保安 MCC A 试验步骤

汽轮机保安 MCC A 试验步骤见表 3-36～表 3-40。

表 3-36　汽轮机保安 MCC A 母线失压，工作进线（二）合闸后母线仍无压切换试验表

序号	工 作 内 容
1	确认汽轮机保安 MCC A 段电源馈线（一）开关 50BFA03B01 处于合闸位置、汽轮机保安 MCC A 段电源馈线（二）开关 50BFB03B01 处于合闸位置
2	确认汽轮机保安 MCC A 工作进线（一）开关 50BMA01A01 合闸位置且联锁投入，工作进线（二）开关 50BMA02A01 分闸、试验位置；（进线一的联锁是指进线一跳闸，进线二自投的联锁模块，该模块做在 DCS 画面进线二开关旁，下面操作重复上述步骤）
3	确认保安 PC 至汽轮机保安 MCC A 进线开关 50BMA02B01 在合闸位置
4	确认柴油发电机在停机状态下，"自动/试验"切换开关在"自动"位置
5	由 DCS 操作跳开汽轮机保安 MCC A 段电源馈线（一）开关 50BFA03B01，模拟汽轮机保安 MCC A 工作进线（一）开关失电，联跳汽轮机保安 MCC A 工作进线（一）开关，汽轮机保安 MCC A 工作进线（二）开关合上，马上又跳开，同时柴油发电机自启动，柴油发电机出口开关合上，保安 PC 至汽轮机保安 MCC A 段馈线开关 50BMG02A01
6	确认母线电压恢复，柴油发电机运行正常

表 3-37　汽轮机保安 MCC A 工作进线（一）恢复供电试验（真同期）操作顺序表

序号	工 作 内 容
1	确认汽轮机保安 MCC A 段电源馈线（一）开关 50BFA03B01 处于合闸位置、汽轮机保安 MCC A 段电源馈线（二）开关 50BFB03B01 处于合闸位置，汽轮机 PC 5A、5B 母线电压正常
2	确认工作进线（一）开关处于工作、分闸位置，工作进线（二）开关处于工作、分闸位置，工作进线（一）开关联锁投入，工作进线（二）开关联锁退出，汽轮机保安 MCC A 备用进线开关合闸位置
3	确认柴油发电机运行正常，汽轮机保安 MCC A 段母线电压正常
4	DCS 选择"恢复工作进线（一）供电"指令
5	PLC 经同期合上工作进线（一）开关，延时跳开柴油发电机汽轮机保安 MCC A 段馈线开关，柴油发电机延时 5s 进入停机程序
6	确认母线电压恢复，运行正常

表 3-38　　汽轮机保安 MCC A 母线失压，工作进线（一）合闸后母线仍无压切换试验操作顺序表

序号	工 作 内 容
1	确认汽轮机保安 MCC A 段电源馈线（一）开关 50BFA03B01、汽轮机保安 MCC A 段电源馈线（二）开关 50BFB03B01 处于合闸位置
2	确认汽轮机保安 MCC A 工作进线（一）开关 50BMA01A01 试验位置、分闸位置，工作进线（二）开关 50BMA02A01 合闸位置且联锁投入（进线二的联锁是指进线二跳闸，进线一自投的联锁模块，该模块做在 DCS 画面进线一开关旁，下面操作重复上述步骤）
3	确认汽轮机保安 MCC A 备用进线开关合闸位置
4	确认柴油发电机在停机状态下，"自动/试验"切换开关在"自动"位置
5	由 DCS 操作跳开汽轮机保安 MCC A 段电源馈线（二）开关 50BFB03B01，模拟汽轮机保安 MCC A 段工作进线（二）开关失电，联跳汽轮机保安 MCC A 工作进线（二）开关；汽轮机保安 MCC A 工作进线（一）开关合上，马上又跳开；同时柴油发电机自启动，柴油发电机出口开关合上，并合上柴油发电机至汽轮机保安 MCC A 段馈线开关
6	确认母线电压恢复，柴油发电机运行正常
7	汽轮机保安 MCC A 工作进线（一）开关合上，马上又跳开后，至汽轮机保安 MCC A 母线电压恢复过程，不应有任何动作

表 3-39　　汽轮机保安 MCC A 工作进线（二）恢复供电试验（真同期）操作顺序表

序号	工 作 内 容
1	确认汽轮机保安 MCC A 段电源馈线（一）开关、汽轮机保安 MCC A 段电源馈线（二）开关处于合闸位置，汽轮机 PC A、B 母线电压正常
2	确认汽轮机保安 MCC A 段工作进线（一）开关处于工作、分闸位置，工作进线（二）开关处于工作、分闸位置，工作进线（二）开关联锁投入，工作进线（一）开关联锁退出，汽轮机保安 MCC A 备用进线开关合闸位置
3	确认柴油发电机运行正常，汽轮机保安 MCC A 段母线电压正常
4	DCS 选择"恢复工作进线（二）供电"指令
5	PLC 经同期合上工作进线（二）开关，延时跳开柴油发电机汽轮机保安 MCC A 段馈线开关，柴油发电机延时 5s 进入停机程序
6	确认母线电压恢复，运行正常

表 3-40 汽轮机保安 MCC A 母线失压切换试验（失压切换完整过程）操作顺序表

序号	工 作 内 容
1	确认汽轮机保安 MCC A 段电源馈线（一）开关、汽轮机保安 MCC A 段电源馈线（二）开关 50BFB03B01 处于合闸位置
2	确认汽轮机保安 MCC A 工作进线（一）开关 50BMA01A01 合闸位置且联锁投入，工作进线（二）开关 50BMA02A01 分闸位置
3	确认汽轮机保安 MCC A 备用进线开关合闸位置
4	确认柴油发电机在停机状态下，"自动/试验"切换开关在"自动"位置
5	由 DCS 操作跳开汽轮机保安 MCC A 段电源馈线（一）开关 50BFA03B01，模拟汽轮机保安 MCC A 工作进线（一）开关失电，联跳汽轮机保安 MCC A 工作进线（一）开关，汽轮机保安 MCC A 工作进线（二）开关合上，此时柴油发电机不应有任何动作
6	由 DCS 操作跳开汽轮机保安 MCC A 段电源馈线（二）开关，模拟汽轮机保安 MCC A 工作进线（二）开关失电，汽轮机保安 MCC A 工作进线（二）开关跳开，同时柴油发电机自启动，柴油发电机出口开关合上；合上柴油发电机至汽轮机保安 MCC A 段馈线开关
7	确认汽轮机保安 MCC A 段母线电压恢复，柴油发电机运行正常
8	汽轮机保安 MCC A 段试验完毕，将该保安 MCC 段恢复正常供电

6. 汽轮机保安 MCC B 段试验步骤

汽轮机保安 MCC B 段试验步骤见表 3-41～表 3-45。

表 3-41 汽轮机保安 MCC B 母线失压，工作进线（二）合闸后母线仍无压切换试验操作顺序表

序号	工 作 内 容
1	确认汽轮机保安 MCC B 段电源馈线（一）开关处于合闸位置、汽轮机保安 MCC B 段电源馈线（二）开关处于合闸位置
2	确认汽轮机保安 MCC B 工作进线（一）开关合闸位置且联锁投入，工作进线（二）开关分闸、试验位置
3	确认保安 PC 至汽轮机保安 MCC B 进线开关在合闸位置
4	确认柴油发电机在停机状态下，"自动/试验"切换开关在"自动"位置
5	由 DCS 操作跳开汽轮机保安 MCC B 段电源馈线（一）开关 50BFB04B01，模拟汽轮机保安 MCC B 工作进线（一）开关失电，联跳汽轮机保安 MCC B 工作进线（一），汽轮机保安 MCC B 工作进线（二）开关合上，马上又跳开，同时柴油发电机自启动，柴油发电机出口开关合上，合保安 PC 至汽轮机保安 MCC B 段馈线开关 50BMG02B01
6	确认母线电压恢复，柴油发电机运行正常

表 3-42   汽轮机保安 MCC B 工作进线（一）恢复供电试验（真同期）操作顺序表

序号	工 作 内 容
1	确认汽轮机保安 MCC B 段电源馈线（一）开关 50BFB04B01 处于合闸位置、汽轮机保安 MCC B 段电源馈线（二）开关 50BFA04B01 处于合闸位置，汽轮机 PC A、B 母线电压正常
2	确认工作进线（一）开关处于工作、分闸位置，工作进线（二）开关处于工作、分闸位置，工作进线（一）开关联锁投入，工作进线（二）开关联锁退出，汽轮机保安 MCC B 备用进线开关合闸位置
3	确认柴油发电机运行正常，汽轮机保安 MCC B 段母线电压正常
4	DCS 选择"恢复工作进线（一）供电"指令
5	PLC 经同期合上工作进线（一）开关，延时跳开柴油发电机汽轮机保安 MCC B 段馈线开关，柴油发电机延时 5s 进入停机程序
6	确认母线电压恢复，运行正常

表 3-43   汽轮机保安 MCC B 母线失压，工作进线（一）合闸后母线仍无压切换试验操作顺序表

序号	工 作 内 容
1	确认汽轮机保安 MCC B 段电源馈线（一）开关 50BFB04B01、汽轮机保安 MCC B 段电源馈线（二）开关 50BFA04B01 处于合闸位置
2	确认汽轮机保安 MCC B 工作进线（一）开关 50BMB02A01 试验位置、分闸位置，工作进线（二）开关 50BMB01A01 合闸位置且联锁投入
3	确认汽轮机保安 MCC B 备用进线开关合闸位置
4	确认柴油发电机在停机状态下，"自动/试验"切换开关在"自动"位置
5	由 DCS 操作跳开汽轮机保安 MCC B 段电源馈线（二）开关 50BFA04B01，模拟汽轮机保安 MCC B 段工作进线（二）开关失电，联跳汽轮机保安 MCC B 工作进线（二）开关跳开；汽轮机保安 MCC B 工作进线（一）开关合上，马上又跳开；同时柴油发电机自启动，柴油发电机出口开关合上，并合上柴油发电机至汽轮机保安 MCC B 段馈线开关
6	确认母线电压恢复，柴油发电机运行正常
7	汽轮机保安 MCC B 工作进线（一）开关合上，马上又跳开后，至汽轮机保安 MCC B 母线电压恢复过程，不应有任何动作

表 3-44   汽轮机保安 MCC B 工作进线（二）恢复供电试验（真同期）操作顺序表

序号	工 作 内 容
1	确认汽轮机保安 MCC B 段电源馈线（一）开关、汽轮机保安 MCC B 段电源馈线（二）开关处于合闸位置，汽轮机 PC A、B 母线电压正常
2	确认汽轮机保安 MCC B 段工作进线（一）开关处于工作、分闸位置，工作进线（二）开关处于工作、分闸位置，工作进线（二）开关联锁投入，工作进线（一）开关联锁退出，汽轮机保安 MCC B 备用进线开关合闸位置
3	确认柴油发电机运行正常，汽轮机保安 MCC A 段母线电压正常
4	DCS 选择"恢复工作进线（二）供电"指令
5	PLC 经同期合上工作进线（二）开关，延时跳开柴油发电机汽轮机保安 MCC B 段馈线开关，柴油发电机延时 5s 进入停机程序
6	确认母线电压恢复，运行正常

表 3-45　　汽轮机保安 MCC B 母线失压切换试验（失压切换完整过程）操作顺序表

序号	工 作 内 容
1	确认汽轮机保安 MCC B 段电源馈线（一）开关、汽轮机保安 MCC B 段电源馈线（二）开关 50BFA04B01 处于合闸位置
2	确认汽轮机保安 MCC B 工作进线（一）开关在合闸位置且联锁投入，工作进线（二）开关在分闸位置
3	确认汽轮机保安 MCC B 备用进线开关合闸位置
4	确认柴油发电机在停机状态下，"自动/试验"切换开关在"自动"位置
5	由 DCS 操作跳开汽轮机保安 MCC B 段电源馈线（一）开关，模拟汽轮机保安 MCC B 工作进线（一）开关失电，联跳汽轮机保安 MCC B 工作进线（一）开关，汽轮机保安 MCC B 工作进线（二）开关合上，此时柴油发电机不应有任何动作
6	由 DCS 操作跳开汽轮机保安 MCC B 段电源馈线（二）开关，模拟汽轮机保安 MCC B 工作进线（二）开关失电，联跳汽轮机保安 MCC B 工作进线（二）开关，同时柴油发电机自启动，柴油发电机出口开关合上；合上柴油发电机至汽轮机保安 MCC B 段馈线开关
7	确认汽轮机保安 MCC B 段母线电压恢复，柴油发电机运行正常
8	至此，汽轮机保安 MCC B 段试验完毕，将该保安 MCC 段恢复正常供电

7. 锅炉保安 MCC A 试验步骤

锅炉保安 MCC A 段试验步骤见表 3-46~表 3-50。

表 3-46　　锅炉保安 MCC A 母线失压，工作进线（二）合闸后母线仍无压切换试验操作顺序表

序号	工 作 内 容
1	确认锅炉保安 MCC A 段电源馈线（一）开关 50BFC02B01 处于合闸位置、锅炉保安 MCC A 段电源馈线（二）开关 50BFD02A01 处于合闸位置
2	确认锅炉保安 MCC A 工作进线（一）开关 50BMC01A01 合闸位置且联锁投入，工作进线（二）开关 50BMC09A01 分闸、试验位置
3	确认保安 PC 至锅炉保安 MCC A 进线开关 50BMC10A01 在合闸位置
4	确认柴油发电机在停机状态下，"自动/试验"切换开关在"自动"位置
5	由 DCS 操作跳开锅炉保安 MCC A 段电源馈线（一）开关 50BFC02B01，模拟锅炉保安 MCC A 工作进线（一）开关失电，联跳锅炉保安 MCC A 工作进线（一）开关，锅炉保安 MCC A 工作进线（二）开关合上，马上又跳开，同时柴油发电机自启动，柴油发电机出口开关合上，合保 PC 至锅炉保安 MCC A 段馈线开关 50BMG03A01
6	确认母线电压恢复，柴油发电机运行正常

表 3-47　　锅炉保安 MCC A 工作进线（一）恢复供电试验（真同期）操作顺序表

序号	工 作 内 容
1	确认锅炉保安 MCC A 段电源馈线（一）50BFC02B01 处于合闸位置、锅炉保安 MCC A 段电源馈线（二）50BFD02A01 处于合闸位置，锅炉 PC A、B 母线电压正常
2	确认工作进线（一）开关处于工作、分闸位置，工作进线（二）开关处于工作、分闸位置，工作进线（一）开关联锁投入，工作进线（二）开关联锁退出，锅炉保安 MCC A 备用进线开关合闸位置
3	确认柴油发电机运行正常，锅炉保安 MCC A 段母线电压正常
4	DCS 选择"恢复工作进线（一）供电"指令
5	PLC 经同期合上工作进线（一）开关，延时跳开柴油发电机至锅炉保安 MCC A 段馈线开关，柴油发电机延时 5s 进入停机程序
6	确认母线电压恢复，运行正常

表 3-48　　锅炉保安 MCC A 母线失压，工作进线（一）合闸后母线仍无压切换试验操作顺序表

序号	工 作 内 容
1	确认锅炉保安 MCC A 段电源馈线（一）开关 50BFC02B01、锅炉保安 MCC A 段电源馈线（二）50BFD02A01 处于合闸位置
2	确认锅炉保安 MCC A 工作进线（一）开关 50BMC01A01 试验位置、分闸位置，工作进线（二）开关 50BMC09A01 合闸位置且联锁投入
3	确认锅炉保安 MCC A 备用进线开关合闸位置
4	确认柴油发电机在停机状态下，"自动/试验"切换开关在"自动"位置
5	由 DCS 操作跳开锅炉保安 MCC A 段电源馈线（二）开关 50BFD02A01，模拟锅炉保安 MCC A 段工作进线（二）失电，联跳锅炉保安 MCC A 工作进线（二）；锅炉保安 MCC A 工作进线（一）合上，马上又跳开；同时柴油发电机自启动，柴油发电机出口开关合上，并合上柴油发电机至锅炉保安 A 段馈线开关
6	确认母线电压恢复，柴油发电机运行正常
7	锅炉保安 MCC A 工作进线（一）合上，马上又跳开后，至锅炉保安 MCC A 母线电压恢复过程，不应有任何动作

表 3-49　　锅炉保安 MCC A 工作进线（二）恢复供电试验（真同期）操作顺序表

序号	工 作 内 容
1	确认锅炉保安 MCC A 段电源馈线（一）开关、锅炉保安 MCC A 段电源馈线（二）开关处于合闸位置，锅炉 PC A、B 母线电压正常
2	确认锅炉保安 MCC A 段工作进线（一）开关处于工作、分闸位置，工作进线（二）开关处于工作、分闸位置，工作进线（二）开关联锁投入，工作进线（一）开关联锁退出，锅炉保安 MCC A 备用进线开关合闸位置
3	确认柴油发电机运行正常，锅炉保安 MCC A 段母线电压正常
4	DCS 选择"恢复工作进线（二）供电"指令
5	PLC 经同期合上工作进线（二）开关，延时跳开柴油发电机锅炉保安 MCC A 段馈线开关，柴油发电机延时 5s 进入停机程序
6	确认母线电压恢复，运行正常

表 3-50　　　　锅炉保安 MCC A 母线失压切换试验（失压切换完整过程）操作表

序号	工作内容
1	确认锅炉保安 MCC A 段电源馈线（一）、锅炉保安 MCC A 段电源馈线（二）处于合闸位置
2	确认锅炉保安 MCC A 工作进线（一）在工作、合闸位置且联锁投入，工作进线（二）在工作、分闸位置
3	确认锅炉保安 MCC A 备用进线开关合闸位置
4	确认柴油发电机在停机状态下，"自动/试验"切换开关在"自动"位置
5	由 DCS 操作跳开锅炉保安 MCC A 段电源馈线（一）开关 50BFC02B01，模拟锅炉保安 MCC A 工作进线（一）失电，联跳锅炉保安 MCC A 工作进线（一），锅炉保安 MCC A 工作进线（二）合上，此时柴油发电机不应有任何动作
6	由 DCS 操作跳开锅炉保安 MCC A 段电源馈线（二）开关，模拟锅炉保安 MCC A 工作进线（二）失电，锅炉保安 MCC A 工作进线（二）跳开，同时柴油发电机自启动，柴油发电机出口开关合上；合上柴油发电机至锅炉保安 MCC A 段馈线开关
7	确认锅炉保安 MCC A 段母线电压恢复，柴油发电机运行正常
8	至此，锅炉保安 MCC A 段试验完毕，将该保安 MCC 段恢复正常供电

8. 锅炉保安 MCC B 段试验步骤

锅炉保安 MCC B 段试验步骤见表 3-51～表 3-55。

表 3-51　　　锅炉保安 MCC B 母线失压，工作进线（二）合闸后母线仍无压切换试验操作表

序号	工作内容
1	确认锅炉保安 MCC B 段电源馈线（一）开关处于合闸位置、锅炉保安 MCC B 段电源馈线（二）开关处于合闸位置
2	确认锅炉保安 MCC B 工作进线（一）开关合闸位置且联锁投入，工作进线（二）开关分闸、试验位置
3	确认保安 PC 至锅炉保安 MCC B 进线开关在合闸位置
4	确认柴油发电机在停机状态下，"自动/试验"切换开关在"自动"位置
5	由 DCS 操作跳开锅炉保安 MCC B 段电源馈线（一）开关，模拟锅炉保安 MCC B 工作进线（一）开关失电，联跳锅炉保安 MCC B 工作进线（一），锅炉保安 MCC B 工作进线（二）开关合上，马上又跳开，同时柴油发电机自启动，柴油发电机出口开关合上，合保安 PC 至锅炉保安 MCC B 段馈线开关 50BMG02B01
6	确认母线电压恢复，柴油发电机运行正常

表 3-52　　　　锅炉保安 MCC B 工作进线（一）恢复供电试验（真同期）操作表

序号	工作内容
1	确认锅炉保安 MCC B 段电源馈线（一）处于合闸位置、锅炉保安 MCC B 段电源馈线（二）处于合闸位置，锅炉 PC A、B 母线电压正常
2	确认工作进线（一）开关处于工作、分闸位置，工作进线（二）开关处于工作、分闸位置，工作进线（一）开关联锁投入，工作进线（二）开关联锁退出，锅炉保安 MCC B 备用进线开关合闸位置

序号	工 作 内 容
3	确认柴油发电机运行正常，锅炉保安 MCC B 段母线电压正常
4	DCS 选择"恢复工作进线（一）供电"指令
5	PLC 经同期合上工作进线（一）开关，延时跳开柴油发电机锅炉保安 MCC B 段馈线开关，柴油发电机延时 5s 进入停机程序
6	确认母线电压恢复，运行正常

表 3-53　　锅炉保安 MCC B 母线失压，工作进线（一）合闸后母线仍无压切换试验操作表

序号	工 作 内 容
1	确认锅炉保安 MCC B 段电源馈线（一）、锅炉保安 MCC B 段电源馈线（二）处于合闸位置
2	确认锅炉保安 MCC B 工作进线（一）开关试验位置、分闸位置，工作进线（二）开关合闸位置且联锁投入
3	确认锅炉保安 MCC B 备用进线开关合闸位置
4	确认柴油发电机在停机状态下，"自动/试验"切换开关在"自动"位置
5	由 DCS 操作跳开锅炉保安 MCC B 段电源馈线（二）开关，模拟锅炉保安 MCC B 段工作进线（二）失电，联跳锅炉保安 MCC B 工作进线（二）开关；锅炉保安 MCC B 工作进线（一）合上，马上又跳开；同时柴油发电机自启动，柴油发电机出口开关合上，并合上柴油发电机至锅炉保安 A 段馈线开关
6	确认母线电压恢复，柴油发电机运行正常
7	锅炉保安 MCC B 工作进线（一）合上，马上又跳开后，至锅炉保安 MCC B 母线电压恢复过程，不应有任何动作

表 3-54　　锅炉保安 MCC B 工作进线（二）恢复供电试验（真同期）操作表

序号	工 作 内 容
1	确认锅炉保安 MCC B 段电源馈线（一）开关、锅炉保安 MCC B 段电源馈线（二）开关处于合闸位置，锅炉 PC A、B 母线电压正常
2	确认锅炉保安 MCC B 段工作进线（一）开关处于工作、分闸位置，工作进线（二）开关处于工作、分闸位置，工作进线（二）开关联锁投入，工作进线（一）开关联锁退出，锅炉保安 MCC B 备用进线开关合闸位置
3	确认柴油发电机运行正常，锅炉保安 MCC B 段母线电压正常
4	DCS 选择"恢复工作进线（二）供电"指令
5	PLC 经同期合上工作进线（二）开关，延时跳开柴油发电机锅炉保安 MCC B 段馈线开关，柴油发电机延时 5s 进入停机程序
6	确认母线电压恢复，运行正常

表 3-55　　　　锅炉保安 MCC B 母线失压切换试验（失压切换完整过程）操作表

序号	工 作 内 容
1	确认锅炉保安 MCC B 段电源馈线（一）开关、锅炉保安 MCC B 段电源馈线（二）开关处于合闸位置
2	确认锅炉保安 MCC B 工作进线（一）开关在合闸位置且联锁投入，工作进线（二）开关在分闸位置
3	确认锅炉保安 MCC B 备用进线开关合闸位置
4	确认柴油发电机在停机状态下，"自动/试验"切换开关在"自动"位置
5	由 DCS 操作跳开锅炉保安 MCC B 段电源馈线（一）开关，模拟锅炉保安 MCC B 工作进线（一）开关失电，联跳锅炉保安 MCC B 工作进线（一）开关跳开，锅炉保安 MCC B 工作进线（二）开关合上，此时柴油发电机不应有任何动作
6	由 DCS 操作跳开锅炉保安 MCC B 段电源馈线（二）开关，模拟锅炉保安 MCC B 工作进线（二）失电，锅炉保安 MCC B 工作进线（二）跳开，同时柴油发电机自启动，柴油发电机出口开关合上；合上柴油发电机至锅炉保安 MCC B 段馈线开关
7	确认锅炉保安 MCC B 段母线电压恢复，柴油发电机运行正常
8	锅炉保安 MCC B 段试验完毕，将该保安 MCC 段恢复正常供电

9. 脱硫保安 MCC 段试验步骤

脱硫保安 MCC 段试验步骤见表 3-56～表 3-59。

表 3-56　　　脱硫保安 MCC 母线失压，工作进线（二）合闸后母线仍无压切换试验操作表

序号	工 作 内 容
1	确认脱硫保安 MCC 段电源馈线（一）开关处于合闸位置、脱硫保安 MCC 段电源馈线（二）开关处于合闸位置
2	确认脱硫保安 MCC 工作进线（一）开关合闸位置且联锁投入，工作进线（二）开关分闸、试验位置
3	确认保安 PC 至脱硫保安 MCC 进线开关在合闸位置
4	确认柴油发电机在停机状态下，"自动/试验"切换开关在"自动"位置
5	由 DCS 操作跳开脱硫保安 MCC 段电源馈线（一）开关，模拟脱硫保安 MCC 工作进线（一）开关失电，联跳脱硫保安 MCC 工作进线（一），脱硫保安 MCC 工作进线（二）开关合上，马上又跳开，同时柴油发电机自启动，柴油发电机出口开关合上，合保安 PC 至脱硫保安 MCC 段馈线开关
6	确认母线电压恢复，柴油发电机运行正常

表 3-57　　　脱硫保安 MCC 母线失压，工作进线（一）合闸后母线仍无压切换操作表

序号	工 作 内 容
1	确认脱硫保安 MCC 段电源馈线（一）、脱硫保安 MCC 段电源馈线（二）处于合闸位置
2	确认脱硫保安 MCC 工作进线（一）开关试验位置、分闸位置，工作进线（二）开关合闸位置且联锁投入
3	确认脱硫保安 MCC 备用进线开关合闸位置

续表

序号	工 作 内 容
4	确认柴油发电机在停机状态下,"自动/试验"切换开关在"自动"位置
5	由 DCS 操作跳开脱硫保安 MCC 段电源馈线(二)开关,模拟脱硫保安 MCC 段工作进线(二)失电,联跳脱硫保安 MCC 工作进线(二)开关;脱硫保安 MCC 工作进线(一)合上,马上又跳开;同时柴油发电机自启动,柴油发电机出口开关合上,并合上柴油发电机至脱硫保安 A 段馈线开关
6	确认母线电压恢复,柴油发电机运行正常
7	脱硫保安 MCC 工作进线(一)合上,马上又跳开后,至脱硫保安 MCC 母线电压恢复过程,不应有任何动作

表 3-58　　　　脱硫保安 MCC 母线失压切换试验(失压切换完整过程)操作表

序号	工 作 内 容
1	确认脱硫保安 MCC 段电源馈线(一)开关、脱硫保安 MCC 段电源馈线(二)开关处于合闸位置
2	确认脱硫保安 MCC 工作进线(一)开关在合闸位置且联锁投入,工作进线(二)开关在分闸位置
3	确认脱硫保安 MCC 备用进线开关合闸位置
4	确认柴油发电机在停机状态下,"自动/试验"切换开关在"自动"位置
5	由 DCS 操作跳开脱硫保安 MCC 段电源馈线(一)开关,模拟脱硫保安 MCC 工作进线(一)开关失电,联跳脱硫保安 MCC 工作进线(一)开关跳开,脱硫保安 MCC 工作进线(二)开关合上,此时柴油发电机不应有任何动作
6	由 DCS 操作跳开脱硫保安 MCC 段电源馈线(二)开关,模拟脱硫保安 MCC 工作进线(二)失电,脱硫保安 MCC 工作进线(二)跳开,同时柴油发电机自启动,柴油发电机出口开关合上;合上柴油发电机至脱硫保安段馈线开关
7	确认脱硫保安 MCC 段母线电压恢复,柴油发电机运行正常
8	脱硫保安 MCC 段试验完毕,将该保安 MCC 段恢复正常供电

表 3-59　　　　　　　DCS 紧急启动按钮启动柴油机

序号	工 作 内 容
1	确认保安 PC 上所有馈线开关都处于分闸位置
2	确认柴油发电机在停机状态在,在"自动"位置
3	在集控室按下紧急启动柴油发电机按钮,柴油发电机启动,合上柴油发电机出口开关
4	试验结束,手动停柴油发电机,按下 PLC 柜复归按钮对逻辑进行复归

第三节 检修施工文件（文件包、检修工艺卡）清单

文件包编审统计见表 3-60。

表 3-60

文件包编审统计表

序号	专业	文件包编号	文件包名称	施工方	编制	审核	审定	批准	完成时间
1	汽轮机	GHNH-QJ-001/01	本体 1 号轴承检修文件包	招标定	点检员	生技部专工	生技部经理	总工程师	01-05
2	汽轮机	GHNH-QJ-002/01	本体 2 号轴承检修文件包	招标定	点检员	生技部专工	生技部经理	总工程师	01-05
3	汽轮机	GHNH-QJ-003/01	本体 3 号轴承检修文件包	招标定	点检员	生技部专工	生技部经理	总工程师	01-05
4	汽轮机	GHNH-QJ-004/01	本体 4 号轴承检修文件包	招标定	点检员	生技部专工	生技部经理	总工程师	01-05
5	汽轮机	GHNH-QJ-005/01	本体 5 号轴承检修文件包	招标定	点检员	生技部专工	生技部经理	总工程师	01-05
6	汽轮机	GHNH-QJ-006/01	本体 6 号轴承检修文件包	招标定	点检员	生技部专工	生技部经理	总工程师	01-05
7	汽轮机	GHNH-QJ-007/01	本体 7 号轴承检修文件包	招标定	点检员	生技部专工	生技部经理	总工程师	01-05
8	汽轮机	GHNH-QJ-008/01	本体 8 号轴承检修文件包	招标定	点检员	生技部专工	生技部经理	总工程师	01-05
9	汽轮机	GHNH-QJ-009/01	液压盘车检修文件包	招标定	点检员	生技部专工	生技部经理	总工程师	01-05
10	汽轮机	GHNH-QJ-010/01	低压缸 II 检修文件包	招标定	点检员	生技部专工	生技部经理	总工程师	01-05
11	汽轮机	GHNH-QJ-011/01	A 列 1 号高压加热器检修文件包	招标定	点检员	生技部专工	生技部经理	总工程师	01-05
12	汽轮机	GHNH-QJ-012/01	A 列 2 号高压加热器检修文件包	招标定	点检员	生技部专工	生技部经理	总工程师	01-05
13	汽轮机	GHNH-QJ-013/01	A 列 3 号高压加热器检修文件包	招标定	点检员	生技部专工	生技部经理	总工程师	01-05
14	汽轮机	GHNH-QJ-011/02	B 列 1 号高压加热器检修文件包	招标定	点检员	生技部专工	生技部经理	总工程师	01-05
15	汽轮机	GHNH-QJ-012/02	B 列 2 号高压加热器检修文件包	招标定	点检员	生技部专工	生技部经理	总工程师	01-05
16	汽轮机	GHNH-QJ-013/02	B 列 3 号高压加热器检修文件包	招标定	点检员	生技部专工	生技部经理	总工程师	01-05
17	汽轮机	GHNH-QJ-014/01	除氧器检修文件包	招标定	点检员	生技部专工	生技部经理	总工程师	01-05
18	汽轮机	GHNH-QJ-015/01	A 定冷水泵检修文件包	招标定	点检员	生技部专工	生技部经理	总工程师	01-05

续表

序号	专业	文件包编号	文件包名称	施工方	编制	审核	审定	批准	完成时间
19	汽轮机	GHNH-QJ-015/02	B定冷水泵检修文件包	招标定	点检员	生技部专工	生技部经理	总工程师	01-05
20	汽轮机	GHNH-QJ-016/01	A交流密封油泵检修文件包	招标定	点检员	生技部专工	生技部经理	总工程师	01-05
21	汽轮机	GHNH-QJ-016/02	B交流密封油泵检修文件包	招标定	点检员	生技部专工	生技部经理	总工程师	01-05
22	汽轮机	GHNH-QJ-017/01	给水泵汽轮机 1 号交流油泵检修文件包	招标定	点检员	生技部专工	生技部经理	总工程师	01-05
23	汽轮机	GHNH-QJ-017/02	给水泵汽轮机 2 号交流油泵检修文件包	招标定	点检员	生技部专工	生技部经理	总工程师	01-05
24	汽轮机	GHNH-QJ-017/03	给水泵汽轮机 1 号交流油泵检修文件包	招标定	点检员	生技部专工	生技部经理	总工程师	01-05
25	汽轮机	GHNH-QJ-017/04	给水泵汽轮机 2 号交流油泵检修文件包	招标定	点检员	生技部专工	生技部经理	总工程师	01-05
26	汽轮机	GHNH-QJ-018/01	润滑油主油箱检修文件包	招标定	点检员	生技部专工	生技部经理	总工程师	01-05
27	汽轮机	GHNH-QJ-019/01	低压加热器检修文件包	招标定	点检员	生技部专工	生技部经理	总工程师	01-05
28	汽轮机	GHNH-QJ-020/01	低压加热器检修文件包	招标定	点检员	生技部专工	生技部经理	总工程师	01-05
29	汽轮机	GHNH-QJ-021/01	低压加热器检修文件包	招标定	点检员	生技部专工	生技部经理	总工程师	01-05
30	汽轮机	GHNH-QJ-022/01	低压加热器检修文件包	招标定	点检员	生技部专工	生技部经理	总工程师	01-05
31	汽轮机	GHNH-QJ-023/01	C凝结水泵检修文件包	招标定	点检员	生技部专工	生技部经理	总工程师	01-05
32	汽轮机	GHNH-QJ-024/01	A低压加热器疏水泵检修文件包	招标定	点检员	生技部专工	生技部经理	总工程师	01-05
33	汽轮机	GHNH-QJ-025/01	A真空泵密封液循环泵检修文件包	招标定	点检员	生技部专工	生技部经理	总工程师	01-05
34	汽轮机	GHNH-QJ-025/02	B真空泵密封液循环泵检修文件包	招标定	点检员	生技部专工	生技部经理	总工程师	01-05
35	汽轮机	GHNH-QJ-025/03	C真空泵密封液循环泵检修文件包	招标定	点检员	生技部专工	生技部经理	总工程师	01-05
36	汽轮机	GHNH-QJ-026/01	A凝补水泵检修文件包	招标定	点检员	生技部专工	生技部经理	总工程师	01-05
37	汽轮机	GHNH-QJ-026/02	B凝补水泵检修文件包	招标定	点检员	生技部专工	生技部经理	总工程师	01-05
38	汽轮机	GHNH-QJ-027/01	A闭冷水泵检修文件包	招标定	点检员	生技部专工	生技部经理	总工程师	01-05

续表

序号	专业	文件包编号	文件包名称	施工方	编制	审核	审定	批准	完成时间
39	汽轮机	GHNH-QJ-027/02	B闭冷水泵检修文件包	招标定	点检员	生技部专工	生技部经理	总工程师	01-05
40	汽轮机	GHNH-QJ-028/01	A汽泵前置泵检修文件包	招标定	点检员	生技部专工	生技部经理	总工程师	01-05
41	汽轮机	GHNH-QJ-028/02	B汽泵前置泵检修文件包	招标定	点检员	生技部专工	生技部经理	总工程师	01-05
42	汽轮机	GHNH-QJ-029/01	A高压加热器组进口三通门检修文件包	招标定	点检员	生技部专工	生技部经理	总工程师	01-05
43	汽轮机	GHNH-QJ-029/02	B高压加热器组进口三通门检修文件包	招标定	点检员	生技部专工	生技部经理	总工程师	01-05
44	汽轮机	GHNH-QJ-030/01	A高压加热器组出口三通门检修文件包	招标定	点检员	生技部专工	生技部经理	总工程师	01-05
45	汽轮机	GHNH-QJ-030/02	B高压加热器组出口三通门检修文件包	招标定	点检员	生技部专工	生技部经理	总工程师	01-05
46	汽轮机	GHNH-QJ-031/01	海水调试水泵检修文件包	招标定	点检员	生技部专工	生技部经理	总工程师	01-05
47	锅炉	GHNH-GL-001/01	A引风机检修文件包	招标定	点检员	生技部专工	生技部经理	总工程师	01-15
48	锅炉	GHNH-GL-001/02	B引风机检修文件包	招标定	点检员	生技部专工	生技部经理	总工程师	01-15
49	锅炉	GHNH-GL-002/01	A空气预热器检修文件包	招标定	点检员	生技部专工	生技部经理	总工程师	01-15
50	锅炉	GHNH-GL-002/02	B空气预热器检修文件包	招标定	点检员	生技部专工	生技部经理	总工程师	01-15
51	锅炉	GHNH-GL-003/01	A一次风机检修文件包	招标定	点检员	生技部专工	生技部经理	总工程师	01-15
52	锅炉	GHNH-GL-003/02	B一次风机检修文件包	招标定	点检员	生技部专工	生技部经理	总工程师	01-15
53	锅炉	GHNH-GL-004/01	A送风机检修文件包	招标定	点检员	生技部专工	生技部经理	总工程师	01-15
54	锅炉	GHNH-GL-004/02	B送风机检修文件包	招标定	点检员	生技部专工	生技部经理	总工程师	01-15
55	锅炉	GHNH-GL-005	长吹灰器检修文件包	招标定	点检员	生技部专工	生技部经理	总工程师	01-15
56	锅炉	GHNH-GL-006	短吹灰器检修文件包	招标定	点检员	生技部专工	生技部经理	总工程师	01-15
57	锅炉	GHNH-GL-007	等离子点火装置检修文件包	招标定	点检员	生技部专工	生技部经理	总工程师	01-15
58	锅炉	GHNH-GL-008	水冷壁检修文件包	招标定	点检员	生技部专工	生技部经理	总工程师	01-15

续表

序号	专业	文件包编号	文件包名称	施工方	编制	审核	审定	批准	完成时间
59	锅炉	GHNH-GL-009	过热器检修文件包	招标定	点检员	生技部专工	生技部经理	总工程师	01-15
60	锅炉	GHNH-GL-010	再热器检修文件包	招标定	点检员	生技部专工	生技部经理	总工程师	01-15
61	锅炉	GHNH-GL-011	省煤器检修文件包	招标定	点检员	生技部专工	生技部经理	总工程师	01-15
62	锅炉	GHNH-GL-013	燃烧器检修文件包	招标定	点检员	生技部专工	生技部经理	总工程师	01-15
63	锅炉	GHNH-GL-014/01	A 安全阀检修文件包	招标定	点检员	生技部专工	生技部经理	总工程师	01-15
64	锅炉	GHNH-GL-014/02	B 安全阀检修文件包	招标定	点检员	生技部专工	生技部经理	总工程师	01-15
65	锅炉	GHNH-GL-014/03	C 安全阀检修文件包	招标定	点检员	生技部专工	生技部经理	总工程师	01-15
66	锅炉	GHNH-GL-014/04	D 安全阀检修文件包	招标定	点检员	生技部专工	生技部经理	总工程师	01-15
67	锅炉	GHNH-GL-015/01	A 再热器进口水压试验堵阀检修文件包	招标定	点检员	生技部专工	生技部经理	总工程师	01-15
68	锅炉	GHNH-GL-015/02	B 再热器进口水压试验堵阀检修文件包	招标定	点检员	生技部专工	生技部经理	总工程师	01-15
69	锅炉	GHNH-GL-016/01	A 再热器出口水压试验堵阀检修文件包	招标定	点检员	生技部专工	生技部经理	总工程师	01-15
70	锅炉	GHNH-GL-016/02	B 再热器出口水压试验堵阀检修文件包	招标定	点检员	生技部专工	生技部经理	总工程师	01-15
71	锅炉	GHNH-GL-016/03	C 再热器出口水压试验堵阀检修文件包	招标定	点检员	生技部专工	生技部经理	总工程师	01-15
72	锅炉	GHNH-GL-016/04	D 再热器出口水压试验堵阀检修文件包	招标定	点检员	生技部专工	生技部经理	总工程师	01-15
73	锅炉	GHNH-GL-017	给水旁路电动调节阀检修文件包	招标定	点检员	生技部专工	生技部经理	总工程师	01-15
74	锅炉	GHNH-GL-018	大气式扩容器进口液动调节阀检修文件包	招标定	点检员	生技部专工	生技部经理	总工程师	01-15
75	锅炉	GHNH-GL-019	再热器疏水集箱至大气扩容器排水管 1 电动二次调节阀检修文件包	招标定	点检员	生技部专工	生技部经理	总工程师	01-15
76	锅炉	GHNH-GL-020	过热器疏水箱至大气扩容器排水管 1 电动二次调节阀检修文件包	招标定	点检员	生技部专工	生技部经理	总工程师	01-15

续表

序号	专业	文件包编号	文件包名称	施工方	编制	审核	审定	批准	完成时间
77	锅炉	GHNH-GL-021/01	A给煤机检修文件包	招标定	点检员	生技部部工	生技部部经理	总工程师	01-15
78	锅炉	GHNH-GL-021/02	B给煤机检修文件包	招标定	点检员	生技部部工	生技部部经理	总工程师	01-15
79	锅炉	GHNH-GL-021/03	C给煤机检修文件包	招标定	点检员	生技部部工	生技部部经理	总工程师	01-15
80	锅炉	GHNH-GL-021/04	D给煤机检修文件包	招标定	点检员	生技部部工	生技部部经理	总工程师	01-15
81	锅炉	GHNH-GL-021/05	E给煤机检修文件包	招标定	点检员	生技部部工	生技部部经理	总工程师	01-15
82	锅炉	GHNH-GL-021/06	F给煤机检修文件包	招标定	点检员	生技部部工	生技部部经理	总工程师	01-15
83	锅炉	GHNH-GL-022/01	A密封风机检修文件包	招标定	点检员	生技部部工	生技部部经理	总工程师	01-15
84	锅炉	GHNH-GL-022/02	B密封风机检修文件包	招标定	点检员	生技部部工	生技部部经理	总工程师	01-15
85	锅炉	GHNH-GL-023/01	A磨煤机检修文件包	招标定	点检员	生技部部工	生技部部经理	总工程师	01-15
86	锅炉	GHNH-GL-023/02	B磨煤机检修文件包	招标定	点检员	生技部部工	生技部部经理	总工程师	01-15
87	锅炉	GHNH-GL-023/03	C磨煤机检修文件包	招标定	点检员	生技部部工	生技部部经理	总工程师	01-15
88	锅炉	GHNH-GL-023/04	D磨煤机检修文件包	招标定	点检员	生技部部工	生技部部经理	总工程师	01-15
89	锅炉	GHNH-GL-023/05	E磨煤机检修文件包	招标定	点检员	生技部部工	生技部部经理	总工程师	01-15
90	锅炉	GHNH-GL-023/06	F磨煤机检修文件包	招标定	点检员	生技部部工	生技部部经理	总工程师	01-15
91	锅炉	GHNH-GL-024/01	大气式扩容器进口液动闸阀检修文件包	招标定	点检员	生技部部工	生技部部经理	总工程师	01-15
92	锅炉	GHNH-GL-024/02	集水箱至冷凝器管道电动闸阀检修文件包	招标定	点检员	生技部部工	生技部部经理	总工程师	01-15
93	锅炉	GHNH-GL-025/01	省煤器进口1电动闸阀检修文件包	招标定	点检员	生技部部工	生技部部经理	总工程师	01-15
94	锅炉	GHNH-GL-025/02	循环泵出口电动闸阀检修文件包	招标定	点检员	生技部部工	生技部部经理	总工程师	01-15
95	锅炉	GHNH-GL-026	循环泵进口电动闸阀检修文件包	招标定	点检员	生技部部工	生技部部经理	总工程师	01-15

续表

序号	专业	文件包编号	文件包名称	施工方	编制	审核	审定	批准	完成时间
96	锅炉	GHNH-GL-027	过热器喷水左右侧总管电动闸阀检修文件包	招标定	点检员	生技部专工	生技部经理	总工程师	01-15
97	锅炉	GHNH-GL-028	过热器疏水站备用放水电动闸阀检修文件包	招标定	点检员	生技部专工	生技部经理	总工程师	01-15
98	锅炉	GHNH-GL-029	过热器疏水站正常放水电动闸阀检修文件包	招标定	点检员	生技部专工	生技部经理	总工程师	01-15
99	锅炉	GHNH-GL-030/01	冷凝器水泵管道最小流量管闸阀检修文件包	招标定	点检员	生技部专工	生技部经理	总工程师	01-15
100	锅炉	GHNH-GL-030/02	再热器喷水总管电动闸阀检修文件包	招标定	点检员	生技部专工	生技部经理	总工程师	01-15
101	锅炉	GHNH-GL-030/03	过热器减温水总门检修文件包	招标定	点检员	生技部专工	生技部经理	总工程师	01-15
102	锅炉	GHNH-GL-030/04	再热器事故喷水管路电动调节阀检修文件包	招标定	点检员	生技部专工	生技部经理	总工程师	01-15
103	锅炉	GHNH-GL-031/01	再热器事故喷水管路电动调节阀（微量）检修文件包	招标定	点检员	生技部专工	生技部经理	总工程师	01-15
104	锅炉	GHNH-GL-031/02	大气式扩容器暖管电动调节阀检修文件包	招标定	点检员	生技部专工	生技部经理	总工程师	01-15
105	锅炉	GHNH-GL-032/01	过热器 I 级喷水管路电动调节阀检修文件包	招标定	点检员	生技部专工	生技部经理	总工程师	01-15
106	锅炉	GHNH-GL-032/02	过热器 II 级喷水管路电动调节阀检修文件包	招标定	点检员	生技部专工	生技部经理	总工程师	01-15
107	锅炉	GHNH-GL-032/03	循环泵出口电动调节阀检修文件包	招标定	点检员	生技部专工	生技部经理	总工程师	01-15

序号	专业	文件包编号	文件包名称	施工方	编制	审核	审定	批准	完成时间
108	锅炉	GHNH-GL-032/04	循环泵进口冷却水管路电动调节阀检修文件包	招标定	点检员	生技部工	生技部经理	总工程师	01-15
109	锅炉	GHNH-GL-032/05	循环水泵出口最小流量管电动控制截止阀（调节阀）检修文件包	招标定	点检员	生技部工	生技部经理	总工程师	01-15
110	电气一次	GHNH-DY-001/01	发电机检修文件包	招标定	点检员	生技部专工	生技部经理	总工程师	01-05
111	电气一次	GHNH-DY-005/01	发电机出口开关检修文件包	招标定	点检员	生技部专工	生技部经理	总工程师	01-05
112	电气一次	GHNH-DY-001/02	主变压器 A 相检修文件包	招标定	点检员	生技部专工	生技部经理	总工程师	01-05
113	电气一次	GHNH-DY-002/02	主变压器 B 相检修文件包	招标定	点检员	生技部专工	生技部经理	总工程师	01-05
114	电气一次	GHNH-DY-003/02	主变压器 C 相检修文件包	招标定	点检员	生技部专工	生技部经理	总工程师	01-05
115	电气一次	GHNH-DY-001/04	A 高压厂用变压器检修文件包	招标定	点检员	生技部专工	生技部经理	总工程师	01-05
116	电气一次	GHNH-DY-002/04	A 高压厂用变压器检修文件包	招标定	点检员	生技部专工	生技部经理	总工程师	01-05
117	电气一次	GHNH-DY-001/09	6kV 厂用 5A1 段备用电源进线开关检修文件包	招标定	点检员	生技部专工	生技部经理	总工程师	01-05
118	电气一次	GHNH-DY-003/09	6kV 厂用 5A1 段工作电源进线开关检修文件包	招标定	点检员	生技部专工	生技部经理	总工程师	01-05
119	电气一次	GHNH-DY-005/09	A 循环水泵开关检修文件包	招标定	点检员	生技部专工	生技部经理	总工程师	01-05
120	电气一次	GHNH-DY-006/09	A 送风机开关检修文件包	招标定	点检员	生技部专工	生技部经理	总工程师	01-05
121	电气一次	GHNH-DY-007/09	A 一次风机开关检修文件包	招标定	点检员	生技部专工	生技部经理	总工程师	01-05
122	电气一次	GHNH-DY-008/09	A 增压风机开关检修文件包	招标定	点检员	生技部专工	生技部经理	总工程师	01-05
123	电气一次	GHNH-DY-009/09	备用开关检修文件包	招标定	点检员	生技部专工	生技部经理	总工程师	01-05

续表

序号	专业	文件包编号	文件包名称	施工方	编制	审核	审定	批准	完成时间
124	电气一次	GHNH-DY-010/09	A 公用变压器开关检修文件包	招标定	点检员	生技部专工	生技部经理	总工程师	01-05
125	电气一次	GHNH-DY-011/09	A 脱硫变压器开关检修文件包	招标定	点检员	生技部专工	生技部经理	总工程师	01-05
126	电气一次	GHNH-DY-012/09	A 汽轮机变压器开关检修文件包	招标定	点检员	生技部专工	生技部经理	总工程师	01-05
127	电气一次	GHNH-DY-013/09	A 除尘变压器开关检修文件包	招标定	点检员	生技部专工	生技部经理	总工程师	01-05
128	电气一次	GHNH-DY-014/09	A 多功能厅变压器开关检修文件包	招标定	点检员	生技部专工	生技部经理	总工程师	01-05
129	电气一次	GHNH-DY-015/09	A 磨煤机开关检修文件包	招标定	点检员	生技部专工	生技部经理	总工程师	01-05
130	电气一次	GHNH-DY-016/09	B 磨煤机开关检修文件包	招标定	点检员	生技部专工	生技部经理	总工程师	01-05
131	电气一次	GHNH-DY-017/09	A 低压加热器疏水泵开关检修文件包	招标定	点检员	生技部专工	生技部经理	总工程师	01-05
132	电气一次	GHNH-DY-019/09	备用开关检修文件包	招标定	点检员	生技部专工	生技部经理	总工程师	01-05
133	电气一次	GHNH-DY-020/09	A 除灰空压机开关检修文件包	招标定	点检员	生技部专工	生技部经理	总工程师	01-05
134	电气一次	GHNH-DY-021/09	A 氧化风机开关检修文件包	招标定	点检员	生技部专工	生技部经理	总工程师	01-05
135	电气一次	GHNH-DY-022/09	C 凝结水输送泵开关检修文件包	招标定	点检员	生技部专工	生技部经理	总工程师	01-05
136	电气一次	GHNH-DY-023/09	A 生产综合楼变开关检修文件包	招标定	点检员	生技部专工	生技部经理	总工程师	01-05
137	电气一次	GHNH-DY-024/09	OD 化水变开关检修文件包	招标定	点检员	生技部专工	生技部经理	总工程师	01-05
138	电气一次	GHNH-DY-025/09	6kV 厂用 A1 段母线检查检修文件包	招标定	点检员	生技部专工	生技部经理	总工程师	01-05
139	电气一次	GHNH-DY-001/10	6kV 厂用 A2 段备用电源进线开关检修文件包	招标定	点检员	生技部专工	生技部经理	总工程师	01-05
140	电气一次	GHNH-DY-003/10	6kV 厂用 A2 段工作电源进线开关检修文件包	招标定	点检员	生技部专工	生技部经理	总工程师	01-05
141	电气一次	GHNH-DY-005/10	A 凝结水泵开关检修文件包	招标定	点检员	生技部专工	生技部经理	总工程师	01-05

续表

序号	专业	文件包编号	文件包名称	施工方	编制	审核	审定	批准	完成时间
142	电气一次	GHNH-DY-006/10	A汽泵前置泵开关检修文件包	招标定	点检员	生技部专工	生技部经理	总工程师	01-05
143	电气一次	GHNH-DY-007/10	A引风机开关检修文件包	招标定	点检员	生技部专工	生技部经理	总工程师	01-05
144	电气一次	GHNH-DY-008/10	B吸收塔液循环泵开关检修文件包	招标定	点检员	生技部专工	生技部经理	总工程师	01-05
145	电气一次	GHNH-DY-009/10	C吸收塔浆液循环泵开关检修文件包	招标定	点检员	生技部专工	生技部经理	总工程师	01-05
146	电气一次	GHNH-DY-010/10	启动循环泵开关检修文件包	招标定	点检员	生技部专工	生技部经理	总工程师	01-05
147	电气一次	GHNH-DY-011/10	A厂应急电源检修文件包	招标定	点检员	生技部专工	生技部经理	总工程师	01-05
148	电气一次	GHNH-DY-012/10	A锅炉变压器开关检修文件包	招标定	点检员	生技部专工	生技部经理	总工程师	01-05
149	电气一次	GHNH-DY-013/10	除尘备用变压器开关检修文件包	招标定	点检员	生技部专工	生技部经理	总工程师	01-05
150	电气一次	GHNH-DY-014/10	6kV输煤2A段电源（一）开关检修文件包	招标定	点检员	生技部专工	生技部经理	总工程师	01-05
151	电气一次	GHNH-DY-015/10	C磨煤机开关检修文件包	招标定	点检员	生技部专工	生技部经理	总工程师	01-05
152	电气一次	GHNH-DY-016/10	A闭冷水泵开关检修文件包	招标定	点检员	生技部专工	生技部经理	总工程师	01-05
153	电气一次	GHNH-DY-017/10	A仪用空压机开关检修文件包	招标定	点检员	生技部专工	生技部经理	总工程师	01-05
154	电气一次	GHNH-DY-019/10	备用开关检修文件包	招标定	点检员	生技部专工	生技部经理	总工程师	01-05
155	电气一次	GHNH-DY-020/10	B除灰空压机开关检修文件包	招标定	点检员	生技部专工	生技部经理	总工程师	01-05
156	电气一次	GHNH-DY-021/10	B氧化风机开关检修文件包	招标定	点检员	生技部专工	生技部经理	总工程师	01-05
157	电气一次	GHNH-DY-022/10	照明变开关检修文件包	招标定	点检员	生技部专工	生技部经理	总工程师	01-05
158	电气一次	GHNH-DY-023/10	OD化水变开关检修文件包	招标定	点检员	生技部专工	生技部经理	总工程师	01-05
159	电气一次	GHNH-DY-024/10	备用开关检修文件包	招标定	点检员	生技部专工	生技部经理	总工程师	01-05
160	电气一次	GHNH-DY-025/10	6kV厂用A2段母线检查开关文件包	招标定	点检员	生技部专工	生技部经理	总工程师	01-05

续表

序号	专业	文件包编号	文件包名称	施工方	编制	审核	审定	批准	完成时间
161	电气一次	GHNH-DY-001/11	6kV 厂用 B1 段备用电源进线开关检修文件包	招标定	点检员	生技部专工	生技部经理	总工程师	01-05
162	电气一次	GHNH-DY-003/11	6kV 厂用 B1 段工作电源进线开关检修文件包	招标定	点检员	生技部专工	生技部经理	总工程师	01-05
163	电气一次	GHNH-DY-005/11	B 循环水泵开关检修文件包	招标定	点检员	生技部专工	生技部经理	总工程师	01-05
164	电气一次	GHNH-DY-006/11	B 送风机开关检修文件包	招标定	点检员	生技部专工	生技部经理	总工程师	01-05
165	电气一次	GHNH-DY-007/11	B 一次风机开关检修文件包	招标定	点检员	生技部专工	生技部经理	总工程师	01-05
166	电气一次	GHNH-DY-008/11	B 增压风机开关检修文件包	招标定	点检员	生技部专工	生技部经理	总工程师	01-05
167	电气一次	GHNH-DY-009/11	B 凝结水泵开关检修文件包	招标定	点检员	生技部专工	生技部经理	总工程师	01-05
168	电气一次	GHNH-DY-010/11	检修变压器开关检修文件包	招标定	点检员	生技部专工	生技部经理	总工程师	01-05
169	电气一次	GHNH-DY-011/11	B 脱硫变压器开关检修文件包	招标定	点检员	生技部专工	生技部经理	总工程师	01-05
170	电气一次	GHNH-DY-012/11	B 汽轮机变压器开关检修文件包	招标定	点检员	生技部专工	生技部经理	总工程师	01-05
171	电气一次	GHNH-DY-013/11	B 除尘变压器开关检修文件包	招标定	点检员	生技部专工	生技部经理	总工程师	01-05
172	电气一次	GHNH-DY-014/11	A 雨水泵房变压器开关检修文件包	招标定	点检员	生技部专工	生技部经理	总工程师	01-05
173	电气一次	GHNH-DY-015/11	D 磨煤机开关检修文件包	招标定	点检员	生技部专工	生技部经理	总工程师	01-05
174	电气一次	GHNH-DY-016/11	E 磨煤机开关检修文件包	招标定	点检员	生技部专工	生技部经理	总工程师	01-05
175	电气一次	GHNH-DY-017/11	B 低压加热器疏水泵开关检修文件包	招标定	点检员	生技部专工	生技部经理	总工程师	01-05
176	电气一次	GHNH-DY-019/11	备用开关检修文件包	招标定	点检员	生技部专工	生技部经理	总工程师	01-05
177	电气一次	GHNH-DY-020/11	C 除灰空压机开关检修文件包	招标定	点检员	生技部专工	生技部经理	总工程师	01-05
178	电气一次	GHNH-DY-021/11	备用开关检修文件包	招标定	点检员	生技部专工	生技部经理	总工程师	01-05

序号	专业	文件包编号	文件包名称	施工方	编制	审核	审定	批准	完成时间
179	电气一次	GHNH-DY-022/11	6kV厂用B1段母线检查检修文件包	招标定	点检员	生技部专工	生技部经理	总工程师	01-05
180	电气一次	GHNH-DY-001/12	6kV厂用B2段备用电源进线开关检修文件包	招标定	点检员	生技部专工	生技部经理	总工程师	01-05
181	电气一次	GHNH-DY-003/12	6kV厂用B2段工作电源进线开关检修文件包	招标定	点检员	生技部专工	生技部经理	总工程师	01-05
182	电气一次	GHNH-DY-005/12	C凝结水泵开关检修文件包	招标定	点检员	生技部专工	生技部经理	总工程师	01-05
183	电气一次	GHNH-DY-006/12	B汽泵前置泵开关检修文件包	招标定	点检员	生技部专工	生技部经理	总工程师	01-05
184	电气一次	GHNH-DY-007/12	B引风机开关检修文件包	招标定	点检员	生技部专工	生技部经理	总工程师	01-05
185	电气一次	GHNH-DY-008/12	A吸收塔浆液循环泵开关检修文件包	招标定	点检员	生技部专工	生技部经理	总工程师	01-05
186	电气一次	GHNH-DY-009/12	D吸收塔浆液循环泵开关检修文件包	招标定	点检员	生技部专工	生技部经理	总工程师	01-05
187	电气一次	GHNH-DY-010/12	等离子变开关检修文件包	招标定	点检员	生技部专工	生技部经理	总工程师	01-05
188	电气一次	GHNH-DY-011/12	A除灰变开关检修文件包	招标定	点检员	生技部专工	生技部经理	总工程师	01-05
189	电气一次	GHNH-DY-012/12	B锅炉变压器开关检修文件包	招标定	点检员	生技部专工	生技部经理	总工程师	01-05
190	电气一次	GHNH-DY-013/12	备用开关检修文件包	招标定	点检员	生技部专工	生技部经理	总工程师	01-05
191	电气一次	GHNH-DY-014/12	6kV输煤B段电源（二）开关检修文件包	招标定	点检员	生技部专工	生技部经理	总工程师	01-05
192	电气一次	GHNH-DY-015/12	F磨煤机开关检修文件包	招标定	点检员	生技部专工	生技部经理	总工程师	01-05
193	电气一次	GHNH-DY-016/12	B闭冷水泵开关检修文件包	招标定	点检员	生技部专工	生技部经理	总工程师	01-05
194	电气一次	GHNH-DY-017/12	A杂用空压机开关检修文件包	招标定	点检员	生技部专工	生技部经理	总工程师	01-05

续表

序号	专业	文件包编号	文件包名称	施工方	编制	审核	审定	批准	完成时间
195	电气一次	GHNH-DY-019/12	B 仪用空压机开关检修文件包	招标定	点检员	生技部专工	生技部经理	总工程师	01-05
196	电气一次	GHNH-DY-020/12	备用开关检修文件包	招标定	点检员	生技部专工	生技部经理	总工程师	01-05
197	电气一次	GHNH-DY-021/12	C 氧化风机开关检修文件包	招标定	点检员	生技部专工	生技部经理	总工程师	01-05
198	电气一次	GHNH-DY-022/12	A 皮带机开关检修文件包	招标定	点检员	生技部专工	生技部经理	总工程师	01-05
199	电气一次	GHNH-DY-024/12	备用开关检修文件包	招标定	点检员	生技部专工	生技部经理	总工程师	01-05
200	电气一次	GHNH-DY-025/12	6kV 厂用 B2 段母线	招标定	点检员	生技部专工	生技部经理	总工程师	01-05
201	电气一次	GHNH-DY-031/12	6kV 输煤 A 段工作电源进线 TV（一）检修文件包	招标定	点检员	生技部专工	生技部经理	总工程师	01-05
202	电气一次	GHNH-DY-032/12	6kV 输煤 A 段工作电源进线（一）检修文件包	招标定	点检员	生技部专工	生技部经理	总工程师	01-05
203	电气一次	GHNH-DY-033/12	6kV 输煤 A 段工作电源进线 TV（二）检修文件包	招标定	点检员	生技部专工	生技部经理	总工程师	01-05
204	电气一次	GHNH-DY-034/12	6kV 输煤 A 段工作电源进线（二）检修文件包	招标定	点检员	生技部专工	生技部经理	总工程师	01-05
205	电气一次	GHNH-DY-035/12	A 皮带机开关检修文件包	招标定	点检员	生技部专工	生技部经理	总工程师	01-05
206	电气一次	GHNH-DY-036/12	A 皮带机开关检修文件包	招标定	点检员	生技部专工	生技部经理	总工程师	01-05
207	电气一次	GHNH-DY-037/12	A 皮带机开关检修文件包	招标定	点检员	生技部专工	生技部经理	总工程师	01-05
208	电气一次	GHNH-DY-038/12	A 输煤变压器开关检修文件包	招标定	点检员	生技部专工	生技部经理	总工程师	01-05
209	电气一次	GHNH-DY-039/12	A 输煤变开关检修文件包	招标定	点检员	生技部专工	生技部经理	总工程师	01-05

续表

序号	专业	文件包编号	文件包名称	施工方	编制	审核	审定	批准	完成时间
210	电气一次	GHNH-DY-040/12	卸船机开关检修文件包	招标定	点检员	生技部专工	生技部经理	总工程师	01-05
211	电气一次	GHNH-DY-041/12	备用开关检修文件包	招标定	点检员	生技部专工	生技部经理	总工程师	01-05
212	电气一次	GHNH-DY-042/12	6kV输煤A段母线TV检修文件包	招标定	点检员	生技部专工	生技部经理	总工程师	01-05
213	电气一次	GHNH-DY-043/12	磨石粉厂0C立式干磨机开关检修文件包	招标定	点检员	生技部专工	生技部经理	总工程师	01-05
214	电气一次	GHNH-DY-044/12	A碎煤机开关检修文件包	招标定	点检员	生技部专工	生技部经理	总工程师	01-05
215	电气一次	GHNH-DY-045/12	A皮带机开关检修文件包	招标定	点检员	生技部专工	生技部经理	总工程师	01-05
216	电气一次	GHNH-DY-046/12	A皮带机开关检修文件包	招标定	点检员	生技部专工	生技部经理	总工程师	01-05
217	电气一次	GHNH-DY-048/12	A皮带机开关检修文件包	招标定	点检员	生技部专工	生技部经理	总工程师	01-05
218	电气一次	GHNH-DY-049/12	A卸煤码头变压器开关检修文件包	招标定	点检员	生技部专工	生技部经理	总工程师	01-05
219	电气一次	GHNH-DY-050/12	备用开关检修文件包	招标定	点检员	生技部专工	生技部经理	总工程师	01-05
220	电气一次	GHNH-DY-061/12	6kV输煤B段工作电源进线PT（一）检修文件包	招标定	点检员	生技部专工	生技部经理	总工程师	01-05
221	电气一次	GHNH-DY-062/12	6kV输煤B段工作电源进线（一）检修文件包	招标定	点检员	生技部专工	生技部经理	总工程师	01-05
222	电气一次	GHNH-DY-063/12	6kV输煤B段工作电源进线PT（二）检修文件包	招标定	点检员	生技部专工	生技部经理	总工程师	01-05
223	电气一次	GHNH-DY-064/12	6kV输煤B段工作电源进线（二）检修文件包	招标定	点检员	生技部专工	生技部经理	总工程师	01-05
224	电气一次	GHNH-DY-065/12	B皮带机开关检修文件包	招标定	点检员	生技部专工	生技部经理	总工程师	01-05
225	电气一次	GHNH-DY-066/12	B皮带机开关检修文件包	招标定	点检员	生技部专工	生技部经理	总工程师	01-05

续表

序号	专业	文件包编号	文件包名称	施工方	编制	审核	审定	批准	完成时间
226	电气一次	GHNH-DY-067/12	B 皮带机开关检修检修文件包	招标定	点检员	生技部专工	生技部经理	总工程师	01-05
227	电气一次	GHNH-DY-068/12	B 输煤变压器开关检修检修文件包	招标定	点检员	生技部专工	生技部经理	总工程师	01-05
228	电气一次	GHNH-DY-069/12	B 输煤变压器开关检修检修文件包	招标定	点检员	生技部专工	生技部经理	总工程师	01-05
229	电气一次	GHNH-DY-070/12	6 号卸船机开关检修文件包	招标定	点检员	生技部专工	生技部经理	总工程师	01-05
230	电气一次	GHNH-DY-071/12	备用开关检修文件包	招标定	点检员	生技部专工	生技部经理	总工程师	01-05
231	电气一次	GHNH-DY-072/12	6kV 输煤 B 段母线 TV 检修文件包	招标定	点检员	生技部专工	生技部经理	总工程师	01-05
232	电气一次	GHNH-DY-073/12	磨石粉厂 0C 引风机开关检修文件包	招标定	点检员	生技部专工	生技部经理	总工程师	01-05
233	电气一次	GHNH-DY-074/12	B 碎煤机开关检修文件包	招标定	点检员	生技部专工	生技部经理	总工程师	01-05
234	电气一次	GHNH-DY-075/12	B 皮带机开关检修文件包	招标定	点检员	生技部专工	生技部经理	总工程师	01-05
235	电气一次	GHNH-DY-076/12	B 皮带机开关检修文件包	招标定	点检员	生技部专工	生技部经理	总工程师	01-05
236	电气一次	GHNH-DY-078/12	B 皮带机开关检修文件包	招标定	点检员	生技部专工	生技部经理	总工程师	01-05
237	电气一次	GHNH-DY-079/12	B 卸煤码头变压器开关检修文件包	招标定	点检员	生技部专工	生技部经理	总工程师	01-05
238	电气一次	GHNH-DY-080/12	备用开关检修文件包	招标定	点检员	生技部专工	生技部经理	总工程师	01-05
239	电气一次	GHNH-DY-001/14	A 凝结水泵电机检修文件包	招标定	点检员	生技部专工	生技部经理	总工程师	01-05
240	电气一次	GHNH-DY-002/14	B 凝结水泵电机检修文件包	招标定	点检员	生技部专工	生技部经理	总工程师	01-05
241	电气一次	GHNH-DY-003/14	C 凝结水泵电机检修文件包	招标定	点检员	生技部专工	生技部经理	总工程师	01-05
242	电气一次	GHNH-DY-001/15	A 低压加热器疏水泵电机检修文件包	招标定	点检员	生技部专工	生技部经理	总工程师	01-05
243	电气一次	GHNH-DY-002/15	B 低压加热器疏水泵电机检修文件包	招标定	点检员	生技部专工	生技部经理	总工程师	01-05
244	电气一次	GHNH-DY-001/16	A 汽泵前置泵电机检修文件包	招标定	点检员	生技部专工	生技部经理	总工程师	01-05
245	电气一次	GHNH-DY-002/16	B 汽泵前置泵电机检修文件包	招标定	点检员	生技部专工	生技部经理	总工程师	01-05

续表

序号	专业	文件包编号	文件包名称	施工方	编制	审核	审定	批准	完成时间
246	电气一次	GHNH-DY-001/17	A闭冷泵电动机检修文件包	招标定	点检员	生技部专工	生技部经理	总工程师	01-05
247	电气一次	GHNH-DY-002/17	B闭冷泵电动机检修文件包	招标定	点检员	生技部专工	生技部经理	总工程师	01-05
248	电气一次	GHNH-DY-001/22	A磨煤机电动机检修文件包	招标定	点检员	生技部专工	生技部经理	总工程师	01-05
249	电气一次	GHNH-DY-002/22	B磨煤机电动机检修文件包	招标定	点检员	生技部专工	生技部经理	总工程师	01-05
250	电气一次	GHNH-DY-003/22	C磨煤机电动机检修文件包	招标定	点检员	生技部专工	生技部经理	总工程师	01-05
251	电气一次	GHNH-DY-004/22	D磨煤机电动机检修文件包	招标定	点检员	生技部专工	生技部经理	总工程师	01-05
252	电气一次	GHNH-DY-005/22	E磨煤机电动机检修文件包	招标定	点检员	生技部专工	生技部经理	总工程师	01-05
253	电气一次	GHNH-DY-006/22	F磨煤机电动机检修文件包	招标定	点检员	生技部专工	生技部经理	总工程师	01-05
254	电气一次	GHNH-DY-001/23	A增压风机电动机检修文件包	招标定	点检员	生技部专工	生技部经理	总工程师	01-05
255	电气一次	GHNH-DY-002/23	B增压风机电动机检修文件包	招标定	点检员	生技部专工	生技部经理	总工程师	01-05
256	电气一次	GHNH-DY-001/24	A氧化风机电动机检修文件包	招标定	点检员	生技部专工	生技部经理	总工程师	01-05
257	电气一次	GHNH-DY-002/24	B氧化风机电动机检修文件包	招标定	点检员	生技部专工	生技部经理	总工程师	01-05
258	电气一次	GHNH-DY-003/24	C氧化风机电动机检修文件包	招标定	点检员	生技部专工	生技部经理	总工程师	01-05
259	电气一次	GHNH-DY-001/25	A吸收塔浆液循环泵电动机检修文件包	招标定	点检员	生技部专工	生技部经理	总工程师	01-05
260	电气一次	GHNH-DY-002/25	B吸收塔浆液循环泵电动机检修文件包	招标定	点检员	生技部专工	生技部经理	总工程师	01-05
261	电气一次	GHNH-DY-003/25	C吸收塔浆液循环泵电动机检修文件包	招标定	点检员	生技部专工	生技部经理	总工程师	01-05
262	电气一次	GHNH-DY-004/25	D吸收塔浆液循环泵电动机检修文件包	招标定	点检员	生技部专工	生技部经理	总工程师	01-05
263	电气一次	GHNH-DY-001/30	A汽轮机变级检修文件包	招标定	点检员	生技部专工	生技部经理	总工程师	01-05
264	电气一次	GHNH-DY-002/30	B汽轮机变级检修文件包	招标定	点检员	生技部专工	生技部经理	总工程师	01-05

续表

序号	专业	文件包编号	文件包名称	施工方	编制	审核	审定	批准	完成时间
265	电气一次	GHNH-DY-001/31	A锅炉变级检修文件包	招标定	点检员	生技部专工	生技部经理	总工程师	01-05
266	电气一次	GHNH-DY-002/31	B锅炉变级检修文件包	招标定	点检员	生技部专工	生技部经理	总工程师	01-05
267	电气一次	GHNH-DY-001/33	A脱硫变压器检修文件包	招标定	点检员	生技部专工	生技部经理	总工程师	01-05
268	电气一次	GHNH-DY-002/33	B脱硫变压器检修文件包	招标定	点检员	生技部专工	生技部经理	总工程师	01-05
269	电气一次	GHNH-DY-001/34	A除尘变级检修文件包	招标定	点检员	生技部专工	生技部经理	总工程师	01-05
270	电气一次	GHNH-DY-002/34	B除尘变级检修文件包	招标定	点检员	生技部专工	生技部经理	总工程师	01-05
271	电气一次	GHNH-DY-003/34	除尘备用变压器	招标定	点检员	生技部专工	生技部经理	总工程师	01-05
272	电气一次	GHNH-DY-001/35	检修变压器检修文件包	招标定	点检员	生技部专工	生技部经理	总工程师	01-05
273	电气一次	GHNH-DY-001/37	A公用变压器检修文件包	招标定	点检员	生技部专工	生技部经理	总工程师	01-05
274	电气一次	GHNH-DY-001/38	照明变压器检修文件包	招标定	点检员	生技部专工	生技部经理	总工程师	01-05
275	电气一次	GHNH-DY-001/44	2A输煤变压器检修文件包	招标定	点检员	生技部专工	生技部经理	总工程师	01-05
276	电气一次	GHNH-DY-002/44	2B输煤变压器检修文件包	招标定	点检员	生技部专工	生技部经理	总工程师	01-05
277	电气一次	GHNH-DY-003/44	T201A输煤变压器检修文件包	招标定	点检员	生技部专工	生技部经理	总工程师	01-05
278	电气一次	GHNH-DY-004/44	T201B输煤变压器检修文件包	招标定	点检员	生技部专工	生技部经理	总工程师	01-05
279	电气一次	GHNH-DY-013/47	汽轮机 MCC5 A段检修文件包	招标定	点检员	生技部专工	生技部经理	总工程师	01-05
280	电气一次	GHNH-DY-001/47	汽轮机 MCC5 B段检修文件包	招标定	点检员	生技部专工	生技部经理	总工程师	01-05
281	电气一次	GHNH-DY-002/47	汽轮机 MCC5 C段检修文件包	招标定	点检员	生技部专工	生技部经理	总工程师	01-05
282	电气一次	GHNH-DY-003/47	暖通 MCC 段检修文件包	招标定	点检员	生技部专工	生技部经理	总工程师	01-05
283	电气一次	GHNH-DY-004/47	锅炉 MCC5 A段检修文件包	招标定	点检员	生技部专工	生技部经理	总工程师	01-05

续表

序号	专业	文件包编号	文件包名称	施工方	编制	审核	审定	批准	完成时间
284	电气一次	GHNH-DY-005/47	锅炉 MCC5 B 段检修文件包	招标定	点检员	生技部专工	生技部经理	总工程师	01-05
285	电气一次	GHNH-DY-006/47	渣仓 MCC 段检修文件包	招标定	点检员	生技部专工	生技部经理	总工程师	01-05
286	电气一次	GHNH-DY-007/47	脱硝 MCC 段检修文件包	招标定	点检员	生技部专工	生技部经理	总工程师	01-05
287	电气一次	GHNH-DY-008/47	汽轮机保安 MCC5 A 段检修文件包	招标定	点检员	生技部专工	生技部经理	总工程师	01-05
288	电气一次	GHNH-DY-009/47	汽轮机保安 MCC5 B 段检修文件包	招标定	点检员	生技部专工	生技部经理	总工程师	01-05
289	电气一次	GHNH-DY-010/47	锅炉保安 MCC5 A 段检修文件包	招标定	点检员	生技部专工	生技部经理	总工程师	01-05
290	电气一次	GHNH-DY-011/47	锅炉保安 MCC5 B 段检修文件包	招标定	点检员	生技部专工	生技部经理	总工程师	01-05
291	电气一次	GHNH-DY-012/47	脱硫保安 MCC 段检修文件包	招标定	点检员	生技部专工	生技部经理	总工程师	01-05
292	电气一次	GHNH-DY-014/47	脱硫公用 MCC 段检修文件包	招标定	点检员	生技部专工	生技部经理	总工程师	01-05
293	电气一次	GHNH-DY-009/48	400V 除尘 PC A 段检修文件包	招标定	点检员	生技部专工	生技部经理	总工程师	01-05
294	电气一次	GHNH-DY-010/48	400V 除尘 PC B 段检修文件包	招标定	点检员	生技部专工	生技部经理	总工程师	01-05
295	电气一次	GHNH-DY-011/48	400V 除尘 PC 备用段检修文件包	招标定	点检员	生技部专工	生技部经理	总工程师	01-05
296	电气一次	GHNH-DY-012/48	400V 除尘控制 A 段检修文件包	招标定	点检员	生技部专工	生技部经理	总工程师	01-05
297	电气一次	GHNH-DY-013/48	400V 除尘控制 B 段检修文件包	招标定	点检员	生技部专工	生技部经理	总工程师	01-05
298	电气一次	GHNH-DY-001/48	汽轮机 PC A 段检修文件包	招标定	点检员	生技部专工	生技部经理	总工程师	01-05
299	电气一次	GHNH-DY-002/48	汽轮机 PC B 段检修文件包	招标定	点检员	生技部专工	生技部经理	总工程师	01-05
300	电气一次	GHNH-DY-003/48	锅炉 PC A 段检修文件包	招标定	点检员	生技部专工	生技部经理	总工程师	01-05
301	电气一次	GHNH-DY-004/48	锅炉 PC B 段修检文件包	招标定	点检员	生技部专工	生技部经理	总工程师	01-05
302	电气一次	GHNH-DY-005/48	脱硫 PC A 段检修文件包	招标定	点检员	生技部专工	生技部经理	总工程师	01-05

续表

序号	专业	文件包编号	文件包名称	施工方	编制	审核	审定	批准	完成时间
303	电气一次	GHNH-DY-006/48	脱硫 PC B 段检修文件包	招标定	点检员	生技部专工	生技部经理	总工程师	01-05
304	电气一次	GHNH-DY-007/48	等离子 PC 段检修文件包	招标定	点检员	生技部专工	生技部经理	总工程师	01-05
305	电气一次	GHNH-DY-008/48	锅炉保安 PC 段检修文件包	招标定	点检员	生技部专工	生技部经理	总工程师	01-05
306	电气一次	GHNH-DY-009/48	公用 PC A 段检修文件包	招标定	点检员	生技部专工	生技部经理	总工程师	01-05
307	电气一次	GHNH-DY-010/48	公用 PC B 段检修文件包	招标定	点检员	生技部专工	生技部经理	总工程师	01-05
308	电气一次	GHNH-DY-001/61	等离子点火变压器检修文件包	招标定	点检员	生技部专工	生技部经理	总工程师	01-05
309	电气一次	GHNH-DY-001/62	A 生产办公楼变压器检修文件包	招标定	点检员	生技部专工	生技部经理	总工程师	01-05
310	电气一次	GHNH-DY-002/62	B 生产办公楼变压器检修文件包	招标定	点检员	生技部专工	生技部经理	总工程师	01-05
311	电气一次	GHNH-DY-001/63	A 多功能厅变压器检修文件包	招标定	点检员	生技部专工	生技部经理	总工程师	01-05
312	电气一次	GHNH-DY-002/63	B 多功能厅变压器检修文件包	招标定	点检员	生技部专工	生技部经理	总工程师	01-05
313	热控	GHNH-RK-001/01	压力、差压开关检修文件包	招标定	点检员	生技部专工	生技部经理	总工程师	05-25
314	热控	GHNH-RK-001/02	弹簧管压力表检修文件包	招标定	点检员	生技部专工	生技部经理	总工程师	05-25
315	热控	GHNH-RK-001/03	变送器检修文件包	招标定	点检员	生技部专工	生技部经理	总工程师	05-25
316	热控	GHNH-RK-001/04	温度元件检修文件包	招标定	点检员	生技部专工	生技部经理	总工程师	05-25
317	热控	GHNH-RK-001/05	双金属温度计检修文件包	招标定	点检员	生技部专工	生技部经理	总工程师	05-25
318	热控	GHNH-RK-001/06	超声波液位计检修文件包	招标定	点检员	生技部专工	生技部经理	总工程师	05-25
319	热控	GHNH-RK-001/07	IDAS 系统检修文件包	招标定	点检员	生技部专工	生技部经理	总工程师	05-25
320	热控	GHNH-RK-001/08	SIPOS 电动执行机构检修文件包	招标定	点检员	生技部专工	生技部经理	总工程师	05-25
321	热控	GHNH-RK-001/09	EMG 电动执行机构检修文件包	招标定	点检员	生技部专工	生技部经理	总工程师	05-25

续表

序号	专业	文件包编号	文件包名称	施工方	编制	审核	审定	批准	完成时间
322	热控	GHNH-RK-001/10	瑞基电动执行机构检修文件包	招标定	点检员	生技部专工	生技部经理	总工程师	05-25
323	热控	GHNH-RK-001/11	Rotork 电动执行机构检修文件包	招标定	点检员	生技部专工	生技部经理	总工程师	05-25
324	热控	GHNH-RK-001/12	开关型气动门检修文件包	招标定	点检员	生技部专工	生技部经理	总工程师	05-25
325	热控	GHNH-RK-001/13	调节型气动门检修文件包	招标定	点检员	生技部专工	生技部经理	总工程师	05-25
326	热控	GHNH-RK-001/14	TSI 系统检修文件包	招标定	点检员	生技部专工	生技部经理	总工程师	05-25
327	热控	GHNH-RK-001/15	MTSI 系统检修文件包	招标定	点检员	生技部专工	生技部经理	总工程师	05-25
328	热控	GHNH-RK-001/16	MEH、METS 系统检修文件包	招标定	点检员	生技部专工	生技部经理	总工程师	05-25
329	热控	GHNH-RK-001/17	DCS 系统检修文件包	招标定	点检员	生技部专工	生技部经理	总工程师	05-25
330	热控	GHNH-RK-001/18	DEH、ETS 系统检修文件包	招标定	点检员	生技部专工	生技部经理	总工程师	05-25
331	热控	GHNH-RK-001/19	旁路系统检修文件包	招标定	点检员	生技部专工	生技部经理	总工程师	05-25
332	热控	GHNH-RK-001/20	胶球清洗检修文件包	招标定	点检员	生技部专工	生技部经理	总工程师	05-25
333	热控	GHNH-RK-001/21	FSSS 系统检修文件包	招标定	点检员	生技部专工	生技部经理	总工程师	05-25
334	热控	GHNH-RK-001/22	点火控制系统设备检修文件包	招标定	点检员	生技部专工	生技部经理	总工程师	05-25
335	热控	GHNH-RK-001/23	给煤机控制系统设备检修文件包	招标定	点检员	生技部专工	生技部经理	总工程师	05-25
336	热控	GHNH-RK-001/24	火焰检测系统设备检修文件包	招标定	点检员	生技部专工	生技部经理	总工程师	05-25
337	热控	GHNH-RK-001/25	AB PLC 控制系统检修文件包	招标定	点检员	生技部专工	生技部经理	总工程师	05-25
338	热控	GHNH-RK-001/26	空气预热器红外热点探测系统检修文件包	招标定	点检员	生技部专工	生技部经理	总工程师	05-25
339	热控	GHNH-RK-001/27	空气预热器漏风控制系统检修文件包	招标定	点检员	生技部专工	生技部经理	总工程师	05-25
340	热控	GHNH-RK-001/28	炉管泄漏在线监测系统设备检修文件包	招标定	点检员	生技部专工	生技部经理	总工程师	05-25

续表

序号	专业	文件包编号	文件包名称	施工方	编制	审核	审定	批准	完成时间
341	热控	GHNH-RK-001/29	CEMS 系统检修文件包	招标定	点检员	生技部专工	生技部经理	总工程师	05-25
342	热控	GHNH-RK-001/30	炉膛火焰工业电视系统设备检修文件包	招标定	点检员	生技部专工	生技部经理	总工程师	05-25
343	热控	GHNH-RK-001/31	等离子点火控制系统检修文件包	招标定	点检员	生技部专工	生技部经理	总工程师	05-25
344	热控	GHNH-RK-001/32	氧量分析仪表检修文件包	招标定	点检员	生技部专工	生技部经理	总工程师	05-25
345	热控	GHNH-RK-001/33	导波雷达料位计检修文件包	招标定	点检员	生技部专工	生技部经理	总工程师	05-25
346	热控	GHNH-RK-001/34	闭路电视摄象机检修文件包	招标定	点检员	生技部专工	生技部经理	总工程师	05-25
347	热控	GHNH-RK-001/35	底渣控制系统设备检修文件包	招标定	点检员	生技部专工	生技部经理	总工程师	05-25
348	热控	GHNH-RK-001/36	化学仪表检修文件包	招标定	点检员	生技部专工	生技部经理	总工程师	05-25
349	硫化	GHNH-CH-001/01	刮板捞渣机检修	招标定	点检员	生技部专工	生技部经理	总工程师	12-28
350	硫化	GHNH-CH-006/11	A 底渣系统排水泵修	招标定	点检员	生技部专工	生技部经理	总工程师	12-28
351	硫化	GHNH-CH-006/12	B 底渣系统排水泵修	招标定	点检员	生技部专工	生技部经理	总工程师	12-28
352	硫化	GHNH-CH-002/01	电除尘器检修	招标定	点检员	生技部专工	生技部经理	总工程师	12-28
353	硫化	GHNH-CH-003/01	电除尘器干出灰系统检修	招标定	点检员	生技部专工	生技部经理	总工程师	12-28
354	硫化	GHNH-TL-001/01	吸收塔设备检修	招标定	点检员	生技部专工	生技部经理	总工程师	12-28
355	硫化	GHNH-TL-002/01	吸收塔 A 搅拌器设备检修	招标定	点检员	生技部专工	生技部经理	总工程师	12-28
356	硫化	GHNH-TL-002/02	吸收塔 B 搅拌器设备检修	招标定	点检员	生技部专工	生技部经理	总工程师	12-28
357	硫化	GHNH-TL-002/03	吸收塔 C 搅拌器设备检修	招标定	点检员	生技部专工	生技部经理	总工程师	12-28
358	硫化	GHNH-TL-002/04	吸收塔 D 搅拌器设备检修	招标定	点检员	生技部专工	生技部经理	总工程师	12-28
359	硫化	GHNH-TL-002/05	吸收塔 E 搅拌器设备检修	招标定	点检员	生技部专工	生技部经理	总工程师	12-28

续表

序号	专业	文件包编号	文件包名称	施工方	编制	审核	审定	批准	完成时间
360	硫化	GHNH-TL-002/06	吸收塔 F 搅拌器设备检修	招标定	点检员	生技部专工	生技部经理	总工程师	12-28
361	硫化	GHNH-TL-002/07	吸收塔 G 搅拌器设备检修	招标定	点检员	生技部专工	生技部经理	总工程师	12-28
362	硫化	GHNH-TL-003/01	A 增压风机设备检修	招标定	点检员	生技部专工	生技部经理	总工程师	12-28
363	硫化	GHNH-TL-003/02	B 增压风机设备检修	招标定	点检员	生技部专工	生技部经理	总工程师	12-28
364	硫化	GHNH-TL-004/01	A 浆液循环泵设备检修	招标定	点检员	生技部专工	生技部经理	总工程师	12-28
365	硫化	GHNH-TL-004/02	B 浆液循环泵设备检修	招标定	点检员	生技部专工	生技部经理	总工程师	12-28
366	硫化	GHNH-TL-004/03	C 浆液循环泵设备检修	招标定	点检员	生技部专工	生技部经理	总工程师	12-28
367	硫化	GHNH-TL-004/04	D 浆液循环泵设备检修	招标定	点检员	生技部专工	生技部经理	总工程师	12-28
368	硫化	GHNH-TL-005/01	A 石膏浆液排出泵检修	招标定	点检员	生技部专工	生技部经理	总工程师	12-28
369	硫化	GHNH-TL-005/02	B 石膏浆液排出泵检修	招标定	点检员	生技部专工	生技部经理	总工程师	12-28
370	硫化	GHNH-TL-005/05	A 石灰石浆液泵设备检修	招标定	点检员	生技部专工	生技部经理	总工程师	12-28
371	硫化	GHNH-TL-005/06	B 石灰石浆液泵设备检修	招标定	点检员	生技部专工	生技部经理	总工程师	12-28
372	硫化	GHNH-HX-001/01	精处理 A 前置过滤器	招标定	点检员	生技部专工	生技部经理	总工程师	01-08
373	硫化	GHNH-HX-001/02	精处理 B 前置过滤器	招标定	点检员	生技部专工	生技部经理	总工程师	01-08
374	硫化	GHNH-HX-001/03	精处理 A 高速混床	招标定	点检员	生技部专工	生技部经理	总工程师	01-08
375	硫化	GHNH-HX-001/04	精处理 B 高速混床	招标定	点检员	生技部专工	生技部经理	总工程师	01-08
376	硫化	GHNH-HX-001/05	精处理 C 高速混床	招标定	点检员	生技部专工	生技部经理	总工程师	01-08
377	硫化	GHNH-HX-001/06	精处理 D 高速混床	招标定	点检员	生技部专工	生技部经理	总工程师	01-08
378	硫化	GHNH-HX-001/07	精处理分离塔	招标定	点检员	生技部专工	生技部经理	总工程师	01-08
379	硫化	GHNH-HX-001/08	精处理阴塔	招标定	点检员	生技部专工	生技部经理	总工程师	01-08
380	硫化	GHNH-HX-001/09	精处理阳塔	招标定	点检员	生技部专工	生技部经理	总工程师	01-08
381	硫化	GHNH-HX-002/01	汽水取样降温减压架	招标定	点检员	生技部专工	生技部经理	总工程师	01-08
382	硫化	GHNH-HX-004/01	海水净水站澄清池	招标定	点检员	生技部专工	生技部经理	总工程师	01-08

检修质量验收单/检修工艺记录卡编审清单见表 3-61。

表 3-61

检修质量验收单/检修工艺记录卡编审清单

序号	专业	工艺卡编号	名称	施工方	编制	审核	鉴发	完成时间
1	汽轮机	QJ-001	截止阀检修质量验收单	招标定	点检员	设备部专业主管	生技部专业主管	01-05
2	汽轮机	QJ-002	闸阀检修质量验收单	招标定	点检员	设备部专业主管	生技部专业主管	01-05
3	汽轮机	QJ-003	蝶阀检修质量验收单	招标定	点检员	设备部专业主管	生技部专业主管	01-05
4	汽轮机	QJ-004	逆止阀检修质量验收单	招标定	点检员	设备部专业主管	生技部专业主管	01-05
5	汽轮机	QJ-005	调节阀检修质量验收单	招标定	点检员	设备部专业主管	生技部专业主管	01-05
6	汽轮机	QJ-006	快冷装置拆装检修质量验收单	招标定	点检员	设备部专业主管	生技部专业主管	01-05
7	汽轮机	QJ-007	疏水气动门检修质量验收单	招标定	点检员	设备部专业主管	生技部专业主管	01-05
8	汽轮机	QJ-008	蓄能器测压充氮检修质量验收单	招标定	点检员	设备部专业主管	生技部专业主管	01-05
9	汽轮机	QJ-009	清污机检修质量验收单	招标定	点检员	设备部专业主管	生技部专业主管	01-05
10	汽轮机	QJ-010	电动滤网检修质量验收单	招标定	点检员	设备部专业主管	生技部专业主管	01-05
11	汽轮机	QJ-011	循泵检查检修质量验收单	招标定	点检员	设备部专业主管	生技部专业主管	01-05
12	汽轮机	QJ-012	液控蝶阀检修质量验收单	招标定	点检员	设备部专业主管	生技部专业主管	01-05
13	汽轮机	QJ-013	循环水管道排空气阀检修质量验收单	招标定	点检员	设备部专业主管	生技部专业主管	01-05
14	汽轮机	QJ-014	循环水管道防腐检修质量验收单	招标定	点检员	设备部专业主管	生技部专业主管	01-05
15	汽轮机	QJ-015	海水流量调节阀检修质量验收单	招标定	点检员	设备部专业主管	生技部专业主管	01-05
16	汽轮机	QJ-016	汽轮机清洗系统检修质量验收单	招标定	点检员	设备部专业主管	生技部专业主管	01-05
17	汽轮机	QJ-017	低压缸防爆门检修质量验收单	招标定	点检员	设备部专业主管	生技部专业主管	01-05
18	汽轮机	QJ-018	凝汽器水室检查检修质量验收单	招标定	点检员	设备部专业主管	生技部专业主管	01-05
19	汽轮机	QJ-019	高压疏扩检修质量验收单	招标定	点检员	设备部专业主管	生技部专业主管	01-05

续表

序号	专业	工艺卡编号	名称	施工工方	编制	审核	签发	完成时间
20	汽轮机	QJ-020	低压疏扩检质量验收单	招标定	点检员	设备部专业主管	生技部专业主管	01-05
21	汽轮机	QJ-021	本体疏扩检质量验收单	招标定	点检员	设备部专业主管	生技部专业主管	01-05
22	汽轮机	QJ-022	给水泵汽轮机汽泵轴承座检修、联轴器检修质量验收单	招标定	点检员	设备部专业主管	生技部专业主管	01-05
23	汽轮机	QJ-023	闭式水热交换器检修质量验收单	招标定	点检员	设备部专业主管	生技部专业主管	01-05
24	汽轮机	QJ-024	真空泵密封液冷却器检修质量验收单	招标定	点检员	设备部专业主管	生技部专业主管	01-05
25	锅炉	GLZY-001	水力吹灰器检修质量验收单	招标定	点检员	设备部专业主管	生技部专业主管	01-15
26	锅炉	GLZY-002	空气预热器吹灰器检修质量验收单	招标定	点检员	设备部专业主管	生技部专业主管	01-15
27	锅炉	GLZY-003	液动调节阀门及油站检修质量验收单	招标定	点检员	设备部专业主管	生技部专业主管	01-15
28	锅炉	GLZY-004	疏放水系统优化改造检修质量验收单	招标定	点检员	设备部专业主管	生技部专业主管	01-15
29	锅炉	GLZY-005-01	A原煤斗及疏松机检修质量验收单	招标定	点检员	设备部专业主管	生技部专业主管	01-15
30	锅炉	GLZY-005-02	B原煤斗及疏松机检修质量验收单	招标定	点检员	设备部专业主管	生技部专业主管	01-15
31	锅炉	GLZY-005-03	C原煤斗及疏松机检修质量验收单	招标定	点检员	设备部专业主管	生技部专业主管	01-15
32	锅炉	GLZY-005-04	D原煤斗及疏松机检修质量验收单	招标定	点检员	设备部专业主管	生技部专业主管	01-15
33	锅炉	GLZY-005-05	E原煤斗及疏松机检修质量验收单	招标定	点检员	设备部专业主管	生技部专业主管	01-15
34	锅炉	GLZY-005-06	F原煤斗及疏松机检修质量验收单	招标定	点检员	设备部专业主管	生技部专业主管	01-15
35	锅炉	GLZY-006	送粉管道及其附属设备检修质量验收单	招标定	点检员	设备部专业主管	生技部专业主管	01-15
36	锅炉	GLZY-007-01	A稀释风机检修质量验收单	招标定	点检员	设备部专业主管	生技部专业主管	01-15
37	锅炉	GLZY-007-02	B稀释风机检修质量验收单	招标定	点检员	设备部专业主管	生技部专业主管	01-15
38	锅炉	GLZY-008-01	A火检风机检修质量验收单	招标定	点检员	设备部专业主管	生技部专业主管	01-15

续表

序号	专业	工艺卡编号	名称	施工方	编制	审核	签发	完成时间
39	锅炉	GLZY-008-02	B 火检风机检修质量验收单	招标定	点检员	设备部专业主管	生技部专业主管	01-15
40	锅炉	GLZY-009-01	A 等离子风机检修质量验收单	招标定	点检员	设备部专业主管	生技部专业主管	01-15
41	锅炉	GLZY-009-02	B 等离子风机检修质量验收单	招标定	点检员	设备部专业主管	生技部专业主管	01-15
42	锅炉	GLZY-010	烟风道及其附属设备检修质量验收单	招标定	点检员	设备部专业主管	生技部专业主管	01-15
43	电气一次	DYPD-001	500kV 架空线瓷瓶检修工艺记录卡	招标定	点检员	设备部专业主管	生技部专业主管	01-05
44	电气一次	DYPD-002	发电机出口 PT 检修工艺记录卡	招标定	点检员	设备部专业主管	生技部专业主管	01-05
45	电气一次	DYPD-003	发电机主封母检修工艺记录卡	招标定	点检员	设备部专业主管	生技部专业主管	01-05
46	电气一次	DYPD-004	A 高压厂用变压器封母检修工艺记录卡	招标定	点检员	设备部专业主管	生技部专业主管	01-05
47	电气一次	DYPD-005	B 高压厂用变压器封母检修工艺记录卡	招标定	点检员	设备部专业主管	生技部专业主管	01-05
48	电气一次	DYPD-006	A1 整流变压器检修工艺记录卡	招标定	点检员	设备部专业主管	生技部专业主管	01-05
49	电气一次	DYPD-007	A2 整流变压器检修工艺记录卡	招标定	点检员	设备部专业主管	生技部专业主管	01-05
50	电气一次	DYPD-008	A3 整流变压器检修工艺记录卡	招标定	点检员	设备部专业主管	生技部专业主管	01-05
51	电气一次	DYPD-009	A4 整流变压器检修工艺记录卡	招标定	点检员	设备部专业主管	生技部专业主管	01-05
52	电气一次	DYPD-010	B1 整流变压器检修工艺记录卡	招标定	点检员	设备部专业主管	生技部专业主管	01-05
53	电气一次	DYPD-011	B2 整流变压器检修工艺记录卡	招标定	点检员	设备部专业主管	生技部专业主管	01-05
54	电气一次	DYPD-012	B3 整流变压器检修工艺记录卡	招标定	点检员	设备部专业主管	生技部专业主管	01-05
55	电气一次	DYPD-013	B4 整流变压器检修工艺记录卡	招标定	点检员	设备部专业主管	生技部专业主管	01-05
56	电气一次	DYPD-014	C1 整流变压器检修工艺记录卡	招标定	点检员	设备部专业主管	生技部专业主管	01-05
57	电气一次	DYPD-015	C2 整流变压器检修工艺记录卡	招标定	点检员	设备部专业主管	生技部专业主管	01-05

续表

序号	专业	工艺卡编号	名称	施工方	编制	审核	签发	完成时间
58	电气一次	DYPD-016	C3 整流变压器检修工艺记录卡	招标定	点检员	设备部专业主管	生技部专业主管	01-05
59	电气一次	DYPD-017	C4 整流变压器检修工艺记录卡	招标定	点检员	设备部专业主管	生技部专业主管	01-05
60	电气一次	DYPD-018	D1 整流变压器检修工艺记录卡	招标定	点检员	设备部专业主管	生技部专业主管	01-05
61	电气一次	DYPD-019	D2 整流变压器检修工艺记录卡	招标定	点检员	设备部专业主管	生技部专业主管	01-05
62	电气一次	DYPD-020	D3 整流变压器检修工艺记录卡	招标定	点检员	设备部专业主管	生技部专业主管	01-05
63	电气一次	DYPD-021	D4 整流变压器检修工艺记录卡	招标定	点检员	设备部专业主管	生技部专业主管	01-05
64	电气一次	DYPD-022	E1 整流变压器检修工艺记录卡	招标定	点检员	设备部专业主管	生技部专业主管	01-05
65	电气一次	DYPD-023	E2 整流变压器检修工艺记录卡	招标定	点检员	设备部专业主管	生技部专业主管	01-05
66	电气一次	DYPD-024	E3 整流变压器检修工艺记录卡	招标定	点检员	设备部专业主管	生技部专业主管	01-05
67	电气一次	DYPD-025	E4 整流变压器检修工艺记录卡	招标定	点检员	设备部专业主管	生技部专业主管	01-05
68	电气一次	DYPD-026	F1 整流变压器检修工艺记录卡	招标定	点检员	设备部专业主管	生技部专业主管	01-05
69	电气一次	DYPD-027	F2 整流变压器检修工艺记录卡	招标定	点检员	设备部专业主管	生技部专业主管	01-05
70	电气一次	DYPD-028	F3 整流变压器检修工艺记录卡	招标定	点检员	设备部专业主管	生技部专业主管	01-05
71	电气一次	DYPD-029	F4 整流变压器检修工艺记录卡	招标定	点检员	设备部专业主管	生技部专业主管	01-05
72	电气一次	DYPD-030	动力电缆检修工艺记录卡	招标定	点检员	设备部专业主管	生技部专业主管	01-05
73	电气一次	DYPD-031	A 电除尘灰斗加热器控制箱检修工艺记录卡	招标定	点检员	设备部专业主管	生技部专业主管	01-05
74	电气一次	DYPD-032	B 电除尘灰斗加热器控制箱检修工艺记录卡	招标定	点检员	设备部专业主管	生技部专业主管	01-05
75	电气一次	DYPD-033	A 气化风机加热器与控制箱检修工艺记录卡	招标定	点检员	设备部专业主管	生技部专业主管	01-05
76	电气一次	DYPD-034	B 气化风机加热器与控制箱检修工艺记录卡	招标定	点检员	设备部专业主管	生技部专业主管	01-05

续表

序号	专业	工艺卡编号	名称	施工方	编制	审核	鉴发	完成时间
77	电气一次	DYPD-035	电除尘各加热器检修工艺记录卡	招标定	点检员	设备部专业主管	生技部专业主管	01-05
78	电气一次	DYPD-100	1 号角上隔离变检修工艺记录卡	招标定	点检员	设备部专业主管	生技部专业主管	01-05
79	电气一次	DYPD-101	2 号角上隔离变检修工艺记录卡	招标定	点检员	设备部专业主管	生技部专业主管	01-05
80	电气一次	DYPD-102	3 号角上隔离变检修工艺记录卡	招标定	点检员	设备部专业主管	生技部专业主管	01-05
81	电气一次	DYPD-103	4 号角上隔离变检修工艺记录卡	招标定	点检员	设备部专业主管	生技部专业主管	01-05
82	电气一次	DYPD-104	1 号角下隔离变检修工艺记录卡	招标定	点检员	设备部专业主管	生技部专业主管	01-05
83	电气一次	DYPD-105	2 号角下隔离变检修工艺记录卡	招标定	点检员	设备部专业主管	生技部专业主管	01-05
84	电气一次	DYPD-106	3 号角下隔离变检修工艺记录卡	招标定	点检员	设备部专业主管	生技部专业主管	01-05
85	电气一次	DYPD-107	4 号角下隔离变检修工艺记录卡	招标定	点检员	设备部专业主管	生技部专业主管	01-05
86	电气一次	DYPD-040	6kVA1 段备用电源进线 TV	招标定	点检员	设备部专业主管	生技部专业主管	01-05
87	电气一次	DYPD-041	6kVA1 段工作电源进线 TV	招标定	点检员	设备部专业主管	生技部专业主管	01-05
88	电气一次	DYPD-042	6kVA1 段母线 TV	招标定	点检员	设备部专业主管	生技部专业主管	01-05
89	电气一次	DYPD-043	6kVA2 段备用电源进线 TV	招标定	点检员	设备部专业主管	生技部专业主管	01-05
90	电气一次	DYPD-044	6kVA2 段工作电源进线 TV	招标定	点检员	设备部专业主管	生技部专业主管	01-05
91	电气一次	DYPD-045	6kVA2 段母线 TV	招标定	点检员	设备部专业主管	生技部专业主管	01-05
92	电气一次	DYPD-046	6kVB1 段备用电源进线 TV	招标定	点检员	设备部专业主管	生技部专业主管	01-05
93	电气一次	DYPD-047	6kVB1 段工作电源进线 TV	招标定	点检员	设备部专业主管	生技部专业主管	01-05
94	电气一次	DYPD-048	6kVB1 段母线 TV	招标定	点检员	设备部专业主管	生技部专业主管	01-05
95	电气一次	DYPD-049	6kVB2 段备用电源进线 TV	招标定	点检员	设备部专业主管	生技部专业主管	01-05

续表

序号	专业	工艺卡编号	名称	施工工方	编制	审核	签发	完成时间
96	电气一次	DYPD-050	6kVB2段工作电源进线 TV	招标定	点检员	设备部专业主管	生技部专业主管	01-05
97	电气一次	DYPD-051	6kVB2段母线 TV	招标定	点检员	设备部专业主管	生技部专业主管	01-05
98	电气一次	DYPD-052	6kV 输煤 2A 段工作电源进线 TV（二）	招标定	点检员	设备部专业主管	生技部专业主管	01-05
99	电气一次	DYPD-053	6kV 输煤 2A 段工作电源进线 TV（一）	招标定	点检员	设备部专业主管	生技部专业主管	01-05
100	电气一次	DYPD-054	6kV 输煤 2A 段母线 TV	招标定	点检员	设备部专业主管	生技部专业主管	01-05
101	电气一次	DYPD-055	6kV 输煤 2B 段工作电源进线 TV（二）	招标定	点检员	设备部专业主管	生技部专业主管	01-05
102	电气一次	DYPD-056	6kV 输煤 2B 段工作电源进线 TV（一）	招标定	点检员	设备部专业主管	生技部专业主管	01-05
103	电气一次	DYPD-057	6kV 输煤 2B 段母线 TV	招标定	点检员	设备部专业主管	生技部专业主管	01-05
104	电气一次	DYPD-058	GIS 进线套管清擦	招标定	点检员	设备部专业主管	生技部专业主管	01-05
105	电气一次	DYPD-059	5041 开关检查预试	招标定	点检员	设备部专业主管	生技部专业主管	01-05
106	电气一次	DYPD-060	5042 开关检查预试	招标定	点检员	设备部专业主管	生技部专业主管	01-05
107	电气一次	DYPD-061	GIS 进线避雷器检查预试	招标定	点检员	设备部专业主管	生技部专业主管	01-05
108	电气一次	DYDJ-001	A 给煤机电动机检修文件包	招标定	点检员	设备部专业主管	生技部专业主管	01-05
109	电气一次	DYDJ-002	B 给煤机电动机检修文件包	招标定	点检员	设备部专业主管	生技部专业主管	01-05
110	电气一次	DYDJ-003	C 给煤机电动机检修文件包	招标定	点检员	设备部专业主管	生技部专业主管	01-05
111	电气一次	DYDJ-004	D 给煤机电动机检修文件包	招标定	点检员	设备部专业主管	生技部专业主管	01-05
112	电气一次	DYDJ-005	E 给煤机电动机检修文件包	招标定	点检员	设备部专业主管	生技部专业主管	01-05
113	电气一次	DYDJ-006	F 给煤机电动机检修文件包	招标定	点检员	设备部专业主管	生技部专业主管	01-05
114	电气一次	DYDJ-007	A 清扫链电动机检查	招标定	点检员	设备部专业主管	生技部专业主管	01-05

续表

序号	专业	工艺卡编号	名称	施工方	编制	审核	签发	完成时间
115	电气一次	DYDJ-008	B 清扫链电动机检查	招标定	点检员	设备部专业主管	生技部专业主管	01-05
116	电气一次	DYDJ-009	C 清扫链电动机检查	招标定	点检员	设备部专业主管	生技部专业主管	01-05
117	电气一次	DYDJ-010	D 清扫链电动机检查	招标定	点检员	设备部专业主管	生技部专业主管	01-05
118	电气一次	DYDJ-011	E 清扫链电动机检查	招标定	点检员	设备部专业主管	生技部专业主管	01-05
119	电气一次	DYDJ-012	F 清扫链电动机检查	招标定	点检员	设备部专业主管	生技部专业主管	01-05
120	电气一次	DYDJ-013	A 磨煤机 1 号油泵电动机检查	招标定	点检员	设备部专业主管	生技部专业主管	01-05
121	电气一次	DYDJ-014	A 磨煤机 2 号油泵电动机检查	招标定	点检员	设备部专业主管	生技部专业主管	01-05
122	电气一次	DYDJ-015	B 磨煤机 1 号油泵电动机检查	招标定	点检员	设备部专业主管	生技部专业主管	01-05
123	电气一次	DYDJ-016	B 磨煤机 2 号油泵电动机检查	招标定	点检员	设备部专业主管	生技部专业主管	01-05
124	电气一次	DYDJ-017	C 磨煤机 1 号油泵电动机检查	招标定	点检员	设备部专业主管	生技部专业主管	01-05
125	电气一次	DYDJ-018	C 磨煤机 2 号油泵电动机检查	招标定	点检员	设备部专业主管	生技部专业主管	01-05
126	电气一次	DYDJ-019	D 磨煤机 1 号油泵电动机检查	招标定	点检员	设备部专业主管	生技部专业主管	01-05
127	电气一次	DYDJ-020	D 磨煤机 2 号油泵电动机检查	招标定	点检员	设备部专业主管	生技部专业主管	01-05
128	电气一次	DYDJ-021	E 磨煤机 1 号油泵电动机检查	招标定	点检员	设备部专业主管	生技部专业主管	01-05
129	电气一次	DYDJ-022	E 磨煤机 2 号油泵电动机检查	招标定	点检员	设备部专业主管	生技部专业主管	01-05
130	电气一次	DYDJ-023	F 磨煤机 1 号油泵电动机检查	招标定	点检员	设备部专业主管	生技部专业主管	01-05
131	电气一次	DYDJ-024	F 磨煤机 2 号油泵电动机检查	招标定	点检员	设备部专业主管	生技部专业主管	01-05
132	电气一次	DYDJ-025	A 等离子冷却风机电动机检查	招标定	点检员	设备部专业主管	生技部专业主管	01-05
133	电气一次	DYDJ-026	B 等离子冷却风机电动机检查	招标定	点检员	设备部专业主管	生技部专业主管	01-05

续表

序号	专业	工艺卡编号	名称	施工方	编制	审核	签发	完成时间
134	电气一次	DYDJ-027	A等离子冷却水泵电动机检查	招标定	点检员	设备部专业主管	生技部专业主管	01-05
135	电气一次	DYDJ-028	B等离子冷却水泵电动机检查	招标定	点检员	设备部专业主管	生技部专业主管	01-05
136	电气一次	DYDJ-029	A密封风机电动机检查	招标定	点检员	设备部专业主管	生技部专业主管	01-05
137	电气一次	DYDJ-030	B密封风机电动机检查	招标定	点检员	设备部专业主管	生技部专业主管	01-05
138	电气一次	DYDJ-031	A火检冷却风机电动机检查	招标定	点检员	设备部专业主管	生技部专业主管	01-05
139	电气一次	DYDJ-032	B火检冷却风机电动机检查	招标定	点检员	设备部专业主管	生技部专业主管	01-05
140	电气一次	DYDJ-033	A空气预热器主电动机检查	招标定	点检员	设备部专业主管	生技部专业主管	01-05
141	电气一次	DYDJ-034	B空气预热器主电动机检查	招标定	点检员	设备部专业主管	生技部专业主管	01-05
142	电气一次	DYDJ-035	A空气预热器导向轴承润滑油泵电动机检查	招标定	点检员	设备部专业主管	生技部专业主管	01-05
143	电气一次	DYDJ-036	B空气预热器导向轴承润滑油泵电动机检查	招标定	点检员	设备部专业主管	生技部专业主管	01-05
144	电气一次	DYDJ-037	A空气预热器支撑轴承润滑油泵电动机检查	招标定	点检员	设备部专业主管	生技部专业主管	01-05
145	电气一次	DYDJ-038	B空气预热器支撑轴承润滑油泵电动机检查	招标定	点检员	设备部专业主管	生技部专业主管	01-05
146	电气一次	DYDJ-039	A送风机1号油泵电动机检查	招标定	点检员	设备部专业主管	生技部专业主管	01-05
147	电气一次	DYDJ-040	A送风机2号油泵电动机检查	招标定	点检员	设备部专业主管	生技部专业主管	01-05
148	电气一次	DYDJ-041	A送风机电机1号油泵电动机检查	招标定	点检员	设备部专业主管	生技部专业主管	01-05
149	电气一次	DYDJ-042	A送风机电机2号油泵电动机检查	招标定	点检员	设备部专业主管	生技部专业主管	01-05
150	电气一次	DYDJ-043	B送风机1号油泵电动机检查	招标定	点检员	设备部专业主管	生技部专业主管	01-05
151	电气一次	DYDJ-044	B送风机2号油泵电动机检查	招标定	点检员	设备部专业主管	生技部专业主管	01-05
152	电气一次	DYDJ-045	B送风机电机1号油泵电动机检查	招标定	点检员	设备部专业主管	生技部专业主管	01-05

续表

序号	专业	工艺卡编号	名称	施工方	编制	审核	签发	完成时间
153	电气一次	DYDJ-046	B送风机电机2号油泵电动机检查	招标定	点检员	设备部专业主管	生技部专业主管	01-05
154	电气一次	DYDJ-047	A一次风机1号油泵电动机检查	招标定	点检员	设备部专业主管	生技部专业主管	01-05
155	电气一次	DYDJ-048	A一次风机2号油泵电动机检查	招标定	点检员	设备部专业主管	生技部专业主管	01-05
156	电气一次	DYDJ-049	A一次风机电机1号油泵电动机检查	招标定	点检员	设备部专业主管	生技部专业主管	01-05
157	电气一次	DYDJ-050	A一次风机电机2号油泵电动机检查	招标定	点检员	设备部专业主管	生技部专业主管	01-05
158	电气一次	DYDJ-051	B一次风机1号油泵电动机检查	招标定	点检员	设备部专业主管	生技部专业主管	01-05
159	电气一次	DYDJ-052	B一次风机2号油泵电动机检查	招标定	点检员	设备部专业主管	生技部专业主管	01-05
160	电气一次	DYDJ-053	B一次风机电机1号油泵电动机检查	招标定	点检员	设备部专业主管	生技部专业主管	01-05
161	电气一次	DYDJ-054	B一次风机电机2号油泵电动机检查	招标定	点检员	设备部专业主管	生技部专业主管	01-05
162	电气一次	DYDJ-055	A引风机电机1号油泵电动机检查	招标定	点检员	设备部专业主管	生技部专业主管	01-05
163	电气一次	DYDJ-056	A引风机电机2号油泵电动机检查	招标定	点检员	设备部专业主管	生技部专业主管	01-05
164	电气一次	DYDJ-057	B引风机电机1号油泵电动机检查	招标定	点检员	设备部专业主管	生技部专业主管	01-05
165	电气一次	DYDJ-058	B引风机电机2号油泵电动机检查	招标定	点检员	设备部专业主管	生技部专业主管	01-05
166	电气一次	DYDJ-059	A引风机1号冷却风机电动机检查	招标定	点检员	设备部专业主管	生技部专业主管	01-05
167	电气一次	DYDJ-060	A引风机2号冷却风机电动机检查	招标定	点检员	设备部专业主管	生技部专业主管	01-05
168	电气一次	DYDJ-061	B引风机1号冷却风机电动机检查	招标定	点检员	设备部专业主管	生技部专业主管	01-05
169	电气一次	DYDJ-062	B引风机2号冷却风机电动机检查	招标定	点检员	设备部专业主管	生技部专业主管	01-05
170	电气一次	DYDJ-063	A脱硝稀释风机电动机检查	招标定	点检员	设备部专业主管	生技部专业主管	01-05
171	电气一次	DYDJ-064	B脱硝稀释风机电动机检查	招标定	点检员	设备部专业主管	生技部专业主管	01-05

续表

序号	专业	工艺卡编号	名称	施工方	编制	审核	签发	完成时间
172	电气一次	DYDJ-065	A 吸收塔排水坑泵电动机部检查	招标定	点检员	设备部专业主管	生技部专业主管	01-05
173	电气一次	DYDJ-066	B 吸收塔排水坑泵电动机检查	招标定	点检员	设备部专业主管	生技部专业主管	01-05
174	电气一次	DYDJ-067	吸收塔排水坑搅拌器电动机检查	招标定	点检员	设备部专业主管	生技部专业主管	01-05
175	电气一次	DYDJ-068	A 工艺水泵电动机检查	招标定	点检员	设备部专业主管	生技部专业主管	01-05
176	电气一次	DYDJ-069	B 工艺水泵电动机检查	招标定	点检员	设备部专业主管	生技部专业主管	01-05
177	电气一次	DYDJ-070	A 除雾器冲洗水泵电动机检查	招标定	点检员	设备部专业主管	生技部专业主管	01-05
178	电气一次	DYDJ-071	B 除雾器冲洗水泵电动机检查	招标定	点检员	设备部专业主管	生技部专业主管	01-05
179	电气一次	DYDJ-072	C 除雾器冲洗水泵电动机检查	招标定	点检员	设备部专业主管	生技部专业主管	01-05
180	电气一次	DYDJ-073	A 制浆区排水坑泵电动机检查	招标定	点检员	设备部专业主管	生技部专业主管	01-05
181	电气一次	DYDJ-074	B 制浆区排水坑泵电动机检查	招标定	点检员	设备部专业主管	生技部专业主管	01-05
182	电气一次	DYDJ-075	制浆区排水坑搅拌器电动机检查	招标定	点检员	设备部专业主管	生技部专业主管	01-05
183	电气一次	DYDJ-076	A 石膏浆液排出泵电动机检查	招标定	点检员	设备部专业主管	生技部专业主管	01-05
184	电气一次	DYDJ-077	B 石膏浆液排出泵电动机检查	招标定	点检员	设备部专业主管	生技部专业主管	01-05
185	电气一次	DYDJ-078	A 石灰石浆液泵电动机检查	招标定	点检员	设备部专业主管	生技部专业主管	01-05
186	电气一次	DYDJ-079	B 石灰石浆液泵电动机检查	招标定	点检员	设备部专业主管	生技部专业主管	01-05
187	电气一次	DYDJ-080	A 脱硫吸收塔搅拌器电动机检查	招标定	点检员	设备部专业主管	生技部专业主管	01-05
188	电气一次	DYDJ-081	B 脱硫吸收塔搅拌器电动机检查	招标定	点检员	设备部专业主管	生技部专业主管	01-05
189	电气一次	DYDJ-082	C 脱硫吸收塔搅拌器电动机检查	招标定	点检员	设备部专业主管	生技部专业主管	01-05
190	电气一次	DYDJ-083	D 脱硫吸收塔搅拌器电动机检查	招标定	点检员	设备部专业主管	生技部专业主管	01-05

续表

序号	专业	工艺卡编号	名称	施工工方	编制	审核	签发	完成时间
191	电气一次	DYDJ-084	E 脱硫吸收塔搅拌器电动机检查	招标定	点检员	设备部专业主管	生技部专业主管	01-05
192	电气一次	DYDJ-085	F 脱硫吸收塔搅拌器电动机检查	招标定	点检员	设备部专业主管	生技部专业主管	01-05
193	电气一次	DYDJ-086	G 脱硫吸收塔搅拌器电动机检查	招标定	点检员	设备部专业主管	生技部专业主管	01-05
194	电气一次	DYDJ-087	A 增压泵 1 号油泵电动机检查	招标定	点检员	设备部专业主管	生技部专业主管	01-05
195	电气一次	DYDJ-088	A 增压泵 2 号油泵电动机检查	招标定	点检员	设备部专业主管	生技部专业主管	01-05
196	电气一次	DYDJ-089	B 增压泵 1 号油泵电动机检查	招标定	点检员	设备部专业主管	生技部专业主管	01-05
197	电气一次	DYDJ-090	B 增压泵 2 号油泵电动机检查	招标定	点检员	设备部专业主管	生技部专业主管	01-05
198	电气一次	DYDJ-091	A 增压风机 A 冷却风机电动机检查	招标定	点检员	设备部专业主管	生技部专业主管	01-05
199	电气一次	DYDJ-092	A 增压风机 B 冷却风机电动机检查	招标定	点检员	设备部专业主管	生技部专业主管	01-05
200	电气一次	DYDJ-093	A 增压风机 C 冷却风机电动机检查	招标定	点检员	设备部专业主管	生技部专业主管	01-05
201	电气一次	DYDJ-094	A 增压风机 D 冷却风机电动机检查	招标定	点检员	设备部专业主管	生技部专业主管	01-05
202	电气一次	DYDJ-095	B 增压风机 A 冷却风机电动机检查	招标定	点检员	设备部专业主管	生技部专业主管	01-05
203	电气一次	DYDJ-096	B 增压风机 B 冷却风机电动机检查	招标定	点检员	设备部专业主管	生技部专业主管	01-05
204	电气一次	DYDJ-097	B 增压风机 C 冷却风机电动机检查	招标定	点检员	设备部专业主管	生技部专业主管	01-05
205	电气一次	DYDJ-098	B 增压风机 D 冷却风机电动机检查	招标定	点检员	设备部专业主管	生技部专业主管	01-05
206	电气一次	DYDJ-099	A 磨煤机旋转分离器电动机检查	招标定	点检员	设备部专业主管	生技部专业主管	01-05
207	电气一次	DYDJ-100	B 磨煤机旋转分离器电动机检查	招标定	点检员	设备部专业主管	生技部专业主管	01-05
208	电气一次	DYDJ-101	C 磨煤机旋转分离器电动机检查	招标定	点检员	设备部专业主管	生技部专业主管	01-05
209	电气一次	DYDJ-102	D 磨煤机旋转分离器电动机检查	招标定	点检员	设备部专业主管	生技部专业主管	01-05

续表

序号	专业	工艺卡编号	名称	施工方	编制	审核	签发	完成时间
210	电气一次	DYDJ-103	E磨煤机旋转分离器电动机检查	招标定	点检员	设备部专业主管	生技部专业主管	01-05
211	电气一次	DYDJ-104	F磨煤机旋转分离器电动机检查	招标定	点检员	设备部专业主管	生技部专业主管	01-05
212	电气一次	DYDJ-105	A启动疏水泵电动机检查	招标定	点检员	设备部专业主管	生技部专业主管	01-05
213	电气一次	DYDJ-106	B启动疏水泵电动机检查	招标定	点检员	设备部专业主管	生技部专业主管	01-05
214	电气一次	DYDJ-107	A主机交流润滑油泵电动机检查	招标定	点检员	设备部专业主管	生技部专业主管	01-05
215	电气一次	DYDJ-108	B主机交流润滑油泵电动机检查	招标定	点检员	设备部专业主管	生技部专业主管	01-05
216	电气一次	DYDJ-109	A EH油泵电动机检查	招标定	点检员	设备部专业主管	生技部专业主管	01-05
217	电气一次	DYDJ-110	B EH油泵电动机检查	招标定	点检员	设备部专业主管	生技部专业主管	01-05
218	电气一次	DYDJ-111	A EH油冷却风机电动机检查	招标定	点检员	设备部专业主管	生技部专业主管	01-05
219	电气一次	DYDJ-112	B EH油冷却风机电动机检查	招标定	点检员	设备部专业主管	生技部专业主管	01-05
220	电气一次	DYDJ-113	A密封油泵电动机检查	招标定	点检员	设备部专业主管	生技部专业主管	01-05
221	电气一次	DYDJ-114	B密封油泵电动机检查	招标定	点检员	设备部专业主管	生技部专业主管	01-05
222	电气一次	DYDJ-115	A真空泵电动机轴承检查	招标定	点检员	设备部专业主管	生技部专业主管	01-05
223	电气一次	DYDJ-116	B真空泵电动机轴承检查	招标定	点检员	设备部专业主管	生技部专业主管	01-05
224	电气一次	DYDJ-117	C真空泵电动机轴承检查	招标定	点检员	设备部专业主管	生技部专业主管	01-05
225	电气一次	DYDJ-118	A真空泵密封液循环泵电动机检修	招标定	点检员	设备部专业主管	生技部专业主管	01-05
226	电气一次	DYDJ-119	B真空泵密封液循环泵电动机检修	招标定	点检员	设备部专业主管	生技部专业主管	01-05
227	电气一次	DYDJ-120	C真空泵密封液循环泵电动机检修	招标定	点检员	设备部专业主管	生技部专业主管	01-05
228	电气一次	DYDJ-121	主机油净油装置再循环泵电动机检修	招标定	点检员	设备部专业主管	生技部专业主管	01-05

续表

序号	专业	工艺卡编号	名称	施工方	编制	审核	鉴发	完成时间
229	电气一次	DYDJ-122	给水泵汽轮机油净油装置再循环泵电动机检修	招标定	点检员	设备部专业主管	生技部专业主管	01-05
230	电气一次	DYDJ-123	A EH 油净油装置再循环泵电动机检修	招标定	点检员	设备部专业主管	生技部专业主管	01-05
231	电气一次	DYDJ-124	B EH 油净油装置再循环泵电动机检修	招标定	点检员	设备部专业主管	生技部专业主管	01-05
232	电气一次	DYDJ-125	A EH 油冷却风扇电动机检修	招标定	点检员	设备部专业主管	生技部专业主管	01-05
233	电气一次	DYDJ-126	B EH 油冷却风扇电动机检修	招标定	点检员	设备部专业主管	生技部专业主管	01-05
234	电气一次	DYDJ-127	A 主油箱排烟风机电动机检查	招标定	点检员	设备部专业主管	生技部专业主管	01-05
235	电气一次	DYDJ-128	B 主油箱排烟风机电动机检查	招标定	点检员	设备部专业主管	生技部专业主管	01-05
236	电气一次	DYDJ-129	A 给水泵汽轮机油箱 1 号排烟风机电动机检查	招标定	点检员	设备部专业主管	生技部专业主管	01-05
237	电气一次	DYDJ-130	A 给水泵汽轮机油箱 2 号排烟风机电动机检查	招标定	点检员	设备部专业主管	生技部专业主管	01-05
238	电气一次	DYDJ-131	B 给水泵汽轮机油箱 1 号排烟风机电动机检查	招标定	点检员	设备部专业主管	生技部专业主管	01-05
239	电气一次	DYDJ-132	B 给水泵汽轮机油箱 2 号排烟风机电动机检查	招标定	点检员	设备部专业主管	生技部专业主管	01-05
240	电气一次	DYDJ-133	A 密封油排烟风机电动机检查	招标定	点检员	设备部专业主管	生技部专业主管	01-05
241	电气一次	DYDJ-134	B 密封油排烟风机电动机检查	招标定	点检员	设备部专业主管	生技部专业主管	01-05
242	电气一次	DYDJ-135	A 高压旁路电动机检查	招标定	点检员	设备部专业主管	生技部专业主管	01-05
243	电气一次	DYDJ-136	B 高压旁路电动机检查	招标定	点检员	设备部专业主管	生技部专业主管	01-05
244	电气一次	DYDJ-137	A 低压旁路电动机检查	招标定	点检员	设备部专业主管	生技部专业主管	01-05
245	电气一次	DYDJ-138	B 低压旁路电动机检查	招标定	点检员	设备部专业主管	生技部专业主管	01-05
246	电气一次	DYDJ-139	主机直流油泵电动机接线盒及碳刷检查	招标定	点检员	设备部专业主管	生技部专业主管	01-05
247	电气一次	DYDJ-140	A 给水泵汽轮机直流油泵电动机接线盒及碳刷检查	招标定	点检员	设备部专业主管	生技部专业主管	01-05

续表

序号	专业	工艺卡编号	名称	施工方	编制	审核	签发	完成时间
248	电气一次	DYDJ-141	B给水泵汽轮机直流油泵电动机接线盒及碳刷检查	招标定	点检员	设备部专业主管	生技部专业主管	01-05
249	电气一次	DYDJ-142	A发电机定冷水泵电动机检修	招标定	点检员	设备部专业主管	生技部专业主管	01-05
250	电气一次	DYDJ-143	B发电机定冷水泵电动机检修	招标定	点检员	设备部专业主管	生技部专业主管	01-05
251	电气一次	DYDJ-144	A凝汽器排水坑泵电动机检查	招标定	点检员	设备部专业主管	生技部专业主管	01-05
252	电气一次	DYDJ-145	B凝汽器排水坑泵电动机检查	招标定	点检员	设备部专业主管	生技部专业主管	01-05
253	电气一次	DYDJ-146	A脱硫真空皮带脱水机电动机检查	招标定	点检员	设备部专业主管	生技部专业主管	01-05
254	电气一次	DYDJ-147	A脱硫真空泵电动机检查	招标定	点检员	设备部专业主管	生技部专业主管	01-05
255	电气一次	DYDJ-148	A卸料压缩机电动机检查	招标定	点检员	设备部专业主管	生技部专业主管	01-05
256	电气一次	DYDJ-149	B卸料压缩机电动机检查	招标定	点检员	设备部专业主管	生技部专业主管	01-05
257	电气一次	DYDJ-150	A砂循环泵电动机检查	招标定	点检员	设备部专业主管	生技部专业主管	01-05
258	电气一次	DYDJ-151	B砂循环泵电动机检查	招标定	点检员	设备部专业主管	生技部专业主管	01-05
259	电气一次	DYDJ-152	A脱水区排水坑泵电动机检查	招标定	点检员	设备部专业主管	生技部专业主管	01-05
260	电气一次	DYDJ-153	B脱水区排水坑泵电动机检查	招标定	点检员	设备部专业主管	生技部专业主管	01-05
261	电气一次	DYDJ-154	脱水区排水坑搅拌器电动机检查	招标定	点检员	设备部专业主管	生技部专业主管	01-05
262	电气一次	DYDJ-155	B氨区废水泵电动机检查	招标定	点检员	设备部专业主管	生技部专业主管	01-05
263	电气一次	DYDJ-156	柴油发电机清扫检查	招标定	点检员	设备部专业主管	生技部专业主管	01-05
264	电气一次	DYDJ-160	A灰斗气化风机电动机检修工艺记录卡	招标定	点检员	设备部专业主管	生技部专业主管	01-05
265	电气一次	DYDJ-161	B灰斗气化风机电动机检修工艺记录卡	招标定	点检员	设备部专业主管	生技部专业主管	01-05
266	电气一次	DYDJ-162	A1阳极振打电动机检修工艺记录卡	招标定	点检员	设备部专业主管	生技部专业主管	01-05

续表

序号	专业	工艺卡编号	名称	施工方	编制	审核	签发	完成时间
267	电气一次	DYDJ-163	A2 阳极振打电动机检修工艺记录卡	招标定	点检员	设备部专业主管	生技部专业主管	01-05
268	电气一次	DYDJ-164	A3 阳极振打电动机检修工艺记录卡	招标定	点检员	设备部专业主管	生技部专业主管	01-05
269	电气一次	DYDJ-165	A4 阳极振打电动机检修工艺记录卡	招标定	点检员	设备部专业主管	生技部专业主管	01-05
270	电气一次	DYDJ-166	B1 阳极振打电动机检修工艺记录卡	招标定	点检员	设备部专业主管	生技部专业主管	01-05
271	电气一次	DYDJ-167	B2 阳极振打电动机检修工艺记录卡	招标定	点检员	设备部专业主管	生技部专业主管	01-05
272	电气一次	DYDJ-168	B3 阳极振打电动机检修工艺记录卡	招标定	点检员	设备部专业主管	生技部专业主管	01-05
273	电气一次	DYDJ-169	B4 阳极振打电动机检修工艺记录卡	招标定	点检员	设备部专业主管	生技部专业主管	01-05
274	电气一次	DYDJ-170	C1 阳极振打电动机检修工艺记录卡	招标定	点检员	设备部专业主管	生技部专业主管	01-05
275	电气一次	DYDJ-171	C2 阳极振打电动机检修工艺记录卡	招标定	点检员	设备部专业主管	生技部专业主管	01-05
276	电气一次	DYDJ-172	C3 阳极振打电动机检修工艺记录卡	招标定	点检员	设备部专业主管	生技部专业主管	01-05
277	电气一次	DYDJ-173	C4 阳极振打电动机检修工艺记录卡	招标定	点检员	设备部专业主管	生技部专业主管	01-05
278	电气一次	DYDJ-174	D1 阳极振打电动机检修工艺记录卡	招标定	点检员	设备部专业主管	生技部专业主管	01-05
279	电气一次	DYDJ-175	D2 阳极振打电动机检修工艺记录卡	招标定	点检员	设备部专业主管	生技部专业主管	01-05
280	电气一次	DYDJ-176	D3 阳极振打电动机检修工艺记录卡	招标定	点检员	设备部专业主管	生技部专业主管	01-05
281	电气一次	DYDJ-177	D4 阳极振打电动机检修工艺记录卡	招标定	点检员	设备部专业主管	生技部专业主管	01-05
282	电气一次	DYDJ-178	A1 阴极振打电动机检修工艺记录卡	招标定	点检员	设备部专业主管	生技部专业主管	01-05
283	电气一次	DYDJ-179	A2 阴极振打电动机检修工艺记录卡	招标定	点检员	设备部专业主管	生技部专业主管	01-05
284	电气一次	DYDJ-180	A3 阴极振打电动机检修工艺记录卡	招标定	点检员	设备部专业主管	生技部专业主管	01-05
285	电气一次	DYDJ-181	A4 阴极振打电动机检修工艺记录卡	招标定	点检员	设备部专业主管	生技部专业主管	01-05

续表

序号	专业	工艺卡编号	名称	施工方	编制	审核	鉴发	完成时间
286	电气一次	DYDJ-182	B1 阴极振打电动机检修工艺记录卡	招标定	点检员	设备部专业主管	生技部专业主管	01-05
287	电气一次	DYDJ-183	B2 阴极振打电动机检修工艺记录卡	招标定	点检员	设备部专业主管	生技部专业主管	01-05
288	电气一次	DYDJ-184	B3 阴极振打电动机检修工艺记录卡		点检员	设备部专业主管	生技部专业主管	01-05
289	电气一次	DYDJ-185	B4 阴极振打电动机检修工艺记录卡		点检员	设备部专业主管	生技部专业主管	01-05
290	电气一次	DYDJ-186	C1 阴极振打电动机检修工艺记录卡	招标定	点检员	设备部专业主管	生技部专业主管	01-05
291	电气一次	DYDJ-187	C2 阴极振打电动机检修工艺记录卡	招标定	点检员	设备部专业主管	生技部专业主管	01-05
292	电气一次	DYDJ-188	C3 阴极振打电动机检修工艺记录卡	招标定	点检员	设备部专业主管	生技部专业主管	01-05
293	电气一次	DYDJ-189	C4 阴极振打电动机检修工艺记录卡	招标定	点检员	设备部专业主管	生技部专业主管	01-05
294	电气一次	DYDJ-190	D1 阴极振打电动机检修工艺记录卡	招标定	点检员	设备部专业主管	生技部专业主管	01-05
295	电气一次	DYDJ-191	D2 阴极振打电动机检修工艺记录卡		点检员	设备部专业主管	生技部专业主管	01-05
296	电气一次	DYDJ-192	D3 阴极振打电动机检修工艺记录卡	招标定	点检员	设备部专业主管	生技部专业主管	01-05
297	电气一次	DYDJ-193	D4 阴极振打电动机检修工艺记录卡	招标定	点检员	设备部专业主管	生技部专业主管	01-05
298	电气一次	DYDJ-194	E1 阴极振打电动机检修工艺记录卡	招标定	点检员	设备部专业主管	生技部专业主管	01-05
299	电气一次	DYDJ-195	E2 阴极振打电动机检修工艺记录卡	招标定	点检员	设备部专业主管	生技部专业主管	01-05
300	电气一次	DYDJ-196	E3 阴极振打电动机检修工艺记录卡		点检员	设备部专业主管	生技部专业主管	01-05
301	电气一次	DYDJ-197	E4 阴极振打电动机检修工艺记录卡		点检员	设备部专业主管	生技部专业主管	01-05
302	电气一次	DYDJ-198	F1 阴极振打电动机检修工艺记录卡	招标定	点检员	设备部专业主管	生技部专业主管	01-05
303	电气一次	DYDJ-199	F2 阴极振打电动机检修工艺记录卡	招标定	点检员	设备部专业主管	生技部专业主管	01-05
304	电气一次	DYDJ-200	F3 阴极振打电动机检修工艺记录卡	招标定	点检员	设备部专业主管	生技部专业主管	01-05

续表

序号	专业	工艺卡编号	名称	施工方	编制	审核	签发	完成时间
305	电气一次	DYDJ-201	F4 阴极振打电动机检修工艺记录卡	招标定	点检员	设备部专业主管	生技部专业主管	01-05
306	电气一次	DYDJ-210	灰库 A 气化风机电动机检查	招标定	点检员	设备部专业主管	生技部专业主管	01-05
307	电气一次	DYDJ-211	灰库 C 气化风机电动机检查	招标定	点检员	设备部专业主管	生技部专业主管	01-05
308	电气一次	DYDJ-212	灰库 D 气化风机电动机	招标定	点检员	设备部专业主管	生技部专业主管	01-05
309	电气一次	DYDJ-213	B 搅拌水泵电动机	招标定	点检员	设备部专业主管	生技部专业主管	01-05
310	电气一次	DYDJ-214	C 搅拌水泵电动机	招标定	点检员	设备部专业主管	生技部专业主管	01-05
311	电气一次	DYDJ-215	原灰库除尘风机电动机	招标定	点检员	设备部专业主管	生技部专业主管	01-05
312	电气一次	DYDJ-216	细灰库除尘风机电动机	招标定	点检员	设备部专业主管	生技部专业主管	01-05
313	电气一次	DYDJ-217	炉捞渣机电动机	招标定	点检员	设备部专业主管	生技部专业主管	01-05
314	电气一次	DYDJ-218	A 底渣系统排水泵电动机	招标定	点检员	设备部专业主管	生技部专业主管	01-05
315	电气一次	DYDJ-219	B 底渣系统排水泵电动机	招标定	点检员	设备部专业主管	生技部专业主管	01-05
316	电气一次	DYDJ-220	主耙电动机	招标定	点检员	设备部专业主管	生技部专业主管	01-05
317	电气一次	DYDJ-221	升降电动机	招标定	点检员	设备部专业主管	生技部专业主管	01-05
318	电气一次	DYDJ-222	传感器电动机	招标定	点检员	设备部专业主管	生技部专业主管	01-05
319	电气一次	DYDJ-223	排泥泵 A 电动机	招标定	点检员	设备部专业主管	生技部专业主管	01-05
320	电气一次	DYDJ-224	排泥泵 B 电动机	招标定	点检员	设备部专业主管	生技部专业主管	01-05
321	电气一次	DYDJ-225	除灰水泵 A 电动机	招标定	点检员	设备部专业主管	生技部专业主管	01-05
322	电气一次	DYDJ-226	除灰水泵 B 电动机	招标定	点检员	设备部专业主管	生技部专业主管	01-05
323	电气一次	DYDJ-227	埋刮板输送机	招标定	点检员	设备部专业主管	生技部专业主管	01-05

续表

序号	专业	工艺卡编号	名称	施工方	编制	审核	签发	完成时间
324	电气二次	GHNH-DE-001	发电机 TA 及 TV 端子箱及其二次回路检修质量验收单	招标定	点检员	设备部专业主管	生技部专业主管	01-20
325	电气二次	GHNH-DE-002	主变压器、高压厂用变压器 CT 端子箱及其二次回路检修质量验收单	招标定	点检员	设备部专业主管	生技部专业主管	01-20
326	电气二次	GHNH-DE-003	主变压器、高压厂用变压器冷却器控制柜及其二次回路检修质量验收单	招标定	点检员	设备部专业主管	生技部专业主管	01-20
327	电气二次	GHNH-DE-004	发电机出口断路器控制柜二次回路检修质量验收单	招标定	点检员	设备部专业主管	生技部专业主管	01-20
328	电气二次	GHNH-DE-005	机组变送器屏 1 检修检修质量验收单	招标定	点检员	设备部专业主管	生技部专业主管	01-20
329	电气二次	GHNH-DE-006	机组变送器屏 2 检修检修质量验收单	招标定	点检员	设备部专业主管	生技部专业主管	01-20
330	电气二次	GHNH-DE-007	ECS 系统检修检修质量验收单	招标定	点检员	设备部专业主管	生技部专业主管	01-20
331	电气二次	GHNH-DE-008	发变组电能表校检检修质量验收单	招标定	点检员	设备部专业主管	生技部专业主管	01-20
332	电气二次	GHNH-DE-009	AGC 及机组测控屏检修检修质量验收单	招标定	点检员	设备部专业主管	生技部专业主管	01-20
333	电气二次	GHNH-DE-010	PMU 装置及其二次回路检修检修质量验收单	招标定	点检员	设备部专业主管	生技部专业主管	01-20
334	电气二次	GHNH-DE-011	直流润滑油泵控制箱二次回路检修检修质量验收单	招标定	点检员	设备部专业主管	生技部专业主管	01-20
335	电气二次	GHNH-DE-012	A 给水泵汽轮机直流油泵控制箱二次回路检修检修质量验收单	招标定	点检员	设备部专业主管	生技部专业主管	01-20
336	电气二次	GHNH-DE-013	B 给水泵汽轮机直流油泵控制箱二次回路检修检修质量验收单	招标定	点检员	设备部专业主管	生技部专业主管	01-20
337	电气二次	GHNH-DE-014	直流密封油泵控制箱二次回路检修检修质量验收单	招标定	点检员	设备部专业主管	生技部专业主管	01-20

续表

序号	专业	工艺卡编号	名称	施工方	编制	审核	鉴发	完成时间
338	电气二次	GHNH-DE-015	除尘控制 A 段二次回路检检修质量验收单	招标定	点检员	设备部专业主管	生技部专业主管	01-20
339	电气二次	GHNH-DE-016	除尘控制 B 段二次回路检检修检修质量验收单	招标定	点检员	设备部专业主管	生技部专业主管	01-20
340	电气二次	GHNH-DE-017	火检冷却风机就地控制柜检修质量验收单	招标定	点检员	设备部专业主管	生技部专业主管	01-20
341	电气二次	GHNH-DE-018	等离子冷却风机就地控制柜检修质量验收单	招标定	点检员	设备部专业主管	生技部专业主管	01-20
342	电气二次	GHNH-DE-019	A 一次风机油站控制柜二次回路检检修质量验收单	招标定	点检员	设备部专业主管	生技部专业主管	01-20
343	电气二次	GHNH-DE-020	B 一次风机油站控制柜二次回路检检修质量验收单	招标定	点检员	设备部专业主管	生技部专业主管	01-20
344	电气二次	GHNH-DE-021	A 送风机油站控制柜二次回路检检修质量验收单	招标定	点检员	设备部专业主管	生技部专业主管	01-20
345	电气二次	GHNH-DE-022	B 送风机油站控制柜二次回路检检修质量验收单	招标定	点检员	设备部专业主管	生技部专业主管	01-20
346	电气二次	GHNH-DE-023	A 增压风机油站控制柜二次回路检检修质量验收单	招标定	点检员	设备部专业主管	生技部专业主管	01-20
347	电气二次	GHNH-DE-024	B 增压风机油站控制柜二次回路检检修质量验收单	招标定	点检员	设备部专业主管	生技部专业主管	01-20
348	电气二次	GHNH-DE-025	等离子点火电源柜检查、清扫检质量验收单	招标定	点检员	设备部专业主管	生技部专业主管	01-20
349	电气二次	GHNH-DE-026	磨煤机旋转分离器变频柜清扫检修质量验收单	招标定	点检员	设备部专业主管	生技部专业主管	01-20
350	电气二次	GHNH-DE-027	5042、5043 开关 NCS 监控回路检修检修质量验收单	招标定	点检员	设备部专业主管	生技部专业主管	01-20
351	电气二次	GHNH-DE-028	5042、5043 开关保护及汇控柜二次回路检修检修质量验收单	招标定	点检员	设备部专业主管	生技部专业主管	01-20
352	电气二次	GHNH-DE-001/01	发电机第一套、第二套保护装置及二次回路检修	招标定	点检员	设备部专业主管	生技部专业主管	01-20
353	电气二次	GHNH-DE-002/01	主变压器第一套、第二套保护装置及二次回路检修	招标定	点检员	设备部专业主管	生技部专业主管	01-20
354	电气二次	GHNH-DE-003/01	A、B 高压厂用变压器第一套、第二套保护装置及二次回路检修	招标定	点检员	设备部专业主管	生技部专业主管	01-20

续表

序号	专业	工艺卡编号	名称	施工方	编制	审核	签发	完成时间
355	电气二次	GHNH-DE-004/01	发变组非电量保护及保护管理机二次回路检修	招标定	点检员	设备部专业主管	生技部专业主管	01-20
356	电气二次	GHNH-DE-005/01	发变组故障录波器及其二次回路检修	招标定	点检员	设备部专业主管	生技部专业主管	01-20
357	电气二次	GHNH-DE-006/01	自动准同期装置及其二次回路检修	招标定	点检员	设备部专业主管	生技部专业主管	01-20
358	电气二次	GHNH-DE-007/01	快切屏1装置及其二次回路检修	招标定	点检员	设备部专业主管	生技部专业主管	01-20
359	电气二次	GHNH-DE-008/01	快切屏2装置及其二次回路检修	招标定	点检员	设备部专业主管	生技部专业主管	01-20
360	电气二次	GHNH-DE-009/01	第一套、第二套零功率切机装置及其二次回路检修	招标定	点检员	设备部专业主管	生技部专业主管	01-20
361	电气二次	GHNH-DE-001/02	励磁系统试验及其二次回路检修	招标定	点检员	设备部专业主管	生技部专业主管	01-20
362	电气二次	GHNH-DE-001/03	110V A段直流充放电试验、充电机、蓄电池检修、监察装置试验及二次回路传动	招标定	点检员	设备部专业主管	生技部专业主管	01-20
363	电气二次	GHNH-DE-002/03	110V B段直流充放电试验、充电机、蓄电池检修、监察装置试验及二次回路传动	招标定	点检员	设备部专业主管	生技部专业主管	01-20
364	电气二次	GHNH-DE-003/03	220V 直流充放电试验、充电动机、蓄电池检修、监察装置及二次回路传动	招标定	点检员	设备部专业主管	生技部专业主管	01-20
365	电气二次	GHNH-DE-001/04	第一套 UPS 装置检查、清扫及切换试验	招标定	点检员	设备部专业主管	生技部专业主管	01-20
366	电气二次	GHNH-DE-002/04	第二套 UPS 装置检查、清扫及切换试验	招标定	点检员	设备部专业主管	生技部专业主管	01-20
367	电气二次	GHNH-DE-003/04	脱硫 UPS56A 装置检查、清扫及切换试验	招标定	点检员	设备部专业主管	生技部专业主管	01-20
368	电气二次	GHNH-DE-001/05	6kV A1 段备用进线开关装置及二次回路检修	招标定	点检员	设备部专业主管	生技部专业主管	01-20
369	电气二次	GHNH-DE-002/05	6kV A1 段备用进线 TV 二次回路检修	招标定	点检员	设备部专业主管	生技部专业主管	01-20
370	电气二次	GHNH-DE-003/05	6kV A1 段工作进线开关装置及二次回路检修	招标定	点检员	设备部专业主管	生技部专业主管	01-20

续表

序号	专业	工艺卡编号	名称	施工方	编制	审核	签发	完成时间
371	电气二次	GHNH-DE-004/05	6kV A1 段工作进线 TV 二次回路检修	招标定	点检员	设备部专业主管	生技部专业主管	01-20
372	电气二次	GHNH-DE-005/05	6kV A1 段母线 TV 二次回路检修	招标定	点检员	设备部专业主管	生技部专业主管	01-20
373	电气二次	GHNH-DE-006/05	A 循环水泵开关保护装置及二次回路检修	招标定	点检员	设备部专业主管	生技部专业主管	01-20
374	电气二次	GHNH-DE-007/05	A 送风机开关保护装置及二次回路检修	招标定	点检员	设备部专业主管	生技部专业主管	01-20
375	电气二次	GHNH-DE-008/05	一次风机开关保护装置及二次回路检修	招标定	点检员	设备部专业主管	生技部专业主管	01-20
376	电气二次	GHNH-DE-009/05	A 增压风机开关保护装置及二次回路检修	招标定	点检员	设备部专业主管	生技部专业主管	01-20
377	电气二次	GHNH-DE-010/05	A 公用变压器开关保护装置及二次回路检修	招标定	点检员	设备部专业主管	生技部专业主管	01-20
378	电气二次	GHNH-DE-011/05	A 脱硫变压器开关保护装置及二次回路检修	招标定	点检员	设备部专业主管	生技部专业主管	01-20
379	电气二次	GHNH-DE-012/05	A 汽轮机变压器开关保护装置及二次回路检修	招标定	点检员	设备部专业主管	生技部专业主管	01-20
380	电气二次	GHNH-DE-013/05	A 除尘变压器开关保护装置及二次回路检修	招标定	点检员	设备部专业主管	生技部专业主管	01-20
381	电气二次	GHNH-DE-014/05	A 多功能厅变压器开关保护装置及二次回路检修	招标定	点检员	设备部专业主管	生技部专业主管	01-20
382	电气二次	GHNH-DE-015/05	A 磨煤机开关保护装置及二次回路检修	招标定	点检员	设备部专业主管	生技部专业主管	01-20
383	电气二次	GHNH-DE-016/05	B 磨煤机开关保护装置及二次回路检修	招标定	点检员	设备部专业主管	生技部专业主管	01-20
384	电气二次	GHNH-DE-017/05	A 低压加热器疏水泵开关保护装置及二次回路检修	招标定	点检员	设备部专业主管	生技部专业主管	01-20
385	电气二次	GHNH-DE-018/05	A 除灰空压机开关保护装置及二次回路检修	招标定	点检员	设备部专业主管	生技部专业主管	01-20
386	电气二次	GHNH-DE-019/05	A 氧化风机开关保护装置及二次回路检修	招标定	点检员	设备部专业主管	生技部专业主管	01-20
387	电气二次	GHNH-DE-020/05	C 凝结水输送泵开关保护装置及二次回路检修	招标定	点检员	设备部专业主管	生技部专业主管	01-20
388	电气二次	GHNH-DE-021/05	A 生产检修综合楼变开关保护装置及二次回路检修	招标定	点检员	设备部专业主管	生技部专业主管	01-20
389	电气二次	GHNH-DE-022/05	0E 化水变压器开关保护装置及二次回路检修	招标定	点检员	设备部专业主管	生技部专业主管	01-20

续表

序号	专业	工艺卡编号	名称	施工方	编制	审核	签发	完成时间
390	电气二次	GHNH-DE-023/05	6kV A2段备用进线开关装置及二次回路检修	招标定	点检员	设备部专业主管	生技部专业主管	01-20
391	电气二次	GHNH-DE-024/05	6kV A2段备用进线TV二次回路检修	招标定	点检员	设备部专业主管	生技部专业主管	01-20
392	电气二次	GHNH-DE-025/05	6kV A2段工作进线开关装置及二次回路检修	招标定	点检员	设备部专业主管	生技部专业主管	01-20
393	电气二次	GHNH-DE-026/05	6kV A2段工作进线TV二次回路检修	招标定	点检员	设备部专业主管	生技部专业主管	01-20
394	电气二次	GHNH-DE-027/05	6kV A2段母线TV二次回路检修	招标定	点检员	设备部专业主管	生技部专业主管	01-20
395	电气二次	GHNH-DE-028/05	A凝结水泵开关保护装置及二次回路检修	招标定	点检员	设备部专业主管	生技部专业主管	01-20
396	电气二次	GHNH-DE-029/05	A汽泵前置泵开关保护装置及二次回路检修	招标定	点检员	设备部专业主管	生技部专业主管	01-20
397	电气二次	GHNH-DE-030/05	A引风机开关保护装置及二次回路检修	招标定	点检员	设备部专业主管	生技部专业主管	01-20
398	电气二次	GHNH-DE-031/05	B吸收塔浆液循环泵开关保护装置及二次回路检修	招标定	点检员	设备部专业主管	生技部专业主管	01-20
399	电气二次	GHNH-DE-032/05	C吸收塔浆液循环泵开关保护装置及二次回路检修	招标定	点检员	设备部专业主管	生技部专业主管	01-20
400	电气二次	GHNH-DE-033/05	启动循环泵开关保护装置及二次回路检修	招标定	点检员	设备部专业主管	生技部专业主管	01-20
401	电气二次	GHNH-DE-034/05	A厂应急电源开关保护装置及二次回路检修	招标定	点检员	设备部专业主管	生技部专业主管	01-20
402	电气二次	GHNH-DE-035/05	A锅炉变开关保护装置及二次回路检修	招标定	点检员	设备部专业主管	生技部专业主管	01-20
403	电气二次	GHNH-DE-036/05	除尘备用变开关保护装置及二次回路检修	招标定	点检员	设备部专业主管	生技部专业主管	01-20
404	电气二次	GHNH-DE-037/05	6kV输煤2A段电源（一）开关保护装置及二次回路检修	招标定	点检员	设备部专业主管	生技部专业主管	01-20
405	电气二次	GHNH-DE-038/05	C磨煤机开关保护装置及二次回路检修	招标定	点检员	设备部专业主管	生技部专业主管	01-20
406	电气二次	GHNH-DE-039/05	A闭冷泵开关保护装置及二次回路检修	招标定	点检员	设备部专业主管	生技部专业主管	01-20
407	电气二次	GHNH-DE-040/05	A仪用空压机开关保护装置及二次回路检修	招标定	点检员	设备部专业主管	生技部专业主管	01-20
408	电气二次	GHNH-DE-041/05	B除灰空压机开关保护装置及二次回路检修	招标定	点检员	设备部专业主管	生技部专业主管	01-20

续表

序号	专业	工艺卡编号	名称	施工方	编制	审核	签发	完成时间
409	电气二次	GHNH-DE-042/05	B 氧化风机开关保护装置及二次回路检修	招标定	点检员	设备部专业主管	生技部专业主管	01-20
410	电气二次	GHNH-DE-043/05	照明变开关保护装置及二次回路检修	招标定	点检员	设备部专业主管	生技部专业主管	01-20
411	电气二次	GHNH-DE-044/05	0C 化水变开关保护装置及二次回路检修	招标定	点检员	设备部专业主管	生技部专业主管	01-20
412	电气二次	GHNH-DE-045/05	6kV B1 段备用进线开关装置及二次回路检修	招标定	点检员	设备部专业主管	生技部专业主管	01-20
413	电气二次	GHNH-DE-046/05	6kV B1 段备用进线 TV 二次回路检修	招标定	点检员	设备部专业主管	生技部专业主管	01-20
414	电气二次	GHNH-DE-047/05	6kV B1 段工作进线开关装置及二次回路检修	招标定	点检员	设备部专业主管	生技部专业主管	01-20
415	电气二次	GHNH-DE-048/05	6kV B1 段工作进线 TV 二次回路检修	招标定	点检员	设备部专业主管	生技部专业主管	01-20
416	电气二次	GHNH-DE-049/05	6kV B1 段母线 TV 二次回路检修	招标定	点检员	设备部专业主管	生技部专业主管	01-20
417	电气二次	GHNH-DE-050/05	B 循环水泵开关保护装置及二次回路检修	招标定	点检员	设备部专业主管	生技部专业主管	01-20
418	电气二次	GHNH-DE-051/05	B 送风机开关保护装置及二次回路检修	招标定	点检员	设备部专业主管	生技部专业主管	01-20
419	电气二次	GHNH-DE-052/05	B 一次风机开关保护装置及二次回路检修	招标定	点检员	设备部专业主管	生技部专业主管	01-20
420	电气二次	GHNH-DE-053/05	B 增压风机开关保护装置及二次回路检修	招标定	点检员	设备部专业主管	生技部专业主管	01-20
421	电气二次	GHNH-DE-054/05	B 凝结水泵开关保护装置及二次回路检修	招标定	点检员	设备部专业主管	生技部专业主管	01-20
422	电气二次	GHNH-DE-055/05	检修变压器开关保护装置及二次回路检修	招标定	点检员	设备部专业主管	生技部专业主管	01-20
423	电气二次	GHNH-DE-056/05	B 脱硫变压器开关保护装置及二次回路检修	招标定	点检员	设备部专业主管	生技部专业主管	01-20
424	电气二次	GHNH-DE-057/05	B 汽轮机变压器开关保护装置及二次回路检修	招标定	点检员	设备部专业主管	生技部专业主管	01-20
425	电气二次	GHNH-DE-058/05	B 除尘变压器开关保护装置及二次回路检修	招标定	点检员	设备部专业主管	生技部专业主管	01-20
426	电气二次	GHNH-DE-059/05	A 雨水泵房变开关保护装置及二次回路检修	招标定	点检员	设备部专业主管	生技部专业主管	01-20
427	电气二次	GHNH-DE-060/05	D 磨煤机开关保护装置及二次回路检修	招标定	点检员	设备部专业主管	生技部专业主管	01-20

续表

序号	专业	工艺卡编号	名称	施工方	编制	审核	鉴发	完成时间
428	电气二次	GHNH-DE-061/05	E磨煤机开关保护装置及二次回路检修	招标定	点检员	设备部专业主管	生技部专业主管	01-20
429	电气二次	GHNH-DE-062/05	B低压加热器疏水泵开关保护装置及二次回路检修	招标定	点检员	设备部专业主管	生技部专业主管	01-20
430	电气二次	GHNH-DE-063/05	C除灰空压机开关保护装置及二次回路检修	招标定	点检员	设备部专业主管	生技部专业主管	01-20
431	电气二次	GHNH-DE-064/05	6kV B2段备用进线开关装置及二次回路检修	招标定	点检员	设备部专业主管	生技部专业主管	01-20
432	电气二次	GHNH-DE-065/05	6kV B2段备用线 TV 二次回路检修	招标定	点检员	设备部专业主管	生技部专业主管	01-20
433	电气二次	GHNH-DE-066/05	6kV B2段工作进线开关装置及二次回路检修	招标定	点检员	设备部专业主管	生技部专业主管	01-20
434	电气二次	GHNH-DE-067/05	6kV B2段工作进线 TV 二次回路检修	招标定	点检员	设备部专业主管	生技部专业主管	01-20
435	电气二次	GHNH-DE-068/05	6kV B2段母线 TV 二次回路检修	招标定	点检员	设备部专业主管	生技部专业主管	01-20
436	电气二次	GHNH-DE-069/05	C凝结水泵开关保护装置及二次回路检修	招标定	点检员	设备部专业主管	生技部专业主管	01-20
437	电气二次	GHNH-DE-070/05	B汽泵前置泵开关保护装置及二次回路检修	招标定	点检员	设备部专业主管	生技部专业主管	01-20
438	电气二次	GHNH-DE-071/05	B引风机开关保护装置及二次回路检修	招标定	点检员	设备部专业主管	生技部专业主管	01-20
439	电气二次	GHNH-DE-072/05	A吸收塔浆液循环泵开关保护装置及二次回路检修	招标定	点检员	设备部专业主管	生技部专业主管	01-20
440	电气二次	GHNH-DE-073/05	D吸收塔浆液循环泵开关保护装置及二次回路检修	招标定	点检员	设备部专业主管	生技部专业主管	01-20
441	电气二次	GHNH-DE-074/05	等离子变压器开关保护装置及二次回路检修	招标定	点检员	设备部专业主管	生技部专业主管	01-20
442	电气二次	GHNH-DE-075/05	A除灰变压器开关保护装置及二次回路检修	招标定	点检员	设备部专业主管	生技部专业主管	01-20
443	电气二次	GHNH-DE-076/05	B锅炉变压器开关保护装置及二次回路检修	招标定	点检员	设备部专业主管	生技部专业主管	01-20
444	电气二次	GHNH-DE-077/05	6kV输煤 2B段电源（一）开关保护装置及二次回路检修	招标定	点检员	设备部专业主管	生技部专业主管	01-20
445	电气二次	GHNH-DE-078/05	F磨煤机开关保护装置及二次回路检修	招标定	点检员	设备部专业主管	生技部专业主管	01-20
446	电气二次	GHNH-DE-079/05	B闭冷水泵开关保护装置及二次回路检修	招标定	点检员	设备部专业主管	生技部专业主管	01-20

续表

序号	专业	工艺卡编号	名称	施工方	编制	审核	签发	完成时间
447	电气二次	GHNH-DE-080/05	A 杂用空压机开关保护装置及二次回路检修	招标定	点检员	设备部专业主管	生技部专业主管	01-20
448	电气二次	GHNH-DE-081/05	B 仪用空压机开关保护装置及二次回路检修	招标定	点检员	设备部专业主管	生技部专业主管	01-20
449	电气二次	GHNH-DE-082/05	5C 氧化风机开关保护装置及二次回路检修	招标定	点检员	设备部专业主管	生技部专业主管	01-20
450	电气二次	GHNH-DE-083/05	206A 皮带机电机（一）、（二）开关保护装置及二次回路检修	招标定	点检员	设备部专业主管	生技部专业主管	01-20
451	电气二次	GHNH-DE-001/06	汽轮机 PC A 段开关、母线 TV 保护及二次回路检修、表计校验	招标定	点检员	设备部专业主管	生技部专业主管	01-20
452	电气二次	GHNH-DE-002/06	汽轮机 PC B 段开关、母线 TV 保护及二次回路检修、表计校验	招标定	点检员	设备部专业主管	生技部专业主管	01-20
453	电气二次	GHNH-DE-003/06	锅炉 PC A 段开关、母线 TV 保护及二次回路检修、表计校验	招标定	点检员	设备部专业主管	生技部专业主管	01-20
454	电气二次	GHNH-DE-004/06	锅炉 PC B 段开关、母线 TV 保护及二次回路检修、表计校验	招标定	点检员	设备部专业主管	生技部专业主管	01-20
455	电气二次	GHNH-DE-005/06	公用 PC A 段开关、母线 TV 保护及二次回路检修、表计校验	招标定	点检员	设备部专业主管	生技部专业主管	01-20
456	电气二次	GHNH-DE-006/06	等离子点火 PC 段开关、母线 TV 保护及二次回路检修、表计校验	招标定	点检员	设备部专业主管	生技部专业主管	01-20
457	电气二次	GHNH-DE-007/06	除尘 PC A 段开关、母线 TV 保护及二次回路检修、表计校验	招标定	点检员	设备部专业主管	生技部专业主管	01-20
458	电气二次	GHNH-DE-008/06	除尘 PC B 段开关、母线 TV 保护及二次回路检修、表计校验	招标定	点检员	设备部专业主管	生技部专业主管	01-20
459	电气二次	GHNH-DE-009/06	除尘备用段开关、母线 TV 保护及二次回路检修、表计校验	招标定	点检员	设备部专业主管	生技部专业主管	01-20

续表

序号	专业	工艺卡编号	名称	施工方	编制	审核	签发	完成时间
460	电气二次	GNNH-DE-010/06	脱硫 PC A 段开关、母线 TV 保护及二次回路检修，表计校验	招标定	点检员	设备部专业主管	生技部专业主管	01-20
461	电气二次	GNNH-DE-011/06	脱硫 PC B 段开关、母线 TV 保护及二次回路检修、表计校验	招标定	点检员	设备部专业主管	生技部专业主管	01-20
462	电气二次	GNNH-DE-012/06	除灰 PC A 段开关、母线 TV 保护及二次回路检验，表计校验	招标定	点检员	设备部专业主管	生技部专业主管	01-20
463	电气二次	GNNH-DE-013/06	雨水泵房 PC A 段开关、母线 TV 保护及二次回路检修，表计校验	招标定	点检员	设备部专业主管	生技部专业主管	01-20
464	电气二次	GNNH-DE-014/06	柴发控制系统全部检验、二次回路传动	招标定	点检员	设备部专业主管	生技部专业主管	01-20
465	电气二次	GNNH-DE-015/06	保安 PC 段二次回路检修	招标定	点检员	设备部专业主管	生技部专业主管	01-20
466	热控	RK1-001	前置泵、低压加热器疏水泵、轴加引压管路改造	招标定	点检员	设备部专业主管	生技部专业主管	05-25
467	热控	RK1-002	发电汽轮机 TSI 接线盒改造	招标定	点检员	设备部专业主管	生技部专业主管	05-25
468	热控	RK1-003	汽轮机机油系统表管接头及阀门改造	招标定	点检员	设备部专业主管	生技部专业主管	05-25
469	热控	RK1-004	精处理系统阀门气源管路增加装截止门	招标定	点检员	设备部专业主管	生技部专业主管	05-25
470	热控	RK1-005	增加精处理画面画机组排水槽量显示	招标定	点检员	设备部专业主管	生技部专业主管	05-25
471	热控	RK1-006	增加模拟量反馈（电缆敷设）	招标定	点检员	设备部专业主管	生技部专业主管	05-25
472	热控	RK1-007	给水泵壳体温度改造	招标定	点检员	设备部专业主管	生技部专业主管	05-25
473	热控	RK1-008	凝泵密封水压力低开关、给水泵汽轮机润滑油滤网差压高开关改造	招标定	点检员	设备部专业主管	生技部专业主管	05-25
474	热控	RK1-009	励磁机后热风温度、氢冷器出口处冷氢温度、氢冷器出口处冷氢温度测点元件增加	招标定	点检员	设备部专业主管	生技部专业主管	05-25

续表

序号	专业	工艺卡编号	名称	施工方	编制	审核	签发	完成时间
475	热控	RK1-010	机务循环水出水温度测点增加两个（电缆敷设）	招标定	点检员	设备部专业主管	生技部专业主管	05-25
476	热控	RK1-011	增加精处理画面机组排水槽流量显示（电缆敷设）	招标定	点检员	设备部专业主管	生技部专业主管	05-25
477	热控	RK1-012	给水泵非驱动端密封水调节门改造	招标定	点检员	设备部专业主管	生技部专业主管	05-25
478	热控	RK1-013	给水泵壳体温度改造	招标定	点检员	设备部专业主管	生技部专业主管	05-25
479	热控	RK1-014	凝汽器双背压（增加气动门）改造	招标定	点检员	设备部专业主管	生技部专业主管	05-25
480	热控	RK2-001	捞渣机渣池补水方式改造	招标定	点检员	设备部专业主管	生技部专业主管	05-25
481	热控	RK2-002	保护用测点仪表管增加壁温监测	招标定	点检员	设备部专业主管	生技部专业主管	05-25
482	热控	RK2-003	给煤机控制柜电源改造	招标定	点检员	设备部专业主管	生技部专业主管	05-25
483	热控	RK2-004	空气预热器烟气入口电动执行机构分体安装	招标定	点检员	设备部专业主管	生技部专业主管	05-25
484	热控	RK2-005	B 侧过热器减温水调门更换	招标定	点检员	设备部专业主管	生技部专业主管	05-25
485	热控	RK2-006	引风机静叶执行机构更换	招标定	点检员	设备部专业主管	生技部专业主管	05-25
486	热控	RK2-007	旁路挡板执行机构更换	招标定	点检员	设备部专业主管	生技部专业主管	05-25
487	热控	RK2-008	锅炉负压取样点位置改造	招标定	点检员	设备部专业主管	生技部专业主管	05-25
488	热控	RK2-009	增压风机入口挡板增加 2 台执行机构	招标定	点检员	设备部专业主管	生技部专业主管	05-25
489	热控	RK2-010	脱硫入口烟气压力取样器移位	招标定	点检员	设备部专业主管	生技部专业主管	05-25
490	热控	RK2-011	锅炉二次风量测量集灰罐移位	招标定	点检员	设备部专业主管	生技部专业主管	05-25
491	热控	RK2-012	烟气氧量测量探头加装过滤器挡板	招标定	点检员	设备部专业主管	生技部专业主管	05-25
492	热控	RK2-013	捞渣机补水电动门执行机构更换	招标定	点检员	设备部专业主管	生技部专业主管	05-25
493	硫化	LHTL-001	A 氧化风机设备检修	招标定	点检员	设备部专业主管	生技部专业主管	12-28

续表

序号	专业	工艺卡编号	名称	施工工方	编制	审核	签发	完成时间
494	硫化	LHTL-002	B氧化风机设备检修	招标定	点检员	设备部专业主管	生技部专业主管	12-28
495	硫化	LHTL-003	C氧化风机设备检修	招标定	点检员	设备部专业主管	生技部专业主管	12-28
496	硫化	LHTL-004	吸收塔浆液系统阀门检修	招标定	点检员	设备部专业主管	生技部专业主管	12-28
497	硫化	LHTL-005	浆液系统衬胶管道检修	招标定	点检员	设备部专业主管	生技部专业主管	12-28
498	硫化	LHTL-006	烟气挡板检修	招标定	点检员	设备部专业主管	生技部专业主管	12-28
499	硫化	LHTL-007	烟道防腐检修	招标定	点检员	设备部专业主管	生技部专业主管	12-28
500	硫化	LHTL-008	石灰石浆液箱设备检修	招标定	点检员	设备部专业主管	生技部专业主管	12-28
501	硫化	LHTL-009	吸收塔排水坑设备检修	招标定	点检员	设备部专业主管	生技部专业主管	12-28
502	硫化	LHTL-010	脱硫制浆区排水坑泵检修	招标定	点检员	设备部专业主管	生技部专业主管	12-28
503	硫化	LHTL-011	日粉仓设备检修	招标定	点检员	设备部专业主管	生技部专业主管	12-28
504	硫化	LHTL-012	A除雾器冲洗水泵检修	招标定	点检员	设备部专业主管	生技部专业主管	12-28
505	硫化	LHTL-013	B除雾器冲洗水泵检修	招标定	点检员	设备部专业主管	生技部专业主管	12-28
506	硫化	LHTL-014	A工艺水泵检修	招标定	点检员	设备部专业主管	生技部专业主管	12-28
507	硫化	LHHX-001	熟化池检修	招标定	点检员	设备部专业主管	生技部专业主管	01-08
508	硫化	LHHX-002	注砂池检修	招标定	点检员	设备部专业主管	生技部专业主管	01-08
509	硫化	LHHX-003	混凝池检修	招标定	点检员	设备部专业主管	生技部专业主管	01-08
510	硫化	LHHX-004	凝结水贮存水箱检查	招标定	点检员	设备部专业主管	生技部专业主管	01-08
511	硫化	LHHX-005	除盐水箱检查	招标定	点检员	设备部专业主管	生技部专业主管	01-08

检修系统工作票计划见表 3-62。

表 3-62

检修系统工作票计划表

序号	专业	系统票名称	工作票签发人	工单分项名称	工作票负责人	计划办理时间
1	汽轮机	汽轮机本体及附属检修	点检员	汽轮机本体系统检修	施工班长或技术员	停机后第 7 天
				润滑油及油净化系统检修	施工班长或技术员	停机后第 7 天
				密封油系统检修	施工班长或技术员	停机后第 7 天
2	汽轮机	给水、凝结水系统	点检员	给水系统检修	施工班长或技术员	停机后第 2 天
				凝结水系统检修	施工班长或技术员	停机后第 2 天
3	汽轮机	高低压旁路、主再热蒸汽、主机 EH 系统、汽门检修	点检员	主机 EH 系统检修	施工班长或技术员	停机后第 7 天
				主机汽门检修	施工班长或技术员	停机后第 7 天
				高低压旁路、主再热系统管道及阀门检修	施工班长或技术员	停机后第 7 天
4	汽轮机	主机顶轴油系统	点检员	主机润滑油箱检修	施工班长或技术员	停机后第 7 天
				主机 A/B 顶轴油泵联轴器检查及顶轴油滤网清洗	施工班长或技术员	停机后第 7 天
5	汽轮机	抽汽回热系统	点检员	抽汽回热系统检修	施工班长或技术员	停机后第 2 天
6	汽轮机	循环水、冷却塔、凝汽器抽真空系统	点检员	厂房内循环水系统检修	施工班长或技术员	停机后第 7 天
				冷却塔检修	施工班长或技术员	停机后第 7 天
				凝汽器抽真空系统及凝汽器内部清理	施工班长或技术员	停机后第 7 天
7	汽轮机	主机轴封系统	点检员	轴封系统检修	施工班长或技术员	停机后第 3 天
8	锅炉	锅炉汽水系统	点检员	汽水分离器、锅炉汽水系统管道/阀门检修	施工班长或技术员	停机后第 3 天
				锅炉再热器安全阀及空压机检修	施工班长或技术员	停机后第 3 天

续表

序号	专业	系统票名称	工作票签发人	工单分项名称	工作票负责人	计划办理时间
9	锅炉	炉风烟系统	点检员	引风机检修、空气预热器检修、烟风道及其挡板检修	施工班长或技术员	停机后第4天
				送风机检修 一次风机检修	施工班长或技术员	停机后第1天
				火检冷却风系统检修、密封风机检修	施工班长或技术员	停机后第1天
10	锅炉	炉制粉系统	点检员	磨煤机、给煤机、煤粉管、挡板检修	施工班长或技术员	停机后第1天
11	锅炉	炉燃烧系统	点检员	炉前燃油系统阀门检修、油枪检修	施工班长或技术员	停机后第1天
				B4-2等离子燃烧器检修	施工班长或技术员	停机后第5天
12	锅炉	B3锅炉本体内部检修	点检员	受热面检查、燃烧器、二次风挡板检修	施工班长或技术员	停机后第5天
				脱硝系统检修	施工班长或技术员	停机后第5天
13	硫化	机组底渣系统检修	点检员	A底渣系统排水泵检修	施工班长或技术员	停机后第2天
14	硫化			B底渣系统排水泵检修	施工班长或技术员	停机后第2天
15	硫化			捞渣机检修	施工班长或技术员	停机后第2天
16	硫化	脱硫烟风系统检修	点检员	增压风机检修	施工班长或技术员	停机后第1天
17	硫化			烟风道设备检修	施工班长或技术员	停机后第1天
18	硫化	吸收塔系统检修	点检员	吸收塔检修	施工班长或技术员	停机后第2天
19	硫化			脱硫浆液泵检修	施工班长或技术员	停机后第2天
20	硫化			氧化风机检修	施工班长或技术员	停机后第2天
21	硫化			吸收塔排水坑设备检修	施工班长或技术员	停机后第2天

检修系统其他工作票计划见表 3-63。

表 3-63

检修系统其他工作票计划表

序号	工作票名称	工作内容范围	专业	工作票类型	工作负责人	工作票填写人	票号
1	B 凝补水泵及人口滤网清扫	凝补水系统	汽轮机	单个票	班员	技术员	依 BFS++
2	定子冷却水系统检修	定冷水系统	汽轮机	单个票	班员	技术员	依 BFS++
3	闭冷水系统检修	闭式水系统	汽轮机	单个票	班员	技术员	依 BFS++
4	炉吹灰系统 A 级检修	本体长、短程吹灰器、空气预热器吹灰器、烟温探针	锅炉	单个票	班员	技术员	依 BFS++
5	发电机检修前试验	氢置换前的常规电气试验	电气一次	单个票	班员	技术员	依 BFS++
6	发电机检修	发电机及其附属设备试验	电气一次	单个票	班员	技术员	依 BFS++
7	给水泵汽轮机系统电动机检修	A 给水泵汽轮机 1、2 号交流润滑油泵电动机、B 给水泵汽轮机 1、2 号交流润滑油泵电动机、A、B 给水泵汽轮机油净油装置再循环泵电动机、A 给水泵汽轮机直流润滑油泵电动机、A、B 给水泵汽轮机直流润滑油泵电动机	电气一次	单个票	班员	技术员	依 BFS++
8	EH 油系统电动机检修	A EH 油泵电动机 EH 油再生泵电动机	电气一次	单个票	班员	技术员	依 BFS++
9	真空系统电动机检修	A 真空泵、A、B、C 真空泵密封液循环泵电动机	电气一次	单个票	班员	技术员	依 BFS++
10	主机油系统电动机检修	A 主机润滑油箱排烟风机电动机、A、B 主机润滑油泵电动机、主机直流润滑油泵电动机、A、B 发电机密封油泵电动机、A 发电机交流密封油泵电动机、A 主机油净油装置再循环泵电动机	电气一次	单个票	班员	技术员	依 BFS++
11	A、B 轴加风机电动机	A、B 轴加风机电动机	电气一次	单个票	班员	技术员	依 BFS++
12	B 汽泵前置泵电动机、B、C 凝结水泵电动机、B 闭冷泵电动机、B 低压加热器疏水泵电动机检修	B 汽泵前置泵电动机、B、C 凝结水泵电动机、B 闭冷泵电动机、B 低压加热器疏水泵电动机检修	电气一次	单个票	班员	技术员	依 BFS++

续表

序号	工作票名称	工作内容范围	专业	工作票类型	工作负责人	工作票填写人	票号
13	A汽泵前置泵电动机、A闭冷泵电动机、A凝结水泵电动机、A低压加热器疏水泵电动机检修	A汽泵前置泵电动机、A闭冷泵电动机、A凝结水泵电动机、A低压加热器疏水泵电动机检修	电气一次	单个票	班员	技术员	依BFS++
14	A、B循环水泵电动机检查	A、B循环水泵电动机检查	电气一次	单个票	班员	技术员	依BFS++
15	C仪用空压机电动机检查	C仪用空压机电动机检查	电气一次	单个票	班员	技术员	依BFS++
16	D仪用空压机电动机检查	D仪用空压机电动机检查	电气一次	单个票	班员	技术员	依BFS++
17	C杂用空压机电动机检查	C杂用空压机电动机检查	电气一次	单个票	班员	技术员	依BFS++
18	D杂用空压机电动机检查	D杂用空压机电动机检查	电气一次	单个票	班员	技术员	依BFS++
19	汽轮机PC A段、MCCA、B段	汽轮机PC A段、MCC A、B段开关清扫检查预试	电气一次	单个票	班员	技术员	依BFS++
20	汽轮机PC B段、MCC C段开关	汽轮机PC B段、MCC C段开关清扫检查预试	电气一次	单个票	班员	技术员	依BFS++
21	汽轮机保安MCC A段开关	汽轮机保安MCC A段开关清扫检查预试	电气一次	单个票	班员	技术员	依BFS++
22	汽轮机保安MCC B段开关	汽轮机保安MCC B段开关清扫检查预试	电气一次	单个票	班员	技术员	依BFS++
23	A、B、D、E、F磨煤机电动机	A、B、D、E、F磨煤机电动机检修	电气一次	单个票	班员	技术员	依BFS++
24	B、C氧化风机电动机检修	B、C氧化风机电动机检修	电气一次	单个票	班员	技术员	依BFS++
25	A、B前置泵电动机检修	A、B前置泵电动机检修	电气一次	单个票	班员	技术员	依BFS++
26	A、B、C、D吸收塔浆液循环泵电动机检修	A、B、C、D吸收塔浆液循环泵电动机检修	电气一次	单个票	班员	技术员	依BFS++
27	启动循环泵检查、清扫	启动循环泵检查、清扫	电气一次	单个票	班员	技术员	依BFS++
28	A、B增压风机电动机检修	A、B增压风机电动机检修	电气一次	单个票	班员	技术员	依BFS++
29	A、B循环泵电动机检查、清扫	A、B循环泵电动机检查、清扫	电气一次	单个票	班员	技术员	依BFS++

续表

序号	工作票名称	工作内容范围	专业	工作票类型	工作负责人	工作票填写人	票号
30	A、B引风机电动机，A、B送风机电动机，A、B一次风机电动机检修	A、B引风机电动机，A、B送风机电动机，A、B一次风机电动机检修	电气一次	单个票	班员	技术员	依BFS++
31	A、B、C、D、E、F给煤机电动机，A、B、C、D、E、F清扫链电动机检修	A、B、C、D、E、F给煤机电动机，A、B、C、D、E、F清扫链电动机检修	电气一次	单个票	班员	技术员	依BFS++
32	A、B、C、D、E、F磨煤机1号、2号油泵电动机检修	A、B、C、D、E、F磨煤机1号、2号油泵电动机检修	电气一次	单个票	班员	技术员	依BFS++
33	A、B等离子冷却风机、冷却水泵电动机检修	A、B等离子冷却风机、冷却水泵电动机检修	电气一次	单个票	班员	技术员	依BFS++
34	A、B密封风机电动机	A、B密封风机电动机	电气一次	单个票	班员	技术员	依BFS++
35	A、B火检冷却风机电动机	A、B火检冷却风机电动机	电气一次	单个票	班员	技术员	依BFS++
36	A、B空气预热器电动机	A、B空气预热器电动机	电气一次	单个票	班员	技术员	依BFS++
37	A、B空气预热器导向轴承和支撑轴承润滑油泵电动机	A、B空气预热器导向轴承和支撑轴承润滑油泵电动机	电气一次	单个票	班员	技术员	依BFS++
38	送风机、一次风机、引风机及电动机油站电动机	送风机、一次风机、引风机及电动机油站电动机	电气一次	单个票	班员	技术员	依BFS++
39	A、B脱硝稀释风机电动机	A、B脱硝稀释风机电动机	电气一次	单个票	班员	技术员	依BFS++
40	A、B吸收塔排水坑泵电动机	A、B吸收塔排水坑泵电动机	电气一次	单个票	班员	技术员	依BFS++
41	吸收塔排水坑搅拌器电动机	吸收塔排水坑搅拌器电动机	电气一次	单个票	班员	技术员	依BFS++
42	A、B石膏浆液排出泵，石灰石浆液泵电动机	A、B石膏浆液排出泵，石灰石浆液泵电动机	电气一次	单个票	班员	技术员	依BFS++

续表

序号	工作票名称	工作内容范围	专业	工作票类型	工作责任人	工作票填写人	票号
43	脱硫吸收塔搅拌器电动机	脱硫吸收塔搅拌器电动机	电气一次	单个票	班员	技术员	依 BFS++
44	增压风机油站电动机、冷却风机电动机	增压风机油站电动机、冷却风机电动机	电气一次	单个票	班员	技术员	依 BFS++
45	A、B、C、D、E、F 磨煤机旋转分离器电动机检修	A、B、C、D、E、F 磨煤机旋转分离器电动机检修	电气一次	单个票	班员	技术员	依 BFS++
46	锅炉 MCC A 段检修	锅炉 MCC A 段检修	电气一次	单个票	班员	技术员	依 BFS++
47	锅炉 MCC B 段检修	锅炉 MCC B 段检修	电气一次	单个票	班员	技术员	依 BFS++
48	脱硝 MCC 段检修	脱硝 MCC 段检修	电气一次	单个票	班员	技术员	依 BFS++
49	锅炉保安 PC 段检修	锅炉保安 PC 段检修	电气一次	单个票	班员	技术员	依 BFS++
50	锅炉保安 MCC A 段检修	锅炉保安 MCC A 段检修	电气一次	单个票	班员	技术员	依 BFS++
51	锅炉保安 MCC B 段检修	锅炉保安 MCC B 段检修	电气一次	单个票	班员	技术员	依 BFS++
52	脱硫 PC A、PC B 段检修	脱硫 PC A、PC B 段检修	电气一次	单个票	班员	技术员	依 BFS++
53	等离子 PC 段检修	等离子 PC 段检修	电气一次	单个票	班员	技术员	依 BFS++
54	发电机 GCB 开关、封母	发电机 GCB 开关清扫试验、6kV 封母、6kV A1、A2、B1、B2 段工作电源进线负荷开关及变压器、主封母查漏检查及试验	电气一次	单个票	班员	技术员	依 BFS++
55	6kV A1 段母线及负荷开关	6kV A1 段母线及负荷开关清扫预试	电气一次	单个票	班员	技术员	依 BFS++
56	6kV A2 段母线及负荷开关	6kV A2 段母线及负荷开关清扫预试	电气一次	单个票	班员	技术员	依 BFS++
57	6kV B1 段母线及负荷开关	6kV B1 段母线及负荷开关清扫预试	电气一次	单个票	班员	技术员	依 BFS++
58	6kV B2 段母线及负荷开关	6kV B2 段母线及负荷开关清扫预试	电气一次	单个票	班员	技术员	依 BFS++

续表

序号	工作票名称	工作内容范围	专业	工作票类型	工作负责人	工作票填写人	票号
59	输煤 6kV A 段母线及负荷开关	输煤 6kV A 段母线及负荷开关清扫预试	电气一次	单个票	班员	技术员	依 BFS++
60	输煤 6kV B 段母线及负荷开关	输煤 6kV B 段母线及负荷开关清扫预试	电气一次	单个票	班员	技术员	依 BFS++
61	A1、A2、A3、A4、B1、B2、B3、B4、C1、C2、C3、C4、D1、D2、D3、D4 整流变压器	A1、A2、A3、A4、B1、B2、B3、B4、C1、C2、C3、C4、D1、D2、D3、D4 整流变压器检查预试	电气一次	单个票	班员	技术员	依 BFS++
62	A 灰斗气化风机	A 灰斗气化风机检修预试	电气一次	单个票	班员	技术员	依 BFS++
63	B 灰斗气化风机	B 灰斗气化风机检修预试	电气一次	单个票	班员	技术员	依 BFS++
64	灰库 A 气化风机	灰库 A 气化风机检预试	电气一次	单个票	班员	技术员	依 BFS++
65	A 搅拌水泵电动机	A 搅拌水泵电动机检修预试	电气一次	单个票	班员	技术员	依 BFS++
66	B 氨区废水泵电动机	B 氨区废水泵电动机检修预试	电气一次	单个票	班员	技术员	依 BFS++
67	400V 除尘 PC A 段	400V 除尘 PC A 段清扫检查	电气一次	单个票	班员	技术员	依 BFS++
68	400V 除尘 PC B 段	400V 除尘 PC B 段清扫检查	电气一次	单个票	班员	技术员	依 BFS++
69	400V 除尘 PC 备用段	400V 除尘 PC 备用段清扫检查	电气一次	单个票	班员	技术员	依 BFS++
70	400V 除尘控制 A 段	400V 除尘控制 A 段清扫检查	电气一次	单个票	班员	技术员	依 BFS++
71	400V 除尘控制 B 段	400V 除尘控制 B 段清扫检查	电气一次	单个票	班员	技术员	依 BFS++
72	A 汽轮机变压器	A 汽轮机变级	电气一次	单个票	班员	技术员	依 BFS++
73	B 汽轮机变压器	B 汽轮机变级	电气一次	单个票	班员	技术员	依 BFS++
74	A 锅炉变压器	A 锅炉变级	电气一次	单个票	班员	技术员	依 BFS++
75	B 锅炉变压器	B 锅炉变级	电气一次	单个票	班员	技术员	依 BFS++
76	A 除尘变压器	A 除尘变级	电气一次	单个票	班员	技术员	依 BFS++

续表

序号	工作票名称	工作内容范围	专业	工作票类型	工作负责人	工作票填写人	票号
77	B除尘变压器	B除尘变级	电气一次	单个票	班员	技术员	依BFS++
78	检修变压器	检修变压器	电气一次	单个票	班员	技术员	依BFS++
79	照明变压器	照明变压器	电气一次	单个票	班员	技术员	依BFS++
80	A公用变压器	A公用变压器	电气一次	单个票	班员	技术员	依BFS++
81	主变压器及5A、5B高压厂用变压器检修、500kV开关检修	主变压器及A、B高压厂用变压器检修、500kV套管检修、架空线绝缘子清扫	电气一次	单个票	班员	技术员	依BFS++
82	500kV GIS 5042开关、5043开关	500kV GIS 5042开关、5043开关检修预试	电气一次	单个票	班员	技术员	依BFS++
83	发电机保护、励磁调节器及其二次回路系统检修	发电机第一套、第二套保护装置，发电机出口断路器，发电机TA、TV端子箱及微机准同期装置及其二次回路检修；机组励磁控制系统检修，PSS投退信号接入远动装置；AGC及PMU装置检修	电气二次	单个票	班员	技术员	依BFS++
84	主变压器及厂用变压器保护及其二次回路系统检修	主变压器厂用高压变压器第一套、第二套保护装置，发电机电量保护，发电机组非电量保护，主变压器高压厂用变压器TA、TV端子箱、冷却器控制柜及其二次回路检修；机组快切装置；零功率切机装置，6kV A1、A2、B1、B2进线开关及其二次回路检修；机组度表及变压器屏检修及主变压器TV精度试验	电气二次	单个票	班员	技术员	依BFS++
85	ECS系统检修	厂用电监控ECS系统检修	电气二次	单个票	班员	技术员	依BFS++
86	6kV A1段开关保护装置及其二次回路检修	6kV A1段开关保护全部检验、继电器校验二次回路检查传动	电气二次	单个票	班员	技术员	依BFS++
87	6kV A2段开关保护装置及其二次回路检修	6kV A2段开关保护全部检验、继电器校验及二次回路检查传动	电气二次	单个票	班员	技术员	依BFS++

续表

序号	工作票名称	工作内容范围	专业	工作票类型	工作负责人	工作票填写人	票号
88	6kV B1 段开关保护装置及其二次回路检修	6kV B1 段开关保护全部检验、继电器校验及二次回路检查传动	电气二次	单个票	班员	技术员	依 BFS+—
89	6kV B2 段开关保护装置及其二次回路检修	6kV B2 段开关保护全部检验、继电器校验及二次回路检查传动	电气二次	单个票	班员	技术员	依 BFS+—
90	400V 汽轮机 PC A 段二次系统检修	400V 汽轮机 PC A 段开关保护及二次回路检修、表计校验	电气二次	单个票	班员	技术员	依 BFS+—
91	400V 汽轮机 PC B 段二次系统检修	400V 汽轮机 PC B 段开关保护及二次回路检修、表计校验	电气二次	单个票	班员	技术员	依 BFS+—
92	400V 公用 PC B 段二次系统检修	400V 公用 B 段能停负荷保护及二次回路检修、表计校验	电气二次	单个票	班员	技术员	依 BFS+—
93	400V 锅炉 PC A 段二次系统检修	400V 锅炉 PC A 段开关保护及二次回路检修、表计校验	电气二次	单个票	班员	技术员	依 BFS+—
94	400V 锅炉 PC B 段二次系统检修	400V 锅炉 PC B 段开关保护及二次回路检修、表计校验	电气二次	单个票	班员	技术员	依 BFS+—
95	400V 除尘 PC A 段二次系统检修	400V 除尘 PC A 段开关保护及二次回路检修、表计校验	电气二次	单个票	班员	技术员	依 BFS+—
96	400V 除尘 PC B 段二次系统检修	400V 除尘 PC B 段开关保护及二次回路检修、表计校验	电气二次	单个票	班员	技术员	依 BFS+—
97	400V 除尘 PC 备用段二次系统检修	400V 除尘 PC 备用段开关保护及二次回路检修、表计校验	电气二次	单个票	班员	技术员	依 BFS+—
98	400V 脱硫 PC A 段二次系统检修	400V 脱硫 PC A 段开关保护及二次回路检修、表计校验	电气二次	单个票	班员	技术员	依 BFS+—

续表

序号	工作票名称	工作内容范围	专业	工作票类型	工作负责人	工作票填写人	票号
99	400V 脱硫 PC B 段二次系统检修	400V 脱硫 PC B 段开关保护及二次回路检修，表计校验	电气二次	单个票	班员	技术员	依 BFS++
100	400V 等离子点火 PC 段二次系统检修	400V 等离子点火 PC 段开关保护及二次回路检修，表计校验	电气二次	单个票	班员	技术员	依 BFS++
101	400V 除灰 PC B 段	400V 除灰 PC B 段能耗负荷保护及二次回路检修，表计校验	电气二次	单个票	班员	技术员	依 BFS++
102	雨水泵房 PC B 段二次系统检修	雨水泵房 PC B 段开关保护及二次回路检修，表计校验	电气二次	单个票	班员	技术员	依 BFS++
103	电除尘控制系统检修	电除尘控制系统检修，电除尘高压控制柜增加试验转换开关	电气二次	单个票	班员	技术员	依 BFS++
104	第一套 UPS 装置检修	第一套 UPS 装置检修	电气二次	单个票	班员	技术员	依 BFS++
105	第二套 UPS 装置检修	第二套 UPS 装置检修	电气二次	单个票	班员	技术员	依 BFS++
106	脱硫 UPS A 装置检修	脱硫 UPS A 装置检修	电气二次	单个票	班员	技术员	依 BFS++
107	400V 就地控制柜检修	火检冷却风机就地控制柜、等离子冷却风机就地控制柜、一次风机、送风机、增压风机油站就地控制柜等二次回路检修	电气二次	单个票	班员	技术员	依 BFS++
108	柴发控制系统检修	柴发控制系统全部检验、二次回路传动（含柴发 PLC 柜、保安 PC、保安 MCC 段进线开关）	电气二次	单个票	班员	技术员	依 BFS++
109	直流系统检修	110V A 段直流充放电试验，充电动机、蓄电池检修、监察装置试验及二次回路传动	电气二次	单个票	班员	技术员	依 BFS++
110	直流系统检修	110V B 段直流充放电试验，充电动机、蓄电池检修、监察装置试验及二次回路传动	电气二次	单个票	班员	技术员	依 BFS++

续表

序号	工作票名称	工作内容范围	专业	工作票类型	工作负责人	工作票填写人	票号
111	直流系统检修	220V 直流充放电试验、充电机、蓄电池检修、监察装置试验及二次回路传动、主机直流润滑油泵就地控制箱、给水泵汽轮机事故油泵就地控制柜、发电机空侧直流油泵控制箱检修	电气二次	单个票	班员	技术员	依 BFS++
112	5042、5043 开关保护、控制及其二次回路检修	5042、5043 开关保护及汇控柜、5042、5043 开关NCS 装置控制回路检修	电气二次	单个票	班员	技术员	依 BFS++
113	DEH/ETS 系统、发电汽轮机油系统及现场设备检修	DEH/ETS 系统、发电汽轮机油系统及现场设备检修	热控	单个票	班员	技术员	依 BFS++
114	MEH/MTSI 系统、给水泵汽轮机油系统、给水泵系统及现场设备检修	MEH/MTSI 系统、给水泵汽轮机油系统、给水泵系统及现场设备检修	热控	单个票	班员	技术员	依 BFS++
115	TSI 系统及现场设备检修	TSI 系统及现场设备检修	热控	单个票	班员	技术员	依 BFS++
116	低压旁路系统、再热汽系统、主汽系统及现场设备检修	低压旁路系统、再热汽系统、主汽系统及现场设备检修	热控	单个票	班员	技术员	依 BFS++
117	发电机氢、油、水系统及机侧 IDAS 系统现场设备检修	发电机氢、油、水系统及机侧 IDAS 系统现场设备检修	热控	单个票	班员	技术员	依 BFS++
118	凝结水系统、真空系、闭式水系统、循环水系统及现场设备检修	凝结水系统、真空系统、闭式水系统、循环水系统及现场设备检修	热控	单个票	班员	技术员	依 BFS++
119	高压加热器、低压加热器、抽汽、疏放水、辅汽系统及现场设备检修	高压加热器、低压加热器、抽汽、疏放水、辅汽系统及现场设备检修	热控	单个票	班员	技术员	依 BFS++
120	精处理系统及现场设备检修	精处理系统及现场设备检修	热控	单个票	班员	技术员	依 BFS++

续表

序号	工作票名称	工作内容范围	专业	工作票类型	工作负责人	工作票填写人	票号
121	汽泵前置泵压力测点引压管路改造、低压加热器疏水泵A、B冷却水进水压力表接头改造、轴封加热器出口压力变送器及压力表管改造	汽泵前置泵压力测点引压管路改造、低压加热器疏水泵A、B冷却水进水压力表接头改造、轴封加热器出口压力变送器及压力表管改造	热控	单个票	班员	技术员	依BFS++
122	汽轮机油系统仪表管接头及阀门改造	汽轮机油系统仪表管接头及阀门改造	热控	单个票	班员	技术员	依BFS++
123	主厂房除盐水补水母管流量变送器增加	主厂房除盐水补水母管流量变送器增加	热控	单个票	班员	技术员	依BFS++
124	精处理系统阀门气源管路增加装截止门	精处理系统阀门气源管路增加装截止门	热控	单个票	班员	技术员	依BFS++
125	凝泵密封水压力低开关改为变送器、A、B给水泵汽轮机润滑油差压网差压高压开关更换为差压变送器	凝泵密封水压力低开关改为变送器、A、B给水泵汽轮机润滑油差压网差压高压开关更换为差压变送器	热控	单个票	班员	技术员	依BFS++
126	励磁机后热风温度、氢冷器出口处冷氢温度、定子线圈进水温度测点增加、凝结水出水温度测点增加	励磁机后热风温度、氢冷器出口处冷氢温度、定子线圈进水温度测点增加、凝结水出水温度测点增加	热控	单个票	班员	技术员	依BFS++
127	加氧装置改造	加氧装置改造	热控	单个票	班员	技术员	依BFS++
128	DCS系统检查	DCS系统数据备份、DCS系统内卫生清理、DCS系统操作画面检查、修改、DCS系统电源检查、DCS系统服务器及工程师站检查、DCS操作员站检查	热控	单个票	班员	技术员	依BFS++
129	风烟系统检查	风烟系统相关测点检查、变送器、开关校验、执行器检查及传动	热控	单个票	班员	技术员	依BFS++

续表

序号	工作票名称	工作内容范围	专业	工作票类型	工作负责人	工作票填写人	票号
130	汽水系统热控设备检查	汽水系统电动头检查、试验、高压旁路、再热器安全门相关热控设备检查、试验	热控	单个票	班员	技术员	依 BFS+-
131	脱硫系统热控设备检查	脱硫系统热控设备检查、相关执行器检查及传动	热控	单个票	班员	技术员	依 BFS+-
132	制粉系统相关设备检查	给煤机、磨煤机相关热控设备检查试验、相关仪表校验	热控	单个票	班员	技术员	依 BFS+-
133	燃烧系统相关设备检查	燃烧器摆角、辅助风门、油枪、点火枪相关设备检查及传动	热控	单个票	班员	技术员	依 BFS+-
134	除灰系统设备检查	除灰系统相关测点检查、变送器、开关校验、执行器检查及传动，除灰系统 PLC 检查及切换试验	热控	单个票	班员	技术员	依 BFS+-
135	空气预热器入口挡板改造	将原有的 SIPOS 执行器改为分体安装，避免烟道的高温对执行器电子单元内部板件的损坏	热控	单个票	班员	技术员	依 BFS+-
136	空气预热器 LCS 系统改造	将原有热辅 LCS 系统通过通信方式接入 DCS，实现远方的监盘和起停等操作	热控	单个票	班员	技术员	依 BFS+-
137	脱硫旁路挡板执行器改造	配合脱硫专业进行此项工作、热控专业主要负责电动头的更换、将原有执行器更换为输出力矩更大的执行器	热控	单个票	班员	技术员	依 BFS+-
138	脱硫增压风机入口挡板改造	配合脱硫专业进行此项工作，热控专业主要负责电动头的更换、将原有执行器更换为输出力矩更大的执行器	热控	单个票	班员	技术员	依 BFS+-
139	精处理 A 前置过滤器检修	精处理 A 前置过滤器	精化	单个票	班员	技术员	依 BFS+-
140	精处理 B 前置过滤器检修	精处理 B 前置过滤器	精化	单个票	班员	技术员	依 BFS+-
141	精处理 A 高速混床检修	精处理 A 高速混床	精化	单个票	班员	技术员	依 BFS+-
142	精处理 B 高速混床检修	精处理 B 高速混床	精化	单个票	班员	技术员	依 BFS+-

续表

序号	工作票名称	工作内容范围	专业	工作票类型	工作负责人	工作票填写人	票号
143	精处理 C 高速混床检修	精处理 C 高速混床	硫化	单个票	班员	技术员	依 BFS++
144	精处理 D 高速混床检修	精处理 D 高速混床	硫化	单个票	班员	技术员	依 BFS++
145	精处理分离塔检修	精处理分离塔	硫化	单个票	班员	技术员	依 BFS++
146	精处理阴塔检修	精处理阴塔	硫化	单个票	班员	技术员	依 BFS++
147	精处理阳塔检修	精处理阳塔	硫化	单个票	班员	技术员	依 BFS++
148	汽水取样降温减压架检修	汽水取样降温减压架	硫化	单个票	班员	技术员	依 BFS++
149	海水净水站澄清池检修	海水净水站澄清池	硫化	单个票	班员	技术员	依 BFS++
150	熟化池检修	熟化池	硫化	单个票	班员	技术员	依 BFS++
151	注砂池检修	注砂池	硫化	单个票	班员	技术员	依 BFS++
152	混凝池检修	混凝池	硫化	单个票	班员	技术员	依 BFS++
153	凝结水贮存水箱检查	凝结水贮存水箱	硫化	单个票	班员	技术员	依 BFS++
154	除盐水箱检查	除盐水箱检查	硫化	单个票	班员	技术员	依 BFS++
155	A 除雾器冲洗水泵检修	A 除雾器冲洗水泵	硫化	单个票	班员	技术员	依 BFS++
156	B 除雾器冲洗水泵检修	B 除雾器冲洗水泵	硫化	单个票	班员	技术员	依 BFS++
157	A 工艺水泵检修	A 工艺水泵	硫化	单个票	班员	技术员	依 BFS++
158	石灰石日粉仓及浆液箱设备检修	石灰石日粉仓及浆液箱	硫化	单个票	班员	技术员	依 BFS++
159	脱硫制浆区排水坑泵检修	脱硫制浆区排水坑泵	硫化	单个票	班员	技术员	依 BFS++

第四节　检 修 控 制 措 施

一、 A 级检修安健环控制措施

（1）充分发挥三级安全网的作用，对检修工作实施全员全过程全方位安全管理。各检修单位成立相应的安全生产组织机构，对本部门所属设备管辖区域、检修场所按照"专业化管控，区域性保护"原则实施有效控制。各参修部门的行政一把手、各班组的班长、各作业组的工作负责人分别是本职工作的安全第一责任人，要求必须把检修的安健环管理纳入重要的工作日程，处理好安全与生产、安全与工期进度的关系，对单位负责，对员工负责，确保一方平安，并接受安健环监察部的监督、检查、考核。

（2）维护部各专业、热工室、电气室对检修工作进行整体的风险评估，识别潜在的安全、健康、环保、质量重大风险，制定有效措施予以控制。在检修文件包中对每项工作进行风险评估和工作安全分析。制定安健环保障措施，确保检修在最佳安健环状态下运作。风险评估应立足于以下几点：

1）辨识作业项目可能存在的危险源；

2）分析作业项目可能发生的事故、事件（含健康、环保事故、事件）；

3）依据上述分析结果，制定可行有效的安全技术措施；

4）安全措施、技术措施、组织措施必须向所有参加该项目的工作人员交底并人人掌握。

（3）在检修解体阶段、检修阶段、回装阶段、传动试运阶段，安健环监察部要结合现场的具体工作内容确定重点监督检查的项目和检查方法，安排专职人员对高风险项目进行监督。

（4）每天要对所有的检修现场进行检查，并在当天形成通报和改进措施。

（5）对现场存在的安全、健康和环境隐患或不符合项在当天制定纠正和整改措施。

（6）对现场的违章行为下发整改通报和考核通报。

（7）班组开工前执行"三到位"的原则，即：每天班前布置会上必须做到安全技术交底到位；工作负责人到现场，必须复核工作票安全措施到位；工作人员到现场，必须亲自检查到位。

二、 A 级检修质量控制措施

（1）为了保证检修质量，必须做好质量验收工作。维护部必须落实检修质量保证体系和质检验收组人员名单，便于在检修过程中就质量问题进行讨论和处理。各级检修及技术管理人员必须坚持"质量第一"，在检修过程中严格执行"检修文件包"，验收人员必须深入现场，坚持质量标准，认真负责地做好验收工作。

（2）维护部专工是质检验收组中的核心人员，对设备检修工作实施全方位的质量监督和验收工作，要及时监督和控制质量验收点（即检修文件包内明示的 W 点和 H 点）。

（3）对于检修过程中 H 点的验收，检修人员提前 2h 通知验收人员，验收人员接到通知后，须准时参加验收。对于检修过程中 W 点的验收，检修人员提前 1h 通知验收人员。检修过程中，检修人员与验收人员必须保证畅通和及时的联系，提前对所进行的工作进行沟通，合理安排好各项验收工作。各级验收人员不在场时，必须提前通知并安排好相关的替代人员。

（4）检修过程中要严格执行检修文件包，在文件包进行技术交底或检修施工过程中，若检修人员对工序步骤或质量标准有异议时，停止工作，由文件包编写人填写《文件包修改纪录》，并通知所在检修单位，对异议共同确认，如工序正确时，经解释后继续执行原工序；如工序确实有误，由设备部负责组织检修单位共同协商、确定检修方案，并由文件包编写人将修改后的工序或质量标准填写在《文件包修改记录》中，经技术专工、主管审核后送总工程师批准执行，检修人员按新确定的方案和文件包实施检修。

（5）对于不合格品及不合格项目，验收人员要以质量标准为依据，严格执行不符合项处理程序，并做好记录上报 C 级检修质量组。在没有纠正措施及相关验收人员认可前，验收人员有权制止和停止检修人员的工作。

（6）在检修中要妥善安排各项工作，不得以工期人力等不足为理由减少任何检修项目，确实需要减项时，必须先填写《项目调整申请单》，申请单填写的理由、内容要真实无误，变更的工作量计算要准确，申请人要对填写内容负责。不填单减少项目视为漏项，按《C 级检修考核管理制度》的规定进行考核。

（7）各专业组在碰头会上汇报质量监督问题，质量管理组及时确定解决办法，确保检修质量和质量目标的实现。

三、 A 级检修费用控制措施

（1）在 A 级检修费用管理上，采取材料费与施工费分开管控的原则。材料费用管控按照《材料和备件管理制度》执行，严格检修备件、材料采购计划的审批。

（2）各部门制定检修项目必须从实际出发，项目和费用兼顾，专业主管及部门管理人员，在项目制定后要对备件材料逐一核对，在保证机组检修使用需求的前提下，压缩备件材料成本，为 A 级检修费用目标的完成奠定基础。

（3）A 级检修工作实施理费用层层分解，加强各级人员对费用的管控责任，形成费用分级管理机制，指标分解到班组、班组分解到个人，并明确责任，实现全员参与费用管理。

（4）对于外用工到厂时间根据开工情况合理安排，除架子工、力工、保温工在机组检修开工前到厂进行开工的各项准备工作外，技工到厂时间必须根据系统停运后实际情况分批次进厂，防止人员集中进厂造成人力成本的浪费；检修工作结束后，用工及时清退。

（5）各部门在用工管理过程中，对其出勤情况要据实统计，不得虚计考勤，在用工使用过程中费用资源组对用工的实际考勤情况和用工及时清退情况进行跟踪检查，保证考勤统计的准确性，控制用工成本。

（6）对于机组检修期间出现的突发事件涉及检修费用调整和需要落实费用来源时，由设备部组织检修单位进行共同协商后，报费用资源组组长批准，对于涉及合同签订及预算调整程序由设备部牵头组织办理，不得影响机组检修工作的正常进行。

四、 A 级检修进度控制措施

（1）A 级检修的一、二网络计划由维护部编制，经 A 级检修领导小组批准，是 A 级检修进度的纲领性计划，A 级检修进度管理组进行控制和管理。

(2) 机组检修进度计划批准下发后，各专业、班组、项目经理应严格执行项目开工及计划进度的实施，对出现的滞后情况及时通报、及时纠偏。

(3) 机组检修协调会议上，各专业汇报当前的工作进展及当天的完工项目，对出现工期偏差的项目、节点及时反馈，由检修进度管理组负责人进行统计、公布，检修进度管理组督促各项目按计划进度实施。

(4) 如确因客观条件发生变化，需要调整项目进度或网络进度，由设备部各专业及时与A 级检修指挥部联系，办理审批流程，经 A 级检修指挥组组长审批后执行。

(5) 任一专业项目进度调整时，本专业项目进度及项目涉及的其他进度均需随之自动修改变动进度。

(6) 机组检修进度管理组对检修工期全面负责，对滞后于网络进度的项目必须及时向责任部门告警，对不能及时整改者，有权进行考核，对检修工期造成影响的，追究专业负责人责任。

五、 A 级检修信息沟通控制措施

(1) 所有参修人员手机做到 24h 开机，保证通信畅通。

(2) 编制监理人员联系通信录，供相关人员工作联系。

(3) 明确向发电部报送检修信息的责任人，如无重大缺陷，则每隔三日向发电部报送一次信息。

(4) 明确各级验收人员名单及联系方式，以便在检修过程中设备及时得到验收，保证检修进度。

(5) 按时召开检修协调会及专业会议，及时解决各方面问题。

(6) 职工医院、车队、通信总机、公安保卫处、职工食堂等安排人员 24h 值班，并保证电话畅通，满足现场检修需要。

(7) 检修过程中发现缺陷要逐级汇报，技术部各专业组织对重要缺陷进行分析讨论、制定措施。对于检修过程中发现的重要缺陷由技术部经理请示公司领导后汇报公司。

六、 A 级检修后勤保障措施

三产公司将以高度负责的态度提供最优质的后勤保障。具体开展工作如下：

(1) 就餐保障措施：

1) 职工餐厅为就餐人员提供整洁的就餐环境。

2) 职工餐厅负责 A 级检修外来人员就餐及订餐服务工作。

3) A 级检修期间将增加服务人员，以确保职工餐厅 24h 全天候为检修现场服务，让现场检修人员享受优质服务，并根据现场工作需要及时供给所需服务项目，保证及时送餐到现场。

4) 职工餐厅制定防食物中毒预案，对厨师及现场送餐员进行培训。

(2) 保卫、消防的保障措施：

1) 加强了治安保卫力量。公安处对现场看护人员尤其是重要设备看护人员将进行培训，此项工作将于 A 级检修前一周完成，以确保现场治安和设备安全。

2) 深入现场对现场执勤人员进行检查，发现违反管理规定的及时处理，确保重点要害部位安全。

3）重大、高风险动火消防车现场进行监护，确保安全；专职消防队 24h 值班，两台消防车 24h 处在战备值班状态，遇有情况保证在最短时间内赶到现场。

4）配备充足消防器材，保证消防设施完好，制定出机组 A 级检修消防预案，并有针对性进行几次消防演习，防患于未然。

（3）住宿的保障措施：

1）对客服务耐心细致，尽量满足 A 级检修人员的需求。

2）每天进客房清扫一次，确保无垃圾、无灰尘。

（4）车辆保障措施：

1）完成对车辆的全面检查和保养，使车辆处于良好状态。

2）检修期间保障满足现场使用特种车辆作业。

3）运输公司组织好运输车辆和特种车辆，配备有特种技术和高素质的司机 24h 配合现场检修工作。做到随叫随到，确保安全、优质完成运输、吊装任务。

七、 医疗保障措施

（1）职工医院及时配备现场急救用品，不定期到现场巡查，提供医疗和健康服务。备好急救设备、药品和救护车辆，确保突发事件时能第一时间应急处理。

（2）其他保障措施。

1）学校、幼儿园、水站、单身公寓等相关单位根据现场工作时间安排好相应工作，特殊情况开办夜托服务，为生产一线职工排忧解难，确保现场检修人员以及检修外援对后勤保障无后顾之忧。

2）三产公司将对所有预案和措施进行跟踪检查，并逐项进行落实，以保障后勤各项准备工作完成。

第四章

管 理 流 程

第一节 质量管理及验收程序

一、 质量验收标准

设备验收评价等级分"优""良""合格""不合格"三种。

(1) 评定"优良"的项目要具备以下条款：

1) 全部执行规定的检修项目，无漏项；

2) 符合检修文件包和检修质量验收单的规定；

3) 设备外表完好，保温完整，油漆齐全，铭牌、标志清晰，现场清洁，符合文明检修条件；

4) 设备系统无漏点、渗漏；

5) 检修质量分项评价"优良率"在90%以上；

6) 检修中无不合格而返工的项目；

7) 检修和试验记录、图纸及验收记录齐全，字迹端正清晰；

8) 试运转情况良好。

(2) 评定"合格"的项目要具备以下条款：

1) 全部执行规定的检修项目；

2) 符合检修文件包和检修质量验收单的规定，个别项目因质量不合格而返工一次，但检修后能够达到检修质量标准；

3) 设备外表完好，保温完整，油漆尚可，铭牌、标志清晰现场清洁；

4) 检修质量分项评价"优良率"在85%以上；

5) 检修和试验记录、图纸及验收记录齐全，字迹端正清晰，某些方面虽有欠缺但经验收人员指出后能补全改正；

6) 设备系统无漏点；

7) 试运转情况正常。

(3) 具备以下条款之一，评定为"不合格"项目：

1) 检修规定的项目未全部完成；

2) 个别项目的检修质量不能达到检修质量标准；

3）检修质量分项评价"不合格率"大于两项，或经返工只能达到"合格"标准；

4）检修和试验记录、图纸及验收记录不按规定填写，或记录不全；

5）设备系统有漏点、渗点；

6）设备试运转情况不正常。

二、 质量验收形式

（1）检修项目质量验收执行三种形式。

（2）使用文件包的设备检修执行检修文件包验收程序；主要适用于关键的报警、控制、保护装置以及主要设备的检修、设备整体解体检修。

（3）使用检修质量验收单的设备检修执行检修质量验收单验收程序，主要适用于重要就地热控装置和一般设备整体解体检修或不解体检修设备。

（4）重大项目应编制施工方案书，制定详尽的检修质量验收单和技术记录。

三、 质量验收组织

（1）质量验收执行三级验收和质检点 H、W 点验收相结合的方式，既防止重复验收，又兼顾点面结合。H、W 点按检修质量控制的需求可以分别采用一级、二级、三级验收方式。若验收不合格，质检人员应填写《不符合项通知处理单》，要求检修人员按不符合项程序进行处理，查明原因，防止重复发生。

（2）一级验收机构为项目承包商自己内部先实行三级验收，即工作负责人验收、专业班技术员验收、项目部专工或经理验收，此内部三级验收在整个质量三级验收中，相当于公司一级验收（热控、二次专业由设备专责人进行一级验收）。

（3）维护部门作为公司的一级验收，参加质量控制体系的一级验收。

（4）二级验收由设备部点检员和监理负责验收。热控、二次由技术员或班长负责二级验收。

（5）三级验收由设备部点检长或指定人员负责验收。热控、二次由专工或主管负责三级验收。主设备、重大检修项目、特殊、重大项目的三级验收由点检长参与并评价，与点检员、监理、维护部门、承包商一起联合进行验收签字。

（6）检修特殊过程（特殊工艺）（如特种焊接、热处理、容器防腐等）均实行三级验收和 H 点签证制度。

（7）主设备、重大项目整体冷态验收、启动验收由发电公司总工程师（或指挥组组长）组织验收。

（8）按三级质量验收制度及工序和检修文件包要求进行验收，实行质检点 H、签证点 W 验收。

1）检查开工先决条件是否具备的环节（W 点）；

2）验证是否符合工艺技术标准的关键环节（W 点）；

3）确认工作结束的环节（W 点）；

4）出现质量问题无法检验或检验非常困难的环节（H 点）；

5）出现质量问题不能通过返工纠正或需巨大代价才能纠正的环节（H 点）；

6）根据以往经验容易出现质量问题的环节（H 点）；

7) 使用不常用技术工艺的环节（H 点）。

（9）承包商在检修前应确定项目的内部验收制度，并落实相应的验收人，严格执行本规定。由班组验收的项目，先由工作负责人自检后交班组技术员进行验收。班组技术员及工程师应全面掌握全班的检修质量，并随时做好必要的技术记录。

四、质量验收程序

（1）设备检修过程中工序需要验收时由项目负责人完成以下工作：

1) 对项目进行自检合格。

2) 完成文件包或检修质量验收单相关内容的填写工作。

3) 准备好验收用工器具、量具。

4) 检修现场的零部件和工器具摆放符合有关文明施工标识的要求，然后通知承包商内部技术负责人进行一级验收。对未执行文件包的项目，由项目负责人自检合格并填写检修质量验收单后通知承包商内部技术负责人进行一级验收。技术负责人验收后在检修文件包或检修质量验收单上填写评定等级并签字。

（2）在完成一级验收合格后可以进行下一道工序的检修工作，如需二级验收由承包商内部技术负责人通知相应设备专责人、监理进行二级验收。二级验收后由设备专责人或者监理在检修文件包或检修质量验收单上填写评定等级并签字。

（3）在二级验收合格后可以进行下一道工序的检修工作，如需三级验收的，需要提前1h预约三级验收负责人，若为"H"点验收时应由承包商技术负责人填写书面"H"点验收通知单提所有验收负责人，通知人在每个被通知人签字后即可将相应通知单交与被通知人。三级验收合格后由验收人在文件包或检修质量验收单上填写评定等级并签字。

（4）对重大特殊项目，H 点验收应由监理、点检长签字后方可进行下一工序，最终工程质量竣工验收应由承包商、设备部、安健环部和公司总工程师签字，并执行交接手续后方可认为总体工程竣工。

（5）分部试运行由试运指挥组主持，检修负责人、有关点检人员、运行人员和监理人员参加。分部试运行必须在分段试验合格并核查检修项目无遗漏，检修质量合格，且技术记录及有关资料齐全无误后方能进行。试运行内容包括各项冷态和热态试验以及并网带负荷试验。

（6）试运行前，检修人员应向运行人员书面交代设备和系统的变更情况以及运行中要注意的事项。在试运行期间，检修人员和运行人员应共同检查设备的技术状况和运行情况。

（7）主设备、重大检修项目、机组总体冷态验收、启动试运行、热态总体验收由发电分/子公司主管生产领导组织。最终工程质量竣工验收应由施工单位、监理、设备部和公司总工程师签字，并执行交接手续后方可认为总体工程竣工。整体试运后，经现场全面检查确认正常后，由发电公司主管生产领导批准后，值长正式向电网调度报竣工。

（8）检修人员在检修过程中发现的设备缺陷要及时向上一级主管领导汇报，及时制定解决办法，必要时由专业专工（点检人员）组织专题会议。如果是影响机组工期质量或需要外协技术支持的重大设备缺陷要在当日将缺陷情况上报至公司领导。

（9）加强重要项目监理旁站，严把质量管理。施工工程中，按规定采取旁站监理、巡视检查和平行检验等形式，按作业程序及时跟班到位进行监督检查，并做好现场记录；对施工重要部位、关键工序严格实行旁站监理，一旦发现问题及时提出并督促处理。对达不到质量要求的工序不签字，不允许进入下一道工序。

（10）检修中发生质量问题，不认真执行检修文件包（或其他检修标准），野蛮施工等质量验收人员有权要求进行停工整顿。

（11）检修人员与点检人员对检修质量有争议时，可向上一级主管提出复议。

（12）检修完毕后，需要试运的设备，应认真填写《试运申请单》，检修工作负责人应留在现场跟踪并配合试运工作。对出现不合格的检修项目，应填写《不合格项目单》。

（13）各级验收后 H、W 点后应现场签字确认，填好分段验收记录，其内容包括：检修项目及标准、技术记录、质量评价及检修和各级验收人员的签名。

检修项目负责人确认检修文件包已经全部关闭；各级验收人员已经按程序对检修工序中各验收点进行验收，方可将检修工作票全部交回并已办妥检修工作票手续的全部内容。

第二节　检修管理考核程序

（1）设备部、发电部应负责制定内部检修质量管理和考核细则，设备部点检员对检修承包商进行管理和考核，点检长对点检员进行管理和考核，运行专工对试运负责人进行管理和考核。

（2）点检员将检修承包商当日检修质量事件及时统计汇总，并按要求进行考核；点检长将点检员当日检修质量事件统计汇总，并按要求进行考核。设备部制定专人统计汇总本部门检修质量事件及考核内容，提交技术质量组。

（3）严格质量管理的三级验收制度，各检修单位应将本部门内的三级验收作为文件包或作业卡上的一级验收，点检员应不定期抽查一级验收情况，如发现标准执行不严、质量控制不力或未完成一级验收就进行下一道工序的考核检修单位每次 100 元。

（4）检修人员在检修过程中发现的设备缺陷要及时向点检员汇报，如汇报不及时的考核检修单位每次 100 元。

（5）检修过程要求测量的数据应真实可信，不得弄虚作假或使用不合格的器具测量，如发现考核检修单位每次 500 元。

（6）检修过程中因不执行作业标准而使设备产生新的缺陷的根据缺陷情况考核检修单位每次 200～1000 元。

（7）检修过程中检修人员擅自越点（验收点）作业的造成质量失控的考核检修单位每次 100 元。

（8）检修过程的记录应齐全、规范并按规定填写，否则考核检修单位每次 50 元。

（9）对于仅需进行一级质量验收的检修质量事件，静态验收前由检修承包商发现的，检修承包商内部进行考核。静态验收后由点检员检查发现的，点检员按考核规定对检修承包商进行考核，点检员不承担检修质量责任；设备试运行过程化中或其他人员发现的，检修承包商承担主要质量责任，点检员承担管理责任，设备部按规定对此进行考核。

（10）对于需进行二、三级质量验收的检修质量事件，二级验收签字前发现的，点检员按考核规定对检修承包商进行考核，点检员不承担检修质量责任；二级验收后三级验收签字前发现的，点检员与检修承包商承担主要检修质量责任，点检长承担管理责任；三级验收签字后发现的，点检员与检修承包商承担主要质量责任，点检长承担监督和管理责任，按规定进行相应考核。

（11）自身检修设备不具备试转条件而要求试转的考核检修单位每次 1000 元。

（12）设备检修过程中漏项的考核检修单位每项 200 元。

（13）设备试转过程发现的缺陷，如系检修过程工艺执行不力、验收不到位的考核检修单位每次 200 元，考核相关验收人员每次 100 元。

（14）设备因检修质量不合格而造成验收时返工超过一次的考核检修单位 300 元。

（15）机组检修结束报复役后 30 天内发生的因检修质量导致的主机和主要辅机可靠性各类缺陷，按缺陷管理考核条例的重复缺陷进行考核。

（16）设备检修后发生二类及以上设备缺陷的，如该缺陷可以在检修过程中发现的而没有发现的考核检修单位每条 500 元，考核点检员每条 200 元。

（17）检修后技术经济指标，按经济指标管理考核相关要求进行考核。

注：日常重复缺陷考核办法：一个月内出现重复性设备缺陷，每发生一项扣罚责任单位：零类缺陷 1000 元，二类缺陷 400 元，三类缺陷 200 元，四类缺陷 100 元。

第三节　不符合项管理程序

一、　不符合项通知及处理单适用范围

（1）检修期间，凡在系统设备和部件的检修活动中发现与初始设计不相符合的设备或部件的异常情况，要求记录在不符合项通知及处理单中，并按照不符合项通知及处理单的作业流程和规定进行处理。不符合项指的是检修文件包中，作业卡中没有规定要检修的项目，比如检修文件包本来没有规定检查检修紧固件，但在解体过程中发现相应部件损坏，需要更换处理，这种情况称之为不符合项，另外检修文件中规定了相应的检修项目，但按文件包中规定的工序、方法或正常的检修手段进行检修后无法达到文件包中制定的技术要求或规程要求，需要更换检修方法或修改相关标准的，也称之为不符合项。

（2）对在检修程序文件中有预见并有明确处理措施的质量缺陷，不需填写不符合项通知及处理单。

（3）下列情况必须填写不符合项通知及处理单：

1）安装在设备/系统上的材料、零部件与设计、采购、合同技术规范不符；

2）零部件或设备不能按照已批准的图纸、规范、设计进行安装；

3）材料、零部件、设备、系统、结构已损坏或在超出设计条件的状态下（如超压、过电压、过热、过应力状态或其他对其质量有危害的条件）工作；

4）部件出现磨损、腐蚀等情况经正常检修达不到质量标准；

5）备件或加工件材料与设计材料不符或尺寸超差；

6）使用非正常检修手段破坏设备的完整性；

7）设备零部件安装时技术数据超出程序文件包规定的标准；

8）操作、检修不当产生设备零部件损伤。

（4）属于以下情况的可以不填写不符合项通知及处理单，由本专业检修人员按正常检修工艺方法处理。

1）需更换的备件是按国标在国内采购的标准件（如标准螺栓等紧固件、O型圈）。

2）易损件的更换。

3）部件解体或拆出困难，在不损坏主体设备的前提下，由检修人员设法（包括制作合适的工具）解决（如螺栓咬死，滚动轴承、水泵对轮拆卸困难等）。

4）部件生锈、拉毛，通过适当清理、打磨即可恢复原设计功能。

二、 不符合项通知及处理单填写规定

（1）工作负责人填写不符合项通知及处理单中的"不符合项描述"栏。

（2）技术难度较大或者直接影响设备检修质量的不符合项，技术难度较高、施工工艺较复杂的不符合项纠正措施由设备点检人员、点检长组织编写。点检长进行审核，分别注明日期。

（3）工作负责人或检修单位质量控制人员编写的"建议采取的纠正措施"，检修单位审查人为专业主管。

（4）审查后的不符合项由公司副总工程师以上的领导（检修指挥部组长）签字批准后方可生效。

（5）审查后的不符合项统一交监理对口专业进行登记、备案和跟踪管理。

三、 不合格项目的处理方式

对于检修不合格项目，可根据实际需要采取以下四种处理办法：

（1）返工或重修：对于违反工艺和技术要求、未达到质量标准、违反公司规定等项目。

（2）报废和重修：由于用材及备件使用错误、设备检修存在严重隐患无法修复等项目。

（3）让步验收：在检修质量达到检修质量标准95％以上，同时满足公司行业规定，确保设备安全运行的情况下，由于自然不可抗拒因素、检修工艺无法达到等项目。

（4）拒绝验收：根本无法确保设备安全运行，检修质量标准低于95％，违反公司规定等项目。

四、 不合格项目的处理程序

（1）在检查、验收过程中发现不合格项目时，填写"检修不合格项目通知及处理单"。检修不合格项目通知单由检修监理对口专业发出，发送给责任检修单位，由检修单位按照进行整改。不合格项的评价和处理意见中评价分为四类：严重项、中度项、轻度项、普通项。严重项：写出不合格报告，包括项目名称、存在不合格（违规）原因、造成何种影响、处理意见、方案，并报安健环部审核。中度项：写出不合格报告，包括项目名称、存在不合格（违规）原因、造成何种影响、处理意见、方案，由设备部点检长审核。轻度项：根据项目不合格内容，设备部点检人员作出简要技术记录。普通项：可以不写记录，但需告知检修人员。

（2）相关检修单位接到经批准后的不符合项后，按其整改要求组织整改。整改完成后申请验收，由检修单位技术人员、设备部点检、监理人员共同验证合格。重大不合格项目的处理，由设备部专业组织讨论，制定出最终处理方案和处理意见，报给总工或副总审批，并组织验收。

（3）处理后的不符合项必须经发出通知单的人员验收、审核。

（4）不符合项通知及处理单执行完毕并经过验证后，相关人员必须在有关检修文件包的相关控制点签字，关闭不符合项通知及处理单。

五、"检修不合格项目通知及处理单"

封闭后统一交检修监理对口专业归档，定期移交。

第四节　重大缺陷处理程序

（1）点检发现重大缺陷时，立即通知设备部点检长到达现场进行确认。

（2）专业组织召开会议讨论处理方案，并填写异常、不符合项报告单。

（3）对重大缺陷每天应在协调会上进行通报，由现场指挥组提出指导性意见。如果是影响机组工期质量或需要外协技术支持的重大设备缺陷要在当日将缺陷情况上报至发电营运部。

（4）重大缺陷处理前填写工序卡，当工序卡不能满足要求时要填写作业指导书。工序卡和作业指导书审批后方可进行消缺工作。

（5）缺陷处理结束后按《质量管理及验收程序管理制度》中的有关流程进行验收。

（6）对重大缺陷应由专业进行统计并及时上报部门。

第五节　安健环管理程序

一、总则

（1）为贯彻"以人为本"的理念，通过"以文明保安全、重策划强流程、严奖惩讲成效"创建安全文明施工现场，努力做到：安全管理制度化、现场管理区域化、安全设施标准化、设备材料定置化、作业行为规范化、环境影响最小化，营造安全与文明的良好氛围。

（2）各承包商应接受发电公司本次检修安健环监察组的安健环管理和领导，并全面负责承包服务范围人员、机料设备和作业区域安健环管理；安健环管理工作期限为合同规定期限的全过程。

（3）承包商在项目开工前，应根据检修策划书，认真检查检修现场文明施工条件，确保承包商检修人员的安全健康和检修现场的环境卫生符合规定要求。

（4）承包商应制定并落实安全管理措施，强化检修过程管控，确保承包商检修人员安全检修、规范检修。

（5）承包商应加强自身的管理，加强对分包单位的管理，加强对分包商现场安全文明施工的检查，使检修安健环管理工作得到持续的改进。

（6）安健环监察部对施工单位现场工作的考核与奖励内容是合同结算的重要依据。

二、承包商入厂管理流程

（1）承包商一旦确认中标，在工程开工前，应至少提前三天与发电有限公司安健环监察部联系，以便于下一步安健环工作的正常开展。

（2）承包商开工前应按以下流程进行各项准备工作见表 4-1。

表 4-1　　　　　　　　　　　　承包商开工前准备工作表

序号	工作项目	管理部门	负责人
1	资质审查	安健环监察部	安健环部环境主管、安健环部检修主管、安健环部健康主管
2	签订承包商安健环协议	安健环监察部	安健环部环境主管、安健环部检修主管、安健环部检修主管
3	缴纳工程总款价 5% 的安全风险抵押金	物资部	物资部经理
4	签订治安保卫协议	行政部	行政部经理
5	承包商检修人员办理临时居住证或证明	施工地派出所	
6	承包商检修人员入厂安全三级教育	安健环监察部 设备部	安健环部安全主管 设备部安全主管
7	办理承包商现场施工开工审批单	设备部	设备部专业提供审批单

（3）承包商安健环资质审查。

1）承包商应按照《承包商管理制度》的要求，提前填写《承包商安健环资格审查表》，承包商项目负责人应对审核表内容进行检查，合格后提交安健环监察部进行审查。

2）安健环监察部负责对承包商安全资质内容逐项审核；审查全部合格后按要求进行三级安全教育、办理开工审批单，经批准后方可施工。

（4）检修安健环监察人员职责分工。

1）检修组织策划：安健环部经理、安健环部检修主管。

2）承包商资质审核：安健环部检修主管、安健环部环境主管、安健环部检修主管。

3）承包商一级安全教育、考试：安健环部安全主管、安健环检修主管。

4）承包商资料整理、归档：安健环安全主管、安健环文员。

5）现场监察：①汽轮机侧检修作业监察：安健环部环境主管。②锅炉侧检修作业监察：安健环部检修主管。③灰硫化检修作业监察：安健环部检修主管。④运行隔离及三票执行情况监察：安健环检修主管。

6）各项安健环会议及检查活动组织：安健环部检修主管。

7）高风险作业、高危脚手架、一级动火作业验收、许可：安健环部环境主管、安健环部检修主管、安健环部检修主管。

8）安全文明生产考核通报：安健环部环境主管、安健环部检修主管。

9）检修劳动竞赛评分：安健环部环境主管、安健环部检修主管。

10）检修各项考核及奖励台账：安健环文员。

具体审核内容见表 4-2。

表 4-2　　　　　　　　　　　　　　承包商安全资料审核表

序号	项　　　目	情况	备注
1	单位营业执照和组织机构代码、资质等级证书		
2	现场负责人的企业法人资格证书及项目经理法人代表授权文件		
3	安全生产许可证，从事电力设施安装、维修、试验应取得相应等级的承（装、修、试）电力设施许可证		
4	最近施工简历及安全施工记录		
5	本项工程的合同签订情况		
6	安全协议签订情况，签订人姓名		
7	依据发电有限公司要求交纳的安全风险抵押金数量		
8	承包商检修人员花名册、身份证复印件		
9	特种作业人员清册及资质证明		
10	安全网络配置情况（30 人以上必须配专职安全员，每超过 30 人时应增加一名专职安全员）		
11	主要管理人员及专职安全管理资格证		
12	员工健康体检合格证明（三级甲等医院）		
13	大型机具、安全工器具、电动工器具数量及检验清册		
14	有毒有害、易燃易暴物品清册		
15	劳保用品发放记录		
16	公司与员工劳动合同复印件		
17	公司为员工缴纳了人身意外伤害保险、工伤社会保险证明		
18	安全施工责任制度		
19	安全奖惩制度与考核记录		
20	安全例会（安全活动及班前、班后会）制度与记录		
21	员工保险证明		

（5）承包商安全管理人员配置要求：

1）少于 30 人配置兼职安全员；

2）超过 30 人（含 30 人）以上配置专职安全员并书面任命。

3）承包商如需更换安健环监督机构主要负责人，必须向发电公司安健环监察部提出书面申请，经审核批准后方可进行变更。

（6）特种作业人员的管理。

1）承包商根据特种作业人员进场情况，及时填写《特种作业人员统计表》及特种作业操作证复印件报安健环监察部审核。

2）焊工、热处理工、焊接质检、无损探伤、理化试验还需上报相应的资质证书、合格证或上岗证复印件报监理单位、发电有限公司相关质检人员审核。

3）特种作业人员进行特种作业时，必须随身携带特种作业证原件或复印件。

特种作业人员审报表、统计表见表 4-3 和表 4-4。

表 4-3 　　　　　　　　　　　　　　　特种作业人员审报表

编号：

致：　　　　　　　　　检修监理员项目部 现报上　　　　　　　　特殊工种作业人员统计表，并经我单位项目技术负责人审查批准，请予以审查。 附：   　　　　　　　　　　　　　　　　　　　　　　　　　承包单位（章）： 　　　　　　　　　　　　　　　　　　　　　　　　　　　项目负责人： 　　　　　　　　　　　　　　　　　　　　　　　　　　　日　　　期：
监理审核意见：   监理工程师：   　　　　　　　　　　　　　　　　　　　　　　　　　　　日　　　期：
安全管理部门审核意见：   　　　　　　　　　　　　　　　　　　　　　　　　　　专业负责人： 　　　　　　　　　　　　　　　　　　　　　　　　　　日　　　期：

注　本表一式三份，由承包商填报，安全管理部门、监理单位、承包商各存一份。

表 4-4 　　　　　　　　　　　　　　　　特种作业人员统计表

序号	姓名	工种	证件编号	有效期

注　本表与《特种作业人员审报表》配合使用。

4）高空作业人员原则上需年满 18 周岁且不超过 50 周岁；架子工必须经过标准脚手架模型培训；高空作业人员身体条件必须符合《电业安全工作规程》要求，患有精神病、癫痫病、高血压、心脏病、眩晕症、恐高症的人员禁止攀高作业。

5）危险化学品特种作业人员应具备高中或者相当于高中及以上文化程度。

6）电工作业人员必须 18 周岁并具备该工种的安全技术知识，培训考试合格后持证上岗。

7）对承包商的特种作业人员应提前做好人员技能和安健环培训工作。

（7）安健环管理协议。

承包商在签订承包合同的同时，必须签订安健环管理协议，并与行政部签订治安保卫协议。承包商入厂时需向发电有限公司安健环监察部出示不低于工程总款价 5% 的安全风险抵押金收据凭证，施工结束或合同期满后，根据奖惩情况返还剩余的安全风险保证金。

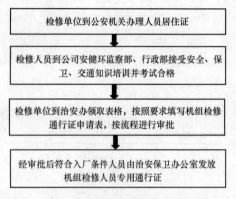

图 4-1　机组检修人员通行证办理流程

（8）出入证办理流程。

1）所有参加机组检修的外来人员在到达发电有限公司 3 日内，必须到当地派出所办理《临时居住证》或由派出所出具证明。

2）承包商检修人员经安健环监察部审核后，由检修单位安保人员携带入厂人员名册、身份证复印件到治安保卫办公室办理《机组检修人员通行证》。

3）检修人员出入厂区必须正确佩戴《机组检修人员通行证》，服从门卫的检查；证件不得转借，违者按有关规定进行考核，检修人员上下班时应列队进出厂门，自觉接受检查，办证流程如图 4-1 所示。

三、入厂安全教育培训规定

（1）对检修承包商的安全教育培训主要由以下三种方式：入厂三级安全教育培训、安全交底、领导和管理人员参加班组安全活动所进行的互动交流式培训。

1）厂级安全教育由安健环监察部进行，教育结束后经安规考试合格方可入厂，主要教育内容有：① 国家、电力行业的安全生产方针和相关法律、法规、标准、规程，告知履行职责、应有权力和法律业务。② 电力安全生产基础知识和管理知识，讲述基本知识、事故发生理论、风险知识等。③ 公司安全生产制度及安健环考核制度的相关内容、要求，重点是承包商的管理制度和标准。④ 公司的安全业绩和历史经验教训，常见违章现象和发生的事故，提醒安全注意事项。⑤ 公司的安全责任意识和行为理念等。⑥ 禁止事项及禁止活动区域。⑦ 紧急情况联系报告方法、流程。⑧ 紧急应变预案应急、消防、逃生教育。⑨ 高危作业项目专项教育。⑩ 职业危害告知和警示。

2）部门级安全教育由承包商归口管理部门进行（设备部安全员），主要教育内容有：① 本部门在全公司安全生产中的地位与作用。② 本部门生产特点和工作性质。③ 本部门安全生产业绩、经验、教训和现状。④ 本部门相关安全生产规章制度和劳动纪律。⑤ 所从事工种的安全职责、操作技能及强制性标准。⑥ 相关工作的危害识别与风险控制方法。⑦ 特殊情况的识别与处置。⑧ 本部门相关事故案例学习。⑨ 紧急救护和消防安全知识等。

3）班组级安全教育：由承包商对口班组（点检组）进行。① 本班组的生产概况、特点、范围和作业环境。② 本岗位与全企业安全生产的关系。③ 本岗位应遵守的规章制度和安全操作规程。④ 本岗位的安全责任。⑤ 岗位之间工作衔接配合的安全与职业健康注意事项。⑥ 本岗位典型的事故及经验教训。⑦ 相关工作的危害识别与风险控制方法。⑧ 本岗位常用的机械设备、工器具的安全操作要领和使用方法等。⑨ 本岗位个人防护用品性能和正确的使用方法。

（2）技术服务类承包商安全交底（不直接参与现场施工，只负责指导或指导性的监督检查）。要求生产管理部门责任人对其进行安健环交底（交底记录在公司安健环部备案），交底内容如下：

1）国家、电力行业的安全生产方针和相关法律、法规、标准、规程。

2）电力安全生产基础知识和管理知识。

3）公司安全生产制度及安健环考核制度的相关内容、要求。

4）禁止事项及禁止活动区域。

5）紧急情况联系报告方法、流程。

6）紧急应变预案应急、消防、逃生教育。

7）职业危害告知和警示。

8）所从事工种的安全职责、操作技能及强制性标准。

9）相关工作的危害识别与风险控制方法。

10）特殊情况的识别与处置。

11）相关事故案例学习。

12）常用的机械设备、工器具的安全操作要领和使用方法等。

13）个人防护用品性能和正确的使用方法。

（3）工作负责人。

承包商的工作负责人需管理部门提前申请，经过发电公司安健环监察部的培训并考试合格，由安健环监察部提出检修临时工作负责人授权申请后予以其相应资格。

（4）每项作业开始之前，必须针对该作业项目的具体情况对承包商进行安全技术措施交底，并做好签字留底。安全技术措施交底由项目负责人或班组（点检组）组织，其中一般风险作业项目由项项目负责人或班组（点检组）进行交底，中风险作业项目要求有作业管理部门管理人员（经理或安全员）参与交底，高风险作业项目安健环监察部及作业管理部门管理人员均需参加交底。

四、 检修班组日常安全教育规定

（1）承包商班组每天应召开班前会和班后会，并做好活动记录。班前会主要内容应包括布置当日工作内容及相关注意事项、安全措施。向作业人员进行安全技术交底并签字确认。班后会主要内容应包括总结当日工作情况，当日发生的不安全现象，对发生的设备、人身不安全情况进行原因分析，并落实防范措施。安健环部及设备部相关管理人员及承包商项目负责人要求定期参加主要承包商的班前会（安健环监察部安全管理人员每周固定参加一次承包商班前会，每周随机抽查一次承包商班前会开展情况）。

公司各级管理人员应按时参加承包商班前会，如不能按时参加需提前向安健环监察部请假，并在第二天重新参加承包商班前会。

（2）在机组检修期间，为了确保运行机组安全，运行机组和检修机组之间设置可靠的隔离措施；承包商检修人员应在规定的检修区域内进行工作，严禁承包商检修人员进入运行机组。

（3）每日开工前，在现场由班组长或技术负责人对施工人员进行安健环交底。

五、 项目开工要求

（1）项目开工必须遵循"危险源辨识不清不开工、没有制定完善的安全技术防范措施不开工、安全技术防范措施准备执行不到位不开工、安全技术防范措施全员交底不清不开工、应到位人员未到位不开工、未编制应急预案并进行培训演练不开工"的"六不开工"原则。

（2）一般项目开工前必须根据要求填写《承包商现场施工开工审批单》，并经相关部门审核。

（3）高危风险项目开工前必须按照《高危风险作业项目管理制度》的相关要求做好危害辨识并制定控制措施。高危风险作业项目的危害辨识与控制应由设备部相关专业、检修承包商、工程监理方共同进行。

1）按照项目工艺流程进行作业重点步骤工作安全分析，辨识作业风险和职业危害，确定风险控制措施。

2）由设备部相关专业、检修承包商共同编制高危风险项目作业指导书，检修监理员应进行审核，报经生产副厂长（总工）或副总工程师签发。

3）高危风险项目作业指导书须报经安全监理中心对安全技术措施二次复审。

4）高危风险项目作业指导书应对每一名作业人员进行教育培训。

5）根据现场实际，应建立逃生通道并保持畅通。

6）编制高危项目现场应急处置方案、组织人员进行演练。

（4）高风险项目开工前还应完成以下安全管理要求：

1）本次检修高危项目清单应放置在汽轮机 13.7m 机组检修宣传栏内。

2）高危风险项目应办理《高危风险项目开工申请单》并由生产副厂长（总工程师）签发，项目负责人复核并下发《高危风险项目开工通知单》。

开工报告不得替代《高危风险项目开工申请单》和《高危风险项目开工通知单》。

3）高危风险项目开工前应根据影响范围对作业区域进行隔离，并设置"高危项目作业区域"警示标识。涉及两个及以上施工单位在同一区域进行施工的高危风险项目作业，有可能危及对方安全生产的，各方应当签订安全生产管理协议，以明确各自的安全生产管理职责和应当采取的安全措施，并应当指定专职安全生产管理人员进行安全检查与协调。签订的安全生产管理协议必须报电力公司所属单位安全管理部门审核并备案。

4）高危项目作业区域必需设立高危项目检修管理看板。看板尺寸为 1000mm × 2000mm，看板上方内容应包括高危项目名称、项目负责人、现场负责人、工作负责人、联系电话、开工时间、预计结束时间等，下方栏目应包含组织机构、技术文件、安全措施、应急管理措施、定置图、工作票、安健环技术交底文件、高危项目开工通知单等。

5）每日开工前应结合当日工作内容进行单独的风险和安全措施交底，作业人员确认签字并保存记录。

6）每日开工前，现场负责人应结合项目内容进行安全设施、工器具、安全措施检查、气体检测等，并填写检查记录。

7）高危风险项目涉及特种作业人员资质应严格审核，并持证上岗操作。

8）设备部、检修承包商均应选派满足现场安全管理要求的安全专责人员进行全过程监督，人员的数量应满足现场监督需要。

9）安健环监督人员应每天到现场检查上述要求落实情况及人员行为规范、安全措施落实情况等，发现问题及时提出整改及考核建议并在检修协调会上通报。

10）专职安全监理人员应对高危风险项目进行重点监督管控，必要时应进行全过程旁站监理并填写《旁站监理记录表》。

11）对高危风险项目施工中检查发现的违章问题，应及时通报并考核。对于重复违章人员应清退出高危风险项目。

12）应尽量避免夜间高危项目施工，如因工期需要必须进行的，需报请设备部经理同意，并且做好夜间施工安全措施后方可施工。

13）检修期间的高危风险项目见表4-5。

表 4-5　　　　　　　　　　　　　　检修高危项目统计表

序号	项目内容	项目负责人	现场负责人
1	循环水管道防腐	汽轮机点检员	承包商项目经理
2	炉内搭拆悬空脚手架和升降平台使用	锅炉点检员	承包商项目经理
3	低氮燃烧器改造	锅炉点检员	承包商项目经理
4	加装低温省煤器	锅炉点检员	承包商项目经理
5	发电机抽穿转子	电气一次点检员	承包商项目经理
6	悬瓷更换	电气一次点检员	承包商项目经理
7	脱硫吸收塔防腐	灰硫化点检员	承包商项目经理
8	脱硫净烟气烟道防腐	灰硫化点检员	承包商项目经理
9	加装导流槽项目	电气二次班长	承包商项目经理
10	吸收塔设备升级改造	灰硫化点检员	承包商项目经理
11	湿式电除尘器改造	电气二次班长	承包商项目经理
12	汽轮机通流改造（大件起吊）	锅炉点检员	承包商项目经理
13	炉后屏过热器材质升级改造	锅炉点检员	承包商项目经理

六、　安健环网络活动要求

（1）检修开始一周内召开各施工单位项目经理、专责安全员及发电有限公司各检修相关部门、监理单位共同参加的安健环网络启动会。

（2）安健环网络会由安健环监察部组织，每周至少召开一次，地点为一期发电部二楼会议室，各施工单位及发电有限公司相关部门对一周内安全文明生产情况进行汇报、安健环监察部、安全监理、对近期安健环管理工作进行布置和要求，检修监理负责整理并分发会议纪要。

（3）每周至少组织一次各部门及施工单位安全员共同参加的联合检查，检查后在生产现场召开安健环网络现场会。

七、 现场文明生产规定

（1）总体要求。

1）本次检修文明生产管理采用区域负责制，参加检修工作的各单位或部门，按检修项目划定检修区域，设置隔离围栏，明确该检修项目工作负责人全面负责该区域文明生产工作。几项检修工作共用一个检修区域时，应由该区域主专业检修项目工作负责人负责。检修区域以外的区域由长三角保洁公司负责。工作中必须做好防止油、水、灰等污染的措施，对环境的污染尽量降低到最轻，遵循"谁污染、谁负责"的基本原则，不能判定污染源的由该区域负责人所在单位负责。

2）设备部各专业点检对本人负责的检修现场区域文明生产工作实施整体的监督管理。多专业交叉工作区域文明生产工作由主设备专业负责管理。

3）每个作业区域应设立设备检修管理看板。看板上方内容应包括项目名称、项目负责人、工作负责人、联系电话、开工时间、预计结束时间等，下方栏目应包含组织机构、技术文件、定置图、工作票、安健环技术交底文件等。

4）检修现场执行定置管理。检修开始前，检修单位根据检修区域绘制定置图，要求检修现场布置合理。每个检修区域管理看板或入口处应摆放定置图，零件、材料、工器具等按照定置图进行摆放，并设置标识。

（2）修前准备工作。

1）为了使检修机组与运行机组有效的隔离，编制检修机组现场隔离措施，检修开始前由综合专业负责安排对现场进行有效隔离。汽机房 13.7m 及汽机房零米应使用专用大围栏进行隔离，其他区域隔离使用广告布。检修过程中如需临时拆除隔离，需报请综合专业主管批准，并及时安排恢复。

2）检修区域的布置。修前各专业将现场布置所需胶皮、塑料布、隔离围栏等材料上报综合专业，由综合专业对现存的材料进行盘点，不足的及时补充到位。检修单位对各自检修区域进行现场布置，应设置围栏或者警戒线、挂警示牌和检修管理看板，对地面进行防护，敷设胶皮。汽轮机 13.7m 地面底层应铺设白布、中间铺设塑料布、表面铺设绿胶皮，格栅部位铺设地板革，其他检修区域应铺设胶皮。胶皮及隔离围栏使用遵循"谁领用、谁清洗"原则，即在铺设之前直到使用后归还时，领用单位都应保证胶皮及隔离围栏干净整洁。

3）汽机房 13.7m 主机与高压加热器之间过道边由综合专业统一安排设置检修管理看板，内容应包括机组检修简介、检修的综合管理、安健环管理、质量管理、进度管理、文明检修管理等。

4）现场布置好后，由设备部汇同安健环监察部进行验收。

（3）检修现场的文明施工要求。

1）所有参加检修的人员应严格执行本公司《文明生产管理标准》。

2）检修区域应设置围栏或者警戒线、挂警示牌和标志牌。对地面进行防护，敷设胶皮，胶皮应干净整洁。现场布置不得阻塞通道，不得妨碍消防器材的使用。

3）作业现场做到"三不落地""三无""三齐""三不乱"，每天收工前清扫现场，做到工完料尽场地清。及时收集废物、废料，严格按照垃圾分类进行处理。

三不落地：工器具与量具、设备零部件、油污不落地；三无：无污迹、无水、无灰；三齐：拆下零件摆放整齐、检修机具摆放整齐、材料备品堆放整齐；三不乱：线不乱拉、管路不乱放、杂物不乱丢。

4）承包商检修人员进入生产现场（办公室、控制室、值班室和检修班组室除外）必须戴安全帽，着装符合《电业安全工作规程》要求，特种作业人员的特种作业证复印件需随身携带以供检查。

5）重要设备检修区域，如汽轮机、发电机检修现场等，应设专人对出入检修区域的人员和携带的工具进行登记，防止工具、异物等遗失在设备内部。与检修工作无关的人员禁止入内，进入检修区域的人员需佩带统一编号的胸卡，以便登记，在非工作期间，由保卫部门做好现场安全保卫工作。

6）检修工作中要注意对检修设备、备品备件的保护，尤其是重要的零部件做好防盗措施。

7）厂房内不允许随意堆乱放设备材料，禁止存放与检修无关的工器具、材料、备件等物品。如需临时存放时，需经安健环部批准。存放前铺好胶皮，防止撞坏地面，进行定置摆放，并设置临时围栏。

8）禁止随地乱扔抹布、棉纱头，用过的擦拭材料应放在带盖的废棉纱铁箱内，并定期清除。

9）更换下来的油料应及时联系运走或处理，不得随意倾倒，不得污染环境。现场应设立带盖的废油桶并应有标志，以收集各种清洗零件的废油。各种清洁液不得倒入地沟以免造成二次污染。

10）检修现场拆除保温时，必须有防止粉尘飞扬的措施，所有废保温材料必须装袋搬运。

11）易造成环境污染的检修项目，如吸收塔检修、电除尘检修、省煤器灰斗放灰等项目，相关专业需提前制定防止环境污染措施，并严格落实。

12）施工现场未经许可不准搭建临时建筑。施工队伍使用的工具柜应放在指定区域，摆放整齐，柜子整洁有标志，写明所属单位部门。破损、脏污的柜子不准进入现场。

13）各种容器的门、孔、管道的敞口处均应做好相应的封闭或防止落入异物的措施。

14）门口、通道、楼梯和平台等处不准堆放杂物，以免阻碍通行，地板上临时放有容易使人绊跌的物件时，必须放置明显的警告牌，地面上的灰泥油污，应及时清理以防滑跌。

15）拆卸下来的设备部件不得直接放在格栅板上，防止高空落下损害人和设备，也不能直接放在花岗岩、水磨石或PVC地板上，应先铺好胶皮再放置，严禁污损场地。拆下的小型零部件应装放木箱或盒子内，以免遗失。

16）在设备进行油漆和刷涂料时，应对周围的设备、墙体、地面采取隔离防护措施，防止二次污染。油漆时，应注意保留原来的安全标志和设备标志。

17）土建施工时取土、填土应按规定进行，不得随地取土、弃土。必须开挖的沟、坑施工结束后要及时回填。

18）施工时确须损坏或污染地面、绿化带、墙体时，必须提前向检修指挥部申请。完工后无法恢复原状时，责任单位应用书面形式报检修指挥部，由指挥部拿出处理和考核意见并执行。

19）设备试运过程中出现跑、冒、滴、漏等现象，由该设备检修负责人给予清扫。

（4）修后验收要求

1）检修工作结束后，必须做到无油迹、无积水、无积灰、设备见本色，无杂物，并且要恢复设备的标志牌、照明、保温、介质流向标志清楚等。经运行、维护、项目负责人共同验收合格后，方可进行文明卫生清扫责任的移交。

2）安健环组将参加重点项目的验收工作，同时对其他项目的验收工作进行抽查，如发现文明生产不合格的项目通过验收，将对项目负责人进行考核。

八、 职业健康管理要求

（1）承包商应根据工作场所中的职业危害因素及其危害程度，按需要向现场作业人员提供符合国家规定的护品，不得以货币或其他物品替代应当配备的护品。

（2）必须采取完善的安全技术措施，预防劳动者在劳动过程中发生工伤事故，其中包括安装防护装置、保险装置、信号装置、防爆炸设施、报警装置和冲洗设备，设置应急撤离通道和必要的避险区域等。

（3）对可能发生职业病的区域必须采取职业病危害控制措施，即预防职业病和改善职业卫生环境的必要措施，其中包括防尘、防毒、防噪声、通风、防暑等措施。

（4）所有生产作业人员必须按要求规范佩戴劳动保护用品。

（5）现场作业人员要求着装统一，并有本企业的标志。承包商不得安排未穿戴本单位安全帽、工作服的检修人员上岗作业。

承包商人员所佩戴安全帽按"单位名称-人员流水号"格式，由施工单位进行统一标识后，方可佩戴。

如安全帽无固定标识，应由施工单位制作临时标识，标识一律贴在安全帽后侧，宽度为 1.5cm，统一为小初号字，黑体字，如图 4-2 所示。

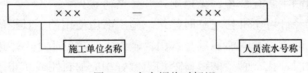

图 4-2　安全帽临时标识

九、 现场安全设施标准

（1）检修现场制定有高空坠落预防措施、机械伤害防止措施、高空落物预防措施、触电伤害预防措施、起重作业伤害预防措施、检修现场火灾预防措施，具体内容见《C602 检修管理策划书》。

（2）检修现场所使用的临时安全围栏、脚手架、孔洞临边防护设施、安全工器具、安全标识等所有安全设施必须符合有关规定、规范所规定的标准。

（3）安全设施包括电厂永久性安全设施和施工用临时性安全设施，主要有：沟道孔洞盖板、楼梯、平台、格栅板、安全围栏、隔离围栏、脚手架、速差器、攀登自锁器、水平扶手绳、安全网、安全标志、各类机械的安全装置等内容。

检修人员未经许可严禁擅自移动或拆除安全设施。因工作需要必须变动的应到一期设备部及安健环监察部办理安全设施变更手续，落实临时防范措施或设专人监护。

（4）临时安全围栏标准。

1）施工现场围栏应符合安全、牢固的要求。围栏可用脚手架钢管搭设，围栏应无缺损并做到整齐、整洁、美观。

2）围栏立柱高 1200mm，红白警示色线宽 400mm，两头为白色，中间为红色，立柱与立柱间距 3000mm；围栏上横杆高 1200mm，下横高 500mm，红白警示线宽 500mm。

3）临时安全围栏适用与施工区域之间的隔离、施工区域与道路的隔离、设备材料堆放点、自行车停放点、高处作业平台边缘、敞露平台、楼梯、2m² 及以上孔洞、暂时封闭的通道、0.5m 及以上深坑、载有烫热、腐蚀或有毒物质的容器等。

4）安全防护围栏应根据具体情况悬挂相应的警告标志，检修人员不得擅自跨越、拆除。

（5）孔洞防护标准。

1）1m² 以下的孔洞应用 3～4mm 花钢板、下限位块制作的孔洞盖板覆盖。

2）孔洞盖板可根据现场孔洞实际形状，制成矩形、方形、圆形。

3）盖板边缘应大于孔洞边缘 100mm。

4）限位块在盖板下布置不应少于四点，且应焊接牢固。

5）盖板边缘应光滑、无毛刺。

6）盖板制成后应按 100mm 间隔，刷黄、黑相间的标识漆。

7）1m² 及以上的孔洞盖板可参考规定执行，但应在盖板下设置足够强度的加强筋。

8）2m² 及以上孔洞不宜采用盖板的形式，应在孔洞周围设安全防护围栏，孔洞较深的应张拉安全网。

十、 脚手架管理标准

（1）脚手架一般规定。

1）搭脚手架所用杆柱为金属管，脚手架踏板的厚度不小于 5cm。

2）脚手板和脚手架相互间应连接牢固。

3）脚手板的两头应在横杆上，固定牢固，脚手板不准在跨度间有接头。

4）脚手架装有牢固的梯子，方便工作人员上下和运送材料。

5）用起重装置起吊重物时，不准把起重装置和脚手架的结构相连接。

6）禁止在脚手架和脚手板上起重、聚集人员或放置超过计算荷重的材料。

7）检修工作负责人每日检查所使用的脚手架和脚手板的状况，如有缺陷，立即整修。

8）脚手架上禁止乱拉电线，必须安装临时照明线路时，金属管脚手架另设木横担。

9）工作过程中，不准随意改变脚手架的结构，需要时，必须经过技术负责人的同意，并重新履行验收手续。

10）脚手架搭设完毕后必须严格履行验收程序。

（2）脚手架分级及验收责任人规定。

1）高风险脚手架：①炉内脚手架；②层高超过 24m 的大型脚手架；③锅炉 17m 层以上的悬挑架。④特殊形状、特殊功能的不规则脚手架。⑤高风险脚手架由使用单位（部门）、施工单位安全员一起监护,搭设完成后由搭设和使用单位、设备主管部门及安健环监察部共同进行三级验收。

2）中风险脚手架:①在危险场所内搭设的脚手架,如氨区、氢站、油区、酸碱区、危险品仓库、GIS 楼、主变压器区域、开关室、励磁小间等。②许可性受限空间内搭设的脚手架。③离运行设备（具有人身伤害风险、设备损坏风险）1m 内脚手架,如安全门、捞渣机等。④层高超过 12m 的中型脚手架。⑤中风险脚手架由使用单位监护,使用单位(部门)安全员验收。

3）一般风险脚手架:

指除高、中风险外检修作业中需要搭设的普通脚手架,一般风险脚手架由工作负责人验收。

4）质量三级验收规定流程见表 4-6。

表 4-6 质量三级验收流程表

名称	一级验收	二级验收	三级验收
高风险脚手架	搭设单位,使用单位	设备部安全员	安健环监察部
中风险脚手架	搭设单位	使用单位专兼职安全员	设备部安全员
一般风险脚手架	搭设单位	使用单位工作负责人	使用单位专兼职安全员

（3）拆除大型的脚手架时,应遵守下列规定:

1）在准备拆除脚手架的周围设围栏,并在通向拆除地区的路口悬挂警告牌。

2）敷设在需要拆除的脚手架上的电线和水管首先切断,电线必须由电工拆除。

3）拆除高层脚手架时,设专人监护。

4）拆除脚手架,由上而下地分层进行,不上下层同时作业,拆下的构件用绳索捆牢,并用起重设备、滑车或卷扬机吊下,不向下抛掷。

5）拆除脚手架时不采取将整个脚手架推倒,或先拆下层主柱的方法。

6）脚手架的栏杆与楼梯不应先行拆掉,而应与脚手架的拆除工作同时配合进行。

7）在脚手架拆除区域内,禁止与该项工作无关的人员逗留。

8）在电力线路附近拆除时,停电进行,不能停电,采取防止触电和打坏线路的措施。

十一、 夜间施工安全措施

承包商应尽量避免进行夜间施工,如确因工作需要应在检修协调会上提出,并经过批准后方可进行。夜间施工必须确保以下安全措施:

（1）夜间施工时,应保证有足够的照明设施,能满足夜间施工需要,并准备备用电源。各单位根据工作需要,在个别照明不足的区域拉设移动式照明工具。

（2）施工现场设置明显的交通标志、安全标牌,在开挖的孔洞边缘拉设警戒并挂警戒灯、禁止通行等标志,标志牌具备夜间荧光功能。保证施工机械和检修人员的施工安全。

（3）夜间检修人员白天必须保证睡眠,不得疲劳作业和连续作业。

（4）夜间或亮度不够的局部施工区域事先布置安全可靠、亮度满足需要的照明灯具。

（5）加强夜间施工管理与调度,各级管理人员及时到位。

（6）夜间施工做好防噪声措施,尽量安排噪声量小的工作,避免影响周边人员的休息。

（7）白天光线不足区域施工参照夜间施工措施执行。

十二、 消防管理规定

（1）施工队伍进入现场要严格遵守本公司的消防安全管理制度，当检修人员违反管理规定时，除追究个人责任外，同时追究使用单位（部门）责任，造成火灾事故的从重处罚。

（2）凡在禁火区域动火必须履行动火工作票程序。设备管理部门和承包商在动火密集区域设置取水点或人员配备小水壶、水瓶等，现场有火星出现后及时用水浇灭。

（3）消防通道管理要求。

1）消防通道是消防车辆遇有紧急情况时的专用道路，任何单位和个人严禁占用。

2）严禁任何车辆在消防通道上随意停车阻塞通道，进入现场后自觉停放在指定的停车场。

3）主要路口 50m 范围内严禁停放任何车辆和设备。

4）任何单位个人严禁在消防通道搭建临时建筑物和存放检修设备。

5）消防通道停用应经消防管理职能部门（生产技术部）审核，总工程师批准，报运行各值备案。

6）必须临时占用消防通道，应经生产技术部批准，占用消防通道的一侧，保证另一侧的畅通，并且在最短工时内使消防通道恢复。

7）生产现场和重点部位外围消防通道必须确保畅通。

（4）消防设备、设施管理管理要求

1）生产技术部是消防设备、设施及消防器材的监督、考核管理部门。

2）消防设备、设施因工作需要，发生移动、拆除时，必须经生产技术部核准，并采取临时防护措施。重点消防部位发生此类情况，需经各厂总工程师以上领导批准。工作结束后必须及时恢复。

3）各种消防器材、设施是用于扑救火灾的专用工具，任何单位和个人不得擅自挪作他用，使之保持良好的备用状态。

4）消防队为在指定区域为检修配备检修专用消防器材，各级动火作业可以直接取用，使用完毕后立即送回原位。

5）厂区内的所有移动式消防器材使用后，应立即通知消防队更换，并说明原因。

6）消防水系统不得任意作为他用，如确需使用消防水系统时，应经过审批后才准予使用。

7）如需停运消防水系统等消防设施，需根据消防设施的停用时间长短、停用后受到影响范围的大小和严重性办理消防设施停用申请。

十三、 受限空间作业管理规定

（1）安全隔离。

1）受限空间与其他系统连通的可能危及作业安全的管道应采取有效隔离措施。

2）管道安全隔离可采用插入盲板或拆除一段管道进行隔离，不能用水封或关闭阀门等代替盲板（堵板）或拆除管道。

3）与受限空间相连通的可能危及作业安全的孔、洞应进行严密地封堵。

4）受限空间带有搅拌器等用电设备时，应在停机后切断电源，上锁并加挂警示牌。

（2）清洗或置换。

受限空间作业前，应根据受限空间盛装（过）的物料的特性，对受限空间进行清洗或置换，并达到下列要求。

1）氧含量一般为 18%～21%，在富氧环境下不得大于 23.5%。

2）有毒气体（物质）浓度应符合 GBZ 2.1—2007《工作场所有害因素职业接触限值 第 1 部分：化学有害因素》的规定。

3）可燃气体浓度：当被测气体或蒸气的爆炸下限大于或等于 4% 时，其被测浓度不大于 0.5%（体积百分数）；当被测气体或蒸气的爆炸下限小于 4% 时，其被测浓度不大于 0.2%（体积百分数）。

（3）通风。

应采取措施，保持受限空间内空气流动良好。

1）打开人孔、手孔、料孔、风门、烟门等与大气相通的设施进行自然通风。

2）必要时，可采取强制通风。

3）禁止向受限空间充氧气或富氧空气。

（4）监测。

1）作业前 30min 内，用在校验有效期内，且处于正常工作状态的分析仪器对受限空间进行气体采样分析，合格后方可进入。

2）采样点应有代表性，容积较大的受限空间应采取上、中、下各部位取样。

3）涂刷具有挥发性溶剂的涂料时，应做连续分析，并采取强制通风措施。

4）采样人员深入或探入受限空间采样时应采取有效的防护措施。

（5）个人防护措施。

1）在缺氧或有毒的受限空间作业时，应佩戴隔离式防护面具，必要时作业人员应拴带救生绳。

2）在易燃易爆的受限空间作业时，应穿防静电工作服、工作鞋，使用防爆型低压灯具及不发生火花的工具。

3）在有酸碱等腐蚀性介质的受限空间作业时，应穿戴好防酸碱工作服、工作鞋、手套等防护品。

4）在粉尘浓度较大、有刺鼻刺眼气味的受限空间作业，应佩戴正压式呼吸器或能够保证个人健康的防护口罩。

（6）照明及用电安全。

1）受限空间照明电压应小于或等于 24V，在潮湿容器、狭小容器内作业电压应小于或等于 12V。

2）使用超过安全电压的手持电动工具作业或进行电焊作业时，应配备漏电保护器且漏电保护器应放在受限空间外。在潮湿容器中，作业人应站在绝缘板上，同时保证金属容器接地可靠。

3）使用的行灯变压器应严格按照相关规定标准执行。

（7）监护。

1）受限空间作业，在受限空间外应设有专人监护。

2）进入受限空间前，监护人应会同作业人员检查安全措施，统一联系信号。

3）在风险较大的受限空间作业，应增设监护人员，并随时保持与受限空间作业人员的联络。

4）监护人员不得脱离岗位，并应掌握受限空间作业人员的人数和身份，对人员和工器具进行清点和登记。

（8）其他安全要求。

1）在受限空间作业时应在受限空间外设置安全警示标识。

2）受限空间出入口应保持畅通，在现场实际许可的情况下应建立起逃生通道。

3）多工种、多层交叉作业应采取互相之间避免伤害的措施。

4）作业人员不得携带与作业无关的物品进入受限空间，作业中不得抛掷材料、工器具等物品。

5）特殊受限空间外应根据实际情况和需要备有空气呼吸器（氧气呼吸器）、消防器材和清水等相应的应急用品。

6）严禁作业人员在有毒、窒息环境下摘下防毒面具或空气呼吸器（氧气呼吸器）。

7）难度大、劳动强度大、时间长的受限空间作业应采取轮换作业。

8）在受限空间进行高处作业应按高处作业安全规范的规定进行，应搭设安全梯或安全平台。

9）在受限空间进行动火作业应按动火作业安全规范的规定进行。

10）作业前后应清点作业人员和作业工器具，应与登记表中所列数目对应清晰。作业人员离开受限空间作业点时，应将作业工器具带出。

11）作业结束后，由受限空间所在单位和作业单位共同检查受限空间内外，确认无问题后方可封闭受限空间。

（9）本次检修受限空间作业有（不限于）：

1）汽轮机：主油箱、储油箱、凝汽器、循环水管道检修。

2）锅炉：锅炉本体、汽包、空气预热器检修。

3）电气：发电机本体检修。

4）硫化：烟道检修、吸收塔检修、活性炭床检修、细砂过滤器检修、机精处理 A 高位酸槽检修、机精处理 B 高位碱槽检修、高速混床检修。

十四、 作业安全专项检查策划

（1）承包商每日开工前应结合当日工作内容进行现场安全措施交底和检查。每日开工前，现场负责人应结合项目内容进行安全设施、工器具、安全措施、气体检测等检查，根据专项检查表的要求进行检查确认，保证人员和设备检修安全条件满足要求。

（2）高风险作业项目每天开工前，由高风险作业工作负责人、承包商高风险作业项目负责人以及发电有限公司高风险作业项目负责人或现场负责人对高风险作业进行安全专项检查，根据专项表单内容逐项核实，并签字确认后方可进行工作。

（3）中风险作业项目每天开工前，由工作负责人、项目负责人以及发电有限公司现场负责人对中风险作业进行安全专项检查，并签字确认各项安全措施的落实。

十五、 安健环考核管理规定

（1）承包商安健环管理依据《A102 检修机组检修安全质量奖励与考核办法》的具体内容进行奖励和考核管理。

（2）承包商使用单位和部门应对承包商现场作业行为进行全过程管控，必须在作业项目开工前会同承包商制定有关安全生产和文明检修的控制措施或作业指导书；发生环境污染、人员违章后果严重、预控措施检查执行不到位等情况，承包商使用单位和部门有管理责任，依据相应奖惩考核条款进行考核。

（3）承包商作业人员在作业现场中发生违反《电业安全规程》及发电公司有关安全文明生产相关要求的违章违规行为，依据相应的考核标准对违章违规人员进行考核。

（4）对重复发生的违章行为加倍考核，还将要求本人写出书面材料，讲明其发生习惯性违章的原因和危害性，并要求本人在班组安全会议中宣读，以教育其他职工。

（5）承包商员工第三次发生习惯性违章，直接予以清退并通报；高风险作业重复发生习惯性违章，直接予以清退并通报。

（6）若承包商在服务过程中出现下列情况之一时，必须立即终止承包商的工作，限期整改验收合格后方可重新开始工作，或者直接清退，重新选择具有合格资质和业绩的承包商，对于清退承包商的相关规定应在合同文本中予以明确。

1）违反国家法律法规，或严重违反安全规程，或不服从使用单位生产指挥命令。

2）发生人身重伤及以上事故、发生重要设备损坏事故时。

3）发生火灾事故时。

4）污染物排放、泄漏没有得到有效控制，造成环保事故时。

5）项目的主要质量指标未达到双方开工前确定的标准，且不能让步接受时。

6）工作进度因承包商自身原因未能按双方开工前同意的计划进行，且造成经济损失时。

7）实际履约能力低，明显无法按期保质保量完成合同范围内工作时。

（7）安健环管理部门应定期、不定期组织对承包商进行检查，对检查出的问题进行考核及通报。

十六、 夜间作业管理规定

（1）夜间作业指每日下午 20 时至次日凌晨 8 时的检修施工。检修期间尽量控制夜间作业，申报工作必须在每日 15 时前申报完成。

（2）夜间作业按施工危险性分为普通和高危项目作业，需要填写检修夜间作业申请单，夜间作业由施工单位负责人提出、设备部领导审核、安健环监察部审核、检修主管领导批准。

（3）设备部每日统计夜间作业项目，并在每日检修协调会上进行通报。

（4）夜间允许的作业项目需要指派专职监护人员，施工负责人现场携带填写完整的机组检修夜间作业申请单，各级安全监察人员对夜间施工进行监督。

（5）夜间施工必须持票作业，并执行班前会规定，由工作负责人进行安全技术交底工作，填写现场施工人员每日安健环交底卡，内容包括但不限如下内容：

1）作业的主要内容。

2）明确作业负责人、作业时间和作业监护人。

3）作业进程中可能产生的主要危险因素及已布置的安全措施。

4）作业的安全环境及行为安全要求。

5）作业过程中发生事故的应急措施。

现场施工表格见表 4-7～表 4-21。

表 4-7　　　　　　　　　　现场施工人员每日安健环交底表

工作任务		日期	
工作地点		安健环交底负责人	

现场风险确认（由安健环交底人员打"√"确认）

1. 高处坠落□　2. 高空落物□　3. 触电□　4. 物体打击□　5. 机械伤害□　6. 起重伤害□　7. 车辆伤害□　8. 爆炸伤害□　9. 灼烫伤□　10. 大风□　11. 高温□　12. 粉尘□　13. 中毒□　14. 窒息□　15. 腐蚀□　16. 潮湿□　17. 溺水□　18. 火灾□　19. 照明不足□　20. 误碰生产设备□　21. 接错线□　22. 走错间隔□　23. 电气设备接地短路□　24. 施工方法失误□　25. 身体不适带来的危险□　26. 情绪波动带来的危险□　27. 技术水平及能力带来的危险□　28. 污染□　29. 其他□（文字说明）：

安健环交底内容

（由安健环交底人员打"√"确认，相应学习资料作为附件附在本卡后面）

交底内容包括：①　　　　　　安健环通报的学习；□

②交代工作任务，工作安全、技术措施的学习；□　③工作中发生的不安全现象分析和追究；□　④明确指出作业场所、工作过程中的风险，并进行措施陈述；□　⑤进行"三查"，查工作人员精神状态、查工作着装、查个人安全工器具；□

　　⑥其他□（文字说明）：

参加工作人员签字	
交底人员签字	承包商负责人签字

表 4-8 高危风险项目开工申请单

施工项目名称						
主要工作内容						
施工单位名称			施工人员数量			
项目负责人			项目经理			
计划开工日期	年 月 日 时		计划竣工日期	年 月 日 时		
序号	开工条件		归口管理部门	主要负责人审查签名		日期
1	项目施工合同已签订□		物资部			
2	承包商及工作人员相应资质审查已合格□		安健环监察部			
3	人员清单及健康证明已齐全□		安健环监察部			
4	入厂三级安全教育已合格□		安健环监察部			
5	安健环技术交底已完成□		设备部			
6	安全风险抵押金已缴纳□		安健环监察部			
7	安健环技术协议已签订□		设备部			
8	工作人员入厂通行证已办理□		行政部			
9	施工车辆通行证已办理□		行政部			
10	风险评估已进行□		设备部			
11	控制措施已制定并执行□		设备部			
12	安全技术措施已编制应进行培训□		设备部			
13	应急预案已编制并进行演练□		设备部			
14	个人防护设备已检验合格、齐备□		设备部			
15	各类工器具检查检验已合格□		设备部			
16	开工所需机械设备、工器具、材料等准备已齐全并进场，并按定置管理摆放有序□		设备部			
检修监理员审核				日期		
安全总监审核				日期		
主管领导批准				日期		

表 4-9　　　　　　　　　　　高危风险项目开工通知单

施工项目名称			施工区域	
主要工作内容				
施工单位名称		施工人员数量		
计划开工日期	年　月　日	计划竣工日期	年　月　日	

关于　　　　　　　　　　工程项目的《高危风险项目开工申请单》已经收到，经核查：

施工准备工作已完成，具备开工条件，准予开工。

施工准备工作未完成，不具备开工条件，不予开工。

核查情况说明：

项目施工单位签收			
项目负责人签名		日期	
现场负责人签名		日期	
检修监理员签名		日期	

表 4-10　　　　　　　　　　　　　高危项目作业安全检查表

实施部门：　　　　　　　　　检查时间：　　　　年　　月　　日

序号	控制措施	检查结果	检查人签字
1	危险源辨识应充分，风险预控票符合要求，并已交底签字		
2	应制订完善的安全技术防范措施		
3	安全技术防范措施准备执行应到位		
4	安全技术措施应实行全员交底并签字		
5	按到位标准应到位人员全部到位		
6	作业前进行应急预案培训、演练，已准备相关应急逃生设施		
7	已制订施工技术方案或作业指导书		
8	已进行三级安全教育培训并考试合格		
9	特种作业人员持有效证件上岗		
10	个体防护用品配备合理、齐全、正确使用		
11	各类工器具已检查完好，检验合格，材质符合使用场所要求		
12	现场已实行定置摆放，符合要求		
13	已落实"三不落地"措施		
14	脚手架验收合格并挂牌，使用前已检查并记录		
15	移动梯、台等符合要求		
16	起重机械及用具符合要求		
17	有毒有害、易燃易爆场所等作业已监测有毒有害物、易燃易爆介质浓度符合要求，含氧量符合要求		
18	有毒有害、易燃易爆介质已经置换、吹扫、清洗等合格，隔离措施完善		
19	监测仪器已检定，有合格证，在有效期内使用		
20	密闭容器实行进出入管理并登记，容器外部已设监护人		
21	现场使用照明符合安规规定，如安全电压、防爆灯具等		
22	密闭容器内部作业有完备的通风措施		
23	已按规定办理相应等级的动火票，现场已配置适用的灭火器		
24	使用的电焊机、行灯变等工器具外壳接地良好		
25	尽量避免立体交叉作业，无法避免时，作业安全防护措施应齐全		
26	作业区域安全警示警告标识齐全		
27	已落实废弃物收集堆放场所，并分类投放		

表 4-11   旁站监理记录表

日期及气候：	工程地点：
旁站监理的部位或工序：	
旁站监理开始时间：	旁站监理结束时间：
施工情况：	
监理情况：	
发现问题：	
处理意见：	
备注：	
现场负责人： 　年　月　日	专职监理人员： 　年　月　日

注　1. 本表由专职监理人员填写。

　　2. 如专职监理人员发现问题性质严重，应在记录旁站监理表后，发出书面通知要求施工单位进行整改。

　　3. 对施工单位现场整改问题，也应保持书面记录，并在备注栏中说明整改情况。

　　4. 本表经现场负责人及专职监理旁站人员签字后有效。

表 4-12　　　　　　　　　　　高处作业许可票　　　　　　　　编号：

申请部门		申请人		日期	
作业时间	年　月　日　时　分至　　年　月　日　时　分				
作业地点					
作业内容					
作业高度			作业类别		
作业单位			作业人员		

风险识别：

(1)

(2)

序号	风险控制措施	确认（打√）
1	作业人员身体条件符合要求	
2	作业人员着装符合工作要求	
3	作业人员佩戴合格的安全帽	
4	作业人员佩戴全身式安全带，并高挂低用	
5	根据需要张挂安全网	
6	设有安全辅助绳索或固定处供高处作业人员佩戴安全带挂钩吊挂	
7	现场"三不落地"措施符合要求	
8	作业人员携带工具袋，材料、工具或其他物品应有适当方法提升或降落，不可抛掷	
9	必要时设警戒绳并警告或防止外人进入	
10	作业人员佩戴：①过滤式防毒面具或面罩；②正压式空气呼吸器	
11	现场搭设的脚手架、防护网和护栏符合规定要求，验收合格，并挂安全标识，不超荷载	
12	垂直立体交叉作业中间有隔离措施	
13	梯子、绳子符合安全规定	
14	采光充足、夜间作业有充足的照明，安装临时灯、防爆灯	
15	30m 以上高处作业配备通信、联络工具	
16	作业地点材料堆积或放置不得危及人员（出入）安全	
17	补充措施：	

现场负责人		日期：　　年　月　日　时　分	
监护人签字		日期：　　年　月　日　时　分	
审　核		审　核	
审　核		批　准	
完工验收人		年　月　日　时　分	

表 4-13 表吊装作业许可票 编号：

吊装地点		吊装工具名称	
吊装人员		特殊工种作业证号	
安全监护人		吊装指挥（负责人）	
作业时间	自 年 月 日 时 分至 年 月 日 时 分		
吊装内容			
起吊重物质量（t）			

风险识别：

序号	风险控制措施	确认（打√）
1	作业前对作业人员进行安全教育	
2	吊装质量大于或等于 40t 的重物和土建工程主体结构；吊装物体虽不足 40t，但形状复杂、刚度小、长径比大、精密贵重，作业条件特殊，需编制吊装作业方案，并经作业主管部门和安全管理部门审查，报主管副总经理或总工程师批准后方可实施	
3	指派专人监护，并坚守岗位，非作业人员禁止入内	
4	作业人员已按规定佩戴防护器具和个体防护用品	
5	应事先与部门负责人取得联系，建立联系信号	
6	在吊装现场设置安全警戒标志，无关人员不许进入作业现场	
7	夜间作业要有足够的照明	
8	室外作业遇到大雪、暴雨、大雾及 6 级以上大风，停止作业	
9	检查起重吊装设备、钢丝绳、揽风绳、链条、吊钩等各种机具，保证安全可靠	
10	应分工明确、坚守岗位，并按规定的联络信号，统一指挥	
11	将建筑物、构筑物作为锚点，需经工程部门审查核算并批准	
12	吊装绳索、揽风绳、拖拉绳等避免同带电线路接触，并保持安全距离	
13	人员随同吊装重物或吊装机械升降，应采取可靠的安全措施，并经过现场指挥人员批准	
14	利用管道、管架、电杆、机电设备等作吊装锚点，不准吊装	
15	悬吊重物下方站人、通行和工作，不准吊装	
16	超负荷或重物质量不明，不准吊装	
17	斜拉重物、重物埋在地下或重物坚固不牢，绳打结、绳不齐，不准吊装	
18	棱角重物没有衬垫措施，不准吊装	
19	安全装置失灵，不准吊装	
20	用定型起重吊装机械（履带吊车、轮胎吊车、轿式吊车等）进行吊装作业，遵守该定型机械的操作规程	

序号	风险控制措施	确认（打✓）
21	作业过程中应先用低高度、短行程试吊	
22	作业现场出现危险品泄漏，立即停止作业，撤离人员	
23	作业完成后清理现场杂物	
24	吊装作业人员持有法定有效的证件	
25	地下通信电（光）缆、局域网络电（光）缆、排水沟的盖板，承重吊装机械的负重量已确认，保护措施已落实	
26	起吊物的质量（t）经确认，在吊装机械的承重范围	
27	在吊装高度的管线、电缆桥架已做好防护措施	
28	作业现场围栏、警戒线、警告牌、夜间警示灯已按要求设置	
29	作业高度和转臂范围内，无架空线路	
30	在爆炸危险生产区域内作业，机动车排气管已装阻火器	
31	现场夜间有充足照明：A：36、24、12V 防水型灯 　　　　　　　　　B：36、24、12V 防爆型灯	
32	作业人员已佩戴防护器具	
33	补充措施：	

项目管理安全部门负责人（签字）：	项目管理负责人（签字）：
作业单位安全部门负责人（签字）：	作业单位负责人（签字）：

有关管理部门审批意见：

有关管理部门负责人：（签字）　　　　年　　　月　　　日

表 4-14   **高处作业专项检查表**

高处作业：凡在离坠落基准面 2m 及以上地点进行的工作，都应视作高处作业。

检查部位：   检查时间：   年   月   日

项目		检查要求	检查结果
人员资质	1	从事脚手架搭拆作业人员必须有相关政府部门的发证并到安健环部备案	
	2	从事脚手架搭拆作业人员必须持证上岗（可随身携带复印件）	
施工前的准备	1	作业人员必须身体健康：患有高血压、心脏病等病症的人员不准参加高处作业，作业人员有饮酒或精神不振时禁止登高作业	
	2	高处作业均须先搭建脚手架、使用高空作业车、梯子、移动平台等措施，防止工作人员发生坠落	
	3	作业地点下方应设置隔离区，并设置明显的警告标志	
	4	在没有脚手架或者在没有栏杆的脚手架上工作，高度超过 1.5m 时，必须使用安全带，或采取其他可靠的安全措施	
	5	高处作业的脚手架每天开工前，应由工作负责人进行一次全面检查，发现问题应及时整改	
	6	安全带有合格证，每天使用前都应进行检查，对于有变形、破损、断线、断股、卡扣松动、弹簧紧力不足及超期服务的安全带一律不准使用	
	7	防坠器每天使用前还应做速刹装置试验，一般速刹距离不得超过 300mm	
	8	专业高空作业车辆应定期维护保养，专人驾驶。启升、制动装置可靠，液压机构无渗漏现象，严禁超载使用	
安全监护	1	高处作业必须有专人监护	
安全技术	1	在没有脚手架或者在没有栏杆的脚手架上工作，高度超过 1.5m 时，必须使用安全带，或采取其他可靠的安全措施	
	2	安全带的挂钩或绳子应挂在结实牢固的构件上，或专为挂安全带用的钢丝绳上。禁止挂在移动或不牢固的物件上	
	3	高处作业应一律使用工具袋。较大的工具应用绳拴在牢固的构件上，不准随便乱放，以防止从高空坠落发生事故	
	4	不准将工具及材料上下投掷，要用绳系牢后往下或往上吊，以免打伤下方工作人员或击毁脚手架	
	5	上下层同时进行工作时，中间必须搭设严密牢固的防护隔板、罩棚或其他隔离设施。工作人员必须佩戴安全帽	
	6	移动平台四周应有 1.2m 高的护栏，升降机构牢固完好，升降灵活，液压机构无渗漏现象，有明显的荷重标志；严禁超载使用，禁止在不平整的地面上使用。使用时应采取制动措施	
	7	脚手架上部的杂物应及时清除，不允许长时间堆放	
	8	已解体的设备及其零部件禁止存放在楼梯平台和过道上，存放地点必须安全可靠	
	9	高处电、火焊的切割作业，切割物必须有防止突然下落的安全措施，否则不允许切割作业	

项目		检查要求			检查结果
安全技术	10	在进行高处工作时，不准在工作地点的下面通行或停留，工作地点下面应有脚手架围栏或装设其他保护装置，防止落物伤人。如在格栅式的平台上工作，应采取防止工具和器材掉落的措施			
	11	严禁携带笨重物品登高			
	12	在 6 级及以上的大风以及暴雨、打雷、大雾等恶劣天气，应停止露天高处作业			
评定		□安全	□基本安全	□危险	□立即停工
偏差					
改进					
施工单位检查人员			施工单位负责人		
管理部门项目负责人					

表 4-15　　　　　　　　　　　　动火作业专项检查表

动火作业：指在厂区内进行焊接、切割以及在易燃、易爆场所使用电钻、砂轮等可能产生火焰、火星、火花和赤热表面的临时性作业。

检查部位：　　　　　　　　　　　　　　　　　检查时间：　　年　　月　　日

项目		检查要求	检查结果
人员资质	1	焊接作业工作人员必须有相关政府部门的发证并到安健环部备案	
	2	从事焊接作业工作人员必须持证上岗（可随身携带复印件）	
	3	一级动火作业消防监护人必须具备专职消防员资质	
	4	二级动火作业消防监护人必须具备义务消防员资质	
制度	1	安全操作规程、动火工作票管理标准、交接班制度健全	
施工前的准备	1	氢油系统设备和制粉系统设备内的积油、积粉、积煤、氢气必须吹扫清除干净，且与运行系统有可靠的隔绝措施，以上系统设备允许开启的阀门应全部开启，避免可燃性气体积存	
	2	检修现场消防通道必须保持畅通	
	3	检查动火作业使用的工器具是否合格并在安健环部备案	
	4	按要求配备适量的消防器材或有效的防火措施	
	5	动火作业附近区域不得堆放易燃、易爆物品，杂物应及时清除，确认无火灾风险时方可进行动火作业	
	6	上部动火作业，下部如有易燃、易爆物品时，必须有可靠隔绝措施	

项目		检查要求	检查结果
施工前的准备	7	脚手架上的电火焊作业，脚手架平台应设置阻燃层隔绝，不允许在木质和竹跳板脚手架平台上直接施焊	
	8	不准在带有压力设备上或带电设备上进行焊接，在特殊情况下需要在带压设备和带电设备上进行焊接时必须采取安全措施	
	9	按要求检测可燃气体含量是否合格，办理好动火工作票	
安全监护	1	动火作业必须有专人监护	
安全技术	1	动火作业人员是否佩戴合适的防护用品	
	2	动火作业现场严禁吸烟，除火焊工外，火种一律不准带入检修现场	
	3	进行焊接工作时，必须设有防止金属熔渣飞溅、掉落引起火灾的措施以及防止烫伤、触电、爆炸等措施	
	4	消防监护人是否清楚火灾危险性及预防措施，并且做到会报警、会使用消防器材、会扑救初起火灾、会组织人员疏散	
	5	电焊机必须外壳接地，焊接回路线应牢固的接在被焊物件上或附近，防止产生电火花	
	6	严禁将焊接导线搭放在氧气瓶、乙炔瓶、乙炔发生器、煤气、液化气等设备和管线上	
	7	附近有与明火作业有抵触的工种在作业（如刷漆等）不能焊割	
	8	储存气瓶仓库周围 10m 以内，不得堆置可燃物品，不得进行锻造、焊接等明火工作，也不得吸烟。氧气瓶和乙炔瓶应垂直固定放置。露天的气瓶，应用帐篷或轻便的板棚遮护，以免受到阳光曝晒	
	9	乙炔气瓶禁止放在高温设备附近，应距离明火 10m 以上，使用中应与氧气瓶保持 5m 以上距离	
	10	乙炔气瓶上应有阻火器，防止回火并经常检查，以防阻火器失灵	
	11	运送到现场的氧气瓶必须有经过验收检查，没有防震圈和保险帽的气瓶，禁止使用	
	12	在金属容器内进行焊接工作，应有下列防止触电的措施： （1）电焊时焊工应避免与铁件接触，要站立在橡胶绝缘垫上或穿橡胶绝缘鞋，并穿干燥的工作服； （2）容器外面设有可看见和听见焊工工作的监护人，并应设有开关，以便根据焊工的信号切断电源； （3）容器内使用的行灯，电压不准超过 24V； （4）行灯用的变压器及电焊变压器均不得携入锅炉及金属容器内	
	13	在密闭容器内，不准同时进行电焊及气焊工作	
	14	在潮湿地方进行电焊工作，须站在干燥的木板上或穿橡胶绝缘鞋	
	15	导线必须绝缘良好；如有接头时，则应连接牢固，并包有可靠的绝缘。连接到电焊钳上的一端，至少有 5m 为绝缘软导线	
	16	中午和下午收工前，必须检查有无遗留火种，检查电源是否关掉	
评定		□安全　　　　　　□基本安全　　　　　　□危险	□立即停工

偏差

改进

施工单位检查人员		施工单位负责人	
管理部门项目负责人			

表 4-16   受限空间作业专项检查表

检查部位：   检查时间：   年   月   日

受限空间作业：是指凡在生产区域内进入炉、罐、仓以及管道、烟道、隧道、下水道、沟、坑、井、池、涵洞等封闭、半封闭设施及场所的作业。

项目		检查要求	检查结果
人员管理	1	施工的人员经过"三级"安全教育，考试合格	
	2	组织措施、技术措施和安全措施齐全	
	3	了解从事作业的受限空间内部结构、存在的介质及危害	
	4	了解作业风险及应急预案	
	5	具备必要的安全知识及救护方法	
作业文件	1	进入受限空间，涉及动火、高处、临时用电、动土等特殊作业，应同时办理相应的作业票	
安全隔绝	1	受限空间与其他系统连通的可能危机安全作业的管道应采取有效的隔离措施	
	2	隔绝可采用插入盲板或拆除一段管道进行隔绝，不能用水封或关闭阀门等代替盲板或拆除管道	
	3	与受限空间相连通的可能危及安全作业的孔、洞应进行严密地封堵	
	4	受限空间带有搅拌器等用电设备时，应在停机后切断电源、上锁并加挂警示牌	
清洗或置换	1	氧含量一般为 18%～21%，在富氧环境下不得大于 23.5%	
	2	有毒气体（物质）浓度应符合规定	
	3	可燃气体浓度：当被测气体或蒸汽的爆炸下限大于或等于 4% 时，其被测浓度不大于 0.5%（体积百分数）；当被测气体或蒸汽的爆炸下限小于 4% 时，其被测浓度不大于 0.2%（体积百分数）	
通风	1	打开人孔、手孔、料孔、风门、烟门等与大气相通的设施进行自然通风	
	2	必要时，可采取强制通风	
监测	1	作业前 30min 内，应对受限空间进行气体采样分析，分析合格后方可进入	
	2	分析仪器应在校验有效期内，使用前应保证其处于正常工作状态	
	3	采样点应有代表性，容积较大的受限空间，应采取上、中、下各部位取样	
	4	涂刷具有挥发性容积的涂料时，应做连续分析，并采取强制通风措施	
	5	采样人员深入或深入受限空间采样时应采取个体防护措施	
个体防护措施	1	在缺氧或有毒的受限空间作业时，应佩戴隔离式防护面具，必要时作业人员应拴带救生绳	
	2	在易燃易爆的受限空间作业时，应穿防静电工作服、工作鞋，使用防爆型低压灯具及不发生火花的工具	
	3	在有酸碱等腐蚀性介质的受限空间作业时，应穿戴好防酸碱工作服、工作鞋、手套等护品	
	4	在生产噪声的受限空间作业时，应佩戴耳塞或耳罩等防噪声护具	

续表

项目		检查要求	检查结果
照明及用电安全	1	受限空间照明电压应小于或等于36V，在潮湿容器、狭小容器内作业电压应小于或等于12V	
	2	使用超过安全电压的手持电动工具作业或进行电焊作业时，应配备漏电保护器。在潮湿容器中，作业人员应站在绝缘板上，同时保证金属容器接地可靠	
	3	临时用电应办理用电手续，按GB/T 13869《用电安全导则》规定架设和拆除	
监护	1	受限空间作业，在受限空间应设有专人监护	
	2	进入受限空间前，监护人应会同作业人员检查安全措施，统一联系信号	
	3	在风险较大的受限空间作业，应增设监护人员，并随时保持与受限空间作业人员的联络	
	4	监护人员不得脱离岗位，并应掌握受限空间作业人员的人数和身份	
其他	1	在受限空间作业时应在受限空间外设置安全警示标识	
	2	受限空间出入口应保持畅通	
	3	多工种、多层交叉作业应采取互相之间避免伤害的措施	
	4	作业人员不得携带与作业无关的物品进入受限空间	
	5	高风险作业受限空间外应备有空气呼吸器（氧气呼吸器）、消防器材和清水等相应的应急用品	
	6	严禁作业人员在有毒、窒息环境下摘下防毒面罩	
	7	难度大、劳动强度大、时间长的受限空间作业应采取轮换作业	
	8	在受限空间进行高处作业应按高处作业安全规范的规定进行	
	9	在受限空间进行动火作业应按动火作业安全规范的规定进行	
	10	作业前后应清点作业人员和作业工器具。作业人员离开受限空间作业点时，应将作业工器具带出	
	11	作业结束后，由受限空间所在单位和作业单位共同检查受限空间内外，确认无问题后方可封闭受限空间	
评定	□安全	□基本安全	□危险	□立即停工

偏差

改进

施工单位检查人员		施工单位负责人	
管理部门项目负责人			

表 4-17　　　　　　　　　　　　　　起重专项检查表

起重机械：指用于垂直升降或者垂直升降并水平移动重物的机电设备，其范围规定为额定起重量大于或等于 0.5T 的升降机；额定起重量大于或等于 2T，且提升高度大于或者等于 2m 的起重机和承重形式固定的电动葫芦等。本次检查检查还包括起重车辆。

检查部位：　　　　　　　　　　　　　　　　　　　　检查时间：　　年　　月　　日

项目		检查要求	检查结果
人员资质	1	工作人员必须有相关政府部门的发证并到安健环部备案	
	2	工作人员必须持证上岗（可随身携带复印件）	
	3	指挥人员着装正确	
组织	1	有明确的组织分工	
	2	有专人指挥，手势、旗语、哨声等信号准确，通信联系可靠	
场地	1	承重运行场地平整，基础坚实，周围环境满足起吊条件	
	2	起重机械工作空间与周围输电线路，设备，建筑物的距离符合安全要求	
安全监察	1	高风险作业必须有安全人员旁站	
安全技术	1	设备合格，证件齐全	
	2	限位限制开关的联锁装置灵活有效，制动装置可靠、有效	
	3	喇叭、铃哨等音响信号装置齐全、清晰、响亮	
	4	起升、行走、回转、变幅等构件有明显的色标和灯光信号	
	5	在明显的位置标有最大的起重量、幅度等技术指标	
	6	升降部位装有限制开关和高程限位开关，具灵敏可靠	
	7	供电线路电缆绝缘良好	
	8	钢丝绳无破损，符合技术要求	
	9	吊钩，扁担等无裂纹破损，符合技术要求	
	10	其他参考相关技术规范	
工作交错	1	两种以上起重机械工作空间交错时，应有统一使用规定和指挥	
十不吊	1	起重作业，严格按十不吊规定	
评定	□安全	□基本安全　　　　□危险	□立即停工

偏差

改进

施工单位检查人员		施工单位负责人	
管理部门项目负责人			

表 4-18 　　　　　　　　　　　　　电焊机使用专项检查表

电焊机存放部位：

电焊机编号：

检查时间： 　年　月　日

项目		检查要求	检查结果
人员资质	1	进行电焊机接线及检查维护作业工作人员必须有相关政府部门的发证并到安健环部备案	
	2	进行电焊机接线及检查维护作业工作人员必须持证上岗（可随身携带复印件）	
安全操作规程	1	使用前，应检查并确认初、次级线接线正确，输入电压符合电焊机的铭牌规定。接通电源后，严禁接触初级线路的带电部分	
	2	次级抽头连接铜板应压紧，接线柱应有垫圈。合闸前，应详细检查接线螺帽、螺栓及其他部件并确认齐全、无松动或损坏	
	3	多台电焊机集中使用时，应分接在三相电源网络上，使三相负载平衡。多台电焊机的接地装置应分别由接地处引接，不得串联	
	4	移动电焊机时，应切断电源，不得用拖拉电缆的方法移动电焊机。当焊接中突然停电时，应立即切断电源	
	5	电焊机外壳，必须有良好的接零或接地保护，其电源的装拆应由电工进行。电焊机的一次与二次绕组之间，绕组与铁芯之间，绕组、引线与外壳之间，绝缘电阻均不得低于 0.5MΩ	
	6	严禁将焊接导线搭放在氧气瓶、乙炔瓶、乙炔发生器、煤气、液化气等设备和管线上	
	7	室外作业时，电焊机应放在防雨和通风良好的地方，焊接现场不准堆放易燃、易爆物品，使用电焊机必须按规定穿戴防护用品	
	8	交流弧焊机一次电源线长度应不大于 5m，电焊机二次线电缆长度应不大于 30m	

评定	□安全	□基本安全	□危险	□立即停工

偏差

改进

施工单位检查人员		施工单位负责人（安全员）	

表 4-19   **临时电源专项检查表**

临时电源地点：

临时电源所接开关编号：

检查时间：   年   月   日

项目		检查要求	检查结果
作业文件	1	临时电源接取是否经过审批流程	
	2	临时电源接引是否由具备资格人员执行的操作	
安全技术	1	开关容量是否足够是否有过流、过热等情况	
	2	开关运行是否有异音、异味等异常情况	
	3	电缆、架空线固定是否牢靠	
	4	电缆、架空线是否有过流、过热等情况	
	5	架空线对地距离是否足够	
评定	□安全	□基本安全	□危险	□立即停工

偏差：

改进：

施工单位检查人员		施工单位负责人（安全员）	

表 4-20　　　　　　　　发电有限公司公司管理人员参加承包商班前会周计划表

参修单位	星期一	星期二	星期三	星期四	星期五	星期六	星期天

表 4-21　　　　　　　　　　　　检修夜间作业申请单

申请单位：　　　　　　　　　　　　　　　　申请日期：　　年　月　日　时

普通作业项目内容	工作地点	起止时间	人员数量	监护人
高危作业项目内容	工作地点	起止时间	人员数量	监护人
申请人		设备部领导意见并签名		
安健环监察部意见并签名		检修主管领导批准		

（6）材料和备件管理程序。

1）生产物资需求计划与采购。①针对本次检修，物资需用部门根据检修项目和外委合同的约定，在机组检修前 5 个月提出购置周期较长的主要材料和备件计划，由物资部门根据库存情况利库后提交采购。②对于由于后期暴露的问题需要增加的项目及时做好生产需求计划，提交物资部门。③全部的检修物资与材料采购过程，必须严格按公司物料采购管理制度执行相应的流程。④材料和备件必须在机组开始检修前 1 个月到货入库，最迟不得晚于计划开工日期前 10 天到货验收入库。⑤检修专用的物资到货后，需用部门可以根据需要提前领用出库。⑥对于外委检修和外委加工工作，执行《委托加工、检修管理标准》。⑦对于检修期间因发现的非预期缺陷，所需要的备件和材料可以执行物资采购管理制度中的紧急采购程序（根据所采购的物资划定成本科目）。⑧在项目和计划确定后，应由设备部下达本次检修的各专业费用定额和专项工程费用预算定额，实施部门项目负责人对本项目的执行负全面责任。⑨对于所有检修应用的材料和备件必须在需用计划、工单、出库单中写明列支科目，以利于成本稽核。⑩年度预算内的小型技改、重理、科研项目、安全反事故措施等需借 A 级检修机会执行的项目，必须在 BFS＋＋中单独设立项目，并列专门的成本科目。

2）领料管理。①由于 SCM 需要间隔 2h 自动导入工单，领料工单必须提前半天做好。②对于量大的物资要提前通知仓库做好准备。③已列入检修需求计划的物资可以直接凭工单发料和领料。④紧急采购的物资到货后，应立即通知使用申请部门，可以直接在现场验收使用，但必须在 2 日内补办出入库手续。⑤对于领用物资属于公司联储的材料和备件，应由物资部向物流公司办理相应的手续后领用。⑥禁止凭白条领用、发放物资，影响费用统计。⑦禁止承担我公司检修标段的检修承包商单位直接办理出库领用手续。⑧禁止领用人员未经同意私自进入仓库。

3）物资费用组责成专人负责统计检修期间每天的材料和备件出库与入库情况，并对前一天出库备件金额进行通报，及时盘点本次检修费用的发生情况。

4）物资费用组负责在检修启动前统计完成本次检修需求计划与实际出库情况的对比分析，并盘点库存的变化，以书面材料汇报给检修指挥组。

5）检修后 10 天，由物资费用组对各部门材料和备件领用部门进行账外物资清查，对为完成领用计划，形成二级库的部门进行考核，并勒令退库。对领用物资移作他用或故意破坏和浪费的现象，一经发现，交公司严格查处。

6）退库管理。①凡是本次检修后剩余的材料和备件，只要购成一个完整的领用单位的应办理退库手续，或转入月度领用。②检修拆下来的旧件或废件，应按报废物资处理制度，由设备部办理物资报废手续，物资部统一处置。

7）其他。①物资到货后，物资部应及时入库，并对专用特殊的物资单独标识存放，防止特殊物资非预期领用。②物资需用计划中，应尽量套用现存物资的规格，避免因新采购增加库存。③发生因错提型号或规格造成物资浪费或库存积压的，考核需求计划提出人。

（7）修旧利废管理程序。

1）修旧利废的物品包括：①更换下来的设备、配件、材料。②技术革新淘汰下来的设备、配件、材料。③检验不合格的电动工具。④利用旧设备改造成的现场实用机械。⑤其他途径淘汰的物资。

2）修旧利废工作管理。①更换下来的设备、配件、材料由检修班组进行清点，由班长、点检员确认有无利用价值。没有利用价值的物资按照报废物资程序进行处理。有利用价值的物资，必须进行修旧利废，恢复其全部或部分使用功能。②有利用价值的物资由点检员（检修班长）确认修复的时间，并列出有利用价值物资清单，报专业点检长，由专业点检长明确修旧利废负责人。③修旧利废物资尽量期间安排检修，期间不具备检修条件的在结束后及时组织进行检修。能自行修复的自行修复，不能自行修复的，执行外委检修相关程序，并在外委计划单中注明"修旧利废"。④期间修复的物资回用到设备、系统中，必须经班组进行一级验收、点检员进行二级验收、点检长进行三级验收。验收后，具备使用条件的回用在设备、系统中。专业点检长对修旧利废物资的使用情况进行监督检查，确保修旧利废物资回用到系统中能够保证系统安全运行。⑤对于后修复的物资，除安装回用到系统中去外，完整的物资（如阀门、减速器等）统一退至修旧利废库进行保管，同时应提供修旧物资清单，仓库保管员应建立台账，由物资人员在 SCM 修旧利废子库中进行录入。⑥对于期间修旧利废物资的现场使用情况及修复的物资，由班组和点检员建立《修旧利废物资现场使用及退库统计表》，专业点检长对修旧利废物资使用情况及修旧利废价值的确认，由设备部进行对各专业修旧利废情况进行统计。⑦建立部门、班组、个人在机组期间修旧利废工作绩效档案，通过修旧利废绩效工作档案全面、正确评价部门、班组修旧利废工作的效果。⑧修旧利废物资的价值＝市场采购价－检修费用。⑨物资修复后利用到生产系统中，未发生质量问题，以专业点检验收、点检长进行现场检查。⑩修复物资退至修旧利废库进行保管，以物资部统计为准。

3）修旧利废工作奖惩。①物资管理部门将加强对修旧利废工作的管理，采取有效的激励措施鼓励，对于在修旧利废工作中提出可行性建议并取得良好效果的班组和专业进行奖励。②设备部对各部门修旧利废工作进行评比，对修旧利废工作突出的单位进行表扬和奖励，同时对工作组织不力、修旧利废工作效果不明显的单位进行警告和考核。对于在修旧利废工作中弄虚作假的单位将追究主要责任人责任。③对于存在有修复价值的物资但没有执行修旧利废相关规定的部门，设备部按物资实际采购费用的多少考核相应责任部门 200～2000 元。

检修工作结束后，各部门对机组修旧利废工作进行认真总结。

（8）检修传动、试运启动管理程序。

1）阀门传动规定。①阀门传动必须有运行人员、热控检修人员、机务检修人员三方在场配合传动。②机组检修后启动前，都必须对所有的阀门进行传动。阀门传动的直接责任人即各值检修机组的主值，值长负责监督落实阀门传动的进度和质量。③在阀门传动前，由检修机组的主值负责联系热控人员、机务人员到场。阀门传动过程中，至少不得少于三人配合同时进行：一人在控制盘上进行操作；一人在就地观察阀门动作情况；一人在热力配电盘观察开关柜上指示信号的变化情况，传动合格后确保操作方向、CRT 显示、配电盘开关指示变化和就地实际设备状态严格对应。在人员紧张特殊情况时，允许两人进行，但必须逐个送电传动，即传动某个阀门前，先从就地确认具备送电条件，然后对将传动的阀门进行送电，从盘上观察该阀门的状态报警回馈变化来核对盘上和开关柜上是否对应一致（少数阀门停电后没有长期的状态报警，只有操作时才有一个状态报警），最后送电人员到就地观察阀门动作情况，确认 CRT 上显示和就地实际设备能对应一致。④阀门传动完毕后，运行人员、热控人员、机务人员都应在阀门传动清单上签字并对传动结果负责。如果传动过程中出现"过力矩、超时"等故障现象，也应在传动清单上注明，并及时处理。⑤阀门传动要求在机组启动点火前两天全部完成。一般情况下，应对具备传动条件的阀门进行集中传动。机组的阀门传动，由启动试运组安排专人负责阀门传动的计划落实和联系协调。⑥阀门传动清册固定有三份，一份为汽轮机部分，一份为锅炉部分，一份为不常操作的阀门清册；根据检修项目的安排，检修人员还应提供的当次检修过的阀门清册一份。在传动过程中，应优先传动不常操作的阀门和检修过的阀门。对于在几份清册中重复的阀门传动一次即可，但在各清册中要求不留空白，应将阀门传动情况及结论详细填写在阀门传动纪录卡上。⑦对于在启动过程中容易发生问题的尤其是影响启动的阀门，必须引起重视，比如高压加热器三通门、旁路、给泵出口门等。同时传动高压加热器三通门、省煤器入口电动门等类似比较大的阀门时，必须有检修人员确认行程是否到位、机械部分是否存在缺陷，并要书面确认方可进行。⑧对于一些未停运系统的阀门如果无法传动，应在备注中说明，并且一旦具备传动条件，应该及时进行传动。对于有检修工作的阀门传动，需在检修工作结束之后方可进行。⑨对于一些有快开功能的阀门，必须重点进行传动。⑩对于一些可能造成所隔离工质流通的阀门，传动前需要注意工质流通是否有不良影响而采取相关隔离措施（尤其是不常操作的阀门，比如空气预热器消防水门）。⑪需要强制条件才允许操作的阀门，应及时联系热控人员进行强制，在进行强制后阀门传动完成后，应及时恢复，避免遗漏。

2）保护、联锁传动规定。①机组检修后启动前，都必须对所有的保护、联锁、控制逻辑进行传动和确认。保护、联锁传动的直接责任人为各值检修机组的主值，值长负责监督落实。②保护、联锁传动需事先联系设备部维护人员（热控、机械、电气一次、电气二次等）到场，参加各方人员签字并对传动结果负责。③保护、联锁传动要求在机组启动点火前全部完成。检修试运组应安排专人进行传动计划的落实和联系协调，各值必须主动对具备传动条件的保护、联锁进行传动。④对于保护逻辑，如果热控专业人员确认已经传动完成，经热控人员签名确认正确后可不再传动，但联锁必须全部进行传动。⑤保护、联锁校验分静态、动态两种，一般情况下先进行静态传动，再进行动态校验。对于不重要辅机、系统可以直接进行动态联锁传动试验，重要辅机及重要的保护联锁必须在实际系统进行传动。⑥保护、联锁校验通常由保护专责人负责校对；运行人员配合并核实正确与否，正确后各方签字记录。⑦对于大联锁、ETS、MFT 等机组较重要保护由热控专业人员牵头进行，发电运行部专业及当值班员配合。

3）设备、系统恢复试运规定。①所有检修过的转动设备包括：电动机、泵、风机、空压机，均应进行试运。②设备试运前由设备试运负责人确认试运条件已具备，并提前 4h 向当值值长提交试运申请单，值长在接到试运申请单后，应及时安排机组值班员对系统或设备进行全面检查，确认是否具备试运条件，如不具备，应及时通知设备试运负责人进行系统、设备完善，满足条件时通知相关人员到场进行试运，并在试运登记本上做好登记，设备试运申请单由机组主值编号并保存。③设备试运前，运行试运负责人应通知相关工作票负责人将工作票全部交回运行值班处，由工作许可人收存，履行完设备试运申请单签字手续后，并安排恢复安全措施（包括取下标志牌和解锁）。④设备试运时，必须由当值值长或机组主值指定一名运行试运负责人。⑤设备试运前，运行试运负责人应确认设备及系统的相关静态保护联锁试验已传动正常。⑥设备试运前，运行试运负责人应确认设备及系统的相关阀门已传动正常。⑦设备试运前，运行试运负责人应通知设备部热控人员共同确认相关热工测点、保护、逻辑已正确投入。⑧设备试运前，运行试运负责人应确认与试运设备系统相关的各专业工作票已全部交回。⑨设备试运前，运行试运负责人应提前通知设备试运负责人到现场，重要辅机试运应通知部门相关专业人员到现场。⑩设备试运前，设备试运负责人应向运行人员交待设备系统变更及异动情况以及试运中注意事项。设备试运期间，设备人员和运行人员应共同检查设备的运行状况。⑪试运条件具备后，当班运行试运负责人员与设备试运负责人，共同检查试运现场确认人员已全部撤离，试运设备系统相关的安全措施已正确恢复，现场满足试运条件后，进行设备系统试运。⑫试运过程中发生设备异常，达到设备紧停条件时，运行人员应严格按照规程执行，坚持"宁停勿损"的原则。⑬设备试运合格后，设备试运负责人必须向值长汇报试运情况，由当班值长与试运负责人共同签字确认。设备及系统试运不合格，试运负责人应写明原因，在试运过程中发现的缺陷运行人员应及时记录和登缺。试运完毕后将试运的结果详细记录在试运登记本和BFS＋＋上。⑭设备系统试运完毕后，设备试运负责人应将检修情况和设备系统变更情况及时记录在检修交代本和设备系统变更本上。⑮设备系统试运完毕后，如需要重新工作时，应按照工作内容重新布置安措并重新履行工作许可手续。⑯试运时按照启动试运组的启动指导程序进行，由专业准备好所需的记录表格及台账。⑰试运许可人要做到"四不试运"：保护未投或者未传动正常不启动试转；润滑油不正常不启动试转；质检及监理人员、检修及运行不到场不启动试转；试运分工不明确不启动试转。⑱试运结束后由检修试运负责人及运行试运许可人及值长填写验收意见。⑲启动试运组应随时监督设备试运执行情况。⑳设备试运行申请单及转机试运记录单均由检修设备试运负责人提供，试运结束后运行人员留存一份备案。

（9）项目变更管理程序。

1）发生项目增减或设备换型改造等发生设备实质性改变时，要履行检修项目变更手续，增加项目需外委施工的还要填写委托施工申请单，并履行签字手续后执行。项目增减、在人力资源和费用管控上需要做较大调整时，需报相关职能组批准。

2）变更发起：①生产人员均可以根据现场生产需要，发起变更。②变更发起人要明确变更的性质，是永久变更还是暂时和紧急变更，分别按相应流程执行，并提出变更草案。③变更草案无固定格式，但应包括变更理由、变更方案描述（对比）、变更预期效果、风险分析与控制措施、成本及效益简要分析。

3）审查和批准：①永久和暂时变更，变更发起人将变更草案提交本部门专业主管，专业主管组织部门内部评审，对方案进行预评审，修订和完善草案。经本部门经理批准后，组织公司内部相关部门人员进行变更方案的技术、安健环和经济性分析评审。若属于紧急变更，应直接交设备部专业主管。②评审会议应对变更方案充分讨论完善，确定变更负责人，变更过程中存在的风险分析与控制措施，变更执行时间与执行方式等并形成会议纪要。属于大型变更的，应列入工程项目管理，必要时报上级单位审查批准或聘请外部专家协助论证。③根据评审会议纪要，由变更负责人负责完成《设备（系统）永久变更申请单》（附变更评审会议纪要）或《设备（系统）暂时和紧急变更申请单》（附变更评审会议纪要），按技术文件审批流程审批后开始启动变更执行。④变更必须由总工程师（或生产副总经理）批准。⑤编号原则：J/L/D/R（分别表示机/炉/电/热专业）＋S/B/H（分别表示变更申请单、变更报告、变更恢复通知单）＋两位数字（表示年份）

十三位数字（表示序号）。

4）变更实施。①变更负责人应按已批准的变更方案，经过人员、材料、充分准备后组织实施。②变更执行前变更负责人组织制定相应的质量控制文件，如：变更作业指导书等作业指导文件，并按检修作业文件包的审批流程经过相应的技术与安健环管理部门批准。③永久性变更过程执行项目管理的，应同时满足项目管理和变更管理的要求。④变更执行前，变更负责人应对作业人员（班组、承包商）进行充分的交底。⑤变更执行过程中，应充分按质检点控制计划进行质量验收与安全监督。⑥变更负责人，应认真记录变更的各项数据与状态结果。

5）结束与后续评审：①变更结束后，变更负责人应完成《设备（系统）永久性变更报告》，或《设备（系统）暂时和紧急性变更报告》。详细描述变更前后设备系统的状态参数变化，系统变更正式生效的时间，设备（系统）暂时和紧急性变更预计恢复时间，注意事项，按技术文件审批流程审批后生效。②变更报告、变更恢复通知单一式四份分别送达发电运行部、设备部、安健环部、档案室等相关部门，以提供变更信息，便于作相应变更后的规程修改、培训、存档、生产管理信息系统的调整与修改等后续工作。③设备（系统）永久性变更报告应在系统投入运行前至少 48h 提交相关部门，涉及规程修改的变更，至少应提前 10 天提交。设备（系统）暂时和紧急变更报告应在系统投入运行前 24h 提交相关部门。④变更后的系统投入运行，各相关部门应该及时通过收集数据、查验设备运行状况，来评估变更后的效果，并反馈给变更负责人。永久性变更，变更负责人在系统投入运行一个可检验周期后（一般 3 个月），组织一次变更效果评审会，验证变更效果，并确定是否需要进一步完善方案，采取新的措施。暂时和紧急变更，变更负责人根据系统投入运行后的状况决定是否组织进行再评审，进一步改善变更方案，采取新的措施或者提前恢复系统。

（10）检修进度管理程序。

1）三级网络进度的制订。①按照三级网络进度图控制机组检修进度，三级控制原则分为公司级、专业级、班组级的三级网络进度图。②重大、特殊项目或启动试验过程，可在一级网络进度的原则下单独编制并实施每日"1＋2"进度滚动计划。③各部门和各项目经理必须严肃项目的实施进度计划的刚性，认真进行项目实施的策划、准备。④所有检修项目必须严格按网络图进度标准执行，尤其对于对检修工期可能存在较大影响的项目，必须对所有节点严格把关。⑤公司一级网络进度图由设备部负责编制，内容主要体现本台机组检修主线及重大项目工期控制进度、重大进度节点，二级、三级网络进度图应与之保持一致。⑥在机组检修准备期，在第一版机组检修项目确定后完成公司一级网络进度图初稿，由安技部审核修改；在第二版机组项目确定后完成相应二稿草图，由安技部发相关部门互审，然后报公司领导初次审核；在第三版机组检修项目确定后，正式进行一级网络进度图的审核，报公司领导批准。⑦在第二稿的公司一级网络进度图形成后，各检修班组开始编制班组项目三级施工网络进度图（草图），汇总形成专业二级网络进度图（草图），由设备部经理进行审核，并发送给发电部、检修单位、各专业施工监理等互审。⑧在第三稿正式的公司一级网络进度图批准下发后，各专业、检修班组确定专业二级、班组项目三级施工进度图，并发送给发电部、检修单位、各专业施工监理等相应专业。⑨在一、二、三级检修进度网络图编制过程中，应与发电部、检修单位进行沟通，发电部、检修单位提出修改建议，设备部各专业进一步与对口专业沟通确认。

2）施工进度计划的实施与调整。①机组检修进度计划批准下发后，各专业、班组、项目负责人应严格执行项目开工及计划进度的实施，对出现的滞后情况及时通报、及时纠偏。②每天机组检修协调会议上，各专业汇报当前的工作进展及当天的完工项目，对出现工期偏差的项目、节点及时反馈，并由指定的机组检修进度管理负责人进行统计、公布，设备部各专业、检修单位等组织对网络进度（或 PROJECT 文件更新实际进度）汇报。由检修进度组并督促各项目按计划进度实施。③如确因客观条件发生变化，需要调整项目进度或网络进度，由项目管理专业及时与指挥部联系，办理审批流程，经指挥组领导审批后执行。④任一专业项目进度调整时，本专业项目进度及项目涉及的其他进度均需随之自动修改变动进度。⑤机组检修进度管理组对检修工期全面负责，对滞后于网络进度的项目必须及时向责任部门告警，对不能及时整改者，有权进行考核，对检修工期造成影响的，追究专业负责人责任。

3）文件发放与存档。

机组检修网络进度图、进度定期统计图表、进度变更审批单等，应由设备部指定进度管理人员进行文件的归档。

（11）机组冷态验收与复役。

1）机组整套启动前，由质量进度组组织设备部、发电部各专业以及安健环检查组，进行机组整体冷态验收。

2）整体验收要求检修项目全部封闭，设备单体，系统分部试运、阀门传动全部合格、技术交底清楚，试运中暴露的缺陷已全部消除，现场设备铭牌、标识正确齐全，检修设备资料齐全，阀门状态正确无误，机组检修前开口缺陷全部封闭，现场卫生清理结束，检修痕迹消除，符合整体试运条件。特殊项目经指挥组同意，延期实施。

3）机组整体冷态验收发现的问题详细登记，汇报指挥组。

4）机组整体冷态验收合格，允许进入整套启动。

5）整套启动成功试运正常后，经指挥组同意，报网调申请机组复役，报发电营运部。

（12）技术资料归档管理程序。

1）技术质量组是技术资料管理的归口机构，设备部各点检员和发电部各专业专工是技术资料收集整理责任人。

2）设备部各专业和发电部安排专人负责技术资料的收集整理。

3）设备部各专业负责在开工前办理所有技术资料的审批手续，发放到施工工作负责人，进行详细交底。

4）所有承包商施工工作负责人要认真学习技术文件，施工过程中保存技术文件清洁整齐不破损。

5）所有文件包、检修工艺卡、检修质量验收单在闭口以后，工作负责人要及时交设备部各专业点检员或者专业专工。

6）结束 20 天后，设备部和发电部负责汇总所有技术资料文件，交监理审查后，交安技部统一归档。

7）施工所需要的设备图纸规程，施工单位可以借阅，但不得复制带出电厂。借阅使用后的技术资料若发生丢失或者破损，公司档案室及其他技术管理部门有权索赔。

8）需归档的资料清单。① 准备工作任务书；② 管理策划书；③ 检修总结；④ 检修冷、热态评价和主要设备检修总结报告；⑤ 设备（系统）变更技术方案、设计资料、图纸；⑥ 检修技术记录和专题技术报告、技术经验总结；⑦ 检修项目验收及评价单；⑧ 机组项目验收及评价单；⑨ 机组冷态总体验收报告、热态验收报告；⑩ 汽轮机前后调速系统特性试验报告；⑪ 技术监督（包括压力容器监督）检查、试验报告；⑫ 重要部件材料和焊接试验、鉴定报告；⑬ 电气、热工仪表及自动装置调校试验报告；⑭ 电气设备试验报告；⑮ 检修后评估报告；⑯ 相关会议纪要。

（13）承包商入退场管理程序。

1）承包商进厂要求。①各外委参修单位，对在检修期间进入厂区的人员，由单位指定专人提前携人员登记册、每人 50 元押金和本人身份证复印件到企业文化部办理《机组大小修专用通行证》，否则禁止进入厂区。②各外委参战单位在检修期间必须进入厂区的机动车辆，由单位指定专人携机动车行车证、驾驶证复印件及每车 300 元安全风险抵押金到企业文化部办理《临时通行证》，否则禁止进入厂区。③凡已办理《临时通行证》的车辆，进出厂区时必须自觉接受门卫检查，在厂区内要限速行驶（15km/h），不准违规占道、违规停靠，不准违规载人载货。凡违反上述规定将给予罚款处理（扣除抵押金），对拒不整改或态度蛮横者在罚款的同时将收回《临时通行证》。④对已取得《机组大小修专用通行证》的人员，要遵守有关规定，佩戴好证件，上下班时要列队进出厂门，自觉接受检查。

2）承包商安全教育策划。①各承包商在准备阶段要向安健环监察组提供施工人员情况调查表，并对职业健康状况提供证明。②对拟进场的施工人员，承包商负责人按照临时工号原则，编制临时工号。③检修前 3 天，承包商全体人员进场接受三级安全教育，工作负责人还要接受工作负责人培训，考试合格后，授予工作负责人资格，身份录入 BFS＋＋。④承包商在开工前，需向安健环监察组缴纳安全风险抵押金，根据承包合同金额和人员数量，风险抵押金分为 2000 元、5000 元、10000 元三等。⑤安全风险抵押金用于承包商在检修过程中规章违规行为的罚扣。由安健环部向承包商出具安全风险抵押金收据，检修结束后，退还罚扣后的抵押金，收回收据。

3）承包商离场手续。①检修工作完工后，完成文件包、检修记录、质量验收记录等技术性资料（包括电子版技术资料），经验收合格后，交设备部各专业；②承包商借用业主的工器具和图纸资料全部归还；③检修工作剩余的材料备件全部交还委托方；④提交检修工作总结。⑤承包商应留有充足的试运人员，保证开机过程中缺陷得到及时处理。⑥机组并网报竣工后，承包商全部人员离开现场。

（14）人力资源及费用管理程序。

1）机组检修费用预算一经批准后，设备部等费用使用部门应按项目的计划开工时间进行实施。如确因客观条件发生变化，项目调整或取消涉及费用变化时，应同步调整或核减检修费用资金预算。

2）机组检修费用、人力资源管理作为劳动竞赛重要考证项目之一，每周进行评价打分等管理措施，将项目计划管理、进度管理、质量管理、资产管理进行有机结合，检修期间的各项费用均合理发生并控制在预算范围内，并落实到机组检修考核项目。

3）设备部每天应组织对各专业领料出库费用进行统计、对各专业本次检修的备件、材料费用进行定额控，并与供应部统计进行核对，对发现的问题及时进行整改，以确保物资出库的及时性和费用入账的准确性。

4）对单价在一万元以上的备品备件进行清单统计，并跟踪备件的使用部位和备件更换的必要性，对"以换代修"现象进行严格的管控。

5）严格执行物资报废管理制度，对可经检修后再利用的设备、备件由供应部另行保存管理，届时统一外委检修后，作为备件进行使用。

6）机组检修工期内，设备部和业务部门分别对机组检修期间的每日检修费用、人力资源发生情况进行统计、分析，按要求汇总安技部进行动态统计分析并在协调会中通报，发现问题及时纠偏。

7）各业务控制部门的机组检修费用的控制原则上不能超过预算，对检修费用严重超预算的业务部门，由设备部根据检修管理考核标准进行评价考核。

8）对检修过程中发现可能超出本项目费用预算控制范围的项目，业务部门应及时与设备部专责人进行沟通并提出费用调整申请，经生产副总经理批准后（费用超过 10 万或公司检修费用已超预算时必须由生产副总经理批准）方可进行后续操作（费用调整申请表见附表）。

9）当检修过程中发现项目规模需要扩大、新增项目等造成总机组检修费用超年度预算时，安技部应提前以最快速度报上级部门审核，同时必须按权限获取批准后方可使用，严禁违规操作。

10）重理项目和重大技改项目费用应严格控制不超过预算，如超过必须及时与设备部沟通，以便向上级部门申请费用调整。重理项目费用结算必须在项目实施内完成，技改项目转固控制在技改项目竣工验收结束后一个月内由项目经理负责组织完成。

11）机组检修费用及人力资源总结。①各业务部门应建立、健全机组检修预算台账，按月记录并与上级预算中心进行核对，进行预算执行情况分析，找出实际和预算的差距，剖析产生差异的原因，从而对成本费用进行更加有效的管控，体现预算管理的控制本质。②各专业对机组费用分析在检修结束后 15 天内完成，进行检修费用与人力资源的统计总结，总结分析内容不限于以下方面：a. 备件费用与消耗性材料费用比例说明；b. 标准项目、非标项目实际费用说明；c. 标准项目、非标项目实际费用与预算费用对比及差异分析；d. 检修过程中消除缺陷产生的费用分析。

12）设备部对检修费用分析在检修结束后 20 天内完成，形成机组检修费用总结分析报告，提交公司生产副总经理审批。所有单台机组检修发生的费用（除有特殊原因，经设备部审核和公司领导批准外）必须在 A 级检修竣工一个月内结算手续。

13）零星外委项目以最终财务结算的时间和费用为准，要求业务部门在零星项目竣工验收后 20 天内完成结算手续。

（15）检修进度信息沟通控制程序。

1）各承包商和各专业施工前应认真学习管理策划书要求，明确本标段施工计划和进度管理负责人。

2）各标段施工计划和进度负责人要在开工前接受项目负责人（设备部）的安全和技术交底，承包商要向检修指挥组提交承包商开工申请。

3）各标段施工计划和进度负责人要在开工前向指挥组和技术质量组提交翔实的施工计划文件。

4）进度信息控制：设备部各专业安排专人现场检查施工情况，统计检修进度信息，每天协调会之前填写本标段的进度控制情况到 PROJECT 软件上。

5）技术质量组安排专人统计整理进度控制表，对进度信息统计上传不及时的单位提出批评，进行督促。每天在协调会中通报总体进度情况。

6）各专业和各承包商在自己的二级和三级网络进度图上标识施工进展情况。

7）技术质量组安排专人负责在一级网络进度图上标识施工进展情况。

8）主线进度发生滞后时，由现场指挥组组织召开会议，制订进度控制的方案和措施。会议纪要检修后必须交存档室存档。

（16）劳动竞赛管理。

1）为了调动和激发广大员工的工作积极性、主动性，充分展示参建单位的团队精神，确保机组检修后机组并网一次成功，圆满、优质、高效完成检修任务，夯实安全生产基础，本次检修开展安全文明检修、优质服务劳动竞赛活动。

2）劳动竞赛组织机构。劳动竞赛评委由检修的组织机构成员组成，竞赛工作组负责具体工作。劳动竞赛设立评委组，主要负责机检修劳动竞赛方案的组织实施和过程监督，全面协调各职能组在劳动竞赛的工作关系，保证竞赛的公平、公正原则，负责竞赛规则的监督、解释、评比结果的仲裁权。在劳动竞赛过程中，分别设立安全生产、质量监督、工期进度、文明施工、宣传报道五个竞赛评比项目，分别由安健环监察负责人、质量监督负责人、工期进度负责人、文明施工监察负责人、宣传报道负责人对检修期间安全生产及现场文明中的表现及指标进行评比打分。

劳动竞赛委员会

主任：生产副总经理

成员：设备部经理、发电部经理、党建部经理、安健环经理

竞赛工作组

组长：党建部经理

副组长：党建部副经理（常务）

成员：各检修队伍宣传员、各部门宣传员、安健环监察负责人、质量技术监督负责人、工期进度负责人、文明施工监察负责人、宣传报道负责人、工会考评监督负责人

竞赛工作组成员需每周五下班前，将劳动竞赛评分表以电子版形式上报至党建部，由党建部于次周一前将汇总稿在检修宣传栏和内网进行公布。

3）竞赛对象及竞赛规则。①所有竞赛班组要把竞赛的重点放在检修的安全和质量上，最终目的是保证机组检修后的长周期安全运行，不能片面追求某个指标而忽略整体战略。②竞赛活动由策划及协调小组进行全程监督，要保证公开、公正、公平，一旦发现某参赛队伍或评委有违规舞弊的现象，立即取消其资格并公开通报批评。③竞赛指导思想要由鼓励体力型加班加点向科技创新、提高劳动者素质方面转变，由苦干盲干变巧干，以科学指标说话。④竞赛的指标要优于责任制的指标，并且为责任制的优化创造典范。⑤各竞赛班组如对考评结果有异议的可反映到现场指挥组进行仲裁，不得与评委职能组产生冲突。

4）竞赛评比办法。①评委每天巡视检修现场，对检修的安全、质量、工期、文明、宣传等五方面各自进行检查。发现问题在《检修劳动竞赛打分表及评判事件》上进行记录。批评事件根据情况扣分 2～5 分，表扬事件根据情况加分 2～5 分。②竞赛内容主要分安全指标、质量指标、工期指标、文明指标、宣传指标五大部分。每天评审人员要记录各参赛集体

各项指标完成情况，每周五对各竞赛班组进行一次总评。鉴于参赛单位人员数量多少不等，人员多则被考核的风险大，为保证公平，单项扣分补充规定如下：a. 20 人及以内的单位，扣分系数为 1.0；b. 20 人以上 50 人及以下的单位，扣分系数为 0.8；c. 50 人以上的单位，扣分系数为 0.6。③打分标准依据《机组检修劳动竞赛评分标准》及管理策划文件相关制度、标准，同时兼顾现场监察结果进行加权打分。④每个竞赛集体的所有检修项目都要纳入竞赛考评范围。⑤评比周期为检修开工至机组报复役全过程。⑥竞赛工作组应不定期组织评委及监督员进行现场联合检查。

　　5）奖项设置。

　　本次劳动竞赛拟定先进集体 5 名，先进个人 30 名，在竞赛结束后，给予物资和精神奖励。

　　评选先进集体必要条件：坚持"安全第一、质量第一"；被推荐的先进集体在本次竞赛中应无事故、无违章、无违纪等现象；质量优秀，检修过程配合协调；施工、检修期间文明，工期安排合理，严格贯彻检修标准及调试要求做好的各项维护工作。

　　评选先进个人必要条件：敬业爱岗，遵纪守法，廉洁奉公，具有高度的主人翁责任感；检修人员在工作中，能做到及时发现各项不安全事件的发生、及时发现各类安全隐患并加以制止等在检修期间有特殊贡献的人员；管理人员在管理工作中，能做到岗位职责清楚、内部管理严格、工作积极性高涨，坚持为一线服务，深入班组、生产现场，在指导、协调、服务、管理等方面成绩显著。

　　检修劳动竞赛考核标准评价表见表 4-22。

表 4-22　　　　　　　　　　　检修劳动竞赛考核标准评价表

序号	考评内容	分值
一	安全管理考核标准	
	发生人身轻伤每人次	−20
	由于人为责任造成的设备损坏视情节	−5 以上
	发生火险每次视情节	−5 以上
	发生破皮流血、挤压、感电、烧伤每人次	−5
	不戴安全帽或不按规定戴每人次	−2
	工作票不合格每份	−2
	高空作业不系安全带每人次	−5
	脚手架或跳板搭设不符合规定要求	−3
	工作现场着装不合格每人次	−2
	安全措施不健全每次	−2
	不正确使用工具或使用不合格工具每次	−2
	危险作业不按要求制订安全措施每次	−2
	特殊工种必须持证上岗，否则每人次	−4

续表

序号	考评内容		分值
一	各种油类不按规定存放		−2
	高空作业不使用工具袋每人次		−2
	高空落物视情节每次		−5 以上
	作业点没有危险点控制措施，每天		−4
	工作材料不在工作现场，发现一次		−2
	氧气、乙炔未按规定使用一次		−2
	电动工具无漏电保护器使用一次		−2
	进入容器内工作，无进入人员揭示牌一次		−2
	每天不开班前、班后会，工作前不交待安全注意事项、开工前不宣读工作票每次		−3
	不按消防制度规定动用消防器材每次		−4
	发生其他违章作业视情节扣分		
	避免人身伤害（轻伤以上）每次		+40
	施工管理、检修质量考核标准		
二	检修前没有编制本单位的检修技术措施		−40
	检修没有查清设备隐患及存在的问题每项		−2
	设备解体后发现缺陷而没有缺陷单的		−2
	检修增减项目没有审批程序		−2
	没有检修记录，没有工时、材料消耗统计或统计不准、不全、不清楚每次		−2
	设备解体后对零部件更换或更换重要部件没有经过专业人员鉴定、履行审批手续		−2
	其他应备文件每缺一份		−4
	检修中浪费材料，使用不合理每次		−2
	修后主辅设备完好率达100%，每项工作完成交票后，每发生一次缺陷		−5
	修后达到无渗漏点		+5
	应修未修视情节每项		−2
	每返修一次		−5
	锅炉"四管"焊口一次合格率	达到99%	+5
		达到400%	+40
		每降低4%	−3
		降低到95%以下	−20
	影响机组启动视情节		−5 以上
	保温不合格一处		−2
	修后主要技术指标每低于修前值一项		−40
	停工待检点、三级验收项目未按规定执行每次		−2
	在检修中使用新技术、新工艺减少工人劳动强度每项		+40
	合理化建议每采纳一项		+5
	盘内电缆二次接线整齐、生产现场无多余电缆，不合格一处		−4

续表

条数	考评内容	分值
二	电缆孔洞、穿墙孔洞封堵严密、整齐、美观，不合格一处	−4
	检修现场照明充足，不合格一处	−4
	管道油漆、色环标志规范、清楚，不合格一处	−4
	检修用各类工具车、起重机械卫生合格无积灰、积油，不合格一处	−4
三	文明生产考核标准	
	检修期间检修现场要求做到文明施工，每个项目完工后及每天收工前要将现场清扫干净，检修工作做到忙而不乱	−4
	三条线：工具摆放一条线、零件摆放一条线、材料备品摆放一条线	−4
	三不乱：不乱拆、不乱卸、不乱打	−4
	三净：开工现场净、工作中现场净、收工现场净	−4
	三严：严格执行配合协作，严格执行安全规程，严格执行现场制度	−4
	三不落地：使用工具、量具不落地，拆下零件不落地，油污、赃物不落地	−4
	分解的设备物品、材料不按定置摆放每处	−2
	各单位考核内容填写不认真或填写不及时	−4
	检修用过的废油不准倒入地沟，有倒者每次	−4
	在检修中节约原材料，视情节	+4～5
	在劳动现场能够做到人走灯灭，工具断电，没有做到每次	−4
	节省原材料，及时将废旧材料整理并放置到指定扔放地点，没有做到每次	−2
	检修中，造成成品破坏的，视情节每处	−2～5
	其他在检修平衡会上受公司表扬或上级表扬或批评的视情节适当价减分	
四	施工进度考核标准	
	没有检修项目或控制进度网络图	−2
	没有完成指挥组下达的临时进度调整任务的，每次扣	−4
	提前完成节点，为其他工作创造检修条件的，酌情加分	+2～5
五	宣传报道考核标准	
	公司内网—新闻专栏每录用一篇报道	+0.4
	公司内网—小修专栏每录用一篇报道	+0.2
	连续一周没有报道文稿	−0.5

（17）信息沟通措施（协调会、专业会、专题会程序）。

1）会议时间：正常情况每日的16：00—16：50间召开一次；另外，视总体工作进展情况，经检修指挥部决定可每二天开一次会议。

2）会议地点：会议室。

3）会议主持人：检修指挥组。

4）参加会议人员：检修领导组、检修现场指挥组、安健环监察组、技术质量管理组、传动和启动组、物资供应组、费用资源组、进度管理组、后勤保障组和宣传保卫组负责人，各参修单位现场总负责人，办公室、发电部及设备部等。

5）会议记录：检修指挥部设记录员，会后整理并下发会议纪要。

6）发言顺序：各主要检修承包商（A—D 标、其他承包商）——各职能组——设备部（经理+点检）——检修指挥组总结部署——会议主持人总结及结束会议。

7）会议纪要发布：会议纪要在第二天 10：00 之前挂到内网专栏上，并在现场公告栏发布。

8）后勤保障组负责每天的会议室布置与清理，指挥部负责检查。

9）会议纪律。①与会人员按时到会，不得迟到、早退，有事必须提前向会议主持人请假。协调会迟到一次考核 50 元，无故未到会考核 100 元。②开会期间不许交头接耳，手机处于振动位置或关闭状态。③协调会安排的工作必须做到认真、及时落实，对执行不利的单位和个人进行考核，并责令马上落实。④检修指挥组还负责对违反上述纪律并造成不良影响的行为进行考核。⑤当有特殊情况可临时召集紧急协调会，由检修指挥组或总监召集。⑥与会人员应做好会议记录，并负责向各单位传达会议精神和要求。⑦会议发言要简洁、清楚地说明情况，对会上需要协调的事项应在会前做好调查与协调。⑧需要协调会协调的内容，为了提高会议效率，能在会议外沟通解决的问题不要拿到会上解决，坚决杜绝把所有事情都反映到会上解决的不良现象。

10）协调会内容。①通报前上次协调会安排的工作落实情况，包括领导布置工作的闭环、问题处理结果和未完成原因。②重要工作节点完成情况，完成实际进度与计划进度的偏差及影响进度的因素汇报。③发现的主要缺陷、发现的检修质量问题及其他较大问题。④现场不安全现象和处理意见通报，安健环管理提示。⑤检修费用预算执行情况定期通报，单项大额费用发生情况通报。⑥检修物资到位情况、协调厂家服务情况通报。⑦其他需要协调会说明的问题。

11）其他协调会。①根据检修过程需要，可及时召开各种专业会议。②下列情况，必须召开专业会议。a. 主机设备解体发现重大非预期的情况；b. 主要设备回装过程中，需要让步放行；c. 质量检验过程中，发现需要让步放行的情况；d. 主要工期节点超前或滞后超过 2 天；e. 解体阶段结束，对解体情况进行总结；f. 总体验收和开机前的试运。c. 管理程序中，明确的冷、热态验收会议按其程序执行；其他专业会议由设备部专业主管或点检长主持，必要时聘请外部专家主持。

12）全部的专门会议要有会议纪要，并且要认真执行。

13）全部会议纪要随同检修总结一并归档。

（18）安全保卫工作管理。

1）承包商临时雇佣工雇佣要求。①各单位要把好临时雇佣关，尽量不雇佣周边村庄的临时工。对必须雇佣的，要对佣工情况做好排查摸底、搞好教育，并报企业文化部治安综合治理备案（身份证复印件）。②在入厂使用过程中，要重点监护，对行为有疑问、对安全防护知识掌握不够的佣工要及时辞退，避免出现问题。

2）现场防火防盗要求。①各单位要加强现场防火防盗工作，现场一旦发生火情要迅速扑救，立即报警；对设备解体检修过程中，拆卸贵重有色金属零部件及线缆要妥善保管，严防丢失被盗。②各单位在检修过程中，要严格履行动火工作票手续，一级动火由专职消防队监护，二级动火由现场工作组成员监护，作业前由从事动火作业的工作组负责人到消防队办理灭火器借用手续，作业完成后必须及时送还。由消防队对现场的移动式消防器材进行专门配置，并进行明显标识。③现场各区域的消防器材（消火栓、水带、水枪、灭火器，包括消防架上的挠钩、消防桶、铁锹）非灭火状况禁止使用。④消防水非火情禁止使用，极特殊情况下必须动用消防水的，须经值长同意，但必须通知消防队。

3）检修与运行现场进出管理规定。①凭《机组大小修专用通行证》，可进入检修区域。②凭公司日常使用的工作证，可进入运行区域。

4）"封条"使用管理规定。①重要设备（阀门及油、汽水系统管道阀门、容器法兰、盖板，汽轮机、发电机及其他设备解体后的孔洞等）拆除后遗留的孔洞在检修中断期间应及时进行封堵。具体由设备部项目负责人确定。②开口封堵除"封条"外，宜用铁丝网或铁（木）板封住，且要封堵得严实牢固。具体可视现场情况定：如容器法兰考虑其通风要求，可采用铁丝网封住；对于阀门及油、汽水系统管道阀门等宜用铁（木）板封堵，以防止异物掉入。③使用的"封条"由企业文化部统一制作，由保卫人员保管。封条的装、拆由现场保卫人员根据项目负责人提交的申请单与项目负责人共同到现场进行"封条"的拆、装，其他任何人员均无权拆、装现场"封条"。④"封条"的装、拆申请由设备部项目负责人根据现场需求填写。⑤执行现场"封条"拆、装的保卫人员，必须签字确认，并填写具体的拆、封时间。⑥装"封条"前，项目负责人必须对需进行封堵的孔洞进行认真的检查，确认无异物。⑦拆"封条"前，保卫人员应检查"封条"完好无损，发现损坏现象应在申请单"备注"栏进行记录，"封条"拆除后项目负责应对拆封后的设备孔洞进行认真检查，确认无杂物后应尽快组织回装拆除的设备。⑧检修过程中造成"封条"损坏的，工作人员必须及时向项目负责人汇报，并要求保卫人员重新张贴。⑨私自拆、装"封条"或对"封条"损坏后不及时汇报者，每发现一次考核违规人员 500 元。⑩"封条"的拆、装申请单一式贰份，一份由项目负责人收执，保留在项目工作票袋内；一份由现场保卫统一留底，保存至工作结束，管理流程见图 4-3。

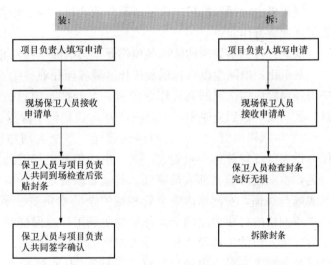

图 4-3 检修封条"拆""装"管理流程图

5）安全保卫的其他相关措施。①各单位要加强检修责任区的治安消防保卫工作，教育员工增强防范意识，做好防火防盗工作，确保本单位不发生火警、火情和物资、解体零部件被盗事件的发生。在组织网络中，设备部要有专人负责现场消防、治安工作。②保安巡逻队要加大厂区重点部位、检修现场的巡逻力度，做到每到一处、检查一处、放心一处，夜里巡逻队与各岗口要保持经常联系、互通情况，做到一处发现情况各处支援，确实发挥保障有力的作用。③保安各岗口要发挥关卡把关作用，严格人员、物资、车辆出入门管理和出入检修现场检查，不带工作证的人员不准进入检修现场。④对入厂因公办事的人员要问明情况，在电话确认情况后，填写会客单而后放行；从大门开车入厂办事的人员，保安人员要盘查登记车上所带物品情况，办理相关入厂手续后给予换证放行，但是出厂时要重点做好检查，货车携物出厂时要按《物资出门证》点验物品，客车、面包车、小轿车要查验内部及后备箱，确认无误后放行，否则不准放行，对于私自携物的车辆要及时上报。⑤专职消防队要确保 24h 在位值班，遇有火情及时出动；每天对防火重点部位、现修现场巡视检查，处罚纠正违章。⑥根据检修安全需求，设置相应保安岗位，在检修现场公布消防队队长电话和护卫队队长电话。

（19）宣传报道管理。为全面、积极地配合工作，及时了解检修进度，宣传涌现出的先进个人和集体，营造浓烈的宣传氛围。

（20）安健环网格化管理。为落实公司的绿色发电计划、落实与政府签订的目标责任状而进行的改造性 A 级检修。本次 A 级检修有多项大型技改项目、多项高危项目及多个首次进行的项目，存在作业项目施工难度大、作业条件复杂、施工风险大的特点。

为进一步落实各级安健环保障体系及安全监察体系的责任，实现安健环管理"纵向到底，横向到边"不留死角，使执行更加到位，监管更加到位，在本次 A 级检修中实行安健环网格化管理。

1）网格划分原则。根据大修作业区域及作业项目情况进行划分三大网格：

汽轮机：包括汽机房内区域所有作业项目，主变压器厂变压器升压站区域所有作业，循泵房区域所有作业。

锅炉：包括锅炉本体区域各项作业，与电除尘接口止。

灰硫化：电除尘以后包括灰硫化区域各项作业。①重点网格划分原则：重点网格为大网格内经风险评估认定的高危作业项目、大型技改项目、首次进行的技改非标项目等重点项目。②一般网格划分原则：一般网格为 A 级检修中除重点网格外的所有作业项目。

2）各网格的管理。①大网格的管理。每个大网格设网格总负责人一名，由副总工兼任，设安健环保障体系负责人一名，由维护部经理或助理兼任，设安健环监察体系负责人一名，由安健环监察部人员兼任。其主要职责是：负责本网格内各项安全措施、隔离措施的实施与纠正，对网格内安全管理或安全监察负责。负责本网格内查出的问题进行通报。负责本网格内各单位之间交叉作业的协调工作，保证交叉作业安全措施防护到位。负责网格内各级人员的奖励及考核。②大网格的管理负责人。③重点网格的管理。每个重点网格设网格负责人一名（由项目负责人兼任），专职监护人一名，安健环监察人一名，施工单位安全员一名。每个重点网格施工过程中施工单位安全员必须到位，专职监护人进行全过程监护，安健环监察人除不定期检查外，对本网格内的高风险作业中的高危过程进行全过程的旁站监督。一般网格的管理。每个一般网格设网格负责人一名（由项目负责人兼任），施工过程主要由工作负责人进行负责，安健环监察员进行不定期检查，风险较大的施工过程可由网格负责人提出进行专职监护。④人力管理及奖惩原则。a. 从各生产部门抽调专职安全员 3～5 人充实到大网格内安健环监察人员队伍，安健环监察员由安健环监察部、各部门抽调专调安全员、安全监理组成，每个大网格内配 3 人以上安健环察人员，一人总负责。b. 专职监护人由长三角或维护三部抽调资深工作负责人担任，经安健环部考试、把关交底后方可上岗。c. 每月根据网格内安全管理情况由大网格的负责人提出对各类人员进行一定的奖励及考核。

A 级检修结束后针对网格内安健环目标完成情况对各类人员给予一定的奖励及考核，对安健环管理有突出贡献的人员可以与年终绩效考核挂钩。

表 4-23 A 级检修管理责任人网格表

序号	一级网格	网格总负责人	安健环保障体系负责人	安健环监察负责人
1	汽机房区域、主变压器厂变压器区域，循泵房区域	检修副总工	设备部副经理	安健环部检修主管
2	锅炉房区域	检修副总工	设备部副经理	安健环部检修主管
3	灰硫化区域	检修副总工	设备部副经理	安健环部检修主管